科普之道

创作与创意新视野

尹传红　姚利芬　主编

中国科学技术出版社

·北 京·

图书在版编目（CIP）数据

科普之道 ： 创作与创意新视野 / 尹传红，姚利芬主编 . — 北京： 中国科学技术出版社， 2016.10

ISBN 978-7-5046-7255-1

Ⅰ．①科… Ⅱ．①尹… ②姚… Ⅲ．①科学普及－普及读物－创作方法 Ⅳ．①N49

中国版本图书馆 CIP 数据核字（2016）第 244095 号

策划编辑	王晓义
责任编辑	王晓义　孙红霞
装帧设计	七彩云
责任校对	杨京华
责任印制	徐　飞

出　　版	中国科学技术出版社
发　　行	中国科学技术出版社发行部
地　　址	北京市海淀区中关村南大街 16 号
邮　　编	100081
发行电话	010-62173865
传　　真	010-62179148
投稿电话	010-62176522
网　　址	http://www.cspbooks.com.cn

开　　本	720mm×1000mm　1/16
字　　数	500 千字
印　　张	30
版　　次	2016 年 10 月第 1 版
印　　次	2016 年 10 月第 1 次印刷
印　　刷	北京京华虎彩印刷有限公司

书　　号	ISBN 978-7-5046-7255-1/N·215
定　　价	56.00 元

代序

科学性是科学普及的灵魂

中国科普作家协会理事长
中国科学院院士
刘嘉麒

生活中无时无地不存在着科学，无时无地不需要科普。

譬如，我们在开会的时候，面前往往摆着供与会者饮用的茶水或矿泉水，抑或两者都有。喝茶水还是矿泉水？自然任人选用。但是，如果有的人既喝茶又喝矿泉水，且饮用二者的间隔时间不长（不到两小时），就不利于身体健康。茶水往往呈碱性，而矿泉水多数呈酸性，饮用这两种饮料间隔的时间短，二者会在体内发生酸碱中和反应并生成盐。这样一来，不仅破坏茶和矿泉水本来的功效，甚至还会产生副作用。当然，这些细微的事情通常不会对人体产生明显的影响，但日积月累，也许会出毛病。

小事情有时孕育着大道理。因此，人人都要学科学、用科学，随时随地进行科学普及。

近年来，我国的科学普及事业呈现出欣欣向荣的景象，不仅颁布了《中华人民共和国科学普及法》，实施了《全民科学素质行动计划纲要》，设立了"科普日"，还建立起许多科普场馆和设施，开展了一系列科普活动，涌现出一大批优秀科普作品。

从近年来各类优秀科普作品奖的参评作品可以看出，我国科普作品整体呈现出数量稳步增长，种类多种多样，内容丰富多彩，形式新颖动人，水平日趋提高，原创作品越来越多、越来越好的发展态势。这些成绩的取得来之不易，凝聚了每一位科普人的心血，值得每一位科普人自豪。但是，对于我们这样一个有着13亿人口、公民科学素养水平总体还比较低的大国来说，我们科普的力度、广度和深度都还远远不够。我国的科普事业依旧任重道远。

我国科普事业取得的成绩是有目共睹的，问题也是客观存在的。如果以科学性、应用性、趣味性、艺术性、通俗性、时代感等要素来衡量科普作品的优劣，排在首位的要素应该是科学性。科学性是科普作品的内涵，是科普的灵魂。如果科学上出了问题，即使表现手法再好、艺术性再高、趣味性再强，这样的作品也是不合格的。

当前有些科普作品和科普设施却本末倒置，形式上搞得天花乱坠，科学性上却存在不少问题，突出表现在以下四个方面。

1. 缺乏科学内涵。有些作品"下笔三千，离题万里"，文字很多，却不知所云；有些作品文笔优美，但是缺乏科学内容。例如一些影视科普作品中，拍摄画面很美，艺术性很高，却没有涉及科学的道理，与其称之为科普作品，不如称之为风光片更为贴切。另外，在属于科学文艺范畴的一些传记体作品中，记述某科学家生平事迹方面写得还比较丰满，但主人公的科学思想、科学精神、科学方法、科学成就等方面却表述得很单薄，读起来似文学作品而非科普作品。

2. 缺乏科学依据。现在很多科普作品所引用的概念、数据、理论等均无出处，是否准确无从追查，不仅科学性受到质疑，也存在知识产权问题。有的作品虽然也讲述了一些科学知识，但讲得似是而非，只知其然，不知其所以然；甚至为了吸引眼球，将道听途说的言论也当作科学依据，哗众取宠，夸大其词。

3. 知识陈旧老化。科学技术正日新月异地发展着，许多科学的原理、方法、数据等都在不断地改变、改进和提高，新的科学知识层出不穷，但在一些科普作

品中所引用的却是陈旧的、过时的，甚至是错误的知识点。

4. 伪科学。有人将非科学甚至反科学的东西披上科学外衣，用唯心的理念或庸俗的故事说明一些自然现象，给人们以错误的认识，蒙蔽公众，具有非常严重的欺骗性。从近几年的一些热点事件和市面上屡禁不止的伪科学出版物中可以看到，伪科学的危害依然存在。从某种程度上可以说，这是由于我们科普力度不够大、科普面不够广、科普不够及时，从而给伪科学提供了生存的空间和土壤。只要有一点空间和土壤，伪科学就会泛滥，给社会造成不良影响或者很大的危害。

上述问题，除了出现在一些出版物中，也出现在一些科技馆、博物馆、展览馆等公共场所的展品中，一些媒体的宣传报道和广告中，一些旅游景点的解说词中。随着社会的进步，百姓生活水平、文化水平、思想水平都有所提高，相关公共场所、媒体以及景点应借着我国科普事业发展的大好形势，本着面向群众、对群众负责的态度提升其相关展品和宣传报道的科学内涵。

要解决上述问题，加强科普的科学性，必须从科普创作的源头抓起，要用科学的态度对待科普。第一，力促创作队伍整体素养的提高。作者要树立好的科学态度，提高知识产权意识和文责自负意识，对于一些重要的科学成果、科学数据、科学资料等必须注明出处，不能随意抄袭他人的东西，更不能剽窃他人的成果。第二，强化产出部门的编审制度和职责。产出部门要增强质量意识，加强质量管理，确保出版物的高水平、高质量。

一部好的科普作品，是科学、文学、艺术等多方面的高度集成和结晶。在科学方面，至少要让专家感到不俗、不错，让非专业人员能够读懂、觉得有趣。要保证作品的科学性，最好的创作者应该是科学家本身，特别是那些既具有科学素养，又具有文学、艺术修养的科学家。实际上，国内外许多优秀的科普作品都出自著名科学家之手，媒体或出版界中涌现出的优秀作者，也都有深厚的学术背景。

科学普及与科学研究密切相关。科普的营养和精髓主要来自科研的成果。科研的水平决定着科普的水平；反过来，在科普中又会发现新问题，对科研提出新要求，促进科研的发展。科研的灵魂是创新，是探索，它充满着疑问和求证；科普则是把由少数人取得的科研成果让广大民众去掌握、分享，其主要任务是推广，是传播。传播形式需要丰富多彩，需要创新，但在科学内容方面，最重要的不是创新，而是尊重，是把人类已经取得的成熟的科研成果传递给广大民众。真理不能随心所欲，在传播科学理念、科学知识、科学原理、科学技术时必须准确，必须正确！尚存争议、尚存疑问的问题不是科普的主流，即使传播，也要摆事实、讲道理，尊重客观，而不能主观臆断，强词夺理，误导民众。

2014年6月，习近平总书记在两院院士大会上指出："科学技术是推动人类文明进步的革命力量。科学技术是第一生产力，而且是先进生产力的集中体现和标志""科技是国家强盛之基，创新是民族进步之魂……从某种意义上说，科技实力决定着世界政治经济力量对比的变化，也决定着各国各民族的前途命运。"这就是科技的魅力，科技的重要性也凸显其中。然而，科学技术只有被广大民众所掌握，才能发挥更大的作用。所以，习近平总书记早在2012年就强调："各级党委和政府要坚持把抓科普工作放在与抓科技创新同等重要的位置，支持科协、科研、教育等机构广泛开展科普宣传和教育活动，不断提高我国公民科学素质。"

人们常常形容攀登科技高峰如同攀金字塔，能达到塔尖的人固然荣光，但是这样的人毕竟很少，而且如果没有塔基、塔身的坚强支撑，塔尖是不可能鼎立其上的。塔基越广大、越牢固，塔尖才能越高、越稳定。要建设我国的科技大厦、科技高塔，还是要从基础抓起，这基础就是教育，就是科普。

（此文系作者于 2014 年 8 月 2 日在第 21 届全国科普理论研讨会上的发言摘要，据录音整理）

目 录

CONTENTS

第五章 科普美学与创意艺术篇

附录

第一章 科普综论篇

"科普追求"十章

卞毓麟

2001 年 11 月，我在荣获第四届上海市大众科学奖之际，曾应上海《科学》杂志之邀，笔谈对于科普事业的追求。因文分九大段落，故名《"科普追求"九章》，刊于 2002 年 1 月《科学》第 54 卷第 1 期。光阴荏苒，弹指间 15 年过去了，但"九章"所述的基本追求依然未变。今应本书主编之约，谨对原文略做调整补充，并增写最后一个段落，题目遂相应地改为《"科普追求"十章》。

一

科普，简略地说，就是以"科"为基础，以"普"为目的的行为或活动。科普作品则是以作品形式表现的科普活动。

科普佳作，自然是指"好"的科普作品。"好"是我们的追求。然而问题在于：究竟何为"好"？

"好"，要有判据。不同的人，出于不同的需求，从不同的视角看问题，就会对"好"给出不同的判据。例如：

有人说，好的科普作品应该充分展示其和谐与美，应该是真与美的完美结合；

有人说，好的科普作品应该做到知识性、可读性、趣味性、哲理性兼而备之，浑然一体；

如此等等，无疑都是正确的。这里，我想再举一个更具体的例子。

2001年5月30日，我拜访了中国科学院北京天文台（今国家天文台）的陈建生院士，他当时还兼任北京大学天文系主任。我本人曾在北京天文台度过30余年的科研生涯，其中后一半时间就在陈建生院士主持的类星体和观测宇宙学课题组中。他向我谈了自己对科普作品的向往：

"像我们这样的人，有较好的科学背景，但是非常忙，能用于读科普书的时间很有限，所以希望作品内容实在，语言精练，篇幅适度，很快就触及要害，进入问题的核心，这才有助于了解非本行的学术成就，把握当代科学前进的脉搏。"

这是一位一线科学家从切身需求出发，对高级科普读物的期望。陈建生院士的建议很中肯，要实现却不容易。由任鸿隽等前辈学人于1915年创办的《科学》杂志，在不同历史时期刊出的许多文章，对此做了非常有益的尝试，成绩可观。1985年《科学》杂志复刊，关于办刊方针有一句话，叫做"外行看得懂，内行受启发"。确实，这是我们努力的目标之一，是我们的一种追求。

二

关于"好"，正如每个文学作家都有自己的美学理念、都有自己的个性那样，每一位科普作家也各有自己的偏爱。在少年时代，我最喜欢苏联作家伊林，读过他的许多科普作品；从30来岁开始，我又迷上了美国科普巨擘艾萨克·阿西莫夫。尽管这两位科普大师的写作风格有很大的差异，但我深感他们的作品之所以具有如此巨大的魅力，至少是因为存在着如下的共性。

第一，以知识为本。他们的作品都是令人兴味盎然，爱不释手的，而这种趣味性又永远寄寓于知识性之中。从根本上说，给人以力量的乃是知识本身，而不是任何为趣味而趣味的、刻意掺入的、泛娱乐化的"添加剂"。

第二，将人类今日掌握的科学知识融于科学认识和科学实践的历史过程之中。

用哲学的语言来说，那就是真正做到"历史的"和"逻辑的"统一。在普及科学知识的过程中钩玄提要地再现人类认识、利用和改造自然的本来面目，有助于读者理解科学思想的发展，领悟科学精神之真谛。

第三，既授人以结论，更阐明其方法。使读者不但知其然，而且知其所以然，这样才能更好地启迪思维，开发智力。

第四，文字规范、流畅而生动，绝不盲目追求艳丽和堆砌辞藻。也就是说，文字具有朴实无华的品格和内在的美。

我一向认为，对于科普创作而言，平实质朴的写作风格是十分可取的。平实质朴，意味着行文直白流畅；叙事条分缕析，有利于读者领悟作者想要阐明的科学道理，也有利于读者即时琢磨最应该思索的问题。对此，阿西莫夫曾提出一种"镶嵌玻璃和平板玻璃"的理论，他说：

"有的作品就像你在有色玻璃橱窗里见到的镶嵌玻璃。这种玻璃橱窗很美丽，在光照下色彩斑斓，你却无法看透它们。同样，有的诗作很美丽，很容易打动人，但是如果你真想要弄明白的话，这类作品可能很晦涩，很难懂。

"至于平板玻璃，它本身并不美丽。理想的平板玻璃，根本看不见它，却可以透过它看见外面发生的事。这相当于直白朴素、不加修饰的作品。

"理想的状况是，阅读这种作品甚至不觉得是在阅读，理念和事件似乎只是从作者的心头流淌到读者的心田，中间全无遮拦。写诗一般的作品非常难，要写得很清楚也一样很难。事实上，也许写得明晰比写得华美更加困难。"

阿西莫夫的巨大成功，无疑得益于他恪守那种平板玻璃似的写作风格。效法伊林或阿西莫夫这样的大家是不容易的，但这毕竟可以作为我们进行科普创作的借鉴。

这，同样是一种追求。

三

不同体裁的作品，"好"的标准也不尽相同。例如，一篇千把字的科普小品和一部诸如《阿西莫夫科学指南》之类洋洋百万言的巨著，当然不可能用完全相同的标准来衡量。犹忆 1983 年秋，《北京晚报》《新民晚报》等 13 家媒体联合举办"全国晚报科学小品征文",规定应征文章不得超过千字。我写的那篇《月亮——地球的妻子?姐妹?还是女儿?》,当年 10 月 19 日在《北京晚报》"科学长廊"专刊中发表,结果获得此次征文活动"佳作小品"奖。1987 年又获"第二届全国优秀科普作品奖"。1988 年,此文被收入人民教育出版社的全国统编教材初中课本《语文》第六册。1989 年被北京市科学技术协会和《北京晚报》联合评为"科学长廊"10年(500 期)优秀作品一等奖。1990 年被收入人民教育出版社的义务教育三、四年制初级中学语文自读课本第三册《长城万里行》。2002 年被收入广西教育出版社的《新语文课本·小学卷 8》。2006 年被收入上海辞书出版社九年义务教育课本拓展型课程教材《语文综合学习·九年级(试验本)》。遥想当初,写这篇"小文章"还确是花了点力气的。

后来,从这次征文活动发表的作品中选出近百篇文章结集成册,因为都是在晚报上发表的,故名之曰《科技夜话》。著名作家秦牧先生为此书作序曰:

"形象的描绘,美妙的比喻,幽默的隽语,奇特的联想,往往都可以产生神奇的魅力……这本集子的作品在这方面也有不少创造。单说标题吧!《月亮——地球的妻子?姐妹?还是女儿?》《跳进黄河洗得清》《留得秋橘春天采》《人脑中的河》之类的题目就令人禁不住想喊一声'妙'了。"

非常值得一提的是,当时正住院治病的前辈、著名科普作家高士其先生特地在1984 年 8 月 2 日为这本科学小品选集题词如下:

"小品之微,科学之巨,以小品之微而蕴科学之巨,盖因著者独具匠心,妙笔生花,于小中见大。结页成册而包容万象,其能量不谓不大矣。小品之浅,科学之深,以小品之浅而绘科学之深,盖因著者苦心结虑,巧比妙喻,有深入浅出,以通俗之普及而旷于世,其功用不谓不大矣。"

秦牧先生的赞誉和高士其老人的概括,十分贴切地道出了我们的又一种追求。

四

郁达夫曾盛赞房龙的笔"有这样一种魔力","干燥无味的科学知识,经他那么的一写,无论大人小孩,读他书的人,都觉得娓娓忘倦了。"阿西莫夫的科普作

品风格与房龙殊异，但它们却同样令人娓娓忘倦。例如，阿西莫夫在《科学指南》一书中介绍了 20 世纪 60 年代末，西方国家中"出现了一种在病人临死的时候把人体冰冻起来的倾向，以便使细胞机器尽可能完整地保存下来，直到他的病可以治愈时才解冻。那时，他（或她）就会复活，而且会使他（或她）健康、年青、愉快"。然后，阿西莫夫坦陈了他本人的态度：

"实际上，把人体完整地冷冻起来，即使完全可能使他们复活，也没有什么意义，只是浪费而已。""但是，我们真的希望长生不死吗？……假定我们都长生不死，情况又会如何呢？""很清楚，如果地球上很少或者没有死亡，就必然很少或者没有出生，这就意味着一个没有婴儿的社会。""那将是一个由同样的脑子组成的社会，人们有着同样的思维，以同样的方式按着老一套循环不已。必须记住，婴儿拥有的不仅是年轻的脑子，而且是新的脑子……正是由于婴儿，才不断地有新的遗传组合注入人类，从而开辟了优化与发展的道路。""降低出生率水平是明智的，但是我们应该完全不让婴儿出生吗？消除老年的痛苦和不适是令人愉快的，但是我们应该创造一个由老人组成的人种吗？他们年迈、疲倦、厌烦、单调，而且不接受新的更好的东西。"阿西莫夫的结论是："或许长生不死的前景比死亡的前景更加糟糕。"

真是妙不可言。1985 年，法国《解放》杂志出版了一部题为《您为什么写作？》的专集，收有各国名作家 400 人的笔答。这些回答丰富多彩，或庄或谐，但无一不反映了作家的才智与心态。例如，巴金的回答是：

"人为什么需要文学？需要它来扫除我们心灵中的垃圾，需要它给我们带来希望，带来勇气，带来力量。

"我为什么需要文学？我想用它来改变我的生活，改变我的环境，改变我的精神世界。

"我 50 几年的文学生活可以说明：我不曾玩弄人生，不曾装饰人生，也不曾美化人生，我是在作品中生活，在作品中奋斗。"

阿西莫夫的回答则是：

"我写作的原因，如同呼吸一样；因为如果不这样做，我就会死去。"

阿西莫夫在其自传第二卷《欢乐依旧》中写道："1972年1月2日，我52岁了。在甲状腺瘤的阴影笼罩下，我不安地警觉到，威廉·莎士比亚正是在52岁生日那天去世的。但是……我无法使自己相信，我将步莎士比亚的后尘。"

豁达而坚毅的性格帮阿西莫夫渡过了难关。1984年他曾函告我，刚动了一次大手术。我回信表示问候道："我相信，令人惊异的阿西莫夫在任何比赛中都必将是胜者，而不论他的对手是谁。"一星期后他在复信中写下了绝妙的几行字：

"我完全康复了，情况很好。我不会永远是胜者。最终的胜者总是死亡。但是只要一息尚存，我就将继续战斗下去。"

这还是一种追求。

五

当然，阿西莫夫为此付出的代价也不小。长年累月地坐在打字机前对身体自然不利，而且连正常的天伦之乐也难得享受。1969年，他在自己的第100本书《作品第100号》的引言中写道：

"给一位写作成瘾的作家当老婆，这种命运比死还悲惨。因为你的丈夫虽然身在家中，却经常魂不守舍。再没有比这种结合更悲惨的了。"

写这段话的时候，阿西莫夫同他的第一任妻子格特鲁德尚未离异，但想必已经有所预感。格特鲁德不可能永远迁就他，她曾经数落道："有一天，艾萨克，当你感到生命快到终点时，你会想起自己竟在打字机边花了那么多的时间，你会为自己错过了原本可以享受的一切快乐感到惋惜，你会为自己浪费了那么多年的光阴而只为写100本书感到后悔。但那时，什么都已经太晚了。"

但是，只要读一下阿西莫夫于1992年去世前不久写的那篇告别辞，那就不难明白格特鲁德的价值取向同他相去多远了。那篇告别辞的题目是《永别了，朋友》，其中说道：

"我这一生为《幻想与科学小说》杂志写了399篇文章。写这些文章给我带来了巨大的欢乐，因为我总是能够畅所欲言。但我发现自己写不了第400篇了，这不禁令我毛骨悚然。

　　"我一直梦想着自己能在工作中死去，脸埋在键盘上，鼻子夹在打字键中，但事实却不能如人所愿。

　　"我这一生漫长而又愉快，因此我没有什么可抱怨的。那么，再见吧，亲爱的妻子珍妮特、可爱的女儿罗宾，以及所有善待我的编辑们和出版商们，你们的厚爱我受之有愧。

　　同时，我还要和尊敬的读者们道别，你们始终如一地支持我。正是你们的支持，才使我活到了今天，让我亲眼目睹了诸多的科学奇迹；也正是你们，给了我巨大的动力，使我能写出那些文章。

　　让我们就此永别了吧——再见！

艾萨克·阿西莫夫"

　　这是阿西莫夫的终身追求。1985 年，88 岁高龄的我国老一辈著名天文学家、科学翻译家兼科普作家李珩先生，在收到我寄呈的阿西莫夫的《地外文明》中译本后，给我来信道：

　　"我希望你多多介绍 Asimov 和 Sagan 的科普著作以飨读者，更望你百尺竿头更进一步，丰富你的科学知识，发展你的文学修养，效法两位作家，以成为我国的科普创作名家。任重道远，引为己任，我于足下寄予无限之期望，尚祈勉之勿忽！"

　　李珩先生已于 1989 年作古，他那语重心长的教诲，应该成为今天的科普作家们的共同追求。

六

　　卡尔·萨根是一位值得永远纪念的一流科学家和一流科普作家。然而，有些人总是无法摆脱这样的偏见：科学家搞科普是不务正业、甚至是哗众取宠。有人竟然还为此而嘲笑萨根。萨根生前曾被提名为美国国家科学院院士候选人，但由于某些院士的强烈反对，他落选了。其实，拿萨根的科研成果来看，当选美国科学院院士堪称绰绰有余。更何况他还为社会、为公众做了那么多的好事。萨根本人对于没能当上院士并无任何失落感。反之，我倒着实对一个国家的科学院少了一位像萨根这样的成员而深表遗憾。其实，真正可笑的并不是萨根，而是那些自以为有资格嘲笑萨根的人。

萨根逝世后 9 个月，美国哈佛天体物理学中心的迈克尔·库尔茨、空间望远镜科学研究所的理查德·怀特、普林斯顿大学的詹姆斯·冈恩等著名天文学家便直言宣称，即便你不承认萨根是世界上最优秀的天文学家，你也必须承认他在激发公众对天文学的兴趣上是独一无二的。目前，还没有一个人能替代他的位置。

萨根与阿西莫夫一样，擅长用生动、形象、简明的语言来向大众讲解科学知识。例如，1994 年他整 60 岁时出版的《暗淡蓝点——展望人类的太空家园》（*Pale Blue Dot: A Vision of the Human Future in Space*）一书就极有韵味。"暗淡蓝点"是萨根首创的名词，指的是从太空中遥望的地球。《暗淡蓝点》一书的主题关系到人类生存与文明进步的长远前景——在未来的岁月中，人类如何在太空中寻觅与建设新的家园。书中最后两段的意境尤为迷人：

"我们遥远的后代们，安全地布列在太阳系或更远的许多世界上……

"他们将抬头凝视，在他们的天空中竭力寻找那个蓝色的光点。

"他们会感到惊奇，这个贮藏我们全部精力的地方曾经是何等容易受伤害，我们的婴儿时代是多么危险……我们要跨越多少条河流，才能找到我们要走的道路。"

萨根以及智慧、悟性及志向与之相匹的科学家们，似乎已经找到这样一条人类文明的未来之路。这使我联想起斯蒂芬·茨威格对罗曼·罗兰的评论："他的目光总是注视着远方，盯着无形的未来。"

卡尔·萨根正是具有这种目光的人，因此人们很自然地对他充满着崇敬之情。美国的《每日新闻》曾做评论："萨根是天文学家，他有三只眼睛。一只眼睛探索星空，一只眼睛探索历史，第三只眼睛，也就是他的思维，探索现实社会……"

我热切盼望我国多多出现一些像萨根那样视普及科学为己任的科学家，出现一批像萨根那样杰出的科学传播家。这并非要求每一位科学家都必须做得像萨根那样出色，但每个科学家至少都应该具备那样的理念、热情和责任感。

在《卡尔·萨根的宇宙》一书中，有萨根的妻子安·德鲁扬写的一篇文章《科学需要普及吗？》。文中讲了一个小故事：有一次，萨根应邀参加一个科学家和电视播音员会议，会议组织者派了一名司机来接他。这位司机得知萨根是个"搞科学

的"，就一个劲地问起"科学问题"来。但是，他问的却是：人死后经过什么样的通道？占卜和占星术中的"科学"原理是什么？

萨根不禁叹道：在真正的科学里，有那么多激动人心而又富于挑战性的东西，但这位司机并不关心，好像也从未听说过。他只是简单地认为，那些最广为流传的、最容易获得的信息都是对的。萨根进而想：科学激发了人们探求神秘的好奇心，但伪科学也有同样的作用。科学普及所放弃的发展空间，很快就会被伪科学所占领。因此，"我们的任务不仅是训练出更多的科学家，而且还要加深公众对科学的理解"。

这是卡尔·萨根的追求。自不待言，这也是我们的追求。

七

时下人们尚谈"科学人文"，这是好事情。这使我回忆起 1986 年《中国科技报》（《科技日报》的前身）创办《文化》副刊的往事。包括我本人在内的一些通讯编委共同倡议，将"把科学注入我们的文化"作为办刊要旨之一。大家觉得，在我们的文化中，科学的东西显得太单薄了。因此，应该有意识地把科学渗透到文化的方方面面中去。后来，又有了实质上相同的另一种提法，即"在大文化的框架里融进科学的精华"。1986 年 1 月 8 日，《中国科技报》的《文化》副刊发表了赵之先生起草的发刊词"我们为什么办文化副刊"，明确提出要"以科学为准绳，用科学来审视过去的文化、用科学来武装现在的文化、用科学来探索未来的文化。"

后来，时任中国科协主席的钱学森先生读到这个发刊词，曾致函表示赞同这一办刊宗旨，指出文化副刊要讲科技对社会文化的贡献，也要讲社会文化对科学技术的贡献。他建议，说科学技术是文化，特别要指出基础科学。此信嗣后收入钱学森著《科学的艺术与艺术的科学》一书（人民文学出版社，1994 年），题为"有必要办文化副刊"。

《科技日报》的《科学》《文化》《生活》《读书》等副刊和专版，除各自的特殊要求外，作为广义文化的组成部分，都服从这样一个总的编辑思想：整个社会文化环境是科学技术赖以生存和发展的条件，我们应当了解它；科学技术又是现代社会文化的脊梁，社会文化的进步需要我们的关心和推动。

科文交融，这也是一种追求。

八

在有些人看来，科学家做的事情只是满足其个人的好奇心，所以并不值得特别尊敬。然而，这就大错特错了。才华出众的著名科学家和科普作家、大爆炸宇宙论的奠基人乔治·伽莫夫认为，科学家最重要的素质正是极普通的好奇心。他写道："有人说：'好奇心能够害死一只猫'，我却要说：'好奇心造就一个科学家。'"伽莫夫极其强调科学对于人类发展的作用，他不同意科学的作用仅仅在于"达到改善人类生产条件的实际目的"，科学"当然也是为了达到这个目的，但这个目的是次要的，难道你认为搞音乐的主要目的就是为了吹号叫士兵早上起床，按时吃饭，或者催促他们去冲锋？"他认为科学的来源就是人类追求对于自然和自身的理解，我很赞同他的见解。

这里，有一个经常遇到却不多讨论的问题，那就是：科学家既以追求对自然和自身之理解为己任，那还有没有必要经常宣扬自己的水平和功绩？

我以为，怀着正确的动机，经常对自己的学养高度和业绩做清醒的回顾和自我评判，对科研工作和整个社会都是有益的。不过，评判和评论通常还不是一回事，尤其当"自我感觉特佳"者过多时，我们对待许多"国际先进"型的自我评论恐怕就应该慎之又慎了。

其实，这番议论对于科普作家也同样适用。篆刻家徐正濂先生在《诗屑与印屑》（大象出版社，2000年）一书"听天阁读印杂记"编首题记中写道："我们往往很奇怪，一些从不以书法家自居的诗人、画家、医生、和尚，写出字来反比专门的书法家有韵。可能也是同样的道理：研究得太具体，离得太近，有时候反而看不清楚了。艺术就像老婆，天天厮守在一起，也搞不清楚她到底漂亮还是不漂亮，闹半天还是隔壁小木匠看得明白，想想就有点扫兴。"在一般的科学工作者看来，也许会觉得此话调侃有余而严谨不足。然而，在估量自己的论文、作品究竟是否"有韵"时，若能保持如此清醒的头脑，那就很不容易了。

像"小木匠"那样客观地对待他人和自己的作品，这仍然是一种追求。

九

借此机会，我还想谈谈大多数科普和科学文化类作品追求的"雅俗共赏"。50多年前，朱自清先生专门写过一篇《论雅俗共赏》的文章，谈道："中唐的时期，比安史之乱还早些，禅宗的和尚就开始用口语记录大师的说教。用口语为的是求真与化俗，化俗就是争取群众……所谓求真的'真'，一面是如实和直接的意思……在另一面这'真'又是自然的意思，自然才亲切，才让人容易懂，也就是更能收到化俗的功效，更能获得广大的群众。"

在同一篇文章中朱自清先生还谈道："抗战以来又有'通俗化'运动，这个运动并已经在开始转向大众化。'通俗化'还分别雅俗，还是'雅俗共赏'的路，大众化却更进一步要达到那没有雅俗之分，只有'共赏'的局面。这大概也会是所谓由量变到质变罢。"

"只有'共赏'的局面"，大概真是到了炉火纯青的境界。举个什么样的例子呢？张乐平的《三毛流浪记》、凡尔纳的《海底两万里》、盖莫夫的《物理世界奇遇记》，还可以多想想。至于如何才能真的达到"只有'共赏'的局面"，那恐怕是只能意会而难以言传，就靠存乎作者之一心了。

多年来，时常有人问及治学和写作之道，我的回答始终是16个字："分秒必争，丝毫不苟；博览精思，厚积薄发"。我也希望今天的青年学子努力这样做。时间是宝贵的，一个人的生命因其智慧和业绩而赢得质量，有质量的生活则等于延长了寿命。

过去曾有朋友称我"多产""快手"。我早就说过，我对此断不以为然。我认为，一位作家若能既"好"又"快"又"多"地进行创作，那当然再妙不过。但这几者之间，最重要的还是"好"，而不能单纯地追求"快"或者"多"。这就不仅要"分秒必争，惜时如命"，而且更必须"丝毫不苟，嫉'误'如仇"。舍此而为之，势必欲速则不达。

1996年，我曾在《科技日报》上发表短文《"科普道德"随想四则》，文中有这样一段话："科普作家只有具备强烈的社会责任感和高尚的职业道德，方能激情回荡，佳作迭出；成就卓著的科普人物，大多具有很强的使命感。而科普创作的态度，常常和创作者的动机直接相关。那些误人、坑人、甚至害人的'作品'，往往出于动机不良之辈。 只有将科普视为自己的神圣职责，才能真正做到维护科学的尊严……精诚所至，金石为开，决意取得真经，便有路在脚下。"

高尚的科普道德，当是所有科普人的共同追求。

十

2016 年 5 月 30 日，在全国科技创新大会、两院院士大会、中国科协第九次全国代表大会上，习近平总书记在重要讲话《为建设世界科技强国而奋斗》中指出：

"科技创新、科学普及是实现创新发展的两翼，要把科学普及放在与科技创新同等重要的位置。没有全民科学素养普遍提高，就难以建立起宏大的高素质创新大军，难以实现科技成果快速转化。希望广大科技工作者以提高全民科学素质为己任，把普及科学知识、弘扬科学精神、传播科学思想、倡导科学方法作为义不容辞的责任，在全社会推动形成讲科学、爱科学、学科学、用科学的良好氛围，使蕴藏在亿万人民中间的创新智慧充分释放、创新力量充分涌流。"

习近平总书记对广大科技工作者的上述希望，正是我们的根本追求。我觉得，对于实现创新发展的两翼，我们做强科学普及这一翼，不仅必须有担当，而且必须有时代感鲜明的创新精神、终生不渝的奉献精神，以及精益求精的工匠精神。

时代感鲜明的创新精神，内涵很丰富。眼下我感触尤深的是，优秀原创科普作品的开发深度和广度、各类媒体共享优质资源的"立体化作战"，还有非常大的开拓空间。例如，刘慈欣的科幻名著《三体》据悉有望搬上银幕，少年儿童出版社于2013 年推出《十万个为什么》第六版，三年来各类衍生产品陆续问世，势头相当可喜。拙著《追星——关于天文、历史、艺术与宗教的传奇》（上海文化出版社，2007 年）面世后获奖良多，包括 2010 年荣获国家科学技术进步奖二等奖。2008 年山东电视台读书频道与上海市科协合作开办"科普新说"栏目，邀请我做开栏"说话人"，以《追星》为基础，择其精华分为 10 讲。后来，上海科技发展基金会和山东电视台于 2013 年共同出品"科普新说"系列光盘，由上海科学普及出版社出版，《天

文追星》（10集）仍是"排头兵"。2013年，《天文追星》系列光盘成为国家新闻出版广电总局面向青少年的50种优秀音像电子出版物推荐目录中罕有的科普类产品。同年，湖北科学技术出版社将《追星》一书纳入《中国科普大奖图书典藏书系》第二辑出版，于2014年获第五届中华优秀出版物奖。但总的说来，各类媒体共享优质科普资源、展开有声有色的"立体化"作战的案例依然少见，要迅速扭转这种局面，应该引起有关方方面面的高度重视。

终生不渝的奉献精神，是我国前辈科学家和科普家的传统美德。高士其先生就是体现这种美德的典型人物。这种奉献精神应该是终生的，活到老干到老。2015年，我写了一本书，题为《拥抱群星——与青少年一同走近天文学》。承蒙89岁高龄的前辈著名天文学家叶叔华院士关爱，题词勉励曰：

"喜见卞毓麟新作《拥抱群星》

普及天文，不辞辛劳；年方古稀，再接再厉！"

如今我行年七十有三，不负师辈厚望，再为科普干上十年二十年，实在是我的渴望与追求！

精益求精的工匠精神，近来社会各界有许多研讨。限于篇幅，且容日后另作详论。

凡此十章，既是我的追求，也是我对科学界、科普界，尤其是对"新生代"后起之秀们的赠言。科普，绝不是在炫耀个人的舞台上演出，而是在为公众奉献的田野中耕耘。愿与读者诸君齐心协力，为实现中华民族伟大复兴的中国梦，为人类文明的科学之花开遍全球而一往无前。

任重而道远，吾人其勉之！

作者简介

卞毓麟　1943年出生，1965年毕业于南京大学天文学系，在中国科学院北京天文台（今国家天文台）从事天体物理学研究30余年，1998年赴上海科技教育出版社致力于科技出版事业。现为中国科学院国家天文台客座研究员，中国科普作家协会副理事长，上海科技教育出版社顾问、编审。曾任中国天文学会常务理事，北京市天文学会副理事长，上海市天文学会副理事长，上海市科普作家协会副理事长等。著译图书30余种，主编和参编科普图书百余种，发表科普文章600余篇，所著《追星——关于天文、历史、艺术和宗教的传奇》一书荣获2010年国家科技进步奖二等奖。曾被中国科普作家协会表彰为"建国以来，特别是科普作协成立以来成绩突出的科普作家"，并多次获全国或省部级表彰奖励，包括全国先进科普工作者、全国优秀科技工作者、上海市科学技术进步奖二等奖、上海科普教育创新奖科普贡献奖一等奖、上海市大众科学奖、中国天文学会九十周年天文学突出贡献奖等。

我的科普观

甘本祓

　　"路漫漫其修远兮，吾将上下而求索。"

　　先讲一个故事。2012 年我回国时，作为"特邀代表"，参加中国科普作家协会第六次代表大会期间，有位记者说是要访问我，她一上来就问这个问题："甘老师，您对科普怎么看？"我回答说：

　　"科普是时代的呐喊，科普是时代的先驱，科普是教育的延伸，科普是科研的牵线人。人人都需要科普，人人都可干科普。科普不是可有可无，而是非干不可。常言道：没有文化的民族是愚昧的民族，没有科技武装的民族是软弱的民族。而没有科普的民族是什么呢？我认为是既愚昧又软弱的民族。"

　　她不置可否地笑了笑，走了……

　　事后我想，也许这段话说得太"极端"了，让人家有点压力。但我却至今不悔。后来，《科技日报》记者尹传红采访我，写长篇访谈（《"喜笑颜开"写科普——访甘本祓》，刊于《科普研究》2013 年第 1 期 ），我仍然要求他写上这段话，只不过在前面加了一句"在我看来……"以便让语气缓和一些。现在，我又把它抬出来，作为"我的科普观"的第一段话。为什么？"语不惊人誓不休"，我想为科普创作呐喊！

说来话长，30多年前，我任中国电子学会普及委员会副主任时，一方面兼任着电子学会主办的三套普及电子技术的丛书的学术秘书（《无线电爱好者丛书》，由人民邮电出版社出版；《电子应用技术丛书》，由科学普及出版社出版；《电子学基础知识丛书》，由科学出版社出版），另一方面又兼着两个部的主要科普刊物《无线电》（邮电部）、《电子世界》（电子部）的常务编委，组稿任务自然有点繁重。当我去动员人家写稿时，有不少人，不是推说"忙不过来"无暇写，就是干脆回答"不愿写"。为什么？除了个别人是真的无暇抽身外，其他多为"借口"。虽然各有托词、花样繁多，但究其根源，不外乎：领导不重视、舆论不支持、费时费力而又稿费低微。归纳起来，就是一句话：费力不讨好！

当然这已经是老皇历了。当我出国20多年重新"归队"之后，情况已大为改观。从政府层面来看，国家已相继颁布了《中华人民共和国科学技术普及法》（2002年）《全民科学素质行动计划纲要》（2006年）；从大众层面来看，21世纪中国科普创作的高潮正在孕育之中。

既然如此，还"呐喊"什么？因为希望科普创作的高潮尽快到来。而根据我与旧友新朋的交谈，了解到还有一些不尽人意之处，也许会延缓这个高潮的到来。比如，据说在某些大学和研究机构中，在评职称时，专业论文才算成果，科普作品就不算数。又如，不少人依然认为专业人员写科普是"不务正业"。再如，科普作品的稿酬仍然十分低微，等等。本文是讲我自己的科普创作观，对这些"不尽人意"我就不多作井底蛙鸣了。

写科普也要有探索精神

科普创作有不同形式：文字的、音像的，实体的。我这里只谈狭义的文字创作，即写科普文章。因为这实际上也是一切科普创作的基础。科普文章写什么？当然是科技知识。优秀的、能够真正给人以启迪的科普作品，应该做到研读过去、阐述现在、展望将来。对过去是介绍和总结，讲发展史、讲发明的思路、讲经验教训；对现在是解释和推广，讲原理、讲应用；对将来是幻想和预测，幻想是艺术，预测是科学。幻想是思维的翅膀，科学才使人真正飞翔。这当中还包括展望和预警。比如，早在20世纪70年代末（1979年），我就写了《来自大气层的警报》和《微波的人体效应》，呼吁重视环境污染，强调"温室效应""臭氧层破坏"和"电磁污染与防护"。可惜人微言轻，各国政府并不重视，人们大多也还蒙在鼓里。一直到许多年后，人类因此而吃尽苦头之时，联合国才出面为防止继续破坏臭氧层制定了《蒙特利尔议定书》（1987年），为限制温室效应排放制定了《京都议定书》（1997年）。如今，当大家手机不离手、电脑随身走、微波炉天天用、互联网时时上之时，微波污染才成了"时髦"话题。政府忙着制定标准，人们忙着打听防护措施。

所以，我认为，科普作品不仅要解释问题、回答问题，而且还应提出问题，并与读者一起去寻求答案。比如，在1985年我发表的一篇《旅日科普随笔》的开头，我提出了如下的问题：

"科学会给人类带来什么？人类应当怎样利用科学？这个简单而又复杂的问题，始终萦绕在专家、学者、哲人、平民的脑海中。有人说，科学正创造着新的文明和新的局面，而有人却说，科学正促使资源的枯竭和环境的污染。有人从科学的发展中感到兴奋，而有人却从科学的发展中悟出了危机。他们一方面看到的是创造和建设，另一方面感到的是战争和破坏……难道人们能简单地断言：前者是乐观派，后者是悲观论者？不，对于这样的问题，应该有更复杂的答案。"

科普作品与专业文章不同。专业文章是写给专业人士看的，对象是同行专家或具有系统知识的学生。因而它可以就事论事地介绍科学技术内容，可以用方程、曲线、图表来表达，一路推演下来。常常为了把实际问题理论化、把特殊问题普遍化，不但不用回避抽象，甚至要去追求抽象。而科普文章则不然，它是写给大家看的，对象广泛而随意，要使男女老少、各行各业、科技水平参差不齐的读者都能看、愿看、最好是爱看，而且看了能懂。这就要求写科普文章时，要回避数学语言，要尽可能形象，或者说把抽象的问题形象化，既不能板起面孔"讲课"，又不能油腔滑调地只写些"花边"。而必须用严肃的态度、生动的语言、恰当的比喻、必要而准确的数据来揭示所介绍的科技问题的精髓。这样才能使科普作品论之有物、看之有趣、听之有理、思之有获。这就很难，至少我觉得难。一句话，专业文章不好写，科普文章更不好写。举个例子，我写《现代微波滤波器的结构与设计》（科学出版社出版），130万字的大部头专业著作，用了3年，而写《生活在电波之中》（中国少年儿童出版社出版），4万字的科普小册子，却用了1年。

我写科普文章时，总是把读者当成我的主考官，他在不断地向我提问：是什么？为什么？过去怎样？将来如何？……而我则像考生一样去回答。我希望我自己首先要对这答案满意、被答案激励。不能"以其昏昏，使人昭昭"。要有"自己十桶水，给人一桶水"的准备。为此，就必须不断地学习，写作的过程就是不断学习和探索的过程。

也许有人说：科普、科普，就是把已有的科学技术成果和知识进行普及，既不是研究，又不是发明，现成的东西，还探索什么？也许又有人说，科普作者应当写自己熟悉的东西。既然如此，还学习什么？探索哪样？也许还有人说，写科技著作是创造，而写科普作品不过是抄抄写写的"小儿科"，在过去是"一把剪刀、一瓶糨糊"，在现在就更方便了，只需要多点几次"复制"和"粘贴"足矣，还有什么可探索的？

其实，需要探索的很多。比如1979年我写《生活在电波之中》时，论科技内容的熟悉程度，我已经在大学教了20年的电磁场理论和微波技术课程；论写文章的水平，教材和专业著作我都写过好几本了。那时中国少年儿童出版社希望我为《少年百科丛书》写一本介绍电波的书，我想应该是没有问题，就答应下来。谁知一提起笔来，却是问题一大堆：怎样把抽象的问题形象化，怎么把高深的理论通俗化，怎么把用微积分、数学物理方程表达的问题，用语言来表述，而又能保

持概念正确，甚至怎么开头，怎么连贯，怎么结尾都是问题……总之，怎么让电波这个看不见、摸不着的事物，让它活生生地出现在读者的面前，而且还要把几十万字的教材中的精髓，在几万字的通俗小册子中表达出来。我反复地想、反复地改，真是绞尽脑汁，度过了许多不眠之夜。比如讲到电波的波形，我写了一段《给电波画像》，效果还不错。后来《中学生》杂志还专门把这段抽出来选登，又被科普作协收入《少年科普佳作选》中。如果不努力探索，是达不到这样好的效果的。这些年来，我写了许多科普文章和书籍，都一直秉承这种不断探索的精神，不敢懈怠。

这种探索精神既是我从事科普创作的动力，也是我写科普作品的归宿。因为，我认为，一个科普作者的知识是极其有限的，浩如烟海的科技经典也只不过道出了自然奥秘的万一，更何况一篇科普文章。因此，科普作品要给人的不仅是它所涉及的那部分科技知识，而且是一种精神，一种热爱科学、忠于科学、为科学而献身的精神。科普作品的魅力或者说精髓，就在于能否将科学家或专业工作者的成就和探索热情传递给读者，让读者去学习他们的探索精神，去应用他们的探索成果，进而去创造和探索新的课题，把人类的科技水平向前推进。

科普创作的"额外收获"

当初我写科普时，亲朋好友和同事知己中也不乏反对者，他们认为我正值搞专业的黄金年华，又已经在学术上有了自己的专长。当时，除了本职工作外，不少研究所、大学请我去讲学和参加科研成果或新产品鉴定会；还请我参加好几个学会（例如中国电子学会、中国计算机学会、中国宇航学会、中国通信学会、中国仪器仪表学会等）有关专业委员会的学术活动和一些专业标准的制定工作。他们说：就算还有精力和时间，不如继续进行专业创作，何必"浪费"时间去写科普呢？

当然，我非常理解和感谢他们对我的爱护心情。但我并不赞同他们的观点。我喜欢专业写作，也写过不少专业书和学术论文。但我同样喜欢写科普文章，我认为两者是一脉相承的，不仅都是创造性的工作，而且都有利于我专业水平和学术修养的提高。

根据我切身的体会，对专业工作者而言，在进行科普创作时，除了同样能提高写作能力之外，至少还有三个额外收获：

其一是，思路更广了。这是因为，在通俗解说专题的过程中，必须尽可能回避专业术语和公式，而采用旁征博引的方式或有趣的方式来说明问题，这就使专业人员更广泛地去搜寻例证、搜寻与读者日常生活的联系、搜寻其他学科相关的或相似的问题。这样思路就广了，这就有利于专业工作者知识面和钻研思路的扩展，甚至为自己找出新的、交叉科学的研究课题去创新、去发明。

其二是，对专业问题想得更深了。这是因为，为了写出非本专业人士能懂的文章，就自然地"迫"使专业人员主动地站在外行的角度来看问题、想问题和提问题，然后又自己去解答问题。这就像我当年在大学教书时，学生的提问常常把我"考"住，能启发我对该问题更深入的钻研，这就是"教学相长"。写科普也是这样，当你"像"外行那样，去多问几个"是什么""为什么"之后，对专业问题就想得更深了。甚至能启发出更深的突破点，进而对该专业课题的理解更上一个台阶。

其三是，与非专业人士和传媒界人士的接触多了、广了。这不像搞专业交流，常常只接触同行。"三人行必有吾师""他山之石可以攻玉"，从非本专业人士和传媒界"消息灵通"人士那里，能学到许多自己不懂的、不知道或知之甚少的学问和知识，既开阔思路，又拓展钻研领域，甚至碰撞出新的学术火花来。

一句话，我深深地体会到，科普创作对我的专业水平是起促进作用的，能得到进行专业创作得不到的东西。专业创作和科普创作，是我提高学术水平、飞向更高境界的两只翅膀。就是在这种思想的指引下，那些年我奋力耕耘，写出的作品超过1000万字。

在这样的交叉写作中，既提高了我的专业水平，也提高了我的文学修养；同时，还增强了我更清晰地解说专业问题的能力，这对教学和学术交流都有正面的促进作用。

我在科普创作和参与科普作协的活动方面，于20世纪80年代后期停了下来。那是因为工作需要，我出国了。出国后，与国内媒体、出版社和科普界接触很少了，

又加上本身事务繁忙，也抽不出时间和精力进行业余创作。因此，也就封笔了，这一晃就是 20 多年。

2009 年退休以后，我才重新与科普作协接上了头。在老友新朋们的鼓励之下，特别是妻子和女儿的支持之下，才又重拾荒笔、奋力笔耕。

在旧友新朋欢迎我"回归"的文章中，最后常用的一句话是："让我们拭目以待"。为了不辜负他们如此殷切的期望和鞭策。我这几年真的未敢偷懒！

现实·责任感·创作激情

除了对朋友们依然感兴趣的、30 多年前出版的旧作进行修订和增写以及出了新版外（《生活在电波之中》，湖北少年儿童出版社 2011 年 1 月第 1 版；《茫茫宇宙觅知音》，湖北科学技术出版社 2014 年 7 月第 1 版），我又同时开始了两套书的写作。一套是《中美联手抗日纪实》，2014 年已出第一本《航母来了：从珍珠港到东京湾》（科学普及出版社 2014 年 1 月第 1 版第 1 次印刷，2014 年 10 月第 1 版第 2 次印刷），2015 年出版了第二本《B-29 来了：从波音到东瀛》；另一套是《硅谷启示录》，2015 年出了两本：《惊世狂潮》和《怦然心动》（科学普及出版社 2015 年 7 月第 1 版）。这两套书都还会继续写下去。

我写《中美联手抗日纪实》的冲动，源自当今国际形势。我的写作宗旨也已在书中点出："让我们歌颂中、美联手抗日的事迹，来唤醒痴迷；让我们敲响历史的警钟，来抵制军国主义复辟。"

而我之所以能写，是因为我是生在抗战时，长在军营中。我生于 1937 年，八年抗战时期就是我的童年。我出生时父亲在黄埔军校工作，当他请缨赴前线抗日时，我又成了"随军家属"。在"马背上长大"的我，看见过日本侵略者炸弹爆炸的硝烟，听到过日寇枪炮声刺耳的呼啸，天天听到父亲所在的军队英勇抗敌的事迹，对日寇的侵略罪行有着深切的感受。父亲教我唱的第一首歌就是《义勇军进行曲》。现在的年轻人在听到这首歌时，也许只感到国歌的庄严，而我感到的却是对童年记忆的呼唤，那是一种刻骨铭心的呼唤！

因此，我关注第二次世界大战的历史，尤其是抗日战争史，它成了我的"最爱"。这 20 多年到了国外，住在美国，可以更全面地搜集到有关史料，甚至参观相关的飞机、军舰和武器，接触到有关的人和事。这就更加激起我的研究和探索的热情。我常常想，我们这一代人，已是最后一代亲历抗战的人了，以后的人就只能用"听到"而不能用"见到"来讲述这段历史了。手上有丰富的素材，而国际环境的现实又呼唤着我的责任感，于是就奋然命笔了。

至于为何会写《硅谷启示录》，那是因为我这 20 多年就生活、工作在硅谷，我所住的山景城就是硅谷的发源地。山景城有肖克利开办的硅谷第一间半导体实验室和英特尔公司第一间工厂的遗址，有乔布斯和比尔·盖茨的足迹，有谷歌公司的总部和许多高科技公司的办公楼，有许许多多精彩的故事……

我不能说我熟悉山景城的一草一木、一人一事。但是，20 多年来，道听途说、耳濡目染，也总会有一些心得，更何况我是学无线通信的，我这一生都是在同信息技术打交道。而硅谷又是世界信息业之都，怎能不激起我的创作热情呢？我希望把我领略到的硅谷人大众创业、万众创新的艰辛和欢欣与读者分享。

科普创作理念的深化

看过我出版的新作的朋友们，都有一个感觉：它们有别于我过去发表的作品风格，因而引起了朋友们关于我是否"转型"了的议论。就事而论，这样理解，我也认可。但我更愿意说，这是我创作理念的深化。这个深化包括两个方面：

一方面，如果说我过去写的主要是自然科学的科普作品，现在我则试图扩展一下思路，向军事或历史题材进军，或者说把军事、历史和科普结合起来，去挖掘其感人的魅力。有人说：这样一来，岂不就成了文学著作，不能算是科普作品了？我不同意这种看法。且不说科技史、军事科技史和科学家传记可以归入科普，就以我写的作品内容而言，每本都讲述了大量的科技内容，而这些内容文学书籍中是不可能出现的。对此，也不必多说，看过书后读者自会认同了。

另一方面，如果说我过去写作时是注意科学与人文的结合，我现在则是在探索科学与人文的融合，或者说探讨如何把科普文章写得更人文化。在写作中力争做到：人在文中，文在心中，以理带笔，以情感人。

其实，我的科普创作观的核心就是科普作品本身就应是一体两面，一面是科技，一面是人文，两者密不可分。因为，在"科学普及"这个词汇中，科学是客观的事物，普及就是作用于人。一篇好的科普作品一定要能打动读者、引起共鸣。为此，我在写作时，常常要酝酿感情，我希望把我对科技魅力的发掘、对科技欣赏的激情传递给读者，让读者与我一起欣赏科技、为它"着迷"。因此，我在写作时没有框框和固定格式，"跟着感觉走"、随着文意挥洒，运用我认为一切能打动读者的"手段"。所以，在我的文章中，除了"正统"的叙事文之外，常常夹杂着其他体裁，诗、词、歌、赋都上，快板、对联也来，打油诗和散文更是家常便饭。内容取材也不拘一格，故事、新闻、影视内容都"拉"来配合行文。而在新作中，我更注重图、表的应用，力图提高作品的视觉效果。我认为，在 21 世纪的今天，人们日常阅读中视觉图像都十分丰富，如果我们的科普作品还是过去那种从头到尾黑字一篇，或者可有可无地放上几张插图，就太落伍了。当然，科普书也不是画册或连环画（它们也可以是科普作品的一种形式）。我写的书还是以文字为主，但图也不少，而且我是将正文、插图、图题、图文，作为一个整体来考虑，做到以图带文、以文解图、相互补充、共同发挥，从而把主题说得更清楚，用它们的综合效果来唤起读者的阅读快感和共鸣。

令我欣慰的是，我的努力受到了朋友们的认可。下面就以三位原中国科普作协副理事长对拙著的点评摘录来结束本文。

甘本祓始终有一颗与时代脉搏一起跳动的年轻的心。他用心写作，用心与读者交流，也用心打动着每一个人。他是率先垂范科学与人文交融的作者之一。在他的科普作品中，常以生动形象的比喻、诗一般的语言来诠释科学技术，使人读来兴味盎然，备感亲切。

——陈芳烈

科学与文学相结合，这是甘本祓的科普创作观。他是用文学艺术的心与笔来释读科学，目的是为了传播智慧。我把这种科普创作观归纳为一副对联，"解读自然奥秘；探究人生真谛"。

——汤寿根

他用真挚的人文情怀，让读者心扉开放；再以科学的理性光芒，把人们心田照亮。仿佛听见，《茫茫宇宙觅知音》唱着他当年的理想：与读者一道，欣赏科学，体验探索，激情原创。

——王直华

作者简介

甘本祓 1937 年出生于四川成都。微波技术专家、教授、高级工程师。1959 年大学无线通信专业毕业后留校任教 20 年。1979 年调电子工业部，先后担任微波通信处和卫星通信办公室负责人。后赴美国硅谷工作 20 余年。曾活跃于学术界和科普界，任中国电子学会、中国计算机学会、中国通信学会、中国仪器仪表学会、中国预测研究会、中国宇航学会的有关专业委员会委员和中国科普作家协会工交专业委员会委员、荣誉理事。

著有多部专业著作，还写有大量的科普书籍和文章，创作总量已超过 1000 万字，广受读者喜爱，并多次获奖。例如《生活在电波之中》《茫茫宇宙觅知音》《超级间谍之谜》《信息社会向你招手》《给地球照相》《今天的科学》《先进的电子对抗系统》《航母来了：从珍珠港到东京湾》等。

我对科学文艺创作的反思

金　涛

如果从 1962 年发表科学童话《沙漠里的战斗》算起，我涉足科学文艺的创作的时间也不短了。然而，我的创作无论是质量还是数量，自己一直都很不满意。这次受邀谈谈自己的创作，仅限于谈谈本人从事科学文艺创作的得与失，也算是对自己几十年创作的一点并不全面、也很肤浅的反思吧。

一

几年前，我在一篇《沙漠与冰原的回忆》的短文里，谈到自己走过的路。《沙漠与冰原的回忆》这样写道：

"我跋涉在荒凉的沙漠之上……

"月牙形的沙丘像故乡的丘陵一样温柔地起伏，绵延不断，与远方的地平线衔接。寥廓的天穹分外深邃，蓝天白云，令人遐想。走在松软的沙丘上面非常吃力，胶鞋里很快灌满了细细的沙子，索性脱了鞋，光着脚往上爬。太阳越升越高，脸上和身上的汗水不停地流淌，不一会儿又蒸发干了。沙丘上没有一星半点儿绿色，只是不时看见土灰色的蜥蜴机警地蹿了出来，眨眼间又不见踪影。

"当我登上沙丘顶巅，往下一看，不禁欣喜若狂地叫喊起来。

"在沙丘之间的低洼地里，出现了密丛丛的一片芦苇，绿得叫人心醉。在地理学上这叫丘间低地。由于地势低，积存了雨水和地下水，于是在干旱的沙漠里，这里不仅有植物，水洼里还有密密麻麻的褐色青蛙和小蝌蚪，它们正在享受生命的快乐。

"有时，前方是个碧波荡漾的湖，湖水映着蓝天，像一块晶莹剔透的翡翠，很美很美。然而，当我欣喜若狂地跑到湖边，不禁十分失望。因为哪怕嗓子干得冒烟，也不敢喝上一口湖水，湖里也不见鱼虾的踪影。那是苦涩的盐湖，没有生命的一潭死水。"

那是很久以前的事了。20 世纪 60 年代，我还在读大学，前后三年炎热的夏天，我在毛乌素沙漠参加科学考察——沙漠考察是我所学的专业野外实习的内容。对我来说，沙漠无比新奇，我目睹了沙漠的壮观景色，也目睹了为争夺生存空间，人与沙漠的生死较量。沙漠是无情的，它像猛兽一样，侵吞农田、草场，逼得人们背井离乡。于是，农民、牧民想尽办法防沙固沙，而那些耐旱的、生命力最顽强的沙生植物，像柽柳、沙蒿、柠条，就成为抵御风沙的先头部队。在沙漠边缘，在土黄色的农舍附近，农牧民在沙漠中种上了沙蒿、柽柳和柠条，筑起了一道道绿色屏障。它们勇敢地抵挡风沙，用它们的身躯保护着农田、草场和孤岛般的小村庄。

当我回到北京，好久好久，那沙漠中的种种难忘的印象不时浮现眼前。有一天，我突然萌发了写作的念头，大概这就是人们常说的创作冲动吧。我没有受过文学训练，也不懂写作规律，只是想把人与沙漠的斗争编成一个故事，于是就凭着想象编了一个科学童话。

正是在资深编辑詹以勤的指导和帮助下，我的这篇很不成熟的幼稚习作，终于在《中国少年报》以整版发表，题目是《沙漠里的战斗》。后来还收入一些童话集子里，译成少数民族文字。

当然，这篇作品微不足道，只不过它是我写给孩子们看的第一个科学童话，印象特别深罢了。

《沙漠里的战斗》的创作也使我体会到，生活是文学艺术的源泉，即便是给青

少年写的童话和科普作品，也需要从生活中、从大自然吸取营养和素材。热爱大自然，永远地向大自然学习，对我是终身受益的启示。

我后来也发表了几本科学童话作品。总的来说，童话的创作在科学文艺中是比较特殊的，由于读者对象是小孩子，写童话首先要有"童心"。你讲的故事，故事中包含的科学常识都应该从儿童的理解出发，说得文雅一点，要注重从儿童的视角，才能够引起他们的阅读兴趣。比如我的一个中长篇科学童话《大海妈妈和她的孩子们》，是讲地球上水资源和水的循环，这是个相对枯燥的科学话题，怎样才能引起小读者的兴趣，在内容设计和情节安排上，如何抓住小读者？这是颇费踌躇的。

当年是这样设想的：整个故事设定为大海妈妈过生日这天，她的儿女们不管在世界的什么地方，都要赶回家来，看望他们的妈妈，庆贺一番。这个情节对于小读者来说是熟悉的，也感到很亲切，谁没有过个生日呀！

故事由此展开，顺理成章会带来一个问题：谁是大海妈妈的儿女？于是我们的故事中的一个个角色就会纷纷登场：大江大河、湖泊、地下水、温泉、沼泽、雨、雾、冰雹、冰山……这些都是大海妈妈的儿女。

这篇童话对于地球上的水循环做了形象直观的介绍，对于各种水的存在形式，特别是水与人类的关系，都进行了比较客观的分析，也提出当今社会中水体的污染和淡水危机。总体来说，它的有些内容是新颖的。但它的不足之处，现在看来，至少有两点：一是知识的容量过大，孩子们消化不了，应该精简一些内容；另外一个不足是表述手法比较单一，陈旧，缺乏变化。这也是过分强调知识性、忽略了趣味性容易犯的通病。我的这篇科学童话也犯了这个毛病。

二

谈到科学文艺的创作，似乎不能不提科幻小说。尽管在如何界定科幻小说的问题上，理论家们很早就存在分歧和争论，但是如果不是抱有偏见，大概谁也无法否认，在当代中国，科幻小说的发展完全是几代中国科幻作家努力的结果，这是抹不掉的历史。

按照约定俗成的说法，科幻小说有"硬科幻"与"软科幻"之分。我写的科幻小说，大体上也可以分为这样两类：一种是比较偏重科学内涵，由这种科学预测生发出故事情节，这算是"硬科幻"；另一种"软科幻"则是以科学内涵为依托，重点是由此铺陈开来，演绎出悲欢离合的故事，两者的侧重点有所不同。此外，也有的小说介于两者之间。

其实，"硬科幻"与"软科幻"之分，也是人为的界定，作家在创作过程中并非事先有一个框框，执意要硬要软，多半是根据作品的情节安排，人物角色的确定，随着故事的进展自然而然形成的。

根据我很有限的创作实践，不论是写"硬科幻"或者"软科幻"，我觉得科幻小说除了要有故事、人物、主题，讲究悬念、人物性格刻画和注重语言风格外，还必需设计一个科学构想。这是科幻小说有别于一般小说的特殊之外，也是它独有的创作规律。也就是说，科幻小说既要有文学构想，还要有一个科学构想，这是科幻小说是否具有独创性，是否出人意料的关键因素。

比如顾均正先生的《和平的梦》，这部作品创作于第二次世界大战期间，写的是美国与极东国（指日本）之间发生的信息战。小说的科幻构思是这样的：当美国与极东国之间的战争即将由美方取得胜利的关键时刻，突然美国本土朝野上下弥漫着反战的浪潮，人们纷纷上街游行，要求政府改弦更张，与极东国世代友好，并且荒谬地同意将一部分领土割让给极东国等。

小说通过主人公、美国特工夏恩·马林的调查发现，这是极东国向美国实施心理战的结果。极东国派遣的以科学家李谷尔为首的特工，潜入美国田纳西州荒无人烟的山岭，建立秘密电台，每天晚上发射强大的催眠电波，使美国人入睡。然后向他们灌输与极东国友好的思想，于是，造成美国人心大乱。

小说最终是马林冒着生命危险，驾机找到敌人的藏身之地，抓获了发明催眠法的李谷尔，以子之矛攻子之盾，威逼李谷尔照常发出催眠电波，但改变了灌输的内容，宣讲"极东国是美国的仇敌。美国绝不能向极东国屈服。美国必须继续抗战"的道理，结果形势迅速逆转，美国全国上下一致要与极东国血战到底，狡猾的极东国离灭亡的日子不远了。

《和平的梦》是典型的硬科幻。小说中，为了说明如何找到敌人的电台，插入

了一段关于"环状天线"的科学依据，甚至画了说明原理的几幅技术性插图。有的评论者认为，这表明顾均正对科学小说的科学性十分注重。不过，"在小说中忽然插入一大段知识硬块，使作品失去了和谐的统一"。他们对此表示怀疑。

我倒是觉得《和平的梦》真正的科学构思并不是如何运用环形天线捕捉敌人的电台，而是贯串小说的另一个重要的线索，即极东国利用发射催眠电波，对美国人灌输反战的心理暗示。考虑到小说创作于抗日战争时期，当时信息战这个概念尚未形成，但是《和平的梦》却以敏锐的洞察力，预见到改变他人思维的电波，可以起到正面战场无法起到的作用。这是很超前的科学幻想，也是一个绝妙的科学构想。如果我们联想到今天无孔不入的信息战，以及形形色色的宣扬"颜色革命"的网络战，也许就不难看出顾均正先生的这部科幻小说的警世价值了。

写到这里，忽然想到有一点是值得一提的。从顾均正的《和平的梦》，到郑文光的《飞向人马座》、童恩正的《珊瑚岛上的死光》、叶永烈的《腐蚀》、王晓达的《波》等作品，可以看出中国的科幻作家沿袭着一个可贵的传统，即强烈的忧国忧民的意识。"僵卧孤村不自哀，尚思为国戍轮台。"当祖国面临强敌威胁之日（不论是日寇侵华之日，还是美帝苏修亡我之心不死之时），他们都以自己的作品向世人显示了与敌人殊死抗争的爱国主义情怀，以及用科学发明的利器（科幻作家头脑中的发明，如死光），与敌人一决雌雄的胆识，这是很可贵的。只是这些，似乎很少引起评论家的关注。

说来惭愧，我闯入科幻小说这个园地是比较晚的。1978年初冬，在厦门鼓浪屿，中国海洋学会科普委员会召开了一次会议，我有幸参加。许多多年未见的老朋友，在十年浩劫后再次重逢，都感到特别高兴。

当时，中国大地刚从寒冷的冰期苏醒，被长期禁锢的思维开始兴奋起来。鼓浪屿充满诗情画意，那明丽的阳光，忽涨忽落的潮水，宁静的月色和清新的海风，创造了一个难得的氛围，使我能够冷静地去梳理纷乱的思绪。

记不清是哪天晚上，几个朋友聚在一起，像历经战火的老兵回忆战场的逸闻和身上疤痕的来历一样，大家各自讲述那场记忆犹新的浩劫，以及更早年代发生而新近披露的故事。谈话是随意性的，没有主题，东拉西扯，如今也记不清所谈内容了。

一位来自成都的朋友讲述的一个女子的坎坷经历、身受的磨难以及她的悲惨爱情故事，深深地打动了我。那一夜，月色皎洁，林木吐香，鼓浪屿巍峨的日光岩的倩影和繁星点点的夜空，在我的脑海里幻化出虚无缥缈的世界。我的心中涌起了创作的冲动，很想将这个现实生活中发生的故事写下来。

如何把现实的感受化作文学的创作，我一时难以决断。当时，中国文坛兴起风靡一时的伤痕文学，以我所把握的题材，还有其他耳闻目睹的故事，敷衍出一部曲折离奇的伤痕小说，大概是不太困难的。可是，我并不想将作品变成生活的复制，简单地让读者去回味身心留下的累累伤痕。我想得多些深些，企图将一个特定的时代现象放在更广阔的时空去观察，去剖析，从而探究其中值得思考的内涵。为此我曾征询郑文光的意见，他是一位有丰富创作经验的科幻作家，他听我讲述了大致的想法（当时也谈不出太多，仅是粗线条的轮廓），毫不犹豫地建议我尝试写成科幻小说。

离开鼓浪屿，我却陷入苦苦思索。想来想去，郑文光的建议无疑是正确的，只能写成科幻小说。在各种文学体裁中，科幻小说有着最大的自由度，表现的天地也极为广阔。不过，我对科幻小说十分陌生，如何将一个现实的题材敷衍成幻想的样式，放在虚幻的环境去铺陈开来，在虚虚实实中展开主题，刻画人物，这都是事先要想好的。中国的科幻小说长期以来实际上是游离于现实之外，它仅限于表达理想的追求，或者是简单化地阐释科学、普及知识的故事，很少去触及现实，更谈不上对现实的批判了。因此，我写的科幻小说在这个敏感的问题上拿捏怎样的尺度，都颇为思量，也有一定的风险。

《月光岛》为什么没有写成"伤痕文学"，而写成一部科幻小说？从小说的艺术性来说，伤痕文学过于拘泥于现实，而当时中国的伤痕文学一哄而起，已经很难写出新意，因此我不想去凑这个热闹。把《月光岛》写成科幻小说，对于扩大读者的想象空间、深化主题，以及给残酷的人生悲剧点缀些虚幻缥缈的喜剧色彩，也许不失为一个较好的选择吧。

在构思过程中，我始终忘不了鼓浪屿的夜晚，黑夜笼罩的岛屿，怒海狂涛，月色凄凉，一个孤苦伶仃的女孩，命运坎坷。而鼓浪屿恰恰有一处屹立海边的日光

岩……于是小说便以《月光岛》为名。

《月光岛》最初在我的朋友刘沙主编的《科学时代》1980年第1、2期连载。

刘沙是黑龙江省科协的干部，一位憨厚善良的东北汉子，他那时工作热情很高，到处为《科学时代》组稿，我就把《月光岛》寄给他，似乎没有多久就发表了。

一篇在哈尔滨的刊物上发表的科幻小说，有多大影响可想而知。不料，发行全国的《新华月报》(文摘版) 于1980年第7期转载，因篇幅长，事先让我自己动手做了删改。这期《新华月报》同时发表了香港作家杜渐的长篇论文《谈中国科学小说创作中的一些问题》(原载《开卷》1980年第10期)，以及著名科幻作家郑文光对《月光岛》的评价文章《要正视现实——喜读金涛同志的科学幻想小说〈月光岛〉》。这样兴师动众地为科幻小说鼓吹，也反映出当时中国的一股科幻热。

但后来，对《月光岛》的评价就变得冷峻了。甚至在一部科幻作品集收入《月光岛》时，编辑在"编后记"中针对小说结尾、女主人公孟薇逃离地球飞向遥远的太空写道："这样写法，是否妥当，也还值得商榷。"

这样的质疑是很有时代特色的，也符合不少受党教育多年的中国人的思维逻辑。它使我想起当年纳粹残酷迫害犹太人，而犹太人不得不逃亡他乡的许多故事。但在某些中国人看来，宁可被折磨而死，也不该逃往他国，那不是可耻的叛逃吗？！孟薇逃离地球，飞向遥远的太空，尽管是外星人主动提出的，他们这么做"是否妥当，也还值得商榷"。这个说法的言外之意是十分清楚的。

这真是一个涉及国民性的极有代表性的问题。

《月光岛》和我的另一篇科幻小说《沼地上的木屋》结集出版，是在1981年3月，由地质出版社出版。责任编辑是热心肠的叶冰如女士，她是科幻小说积极热心的推动者，曾是人民文学出版社的资深编辑，郑文光的科幻小说《飞向人马座》等优秀中国科幻名著的责任编辑，后来却不得不离开人民文学出版社，调入地质出版社、海洋出版社。

记不清是什么时候的事了。有一天，突然收到一包印刷品，打开一看，是四川省歌舞团打印的科学幻想歌剧《月光岛》剧本，封面注明"根据金涛同名科幻小说改编"，改编者是我不认识的钟霞，国政(执笔)同志。

科学幻想歌剧《月光岛》是一部再创作的作品，改编者付出了艰巨的劳动。据剧本末页附言："一九八〇年十二月一稿新繁，一九八一年二月二稿成都，一九八一年五月三稿成都"，说明改编者花费了半年的时间，三易其稿才完成。

由于消息闭塞，不知道四川省歌舞团后来是否将这部科学幻想歌剧搬上舞台，也不知道剧本是否正式发表。在中国科幻小说史上，恐怕是值得补上一笔的，因为这是第一部由小说改编的科学幻想歌剧。

考虑到种种原因，主要是我胆子小，不想惹麻烦，后来出版个人的科幻作品集时，我主动没有收入《月光岛》。《月光岛》也没有再版过。我想它和我的其他作品的命运一样与时俱亡，也许是合乎生活的逻辑的。

岂料，1998 年 2 月 19 日，突然收到上海科技教育出版社第六编辑室来函，说他们拟出版一套"绘图科幻精品丛书"，信中说："《月光岛》情节丰富曲折，科学构思奇特，其创意时至今日仍颇为新颖"，拟将它改编后收入这套丛书，这倒是出乎我的意料，颇有点受宠若惊。于是，1998 年 10 月，在初版过了 17 年之后，它又与读者再度见面，一次就印了 1 万册。

20 世纪 80 年代，中国有过科幻小说短暂的繁荣期，杂志也多，出版社也纷纷约稿。文学创作的激情是需要环境支持的，这是文学的生存法则。我在那个时期陆续写了些科幻小说，如《马小哈奇遇记》《人与兽》《台风行动》等，也是应运而生，谈不上有什么成绩可言，毕竟也点缀了那短期繁花似锦的科幻文坛。到了 20 世纪 80 年代后期，科幻小说交了华盖运，许多刊物纷纷落马，出版社也不敢出版科幻小说了。很快，电闪雷鸣，暴风雨来了。

我想起小时候在乡间见到暴风雨袭来前的情景：群鸟惊飞，小草发抖，大树的枝叶惊慌地摇摆，空气中有一股呛人的尘土和血腥味道，一切生灵都在惴惴不安。唯有那暴虐的狂风在欢快地嗥叫着，那残忍的闪电也在云层中吐出恶毒的火舌，那久已沉默的雷声终于找到发泄的时机……

暴风雨达到了预期目的，群芳凋敝，万木萧疏，白茫茫大地真干净。

不过，在科幻文学凋零的岁月，倒是一些以少年儿童为读者对象的刊物顶住压力，以非凡的勇气支持了中国的科幻小说，提供了科幻小说一点生存空间。我记得

那时除了四川的《科学文艺》在刘佳寿、杨潇、谭楷、周孟璞的主持下，几易其名以图生存，最终以《科幻世界》单独支撑起中国科幻小说的大旗；上海的《少年科学》（主编张伯文）、《儿童时代》（主编盛如梅）也没有中断发表科幻小说，这是令人难忘的。它们是狂风怒号的大海中的救生筏，是暴风骤雨的荒原上的草棚……

此后我仍然断断续续从事科幻小说的写作，热情已经不似当初的痴迷，倒是有了抗争的勇气。

彷徨于大漠风沙之中，我为科幻的呐喊，至多也只是希望沙漠似的中国科幻文坛增添一点绿色，让扼杀者心里不那么舒服，也借此告诉此辈，科幻不是那么轻易地能够斩尽杀绝的。《失踪的机器人》《马里兰警长探案》《冰原迷踪》《小安妮之死》《火星来客》《台风袭来的晚上》等，便是这个时期的收获。当然，无论是数量还是质量，都不尽如人意，愧对逝去的岁月。

2009年《科幻世界》30周年特别纪念（1979—2009），将《月光岛》列入"中国科幻30年九大经典短篇"之一，并收入《科幻世界》30周年特别增刊。同年5月，湖北少年儿童出版社再版《月光岛》（同时收入我的另一部《马小哈奇遇记》），纳入该社"科普名人名著书系"。2014年8月科学普及出版社出版《月光岛》中英对照本，纳入"中国科幻小说精选"。在此前后，得知《月光岛》有了意大利文本，但我仅看到复印件，没有收到样书。

最近，大连出版社拟出版包括《月光岛》在内的科幻小说《月光岛的故事》。从1980年问世以来，这本小书历经风浪，35年后还没有被读者遗忘，而且还悄然走向世界，对此我是很高兴的。

这部小说忠实地、艺术地浓缩了一个时代。鲁迅在《狂人日记》中写道："这历史没有年代，歪歪斜斜的每页上都写着'仁义道德'几个字，我横竖睡不着，仔细看了半夜，才从字缝里看出字来，满本都写着两个字是'吃人'！"

在那个时代，因为"和尚打伞，无法无天"，人的尊严一文不值，人的生命可以任意践踏，只是"吃人"的方式各有千秋，"吃人"的花样不断创新罢了。

也许，正是小说超越了时空，至今还有点生命力，能够博得今天和明天的读者一声叹息的原因吧。

三

谈及科学文艺，我个人比较偏好科学考察记。个中原因，恐怕是和我的个人兴趣尤其是学的专业大有关系。我读大学时就参加过沙漠考察，很痴迷早期探险家、航海家前往南北极、青藏高原、中亚内陆以及非洲内陆、南北美的考察与探险。阅读他们的科学考察记，曾经使我兴奋着迷，也不止一次做过种种不切实际的梦。

生活不容许我做白日梦，大学毕业就被迫改行，很多年伏案爬格子，白白浪费了宝贵的青春年华，可以说是一事无成。不过，就在这时，可遇不可求的机会突然降临了，

20 世纪 80 年代初，地球最南端的那块冰雪大地——南极洲，忽然成了中国人关注的对象。新闻记者的消息比较灵通，我从各种渠道获悉我国年轻的科学家董兆乾、张青松到达南极洲的澳大利亚凯西站，他们一回国，我便及时采访了他们。我写的报告文学《啊，南极洲》，发表后反响比较大。我敏感地意识到：中国人涉足南极洲已经指日可待，种种机缘此刻也唤醒了我对冰雪大地的激情。

1984 年，当中国人派出第一支考察队，前往地球最南端的南极洲，到那个寒冷的、暴风雪肆虐的大陆时，我及时抓住了这个千载难逢的机遇。经国家南极考察委员会批准，我作为特派记者，参与了这次考察活动。后来才知道，我此前发表的有关南极的报道、文章和著作，在这个节骨眼上成了很有效的通行证，因为很多队员早就从报纸上认识了我。

我因报名最晚，签证办不下来，赶不上与考察队同乘一船，只能独自走另一条线路。岂料这样一来，倒是"塞翁失马、焉知非福"，我的行程几乎在地球上转了一大圈，先飞往美国，然后又飞往南美的阿根廷和智利。时间很充裕，我有幸在这些国家逗留多日，由此获得了对西半球的深刻印象。当中国考察船"向阳红 10 号"经受了太平洋的狂风恶浪，驶抵南美洲的火地岛，我才上船，开始了南极之旅的漫漫航程（去南极，立了"生死状"，如遭不幸，尸体不能运回）。

接下来几个月，我亲历了五星红旗在南极第一次升起的历史时刻，目睹并参与了中国长城站建设的日日夜夜。踏着积雪跑遍了乔治王岛西海岸，访问了神奇的企鹅岛，以及邻近的智利、苏联和乌拉圭考察站。最难忘的是南大洋考察的日子，当

考察船越过南极圈时，咆哮的狂风卷起排山倒海的巨浪，船只在波峰浪谷中摇晃颠簸，随时都有可能船毁人亡。我有生以来第一次经历了生与死的考验，也真切地领略了冰海航行的危险。

这次南极之行，为我创作科学考察记提供了舞台。

在科学文艺广阔的领域，科学考察记是一个特殊的品种，它不能像科学童话、科幻小说或科学小品，坐在书房里就可以写出来。科学考察记类似新闻报道，必须亲身参与，以自己的眼睛耳朵去捕捉考察活动的全部信息，除此之外，似乎没有捷径可走。

在整个南极考察期间，当年在大学参加沙漠考察的经历对我有很大帮助。首先，我牢记前辈的箴言："不要相信你的记忆力！"这话的意思是：你务必勤奋地记考察日记，不论天气多么恶劣，身体多么疲惫，在大洋上遇到风浪而晕船，你都要坚持记日记。那种以为自己记忆力强，可以事后凭回忆来弥补，往往是很不可靠的。回想当年读达尔文的乘小猎兔犬号环球航行写下的详尽日记，对这位生物学家不能不肃然起敬。

要写好科学考察记，还要尽量多跑多看，接触科学家和船员水手，采访他们，和他们交朋友。几个月的南极考察，特别是海上航行，人是很疲乏的，情绪也很受影响，但是你必须克服心理压力，始终保持新奇的敏锐感，当发生和发现新的情况时，务必出现在现场，这样才能获得第一手资料。在整个考察期间，当考察船航行在别林斯高晋海遇到重大险情时，当小艇前往南极半岛因水浅不得不弃舟赤脚涉水登岸时，以及乘橡皮艇迎着风浪前往纳尔逊岛……我都有幸参与了全过程，因而也获得相应的回报。

当然，科学考察记的深度和价值，还和作者的知识面、自然科学和人文科学的积累，以及文学修养和语言表述能力大有关系，这就不必细说了。除此之外，科学考察记还是一门令人遗憾的创作，由于客观条件或主观失误，我往往没有抓住一些应该抓住的细节，等我下笔时为时已晚。这类教训实在太多太多了。

从南极归来，科学考察记《暴风雪的夏天——南极考察记》很快在光明日报出版社出版（1986年12月），1999年又收入湖南教育出版社推出的"中国科普佳作选"。

我在第一次赴南极的 7 年之后，又一次重返南极洲的冰雪世界。这一次是和浙江电视台合作拍摄《南极和人类》（导演姜德鹏）的电视专题片。为了收集更多的材料，我们乘直升机、橡皮艇、雪地车前往乔治王岛的波兰、阿根廷、巴西、俄罗斯、智利、韩国的考察站，以及纳尔逊岛的捷克站，还专程前往澳大利亚的塔斯马尼亚岛、太平洋的复活节岛和塔希提岛。2012 年经樊洪业先生推荐，《暴风雪的夏天——南极考察记》补充我的第二次南极之行内容后，纳入"20 世纪中国科学口述史"丛书，易名《我的南极之旅》，由湖南教育出版社出版。荣幸的是，湖南教育出版社不久又以《向南，向南！——中国人在南极》为书名，重新印制出版（责任编辑李小娜），该书荣获 2013 年国家新闻出版广电总局颁发的"第三届中国出版政府奖图书奖"。

往事如烟，恍如隔世。我以庸劣之材，混迹于科普文坛，实在没有多少业绩。只是对我个人而言，每当我投身大自然的怀抱，双脚踏上坚实的大地，那泥土的芳香、那烫脚的黄沙和冰冷的雪原，总是使我忘掉人世的倾轧和喧嚣，我的心境会变得纯净澄明，我也会从大地吸取营养和力量，愉快地拿起笔来。

大地，永远是我的创作源泉。

作者简介

金涛　科普作家、科幻小说家，高级编辑。1940 年出生，安徽黟县人，毕业于北京大学地质地理系。先后做过教员、编辑、记者。中国作家协会会员。曾任科学普及出版社社长兼总编辑、中国科普作家协会副理事长兼科学文艺委员会主任委员、北京科普创作协会副理事长。2014 年获首届"王麦林科学文艺奖"。

主要作品有《月光岛》《台风行动》《冰原迷踪》《失踪的机器人》《马小哈奇遇记》《大海妈妈和她的孩子们》《我眼中的世界》《奇妙的南极》《土地在呼唤》等。科学考察记《向南，向南！——中国人在南极》获国家新闻出版广电总局授予第三届中国出版政府奖图书奖。

科学探索与科普创作

林之光

　　1959年，我从南京大学气象系气候专业毕业，进入中国气象局从事科研工作（其中仅1991—1994年任职于《中国气象报》总编辑），一辈子主要研究中国气候，因而对中国气候极为熟悉。从20世纪90年代开始，我的研究内容有了重大变化，因为我发现中国气候不仅影响我国植被、农业和经济建设等物质层面，而且通过人的衣食住行、风俗习惯影响到民族文化，即精神层面。因此，近20年来我开始重点研究中国气候对中国传统文化的影响，把属于自然科学的气象学和属于社会科学的中国文化联系起来，用气象学知识解释、分析和归纳总结其与中国传统文化的关系，开创了一片小小的科研与科普相结合的新天地。

　　总结我过去56年的科研和科普工作，共有4次认识上的飞跃，相应地，是我研究中国气候对中国传统文化影响的4个层次和阶段。用它作主线，可以较好地反映我的科普创作的全过程。

第一次认识飞跃：
我国主要气候资源和主要气象灾害间存在内在联系

第一次飞跃发生于20世纪60年代和70年代。主要内容是，在了解和掌握了我国气候的主要特点和规律后，进一步认识到，与世界同纬度相比，我国气候兼有大利（丰富气候资源）和大害（大范围重大气象灾害）。它们主要都是我国大陆性季风气候所带来的，对立统一地存在于大陆性季风气候之中。其间仅"一步之遥"。因为大陆性季风气候不是一架机器，它运行正常就是气候资源，运行不正常就会造成大面积重大气象灾害。

我国大陆性季风气候的主要特点是什么？

若简单以八个字来概述，即"冬冷夏热，冬干夏雨（南方是夏多雨冬少雨）"。这是因为，冬季风从内陆西伯利亚南下，寒冷且干燥；夏季风从南方海洋北上，高温且多雨。我国一切主要气候特点和规律、气候资源和灾害，大都由此而生。

这种大陆性季风气候于我国有什么大利？

第一，由于我国夏季热量丰富，因此春种秋收的一年生喜热高产粮棉作物分布纬度之北，世界上数一数二。例如，东北几乎全境都可种喜热高产作物水稻、玉米；新疆棉花亩产高达100千克，总产量甚至占了全国的一半，而冬冷对它们并无影响。

第二，我国雨水多降于光照和热量最丰富的夏季（雨热同季），水分、热量和光照都得到了最充分的利用，好钢用在了刀刃上。相反，同纬度西欧地中海周围地区（大陆西岸是地球上正常情况应有的气候）雨季在冬，夏季是干季。这样，光、热、水资源便都得不到充分利用。

第三，更重要的是在世界15°—30°纬度带上，由于高空有副热带高压带持久控制，天空云消雨散，凡大陆久之都成为了沙漠，例如北半球撒哈拉大沙漠、阿拉伯大沙漠，南半球澳大利亚大沙漠、南非卡拉哈里沙漠等（南北美洲由于该纬度上陆地宽度较窄，没有沙漠但有干旱和半干旱地区）。唯独我国南方和相邻的南亚地区，由于夏季风送雨，硬是在这沙漠带纬度大陆上，制造出了一个"大绿洲"。大陆性季风气候之利我国，可谓大矣。

我国大陆性季风气候的大害，主要可归纳为"旱、涝、风、冻"四个字。我国

大范围旱涝主要是由于夏季风雨带在大陆上季节性南北进退移动不正常造成的。冻，是冬季风即冷空气南下造成的低温和冷害，如东北夏季低温冷害；华北、长江中下游地区春秋季低温（早晚霜冻、早稻烂秧、晚稻寒露风），华南冬季热带作物的寒害等。较大面积风灾则主要是与冬季风有关的寒潮大风，以及与夏季风有关的台风等造成的。所以说，正是给我们带来了丰富气候资源的大陆性季风气候，同时也带来了气象灾害。

下面具体举出两例。

第一个例子是关于冬季风的。1953年4月10日至12日，华北地区冬小麦刚刚拔节（不耐0℃低温），一场特强冷空气（冬季风）南下，最低气温普遍降到零下1—3℃，局部零下3—5℃。大范围霜冻使当年仅冬小麦一种作物就减产50亿斤，严重影响了当时国家粮食供应。毛泽东主席和周恩来总理同年8月1日签署命令，把气象部门从军队（军委气象局）转建政务院（国务院），成立中央气象局。天气预报开始向社会公开发布，同时为经济建设和军事建设服务。

第二个例子是关于夏季风异常造成旱涝的。例如，在正常年份，北上的夏季风雨带在6月中旬到7月上旬在江淮、江南地区停留，成为当地梅雨季节。7月中旬雨带开始北上华北、东北，江淮、江南便进入一年一度的伏旱季节。但1931年，夏季风雨带北上过程中长期停滞江淮、江南，梅雨期特长，淹没农田5000多万亩。武汉被淹3个月之久，共死亡14.5万人，灾民2800多万人。相反，1959年梅雨期特短（空梅），江淮、江南地区出现几十年不见的大范围严重干旱，也使我国粮食严重减产。

实际上，我的这次认识飞跃是有原因的。这就是，20世纪60年代初，我从文献中查到，在20世纪40年代，国际地理决定论者正是以冬冷夏热使人不适为由，将我国划为"最多二等强国"，这个结论深深刺伤了我的民族自尊心。但找遍文献，又找不到正面批判它们的论文或书籍。最多只说到冬冷夏热气候"可以振奋吾民族之精神"。于是，我开始了对这个问题的漫长思索。

事情转机发生在1963年初，我写了一篇1300多字的文章《谈谈我国的严冬》，发表于1963年1月19日的《人民日报》。写这个题目必然要讲到冬冷的许多不利，可在当时情况下，又不能全讲不利。我心想，即使一时找不到直接的有利，也要找些间接的有利。因为按照一分为二的观点，严冬也应该有它有利的一面。于是，在文章的最后写了这么一段话："应该怎样来全面评价冬季风呢？我们知道，在夏季里，海陆之间的热力差异造成的是偏南的夏季风。冬季风虽然缩短了我国农作物的生长期，但从海洋上来的夏季风，却给作物在旺盛的生长季节带来大量的雨水，使我国的大部地区成了富饶的米粮之川。"

这篇文章，本已接触到了问题的实质，但由于接踵而来的许多政治运动而中止（本职研究工作也停止多年）。直到 1975 年，才经过局级（副局长和局总工）审查，在第 8 期《气象》杂志上发表了《对我国气候的几点认识》，接着又应《地理知识》主编高泳源先生之邀，在《地理知识》1976 年第 1 期上发表了全面评价我国严冬的文章《我国的严冬》。后来，还在 1995 年 5 月 3 日《科技日报》2 版头条位置，进一步总结成《季风为什么既是资源之源，又是灾害之源》一文。

这样，我就从理论上揭露了地理决定论者孤立、静止、片面、表面地看问题的形而上学思想方法。他们虽然依据的是事实，但得出的却是错误的结论。

我的这个飞跃认识，使我对我国气候的认识上升到了哲学的高度，即建立了冬夏季风间的对立统一和转化关系，解释了"（季）风调雨（水）顺"成语的科学道理，以及我国农业丰年和灾年为什么可以无过渡地剧变的哲学原因。

这一次的认识飞跃，也是以下三次飞跃的基础。

第二次认识飞跃：
中国气候既影响我国植被、农业等物质层面，也影响我国传统文化等精神层面

第二次认识飞跃发生在 20 世纪 90 年代中期。当我撰写《气象与生活》一书（江苏教育出版社，1998 年，后由我国台湾凡异出版社出繁体字版）"气候与衣食住行"部分，特别是研究"春捂秋冻"等健康谚语时，猛然想到这些已经属于我国民俗文化范畴，所以我才在该书的扉页上，按照出版社的统一要求，签名题词"冬冷夏热的气候不仅深刻影响了我国的农业，而且深刻地影响了我国人民的生活、风俗习惯

和文化"。

　　这个认识飞跃，从哲学上说，就是把对中国气候的认识，从矛盾的特殊性上升到了普遍性，即认为中国气候对我国的影响不仅表现在植被景观、农业生产和经济建设等物质层面，而且表现在人们的衣食住行、风俗习惯和传统文化等精神层面。这一认识飞跃的重要性，还表现在使我对中国气候影响的研究突破了气象学以至自然科学的范围，而进入到自然科学和社会科学的交叉领域。

　　认识到这种影响之后，我思想上豁然开朗，"势如破竹"地主动研究我国气候对我国各种文化的影响，现在大体初步完成了"24节气文化""古诗词文化""中国园林文化""中医和中医养生文化""中国民俗文化（衣食住行、民间体育竞技等）"等多方面的研究。部分阶段性成果先后发表在《气象万千》第3版（湖南教育出版社，1999年）、第4版（湖北少年儿童出版社，2009年）、第5版（湖北科学技术出版社，2014年），以及其他文章之中。

　　我们从下面几例民俗文化，就可以看到中国气候对传统文化深刻影响之一斑。

　　1. 饮食文化：南稻北麦，南甜北咸，川湘爱辣

　　《汉书》中说："民以食为天。"这是说饮食是人类生存的第一需要。过去中国人见面打招呼时常问"吃饭了吗"，可见民间对饮食之重视。实际上，"吃"的用词已经广泛深入到了民间人们生活中的方方面面。例如，受了惊吓叫"吃惊"，费力气叫"吃力"，受了损失叫"吃亏"，拜访别人被拒叫"吃闭门羹"，被人诉讼到法院叫"吃官司"，干什么工作叫"吃什么饭"，等等，堪称中国特有的"吃"文化。

　　我国气候对人们主食影响最大的可算是"南稻北麦，南米北面"了。因为大体在秦岭、淮河以南的南方地区，春雨、梅雨雨量丰富，非常适合种植需水多的水稻，因此南方历史上一直以大米及其制品为主食，例如米饭、年糕、米线、粽子、汤圆等。而秦岭、淮河以北的北方地区，春多旱而秋末土壤墒情尚好，因而历史上一直种植需水较少、秋播夏初收割的冬小麦。人们主要也以面粉制品，如馒头、面条、饺子、烙饼、包子等为主食。这正如清人李渔在《闲情偶寄》中说的"南人做米，北人做面，常也"。

　　其次，冬冷夏热气候使国人食欲、口味在冬夏有很大的不同。

冬季中，人的热量消耗很大，因此食欲好。人们多食高蛋白、高热量的动物性食物，特别是热性的羊肉、狗肉，吃法多用火锅。到了夏季，天气炎热，人们胃口大减。多爱好新鲜爽口、易消化的清淡食物，菜则肉少而蔬菜多，汤也比较清淡。人们还喜欢西瓜、绿豆汤等清凉去火佳品。

南方自古就有甘蔗种植，所以古人喜甜；北方甜菜一直到19世纪初才被引进中国，因此居民习惯吃咸。这就是我国"南甜北咸"的气候原因。

川、湘爱辣是因为南方冬季潮湿阴冷，吃辣可以抗风湿。俗话说"湖南人不怕辣，贵州人辣不怕，四川人怕不辣"。但其中主要还是抗湿而不是抗寒，否则，冬季平均相对湿度和川黔湘相近的东北就应该是我国冬季最需要、也应最能吃辣的地方了，因为东北是我国冬季中最冷的地方。实际上，东北恰恰反是最不能吃辣的地方。其主要原因是，虽然两地空气相对湿度相差不大，但两地空气中水汽的绝对含量却相差很大：例如哈尔滨、长春、沈阳的1月平均每立方米空气中含水汽仅$1.1 \sim 1.7$克，而成都、贵阳、长沙则高达$6.9 \sim 7.2$克之多。所以说"抗湿"之湿，主要是指空气中水汽的绝对含量。

2. 居住文化方面：南床北炕，南敞北闭，春捂和阴暑

北方地区冬冷，居住气象条件的主要矛盾是要设法度过漫长的冬季。因此，房屋造得十分矮小紧凑、密闭，北侧多不开窗户，一切为了保暖。其中最典型的是我国最冷的东北口袋房，南侧只有一个窗户，且窗户一般都有两重，而且外窗外还要蒙上一层透明塑料膜保暖。而南方房屋居住气象条件的主要矛盾是度过长长的炎夏，所以房屋必须造得高大通风。但这样到了冬季取暖效果便很差，阴冷气候下，使人们常常手足都生冻疮。北方游牧民族为了适应迁徙，常常建成像蒙古包那样的可移动房屋，冬季包上盖多层毛毡，夏季盖1层毛毡甚至布质。而黄土高原上居民则挖地而居成窑洞，天然的冬暖夏凉。我国窑洞人口曾在三四千万人以上。

春捂是指春季室外升温而室内因房屋热惰性而仍凉，因此入室要添衣春捂，久居室内的老人春季减衣也不宜太快。阴暑是指夏季室外高温甚至汗流浃背，进入凉的室内极易受凉感冒。这种情况类似于现代城市中室内安装了空调，而且从室外到室内仅一步之遥，气温立刻降低$5 \sim 10\,^\circ\text{C}$。所以现代"空调病"常常比古代阴暑病

更加严重。

3. 交通文化方面：南船北马，风雨桥，"接风洗尘"成语

在古代，交通几乎完全决定于气候条件。南方地区由于雨季长雨量多，河湖港汊发达，因此水上运输极为便利，而且船舶还能载重。而北方年雨量小，雨季短，河流稀少，大地一马平川。"四野皆是路，放蹄尽通行"，交通自然以陆上的车和马为主了。

"风雨桥"是多雨的南方地区为了晴天避晒歇脚、雨天避雨的需要而建的。在城市中的相应建筑是马路两旁的"骑楼"。即商店楼房在一楼让出通道，以使顾客、行人避免日晒和雨淋。此外，与交通有关的成语"望尘莫及"（指车马远去，追赶不上）、"接风洗尘"等，可以证明这是在北方诞生后传播到南方去的，因为南方气候潮湿，地面不起尘，北方空中尘沙也难以到达。

4. 民间体育、竞技方面：南龙舟、北赛马，"南拳北腿"

南方雨多，河流多而深，水流平缓，因而古代很早就有龙舟赛，而北方雨少，草原宽广，因此蒙古族"那达慕"等赛马运动十分盛行。"南拳北腿"的原因，则与南北方人的体格有关。南方地区由于纬度低，气候热，人的生长发育期相对较短，因而个子一般比较矮小，下肢较短对用腿踢人非其所长，因而重拳击，靠近身取胜。而北方人由于气候较冷，生长发育期较长，加上杂粮肉食，因而长得人高马大，腿长是其优势。由于腿的转动半径大，力量足，速度快，威力大，所以逐渐形成"北腿"的武打特色。

仅从以上几例，可以看到气候对我国传统文化深刻而广泛的影响。这里还要补充一点，这种影响除了我国地域广大（空间差异大）、冬夏气候变化急剧（四季差异增大）原因外，还与我国地理位置适中有关，因为我国南北方自然分界线"秦岭淮河"正好位于我国中部，这样才有北方为寒温带、温带，南方为亚热带、热带；北方为春旱夏雨，南方为相反的春雨、梅雨伏旱季节类型。否则，即使如俄罗斯、加拿大，南北幅度比我国还大，但却没有我国南北方如此鲜明的气候和相应文化差异。

现在文归正传。由于中国传统文化是在包括气象学在内的各种自然科学环境（例如植被、地形、土壤、水文学等）中和长期历史中形成的，因此它们和传统文化都有着十分密切的联系。所以,我认为,自然科学可以(也有责任)帮助解释传统文化中许多科学问题,甚至可以帮助判断、解决文化界历史上的争论。

例如,我在《中国科学报》2012 年 6 月 22 日发表的《异事惊倒百岁翁——苏轼〈登州海市〉诗并非造假》,就是为苏轼鸣冤正名。因为苏轼《登州海市》一诗历史上一直颇受争议,认为苏轼到任仅 5 天就离去,很难遇见罕见的海市蜃楼。且苏轼来登州(今山东蓬莱)时已是初冬,而登州海市一般又只在晚春初夏季节才有出现,因此有不少人认为是造假。历史上虽也有不少人认为不是假诗,但举出的观点证据,都是从苏轼的人品、道德等方面。而我恰恰是从气象科学原理上指出苏轼诗是真的,而且证据就在此诗之中的末句"相与变灭随东风"。像这类科学问题,因为专业所限,只靠文学家自己是不可能解决的。

反过来,自然科学家也可以主动发现传统文化例如古诗词中的科学性问题。例如南宋朱弁,在宋高宗建炎元年(1127 年)从杭州出使北方金国。他一身正气,不受威逼利诱,被金国拘留长达 15 年之久。他在拘留期间有一首思念故国的《送春》诗:"风烟节物眼中稀,三月人犹恋褚衣。结就客愁云片段,唤回乡梦雨霏微。小桃山下花初见,弱柳沙头絮未飞。把酒送春无别语,羡君才到便成归。"诗的大意是,他居住地方的风物、气候和故国南方有很大不同,这里阴历三月人们还喜欢穿棉衣。现在桃花开了,春天来了,我祝贺你刚来到就能归去(意思是我的南归还遥遥无期)。

其实朱弁肯定知道,春天从南方杭州北上后,接替春天的是夏季,春天不可能再南返杭州。所以,朱弁只是找由头写诗表达他思念故国而已。但是,我国文学界似乎没有发现这些问题,不知道朱弁送的不是春天南归,而是更北地远去,即都是就诗论诗。因此,从这件事也证明了我的一个观点,即"弘扬中国传统文化仅靠文学家是不够的,需要自然科学家的参与"(《朱弁误把春来当春归》,见 2015 年 4 月 25 日《科技日报》)。

第三次认识飞跃:
中国传统文化从形成外因看是一种"寒暑文化"

第三次飞跃发生在 2012 年,我进一步认识到在影响中国传统文化的所有环境

因子中，气候因子是其中最重要的因子，而中国气候各影响因子中又以"寒暑"为最重要。因此，从这个角度说，中国传统文化是一种"寒暑文化"。而且我还进一步称这种冬冷夏热的"寒暑"气候为"母亲气候"，正像我们称黄河为我们的"母亲河"一样。

这次飞跃的发生，还要从 2006 年《科技日报》记者、《科普研究》杂志特约编辑尹传红先生的采访说起。他的万字访谈《科学探索和科普创作相伴而行——访林之光》刊发于《科普研究》（中国科普研究所主办）2006 年第 4 期，后由《科普创作通讯》（中国科普作家协会主办）2006 年第 4 期转载。6 年后，被列入全国高层次科普专门人才培养教学用书的《科普创作通览》考虑作为创作"案例"收录这篇访谈，尹传红先生建议与我共同进行修改补充，我也希望借此把我对中国气候的认识再提高一步。

但是，关于中国气候对中国传统文化的影响，我虽然研究了其中不少方面，但都是并行的，没有研究它们互相之间的联系和共性，也没有从传统文化形成的环境外因角度总结出其中主要矛盾，或者说影响中国传统文化的某种重要实质来。实际上，这个问题在我脑海中已经徘徊多年，这次尹传红先生的补充采访，促进了这次飞跃的诞生。因为我想到，中国大陆性气候最重要的两个特点，即冬冷夏热和冬干夏雨中，又以冬冷夏热为最主要。因为对我国而言，冬季风寒冷才会干燥，夏季风高温才可能多雨。因此，中国传统文化从形成环境原因角度看，应该是一种"寒暑文化"。"寒暑"影响了中国传统文化的方方面面。

不过，这个问题涉及面太广，我的相关研究还不够深入。但这里还是完全可以用举例的方法加以说明，因为冬冷夏热对中华民族的影响可以说已经深入到骨子里去了。

例一，"一年"竟可以说成"一个寒热"。金代元好问曾有一首著名的词《迈陂塘·雁丘词》，其中前五句是："问世间，情是何物？直教生死相许。天南地北双飞客，老翅几回寒暑。"说的是他旅行途中见到有人张网捕鸟。捕鸟者告诉他，一对大雁同时落网，一只被捕，另一只挣扎脱网飞去。但是不久又飞回来在空中盘旋，见到伴侣被宰杀，一个俯冲头触地殉情而死。词中"几回寒暑"就是说这对大雁已经双宿双飞多年了。

毛泽东主席在他的《贺新郎·读史》中化用元好问的"几回寒暑"为"不过几千寒热"，是说人类的铁器时代只不过经历了几千年。改寒暑为寒热除了韵脚原因外，我认为这也使得词中冬夏的冷热对比感觉更加强烈。

例二，由于古人多贫穷，最畏冬寒。因此使古人生活中的许多人和事，多冠上了寒字。例如称贫穷读书人为"寒士"，寒士出身于"寒门"，称自己的家为"寒舍"，称艰苦攻读为"十年寒窗"，称因贫困而出现的窘态为"寒酸"，甚至日常见面问候起居的客套话叫"寒暄"（"暄"即温暖）、"寒温"，等等。

"寒暄"是古人十分重视的礼节，"不遑寒暄"只能是在事情极为紧急情况下。但如果一般情况下不先进行寒暄，会被认为不礼貌，甚至会有严重后果。例如，《旧五代史·钱镠传》中记载，由于钱镠上书中不叙寒暄，还被上级借故免去了他吴越（地方）国王的封号。

例三，古人经常使用成语"世态炎凉"，感叹社会上有些人反复无常：见到有钱有势者逢迎巴结，见到无钱或失势者疏远冷淡。例如文天祥《文山文集》中，"昔趋魏公子，今事霍将军。世态炎凉甚，交情贵贱分。"国学大师季羡林老先生甚至在 2000 年还出版了一本书名就叫《世态炎凉》的书。总结了他一生从旧社会到新中国成立后历次政治运动（特别是"文革"中被关进"牛棚"受迫害），直至现今成为"国宝"，他一生几次大起大落的心路历程。

例四，中国古诗词中对我国冬冷夏热的描写，在世界上既可称数量上最丰富，又可说内容上最鲜明极端。例如，描写冬冷，唐孟郊说，"寒者愿为蛾，烧死被华膏"（愿以一死换来瞬间温暖，摆脱寒冷）；清蒋士铨"自恨不如鸡有毛"（因鸡毛能保暖）读来更令人酸楚。描写夏热，古诗中那汗流得如"泼"、如"雨"、如"滂沱"，热得韩愈"如坐深甑遭炊蒸"（人在蒸笼中）；热得杨万里"不辞老境似潮来"，但求"暑热如寇退"；热得王维甚至要到宇宙外真空中去凉快凉快，连命都不要了。

例五，20 世纪 60 年代雷锋的座右铭："对同志要像春天般的温暖，对工作要像夏天一样火热，对个人主义要像秋天扫落叶一样，对敌人要像严冬一样残酷无情。"雷锋用生活中冬冷夏热的鲜明四季来表达他人生的鲜明爱憎，是十分独到的。尽管

由于其中的时代印记，该铭现在已少为人知。

想想这样一种气候，一年可以概括为一个"寒热"；老百姓见面最常用的问候语叫"寒暄"；为人处世反复无常可以叫"世态炎凉"；冬冷夏热得诗人常常"寻死觅活"；冬冷夏热甚至可以进入人的座右铭。请问这样广泛而深入人们日常生活、精神世界的传统文化为什么不可以称为"寒暑文化"？形成这种文化的气候为什么不可以称为"母亲气候"？

因为中国古人十分崇敬天地。"天"实际上指的是气象条件，地则是土地条件。天地结合才能生产人类赖以生存的衣食。我们古人最早是生活在黄河中下游地区的，赖黄河冲积的土地以耕种，赖黄河水利以灌溉，因此黄河被称为我们的"母亲河"。实际上，气候也同时主要决定了当地的其他自然环境条件，例如，河流的性格也是由气候决定的（俄罗斯科学家伏耶伊科夫就曾说过，"河流是气候的女儿"）。再如，黄河在夏雨季中奔腾咆哮，一泻千里；冬季中几条涓涓细流，使人"有眼不识黄河"。这种显著的季节变化，就是我国北方冬干夏雨的大陆性季风气候所造成的。

但是，我们的"母亲气候"并不只有气候资源带来的"哺育之恩"，同时也有她严厉的一面，即大面积"旱、涝、风、冻"气象灾害。不过，也正是这些气象灾害，迫使人们与大自然作斗争。例如，为了衣食温饱，人们发明了24节气文化；为了治病和健康，发明了中医和中医养生文化，等等。上述种种既锻炼了我们的生存技能，又哺育了我们这个勤劳、聪明、勇敢的民族，还造就了世界独特的中国传统文化及其主要精神。"母亲气候"不亦可敬、可爱乎？

第四次认识飞跃：
中国气候对中国传统文化的影响也有物质和精神两个方面

这次认识飞跃的产生又与尹传红先生有关。身为科普作家的他兼任中国科普作家协会常务副秘书长，在具体组织编写本书时他向我提出，能不能从"中国气候对中国传统文化影响"已有研究的基础上切入，简要总结一下我的气象科普创作的理论和经验。

其实，我虽然撰写和发表科普作品已有56年，但自己确实没有什么"理论"。

早在 20 世纪 80 年代，中国科普作协组织编写《科普创作概论》之时，我便辞谢了写"科学小品"章的任务。2014 年北京科普作协组织一次"科普创作理论研讨会"，我虽应邀参加，但也没有发言，会上只声明我确实没有什么理论。但尹传红先生的建议确实给我指出了解决办法，因为这个问题我再熟悉不过，而且过去我还多次总结过，因此稍加整理、扩展和深入，完成任务应该不算很难。

那么，从哪里深入呢？因为我写东西必须要有新的内容。

答案倒是现成的，因为在第三次认识飞跃的最后，已经提到了中国气候影响中国传统文化精神的问题，只是没有展开。

但这是一根难啃的骨头，因为我的国学基础不够。所以这个问题我过去曾几次浅尝辄止，最后知难而退。不过，为了我这个"传统文化影响研究"的完整性（既要有影响的物质方面，也要有影响的精神方面），这个问题迟早总还是要研究的。传红先生的这次敦促使我下了这个决心，即使不成功，也算一次练兵。为了从古圣贤著作中得到启发，我还专门阅读了《道德经》《论语》《孙子兵法》等著作，可惜都没有找到直接线索。于是我只得像研究"中医和中医养生文化为什么只能诞生在中国"（《从气象学角度看中医文化为什么只能诞生在中国》，2012 年 6 月 22 日《中国科学报》）那样，从形成中国传统文化基本精神可能需要的气候条件出发，反复思考研究，最终得出了如下"初识"。

关于中国传统文化的基本精神，学者们各有说法，但归纳起来不外乎"刚健有为，自强不息""天人合一""厚德载物""和而不同""人本精神""礼治精神""经世致用"，等等。但"刚健有为""天人合一"两条一般都入选，而且这两条与气候条件也相对联系密切。因此本文重点加以分析。

1. 刚健有为，自强不息

"刚健有为，自强不息"的精神，最早出现在《周易》："天行健，君子以自强不息"。这里的天，主要是指大自然的天，"健"就是刚健有为。"天行健"就是指天体的运行十分刚健规则：太阳、月亮轮流升起，昼夜不断交替，春夏秋冬四季运行周而复始，等等。这种"天行健"并无外力推动，完全在于本身。因此，君子也应像天体运行一样自强不息。个人如此，一个民族，一个国家也应如此。例如

近代的外患，中国人民总能英勇无畏，前赴后继，进行艰苦卓绝的斗争。一部中国近代史就是一部中华民族的自强不息史。著名哲学家张岱年先生还把"刚健有为，自强不息"称为中国传统文化思想的主旋律。

前面说过，我国气候虽然资源十分丰富，但也有大面积旱涝风冻气象灾害。在古代生产力十分落后的时代，人们为了在严酷的自然灾害条件下生存，逐渐形成了不怕吃苦、积极有为、坚忍不拔、克服困难、生生不息的精神。当然，这同时也就是为什么人类文明诞生在有生存忧患的温带而不是产生在食物无忧的热带的原因所在。

其实，世界各地除了"四季变化"的气象条件有所不同外，其他的天文条件都是"天行健"的。而有四季变化的温带中，又以东亚大陆性季风气候造成的四季变化最为鲜明、大面积"旱涝风冻"气象灾害最剧烈的中华文明，最为光辉灿烂，并一直持续到今天，应该说不是偶然的。因为有矛盾，有困难，有危机，才会有奋斗；有奋斗才可能有成功，有辉煌。有大陆性季风气候的严酷自然条件，有中华民族艰苦卓绝的奋斗，才会有智慧的中华文明的诞生。所以，有学者也有类似共识，例如，"四季变化正是古代文明诞生的必要刺激""人类其他优秀品质也随之而诞生"（丁照，《理解自然》，2004 年），等等。

2. 天人合一

"天人合一"是中国传统文化中十分古老、根本，而又深刻、复杂的一个哲学命题，其内容十分广泛，各家学说也并不完全相同。这里主要涉及人与自然关系方面。

我国哲学家普遍认为，"天人合一"是人与自然的统一。即人与自然是对立统一关系。也就是说，人是自然界的一部分，人要在大自然中生存，就要顺应大自然的规律，人的行为也要与自然相协调，和谐相处。正如庄子所言，"天地与我并生，而万物与我为一"。这一点正是与西方文明提倡的"征服自然"完全不同的地方，也正是现今西方国家正在反思并愿意向东方文明学习之处。

"天人合一"思想产生的主要原因是，在古代农业社会里，农作物的播种、生长，直至收获，都是"靠天吃饭"；同时，大自然又有旱涝风冻等严重自然灾害。人们不知其因，于是产生了崇拜和迷信。大自然"恩威并用"的结果，使古人逐渐产生了"天人合一"的思想。可见，"天人合一"思想的产生，其中也有丰富自然资源和严重自然灾害等的重要作用。而著名学者汤因比指出，在古代四大文明中，以中国生存条件最为严酷。因此，最易产生"天人合一"思想，也是很自然的事。

但是，"天"对我国古代文化诞生的影响并不止于此。例如，西汉董仲舒为了维护封建统治的合法性，提出"天人之际，合二为一"。他首次把阴阳学说、五行学说同时与儒学结合起来，成为关联宇宙建构、社会伦理等的完整系统，同时也使阴阳五行深入到了中国传统文化的各个方面，成为中国传统文化的重要内容。

在古代，"阴阳"是古人对宇宙万物两种相反相成性质的一种抽象，是古代朴素的唯物辩证法；"五行"的"行"有"运行、变化"的意思，具体内容就是"生、克、乘、侮"，是古代朴素的系统论。它们起源很早，只是直到董仲舒才把它们以"天"为核心统一起来。董仲舒认为，"天有十端"（"十"是天之数），即"天、地、阴、阳、木、火、土、金、水、人"，其中第 1 个是"天"，最后 1 个是"人"（余治平，《唯天为大》，2003 年）。其中"木、火、土、金、水"就是五行，他认为五行既是构成世界宇宙的五个要素，又是人们"观察天意，领会天道的必经之途"。他首次把五行与世间万事万物联系成一个有机整体。例如，在世界万物中，与五行"木、火、土、金、水"相应的，空间方位分别为"东、南、中、西、北"，时间季节为"春、夏、长夏、秋、冬"，农作为"生、长、化、收、藏"，相应五音"角、商、徵、羽、宫"，相应五德"仁、智、信、义、礼"，相应职官"司农、司马、司营、司徒、司寇"，等等。甚至他通过"天人感应""人副天数"建立了封建社会的最高准则"三纲""五常"（即上述"五德"），成为中国两千多年封建社会中的经典和最为基本的道德要求。这是题外之话。

如果说，董仲舒主要是把阴阳五行学说与天道、社会、政治联系起来，那么《黄帝内经》便是首先把阴阳五行与自然、人体、治病和养生联系起来，即把五行"木、火、土、金、水"与相应五季"春、夏、长夏、秋、冬"，以及中医致病外因"风、暑、湿、燥、寒"等气象条件，与五脏"肝、心、脾、肺、肾"联系起来，组成"中医脏象学说"，成为中医治病的理论基础。而"中医和中医养生文化"又号称最能体现中国传统文化的精华。由此，亦可看出阴阳五行理论在中国传统文化中的重要性。

　　我认为，影响中国传统文化的两千多年中，不论是董仲舒"天人"理论，还是中医"藏象学说"，其中与"木、火、土、金、水"五行联系最关键、最重要的还是中国气候的五季"春、夏、长夏（雨季）、秋、冬"。因为正是它，决定了古人赖以生存的大自然"生、长、化、收、藏"。没有这个主干条件，阴阳五行理论建立不起来，即使建立起来，也是空洞理论，全无任何实际意义可言。由此，亦可看出中国气候对我国传统文化的重要影响。

　　这里需要指出，我们不能因为中医阴阳五行学说中有部分内容尚不能为现代科学所解释，便认为其迷信。因为有许多医家说过，以阴阳五行为基础的中医，历史上维护中华民族健康长达三四千年之久，治愈了至少数千万病人。实践是检验真理的唯一标准。

　　此外，中国传统文化精神中还有"厚德载物""和而不同"等。"厚德载物"出自《周易》："地势坤，君子以厚德载物"。即要求君子有像地那样有海纳百川的博大胸怀；"和而不同"出自《论语》："君子和而不同"，即求同存异。它们都是要求处理好人与人、民族与民族之间的关系。这也都和古代生产力低下、气象等自然灾害严重，需要和谐团结、共图生存有关。

　　更重要的是，不少医家学者还有"医易同源"之说。例如《中华医药学史》（林品石、郑曼青，2007 年）第 90—91 页中说：

　　1.《内经》曰，"人以天地之气生，四时之法成"，"故阴阳四时（四季）者，万物之终始，死生之本也。逆之则灾害生，从之则苛疾不起，是谓得道"。而《易经》则曰："法象莫大乎天地，变通莫大乎四时。知万事万物无不变易，故书名曰《易》。知万事万物之变化由于四时寒暑……""四时为基础，《内经》与《易经》均建筑于四时之上者也"。

　　2."阴阳两字为《内经》之总骨干，而易以道阴阳，两书之实质相同，故从恽氏（指著名中医恽铁樵）所说，则亦为医易同源"。

　　既然医易同源，源于阴阳五行，源于春夏秋冬四时变化，则中国气候影响中国文化之源之深，再毋庸多言矣。

　　总之，如果没有这些中国气候的外因，并通过中华民族艰苦奋斗的内因，能诞生我国灿烂辉煌的中国传统文化及其精神乎？

我一辈子做科学研究，也从事科普创作，主要普及自己的科研和思考成果，可谓是科学探索与科普创作相伴而行。其中我认为最有意义的正是初步但系统地研究了中国气候对中国传统文化的影响，努力在自然科学和社会科学之间架起了一座桥梁。但愿这里谈及的个人感想和经验，能够对科研和科普同样有所启示和助益。

作者简介

林之光　1936 年 1 月出生，江苏太仓市人。中国气象科学研究院研究员，曾任研究室副主任、主任。1991—1994 任《中国气象报》总编辑。气象学专著有《中国气候》（合著）、《地形降水气候学》等，中英文论文 70 余篇。1992 年获得国务院颁发的政府特殊津贴。

中国科普作家协会荣誉理事。中国气象学会科普委员会、《气象知识》编委会顾问。科普著作有《气象万千》《气象与生活》《关注气候：中国气候及其文化影响》等 20 余部，科普文章约千篇。1990 和 2007 年两次被中国科普作家协会评为"中国有突出贡献的科普作家"，1996 年被国家科委、中国科协授予"全国先进科普工作者"称号。

科普是科学家的天然使命，与科研同等重要 / 郑永春

2015 年 5 月 30 日，全国科技创新大会、中国科学院第十八次院士大会和中国工程院第十三次院士大会、中国科学技术协会第九次全国代表大会在北京人民大会堂隆重召开。习近平总书记在讲话中强调：科技创新、科学普及是实现科技创新的两翼，要把科学普及放在与科技创新同等重要的位置，普及科学知识、弘扬科学精神、传播科学思想、倡导科学方法，在全社会推动形成讲科学、爱科学、学科学、用科学的良好氛围，使蕴藏在亿万人民中间的创新智慧充分释放、创新力量充分涌流。

习近平总书记的讲话站在整个国家全局发展的高度，对科技发展做出了十分重要的判断，提出了十分明确的要求，即把科普和科研放在同等重要的位置。结合我自己从事科研和科普的实际情况，我深深认识到，对国家整体发展而言，科普与科研的确同等重要。科研的目的是突击队和尖刀兵，科普的作用是拓实全民科学基础。如果只重视科研，而不重视科普的话，科研发展就缺乏全民基础，到了一定阶段，就会面临瓶颈，国家科研创新能力便很难持续得到提升。

只有科研和科普齐头并进，我们国家才能实现从制造业大国向创新型国家的顺利转型。

科学传播直接面向全体国民，具有强烈的现实需求和巨大的社会价值，其传播效果将影响未来一代对科学的兴趣，决定国民科学素养水平，并影响创新驱动战略的全面实施。如果全民热爱科学、投身科技的氛围非常强，中国的整体创新能力就不可能弱。就此而言，科学传播决定国家创新能力，影响中国未来。

科学传播是科研人员义不容辞的责任。当前，我国拥有世界上最大规模的科研人才队伍，发表学术论文和申请专利数量均位居世界前列。但目前大多数科研人员的活动范围和影响领域仅限于学术界，仅有很小部分科学家投入科学传播，愿意花时间与公众进行沟通。中国公民科学素养水平虽有大幅提升，但仍与欧美发达国家有不小的差距。科学家在开展科学传播时有何顾虑？阻碍科学家从事科学传播的体制障碍有哪些？如何破解这些障碍？作为青年科研工作者的一员，我参与了一些科学传播活动，深深体会到科学传播的重要性，同时也认识到目前面临的一些问题，在此简要总结如下，供主管部门领导参考。

一、青年科学家理应成为科学传播的中坚力量

在中国科学院，一些退休科研工作者组成了老科学家科普演讲团，以很大的热情从事科学传播，在全国各地开展科普讲座，产生了很好的影响。老科学家们已不在一线从事科研工作，有的身体健康状况并不是太好，是奉献社会的责任心和使命感让他们一直坚持下来。但科普不能只是老科学家的事，作为一线科研主力的青年科学家很少投入科学传播，这不仅是科学传播的缺憾，也不利于科研事业获得公众的理解和支持。实际上，青少年是科学传播的主要对象，相比老科学家，青年科学家与青少年学生的年龄层次更接近，在进行科学传播时具有独特优势。

优势一是与科学传播的受众之间有天然亲和力。青年科学家在年龄上贴近青少年受众，与青少年学生没有代沟，有共同的兴趣爱好。我曾经到一所中学做科普讲

座，在我进去之前，学生们一直以为是一位白发苍苍、德高望重的长者来讲座，没想到这么年轻，而且笔者用几句开场白就拉近了与学生们的心理距离。青年科学家正在一线从事科学研究，他们对科学的浓厚兴趣和从事科研工作的亲身经历、切身体会，是吸引未来一代投身科学事业的重要力量。

优势二是能敏感捕捉科学热点和最新进展。青年科学家一般每天都会查阅科研文献和第一手的实验资料，掌握最新鲜的科研进展，处于科学研究的最前沿；他们对科学前沿的感觉十分敏锐，能准确把握公众对哪些科学内容感兴趣，希望了解哪些问题。而这一点恰恰是一些职业科普作家和媒体从业者很难把握的，也是科学传播内容能否符合受众需求的关键。此外，青年科学家创作的科普作品往往观点鲜明、个性突出，相比于平铺直叙式的科普文章，更契合青少年学生的需求。

优势三是能主动出击进行科普创作，传播形式多样。青年科学家进行科学传播并不是坐等记者采访和媒体约稿，而是根据自己对科学热点的把握，主动创作科普作品，并通过媒体、微信公众号等途径实现多渠道快速发布，响应媒体和公众期待。青年科学家熟悉各种新媒体手段和表现方式，科普作品形式多样，传播手段比较新颖。

虽然青年科学家在开展科学传播时具有明显优势，但他们同时面临着科研和生活的双重压力，在进行科学传播时也存在如下不足：

首先，青年科学家大多获得博士学位不久，或博士后出站刚刚开始独立从事科研工作。学科积累时间有限，学科知识掌握的全面性和系统性不足，对本人研究领域之外的知识了解不够。

其次，他们缺乏科学传播的专业训练和相关经验。相当部分的青年科学家只会撰写由摘要、关键词、引言、数据与方法、结果与讨论等组成的学术论文，只会做科研进展报告，没有从事科学传播的经验，不了解科学传播的技巧，不清楚该如何满足受众的心理预期。

最后，他们从事科学传播的时间和精力有限。青年科学家的核心任务是从事科学研究，申请科研项目资助，从事野外科考、实验室研究和数据分析，整理研究成果、发表学术论文和申请专利等，这些需要花费大量时间和心血，占据了他们绝大部分的工作量。加之家庭刚刚建立，事业正处于上升期，很多青年科学家身心俱疲，难有多余精力用于科学传播。

二、青年科学家从事科学传播面临的现实障碍

科学研究是科学传播的源头，是"发球员"。青年科学家作为正在一线从事科学研究的主体，理应成为科学传播的重要力量。但毋庸讳言，现行科研体制下还有很多现实障碍，这阻碍了他们投入科学传播。

虽然众多科学家口头上说科学传播很重要，但内心深处仍然是很不屑的。科学家和部分公众也认为科学家应该专心做科研，做科学传播势必会分散做科研的精力，有不务正业之嫌。青年科学家投入科学传播并不会给他在学术圈内的形象加分，相反这可能还会对个人的学术影响产生负面效果，因为会有人认为他好出风头、想出名。同时，青年科学家正处于学术成果积累、个人职业发展的上升阶段，而从事科学传播并没有被纳入到学术评价体系中，并不计算"学分"。这是青年科研工作者在从事科学传播时面临的最主要的心理障碍、环境障碍和政策障碍。

然而，科学传播是科学家的责任和义务，一线科学家应该成为科学传播的主力军。在国外，优秀科学家往往也是热心科学传播的领导者，《暗淡蓝点》的作者、太空探索领域的卡尔·萨根，《星际穿越》的作者、天体物理领域的基普·索恩，《时间简史》的作者、宇宙大爆炸理论的贡献者史蒂芬·霍金等都是很好的例子。就科学技术发展的内生需求而言，也需要公众对科学技术有更多的了解和支持；反之，必将阻碍科学技术的发展。比如我们在转基因科普上的缺位，已经导致公众情绪影响到了正常的科研活动。因此，一个国家科普开展得如何，直接影响着科学技术研发活动能否顺利进行。科学传播可以促进公众和政府对相关学科的重视，增加经费投入，从而形成科研与科学传播的良性循环。

科学家群体非常珍惜自己的羽毛。科学传播虽然要求通俗易懂，但仍应反映科学的本质和规律，严谨、准确是科普作品的必然属性。青年科学家面对公众的机会较少，有些青年科学家缺乏开展科学传播的必要技能和技巧。同时，不少青年科学家在进行科学传播时，或多或少都会遇到被媒体误读或夸大的情况，原本一腔热血投入科学传播，却被舆论的力量碰得灰头土脸。这也是青年科学家参与科学传播的

能力障碍和舆论障碍。

三、鼓励科学家进行科学传播的政策建议

如果科研工作者不成为科学传播的主力，就不可能有科学传播的大发展。针对我国科研工作者缺乏动力投入科学传播的现状，我们提出如下建议。

第一，《科普法》明确规定：科普是全社会的共同任务。社会各界都应当组织参加各类科普活动。主管部门要旗帜鲜明地表明科学传播是科学家奉献社会、履行社会责任的重要方面，倡导和帮助科学家开展科学传播。正如三四十年前，围绕华罗庚、陈景润等科学家的科研事迹开展的科学传播产生了巨大的社会影响那样，科学传播直接面向 13 亿人口。如果能让相当部分的人从中受益，其贡献绝不亚于只有少数专业人士才懂的科学研究。为活跃科学传播氛围，一个可供操作的建议是，主管科技工作的相关部委（中国科协、科技部、教育部、中国科学院、国家自然科学基金委员会等）进行跨部门商谈，要求国家财政经费资助的百万元以上的科研项目应履行科学传播的义务，允许列支 0.5% ～ 1% 的经费比例用于科学传播，通过科普报告、科普文章、科普书、科普讲座等形式反馈给公众，这对这些部门的年度预算获得人大代表和公众的支持也有相当裨益。

第二，适宜科学传播的学科和科研工作者都是有限的。并非所有学科和所有科研工作者都适合做科学传播，医学、保健、养生、食品安全等学科的科普很受欢迎，但数学、工程等学科的科普比较困难。有些科研工作者比较外向、愿意分享和交流，但也有一些科研工作者不善于表达。因此，会做科研、写论文的是人才，善于与公众沟通交流的科研工作者也是人才。但目前，我国的各类人才计划还没有科学传播人才的支持项目，建议尽快补上这一缺口。就我本人的经历而言，我接触的科普作家和一些科研单位的科普主管对科学传播的现状普遍不甚满意，科普工作在大多数单位没有受到应有的重视，专职科普队伍的士气不高，这严重影响了原本就数量有限的科普人员的积极性。建议主管部门在政策制定和人才遴选方面要公平对待，为科普人员在职称晋升、工资待遇和入选各类人才计划方面提供公平机会，特别是尽快改革唯 SCI 论文是举的绩效考核制度，将科学传播纳入科研人员的绩效考核体系，使科学传播获得应有"学分"。

第三，简化科普团体的设立程序。只有科普团体大发展，才有科学传播事业的大发展。科普团体以科学传播为使命，对社会和谐稳定只会有正面效应，而无负面影响，应该加以政策激励。太空是人类的未来，随着航天技术的普及，人类进入太空的技术和经费门槛将越来越低，商业航天将迎来春天，太空旅游、小行星采矿、月球基地等原本遥不可及的世界将离我们越来越近，成为未来经济的蓝海。在美国有1000多家民营航天企业，SpaceX、亚马逊等民营航天企业已经足以对抗波音等传统航天企业。我一直希望组建太空探索联盟，搭建航天专业人士、太空探索爱好者和民间投资者的交流平台，促进太空探索事业在中国的普及化进程。为此我建议，科普团体的设立程序应区别其他民间群团组织，可考虑在各类学会框架内简化科普团体的设立程序，使它们获得合法身份，帮助它们成为科学传播的主渠道。对优秀科普团队要给予适当奖励和持续支持，避免出现有热情就做一做，但却无法长期坚持的现象。

第四，科学传播是一门艺术，需要做到科学性与艺术性相结合。目前，媒体和科学家之间的交流大多仅限于单向采访，缺少双向互动，这也是科学传播缺少人格特质、不够生动的原因之一。科学家严谨细致的专业意见与媒体发布科普作品追求传播效果之间如何兼具，是科学传播面临的重要问题。针对部分青年科学家缺乏必要科学传播技能的现状，有必要开展有针对性的科学传播培训。

第五，科学传播要针对受众需求实现精准供应。我国的科学传播工作长期忽视受众需求，没有对受众的需求做准确分析，导致传播效果不佳，对提升公民科学素养的作用有限。建议科学传播需明确对象，即：重点面向全民传播科学精神的"科学传播"，将艰深的专业知识转化成公众可理解的"科学普及"，以及面向青少年和中小学生传授科学方法的"科学教育"。同时，目前推出的科普作品大多缺少明确的受众定位，建议根据公众的知识结构和受教育程度，根据内容深浅和年龄特点进行内容分级，分别提供给学龄前儿童、小学低年级、小学高年级、中学、大学以上文化程度的受众，并为中小学教师等教育工作者提供授课素材。这就像做菜一样，虽然买的菜是一样的，但厨师可以针对不同受众的口味做成川菜、粤菜、湘菜、东

北菜等不同风味。即便是同一主题，也应根据受众的接受能力和兴趣特点对科学传播内容和风格进行相应调整，这是提升科学传播效果的关键一环。

科学传播功德无量，科普事业的发展将激发公众对自然界的好奇心，大大提升中国人对科学的兴趣和热情，吸引更多的年轻一代投身科技，成为未来建设国家的科学家和工程师。

只有当科学的声音在决策者和公众中越来越响亮，科学才能得到真正的重视。当科学精神和科学方法在广泛领域得到真心认可和贯彻实施，科学才能影响我们生活的方方面面，发挥巨大的经济价值和社会价值，使我们的经济发展和自然环境协调统一，使这个社会更加文明、理性、平和。

作者简介

郑永春　行星科学家、科普作家，香江学者计划首批入选者，中国科学院青年创新促进会首批会员，曾担任中国探月工程月球应用首席科学家学术秘书、澳门科技大学月球与行星科学实验室—中国科学院月球与深空探测重点实验室伙伴实验室学术秘书、中国科学院青年创新促进会理事兼宣传外联组组长、国家天文台青促会小组首任组长、中国天文学会青年天文论坛发起人等，系中国科学院青年创新促进会首届优秀会员。获得过卡尔·萨根奖、中国科学院院长奖、探月工程嫦娥二号任务突出贡献者奖、香江学者奖、中国科学新闻人物提名奖等。

科普的社会功能

徐传宏

数十年来，由于广大科普工作者的辛勤耕耘，科普园地百花盛开。科普为提高公民的科学文化素质，推动经济发展和社会进步，发挥了积极的作用，产生了深远的影响。这主要体现在科普所具有的预警功能、信息功能、教育功能、文化功能、休闲功能、审美功能和产业功能等七个方面。

一、预警功能

所谓"预警"，是指事先提醒，以引起人们的注意和警惕。

"药害"或称药物性危害，是指药品严重的不良反应，以及因滥用、误用药物所致的毒副作用。随之产生的"药源性疾病"，往往使病人雪上加霜，甚而致残、致死。

早在 20 世纪 70 年代，世界卫生组织就曾指出，全球约有 1/3 的病人不是死于疾病，而是死于不合理用药。

从 20 世纪初至 20 世纪 50 年代，欧美各国都曾屡次发生严重的药物毒性反应事件，导致病人中毒、致残，甚至死亡。

我国药害事件也时有发生，自 20 世纪 50 年代开始，临床上曾用呋喃西林作为口服药治疗细菌性痢疾，后陆续发现其毒性反应更为严重，特别是多发性周围神经炎，长久不易消除，故已禁止内服该药，仅限于外用。止痛药安侬痛（阿法罗定）临床试用时，并未显现其有成瘾性，直到推广应用后才发现。虽立即加以控制，但已造成一定后果。肝炎用药乳清酸，也曾大量生产，广泛使用，后才发现它的疗效既不可靠，又有一定的毒性反应，滥用情况才得以遏止。

另外，8 岁以下小儿普遍应用的四环素，曾造就了一大批"四环素牙"。我国耳聋者为残疾人之首，其中 7 岁以下聋儿多达 80 万，受庆大霉素、链霉素等药害者占 40%～70%，而且每年还有 3 万名左右的聋儿产生。

近年来，据我国主管部门宣布，全国每年因药物不良反应住院的患者约 250 万，死亡者约 19.2 万余人，竟为传染病死亡人数的 10 倍，而且还有继续上升的趋势。

金苹果文库中的《警惕药害》(作者汪宗俊，江苏教育出版社 2003 年 12 月出版)就是一本具有预警功能的科普书籍。

毒品对人体的摧残，已被大量医学临床资料所证实，吸毒者的生理系统会受到严重损害，吸毒人群年死亡率为 3%，高出普通人群的 15 倍。据联合国统计资料表明，全世界因吸毒而死亡的人，仅次于心脏病和癌症。

由上海市警察学会组织编写、上海科学技术文献出版社 1996 年 4 月出版的《万恶之源——毒品》也是具有预警功能的一本科普书籍。

环境和生态问题事关人类的生存大计。我国经济正处在高速增长时期，环境污染和生态破坏相当严重，环境状况不断恶化，但有关调查却显示，我国公众和学界的环境意识均非常欠缺。从 20 世纪 40 年代起，人们开始大量生产和使用六六六、DDT 等剧毒杀虫剂以提高粮食产量。到了 50 年代，这些有机氯化物被广泛使用在生产和生活中。这些剧毒物的确在短期内起到了杀虫的效果，粮食产量得到了空前的提高。

然而，这些剧毒物的制造者们和使用者们却全然没有想到，这些用于杀死害虫的毒物会对环境及人类贻害无穷。它们通过空气、水、土壤等潜入农作物，残留在粮食、蔬菜中，或通过饲料、饮用水进入畜体，继而又通过食物链或空气进入人体。

这种有机氯化物在人体中积存，可使人的神经系统和肝脏功能遭到损害，可引起皮肤癌，可使胎儿畸形或引起死胎。同时，这些药物的大量使用使许多害虫已产生了抵抗力，由于生物链结构的改变而使一些原本无害的昆虫变为害虫了。人类制造的杀虫剂无异于为自己种下了苦果。

当这些有毒的化学物质对环境造成的污染产生严重危害时，美国海洋生物学家蕾切尔·卡逊经过4年时间，调查了使用化学杀虫剂对环境造成的危害后，于1962年出版了《寂静的春天》一书。在这本书中，卡逊阐述了农药对环境的污染，用生态学的原理分析了这些化学杀虫剂对人类赖以生存的生态系统带来的危害，指出人类用自己制造的毒药来提高农业产量，无异于饮鸩止渴，人类应该走"另外的路"。

由于这本科普著作的广泛影响，美国政府开始对书中提出的警告做了调查，最终改变了对农药政策的取向，并于1970年成立了环境保护局。美国各州也相继通过立法来限制杀虫剂的使用，最终使剧毒杀虫剂停止了生产和使用，其中包括DDT（其发明者曾获诺贝尔化学奖）等。

令人遗憾的是，目前虽然这些剧毒杀虫剂已从生产和使用的名单上被清除，但人们却仍不得不依赖其他农药来维持粮食产量的提高。有些地方，包括中国某些地区，人们至今仍在非法地生产和使用着被禁止使用的农药。据统计，发展中国家由于农药使用不当而发生的死亡事故每年都有上万起，约有150~200万人急性农药中毒。

《寂静的春天》可以说是一座丰碑，是人类生态意识觉醒的标志，是生态学新纪元的开端。多年来，我国各地科普作家撰写、发表的许多科学小品，如《人类啊，你要仔细思量》《绿色走廊的危机》《千湖之省的忧虑》《太湖，你瘦了》《干渴将威胁我们》《岩崩的警告》等，都是在生态和环境保护方面进行呼吁，具有预警功能的科普佳作。

电视专题片《警惕加拿大一枝黄花的危害》，科普PPS《水的危机》《食品安全警示》《火灾预防 人人有责》《个人信息安全》《航空旅行安全小贴士》《室内装修安全小常识》等作品，都具有警示、预警功能。

二、信息功能

所谓"信息"，其本意是指"音信"和"消息"。在这里，我们引申为"信息传递"。

《e时代N个为什么·计算机》（作者须德，新世纪出版社2004年10月出版）一书，向读者提供了许许多多与计算机有关的信息和知识，如："世界上第一台电子计算机是怎样发明的？""计算机是怎样发展的？""计算机界的最高奖项为什么称为图灵奖？""计算机为什么要采用二进制？""电脑是怎样处理和存储信息的？""什么是计算机语言？""什么是操作系统？""警察怎样网上抓罪犯？""怎样使计算机长耳朵？""计算机是怎样制作动画的？""计算机也有人情味吗？""银行怎样搬上网？""电子货币放在哪里？""我国的第一封电子邮件""计算机病毒是怎样产生的？"等等。

少年儿童出版社2006年12月出版的《走进科普馆》（上海科普基地旅游手册），为当时的许多读者提供了大量有关上海科普基地的信息。150家上海市科普教育基地涵盖天文、地理、生物、环境、交通、航天，医学、农业、信息技术等多个学科领域。该书录入当时全部150家科普教育基地的信息、精选68家做详尽的介绍、60余幅科普教育基地位置示意图、350余幅科普教育基地精彩图片、42个知识链接、70个精品点击、7幅详尽的场馆游览图，多板块、立体地展示了科普教育基地的风采。用哑语绘制的板块题图，既丰富了版面，又清晰地提示了主题。该书是一本可看，可读，可用的科普旅游手册。

为了更好地满足市民群众参与旅游活动、学习科学知识、陶怡情操的需求，《上海科普旅游景点导读》一书又应运而生（上海人民出版社2011年4月出版）。该书汇集了综合性科普场馆、专题性科普场馆、基础性科普教育基地等50余家科普旅游景点。该书还为导游员提供了大量有关科普旅游景点资料，包括上海市30多家科普旅游示范基地、10条科普旅游示范线路。

其实，各类科普作品（包括短篇的科普文章）都能为人们提供大量具有科学性、思想性、知识性、时代性、实用性的信息。

三、教育功能

所谓"教育"，指"教导""启发"和"解惑释疑"。

《科普法》第十三条指出："科普是全社会的共同任务。社会各界都应当组织参加各类科普活动。"第十四条指出："各类学校及其他教育机构，应当把科普作为素质教育的重要内容，组织学生开展多种形式的科普活动。科技馆（站）、科技活动中心和其他科普教育基地，应当组织开展青少年校外科普教育活动。"

事实上，全国各地科普教育基地在这些方面已经做出卓有成效的努力。仅以上海市科普教育基地为例（截至 2013 年 6 月 30 日，上海已拥有 294 家，其中综合性科普场馆 2 个，专题性科普场馆 49 个，基础性科普教育基地 243 个），以"自然·人·科技"为主题的上海科技馆，2013 年入选世界最受欢迎的 20 个博物馆之一，名列第 16 位。2013 年全球最受欢迎 20 家博物馆中，巴黎的卢浮宫、美国国立自然历史博物馆和中国国家博物馆名列前三位，台北故宫博物院，台中自然科学博物馆也名列 20 强。自 1987 年以来上海天文博物馆，依托天文学研究，对外开放。十多年来已接待国内外游客 300 多万人次，其中青少年占 60% 以上。目前已是提高社会公众文化素质的一个重要场所，也是开展学生素质教育的理想基地。

在科学大发展、信息大爆炸的今天，普及科学知识、培养科学新人、倡导科学生活具有极其重要的现实意义和深远的历史意义。科普教育的受众除了青少年、各行各业的城镇居民和新农村的广大农民之外，还包括各级领导干部和公务员。俗话说："隔行如隔山。"要增强科学的决策能力，各级领导干部和公务员也必须不断地提高自身的科学素养。

2014 年 6 月，由上海科学技术文献出版社出版的《战略性新兴产业科普读本》（8 卷本），打破了传统科普读物以纯粹的知识普及为主的固有模式，将科普与国家政策、科普与产业发展、科普与科技创新以及社会发展大势紧密融合，体现了科普创作为国民经济建设服务的宗旨。

所谓战略性新兴产业，是以重大技术突破和重大发展需求为基础，对经济社会全局和长远发展具有重大引领带动作用，知识技术密集、物质资源消耗少、成长潜力大、综合效益好的产业，是引领工业发展的"火车头"。在当前创新驱动转型发

展的关键时期，了解和把握战略性新兴产业的背景、内涵及有关知识，有利于促进新兴产业的发展，有利于加深对新一次工业革命态势的认识，从而确保在新工业革命到来之际，能够把握先机，抢占新一轮科技经济发展的制高点。

这套丛书以《"十二五"国家战略性新兴产业发展规划》为指导，配合国家创新驱动转型发展的战略部署以及上海市推进"新技术、新产业、新模式、新业态"等"四新"企业发展的目标要求，就生物、新材料、新能源、节能环保、高端装备制造、新一代信息技术以及新能源汽车等对社会发展急需转型的战略性新兴产业进行科普解读，系统地介绍了这些新兴产业的发展轨迹和知识内涵，讨论了新兴产业和科学技术以及社会、经济发展的关联性，探讨了发展新兴产业的途径，分析了新兴产业发展的未来图景。

因此，"战略性新兴产业科普读本"可作为领导干部的决策参考，也可为相关产业科研人员提供研发启迪，可使青年学生及普通读者获得具有现实应用意义的新知。

人类是终生都要接受教育的，因此，科普教育也必然与每个人相伴一生。

四、文化功能

文化是人类在社会历史发展过程中所创造的物质财富和精神财富的总和。在这里，我们特指精神财富，如与文学、艺术、教育、科学等有关的文化娱乐活动。

结合对科普教育基地的考察，我们可以着重在旅游文化、收藏文化、考古文化三个方面进行探讨和研究。

有关专家认为，科普教育基地作为旅游景点，可以提升旅游的科学含量和文化品位。上海的科普教育基地中被纳入科普旅游景点的，已有一定的数量。

上海隧道科技馆集中反映了上海隧道建设管理成果，通过高新技术展示手段，运用互动性、参与性等表现形式向全社会进行科普教育。

上海铁路博物馆是一座兼备宣传教育、科学普及、交流研究、文化休闲和收藏保管功能的行业博物馆。

上海公安博物馆设公安史、英烈、刑事侦查、治安管理、交通管理、监狱看守、消防管理、警用装备、警务交流、消防模拟演练、情景互动射击馆等 11 个分馆。

该馆记录了 1854 年上海建立警察机构一个半世纪以来的历史沿革，收藏了从晚清至今公安题材的中外藏品 1 万多件。

上海纺织博物馆以实物、资料、场景、图文、模型、多媒体等展项，展示了上海地区纺织业发展的历史过程和科技知识。其气势恢宏的序厅、底蕴厚实的历程馆、时空连贯的撷英馆、互动迭现的科普馆、赏心悦目的京昆戏服馆，演绎了上海纺织 6000 多年的产业历史和文化。

松江博物馆是一所综合性地方博物馆，以征集、收藏、研究、陈列、宣传松江地区历史文化、文物为主。藏品包括陶、瓷、玉、金银、铜、木器等，计 5000 余件，并有古代典籍 2000 余套，其中有部分珍贵的善本、刻本。题为《流沙沉宝》——松江博物馆珍品陈列，由序厅、浦江晨曦、史河波光、艺海丹青 4 个部分组成。其中，"史河波光"部分就展示了近半个世纪以来松江地区地面文物、墓葬出土文物和馆藏文物的精品，再现了古代松江经济的繁荣发达。

中国武术博物馆现有文物藏品数千件，通过实物资料、图文版面和数字媒体手段展示了中国武术发展的历史脉络和丰厚的文化积淀。全馆分为序厅、拳械厅、历史厅、临展厅、立体影院和武术展厅 6 个部分，多角度地展示了中华武术的博大精深。

上海天文博物馆的前身是 1900 年由法国传教士建立于佘山之巅的佘山天文台，记载了西方天文学传入上海，并融入中国近代天文发展史的轨迹。展馆分为"时间与人类"和"中外天文交流"两大部分。馆藏的具有百年历史的天文望远镜和图书，为我国天文界的珍品。

此外，收藏有自新石器时代至近代的 14000 件珍贵中医药文物、3000 余件中医药标本和成药产品的上海中医药博物馆、馆藏文物达 2 万多件的上海中国航海博物馆拥有数万方珍稀奇石、矿石晶体、古生物化石及各类宝石的上海东方地质科普馆，这些科普教育基地都是非常难得的科普旅游景点。

近年来出版的不少科普图书，如《人、船和海洋的故事》《风云岁月——传教士与徐家汇天文台》《回味悠长——新民咖啡馆集萃》《迷人的基因——遗传学往事的文化启迪》《上海里弄文化地图：石库门》《上海邬达克建筑地图》《天机——星座与命运的科学解码》《科学人文读本——通透的思考》《追星——关于天文、

历史、艺术与宗教的传奇》等，都从各自不同的领域、不同的角度、不同的层面展现了科学与人文的密不可分，科学也是文化的重要组成部分。

五、休闲功能

休闲的本意是于"玩"中求得身心的放松，以达到生命保健和体能恢复的目的，而且人们也可以从中得到科学文化知识的补充。

与过去单纯地传播科学知识不同，如今的科普读物更注重对科学思维和科学道德的传播。目前的科普创作仍以书籍为主，这显然已不能满足公众对于科普创作多元化的需求。今后，我们应通过电影、动漫、游戏等多种形式进行科技传播。科研人员可以顾问的身份对电影、动漫、游戏中的科普知识进行把关，让这些寓教于乐的知识更为准确。科普的形式多元化、时尚化后，能使科学知识更容易被公众接受，让更多的孩子爱上科学。

中国福利会出版社 2010 年 4 月出版的《小不点和精豆豆科学图画书》丛书是为 4—8 岁儿童编绘的科学图画书，由《好玩的触觉》《好玩的视觉》《好玩的听觉》《好玩的嗅觉》《好玩的味觉》5 册组成。使儿童能够初步接触和了解生活中一些常见的科学现象及其背后的科学原理。从而帮助幼儿从小学习科学小常识，培养幼儿探索身边事物的好奇心和对科学的兴趣。

观察力是认识客观事物的基本能力。它是思维的"触角"，世界著名的生理学家巴甫洛夫有句名言："观察，观察，再观察。"上海科技文献出版社 2013 年 12 月出版的《常见动物的趣味观察》《常见植物的趣味观察》这两本书分别介绍了近 50 种常见动物和常见植物的有趣行为和有趣现象，并用简洁的文字叙述，配上直观卡通的手绘插图，当少儿读者仔细观察了这些动物有趣的行为和植物的有趣现象后，就会发现：科学并不神秘，科学就在身边。许多科普书籍就是让读者在"玩"的过程中进行"悦读"的，在趣味盎然中接近科学的。

在科普活动中，公众完全是自由的、主动的。公众喜欢什么，不喜欢什么；接受什么，不接受什么，全凭个人的心理需要和兴趣爱好。为此，科普作品的创作、科普场馆的设计都应关注和考虑公众的心理需求以及他们的年龄大小、文化层次、职业特点、兴趣爱好等种种因素。寓教于乐是科普的基本特点之一。

上海科技馆由天地馆、生命馆、智慧馆、创造馆、未来馆等五个主要展馆和临展馆组成。其中设有地壳探秘、生物万象、智慧之光、视听乐园、设计师摇篮、彩虹乐园等多个展区和巨幕影院、球幕影院、四维影院、太空影院及旅游纪念品商场等配套设施，融展示与参与、收藏与制作、休闲与旅游于一体，以学科综合的手段及寓教于乐的方式，使每个观众能在赏心悦目的活动中，接受现代科技知识和科学精神。

中国航海博物馆设置了航海历史馆、船舶馆、海员馆，航海与港口馆、海事与海上安全馆、军事航海馆，以及天象馆、4D 影院和儿童活动中心。航海体育区的渔船与捕捞专题主要展出与航海体育、休闲相关的帆船、帆板、摩托艇、皮划艇、赛艇等实物及模型。天象馆是一座具有天象演示和球幕电影双重功能，集教育与娱乐为一体的高科技数字穹幕影院。

上海儿童博物馆内设有四大功能展区，兼顾了 2—14 岁适龄儿童的认知需要。在主题科学展区里，孩子们可以在航海厅、航天厅、月球厅、信息一厅、信息二厅、天文厅里探索自然科学的奥秘和人类为此而留下的历史文化脚印；在互动探索区，孩子们可以在探索树屋、神奇小超市、互动小剧场里做一次“小大人”；在主题展览区里，孩子们可以感受 3Thet 超宽网上的网络世界是如何神速和海量；在儿童阅读区里，一本本精彩的故事书，一个个神奇的故事会，将在孩子心中撒下想象与幸福的种子……

上海磁浮交通科技馆是磁浮列车相关历史和知识最为集中的展示场所。整个科技馆由“磁浮的诞生”“上海磁浮线”“磁浮探秘”“磁浮优势”“磁浮展望”组成，实物零部件、仿真模型和互动展项，使参观者在生动的展示环境中了解磁浮的科技魅力。

上海海洋水族馆是以展示活体水生物及其生态为主题的科普教育基地，共拥有九大主题展区，展示来自五大洲的 450 多种、12000 余种鱼类和水生物，主要品种有鲨鱼、水母、海马、海龙等珍稀水生物。在新奇独特、美轮美奂的海底世界中，观众将在这里经历终生难忘的“海洋之旅”。

让公众在科普中得到娱乐和休息。同时让公众在这种积极的、有意义的娱乐和

休息中得到科学知识的滋养和科学精神的潜移默化。这是我们许多科普工作者努力的方向之一。

六、审美功能

审美欣赏是人们的一种高层次的精神需求。科普作品在为人们提供科学文化知识的同时也能满足人们审美欣赏的需要。

美育在教育体系中占有重要的地位。《中国教育改革和发展纲要》指出："美育对于培养学生健康的审美观念和审美能力，陶冶高尚的道德情操；培养全面发展的人才，具有重要作用。"美育教育对于全面提高青少年素质具有重要的意义。

所谓美育，是指以一定的美学理论指导人们的审美实践活动，培养人们健康的审美观念与审美理想。陶冶人们的情操，提高人们感受美、鉴赏美以及创造美的能力的教育。

科普教育同样承担着美育的任务，客观上也具有审美的功能。社会公众（包括广大青少年）是审美的主体，审美的客体包括各类科普书刊的装帧设计、科普广播影视的音乐、旋律、语言、意境、画面，科普场馆的建筑、装饰、陈列，科普园林的花卉、动物、风光，科普戏剧的情节、场景、气氛，科普绘画的色彩、线条、图案，科普文字的流畅、描述和诗意，等等。

凡是受欢迎的科普作品都能给公众带来美的享受，因而各种科普媒体、各种科普场馆、各种科普设施也就更具有科学的魅力。

在多媒体时代，"科普PPS"既是科普创作的一种新的手段和形式，又是科普内容的一种新型的载体。"科普PPS"是以科学技术知识、信息为创作内容，用PowerPoint软件或其他工具软件制作，图文并茂，有相应匹配的背景音乐，可以自动播放的科普多媒体课件。它也是一种微型的数字作品。

"科普PPS"之所以受到人们的欢迎，是因为它具有"篇幅短小、信息量大""传播迅速、覆盖面广""风格多样、艺术性强"的特色，能给观众带来美妙的视听享受。

即使是科普教育基地的场馆，同样也要努力为公众提供或营造各种审美的客体。例如，上海邮政博物馆设在全国重点文物保护单位上海邮政大楼内。该大楼正面呈

"U"字形，其钟楼为巴洛克风格。钟楼两侧建筑外立面为英国古典主义风格，整体建筑为欧洲折中主义建筑风格，建成已 80 多年。大楼二楼为营业展区和博物馆陈列主展厅，展厅内的各种史料、文物记载了古代邮驿至今 3000 多年历史发展轨迹，稀世珍邮展现邮政深厚的文化底蕴；大楼中庭展区展出了 20 世纪初期用于邮政运输的马车、汽车、飞机、火车等实物模型，并设置大清邮政局场景和邮政未来环幕影厅等；登上屋顶花园，浦江两岸景色一览无余，美不胜收。

七、产业功能

"产业"，旧时指土地、房屋、工厂等财产。在这里，是指科学普及和科普教育可以通过科普工作的市场化，形成新的经济增长点。

如新闻出版部门，包括出版社、杂志社、报社、电台、电视台可以通过科普读物（书刊、报纸等）以及专题节目在产生社会效益的同时，也可以产生丰厚的经济效益。

科普教育基地也可以通过科普工作的市场化，形成新的经济增长点。如不少科普教育基地在坚持公益行为与企业发展相结合的过程中，已将科普拓展成科普产业，不仅依据自己的科普资源为科技教育服务，而且通过知识传授、技能培训、模型制作、影视观赏、纪念品等衍生产品等为社会和市场服务，形成新的科普产业。此外，1/4—1/3 科普场馆的门票的收入也是很可观的，这对于科普教育场馆的可持续发展也是有益的。

2014 年 12 月上旬，首届上海国际科普产品博览会以"智慧城市——让生活更完美"为主题，以智慧城市、智能娱乐、智能教育、智能医疗、智能家居、智能社区、智能交通、智慧科普等为主要内容。参展单位以国内外的科技企业、园区和高校为主，展品囊括从前沿科技到民用科技的诸多种类，汇集了中、美、日、韩、法、丹麦及中国港台地区的 150 多家单位的 3100 余件展品。这次上海国际科普产品博览会（以下简称科博会）不同于一般商业展会，而是一场"科普盛会"。用"好玩、有趣"的展示吸引公众关注科学。

会上有个茶室颇为特别，因为它从厨师到服务员全都是由机器人担任。开放式的厨房里，厨师是个机器人。一番挥锅动铲之后，菜烧好了，机器人厨师会把菜倒

在盘子里，由机器人服务员端到客人面前。菜单还挺丰富：三杯鸡、油焖大虾、炒素……

这些机器人不仅掌握了各项服务技能，还会说 40 多句基本用语，如"您的茶泡好了，请慢用"等。若遇人挡住去路，这些机器人则会说："请让一下，我很忙哒！"

此外，展厅门口还有 6 个机器人，取代了传统的礼仪小姐向参观者问好。

在智能医疗区域，国际领先的达·芬奇手术机器人与公众见了面。"达·芬奇手术机器人"是一种高级机器人平台，其设计的理念是通过使用微创的方法，实施复杂的外科手术。达·芬奇手术机器人通过进入人体内部的特殊镜头，可使手术视野放大 20 倍，保证了治疗的准确性。在科博会现场，由专家演绎操作并解答智能医疗知识。

在智能娱乐区域，"海上画派"著名代表人物任伯年的《群仙祝寿图》，被中国美术学院"改版"成裸眼 3D 画。这一作品采用 1∶1 动态复制技术，由 12 块特殊电子屏幕组成，总高 3 米、长 8 米。画中人物和景致动态十足，栩栩如生。与上海世博会中国馆的《清明上河图》不同，《群仙祝寿图》被直接嵌入定制的 LED 屏中，观众站在推荐位置观看时，能体验到 3D 效果。

在科博会上，4D 不算什么，更厉害的还有 7D 电影。那是一场动感之旅。声、光、影、水、雾、烟，以及地震来时的强烈晃动……7D 互动电影把影音的艺术，通过传感、光感、震动摇晃的使用等变得真真切切，再加上五维度场景的包揽，能将观看者引入其中，看一场电影仿佛经历了一次真实的生活体验。

首届上海科博会还特别引入年轻人所关注的"动漫"内容，邀请虚拟偶像"洛天依"出任展会代言人，担任"科普使者"，并将举办其首场全息演唱会。所谓全息投影技术也称虚拟成像技术，可以产生立体的空中幻象，让幻象与表演者产生互动，以达到令人震撼的演出效果。

科博会上，"全上海空气最好的房间"除了恒温、恒湿等基本空调功能外，在相关设备的精确控制下，室内 $PM_{2.5}$ 值甚至能够降到 5 左右（国家标准为 35）。"价值 160 万元的中国第一辆新能源汽车""指纹锁""电子钢琴""电子鼓"及众多智能家居产品……都与市民一一见面。

当今时代,科普已不再是一张宣传画,或仅仅是一场科普讲座,当市民能在科技新产品展览中参观、体验并得到科学知识,理解科学理念,这也是成功的科普形式。而这样的科普展会又推动了各项科技新产品的产业化,加快了他们产业化的步伐。

科普的七个社会功能对于普及科学知识、倡导科学方法、传播科学思想、弘扬科学精神有着不可替代的作用。它将继续指引着我们发挥自身优势和专长,创作出更多的为公众所喜闻乐见的、形式多样的、更加具有时代特点的和富有亲和力的科普作品来。

作者简介

徐传宏 长期从事文化教育工作。多年来,致力饮食文化、民俗文化、食疗文化、旅游文化、收藏文化、养生文化的研究。现为中国科普作家协会会员、上海市科普作家协会会员、春晖楼科普工作室副主任。曾先后在80多家报刊上(含广播电台)发表各类科普文章1200余篇,在国家级和省市级专业期刊上发表学术论文60余篇,主编、参编、编著的科普书籍有《趣谈瓜果治病》《成语中的大千世界》《科普写作技巧》《茶百科》《雅室品茗》《五谷杂粮》《中国茶馆》《中国少年儿童科学阅读》(医学分册)等30余种;其参加编写的《E时代N个为什么》丛书获第二届(2007年)国家科学技术进步奖二等奖。目前主攻方向为科普写作技法。

科学传播中的人文理念 / 赵宏洲

从事科普工作以来，在理论研究和实践探索过程中，科普和人文这两个概念一直是我思考的重点。在我编完《徘徊在科学边缘》一书之后，感到对这两个概念之间的关系还没说透，或者说没有解释清楚。

正当我为此困扰时，突然灵光乍现，"科普创作是面对自然科学的人文思考"这个命题跳入脑海，一下子厘清了我的思路。只是这个题目太大，要系统地表述，对我而言有很大难度，就像老虎吃天不知从何下口。我讨了个巧，把编书的体会进行归类整理，以此来说明主题，此文先是被中国科普作协主办的科普高峰论坛选中去宣读，后又在中国科普作协主办的《科普创作通讯》中全文发表。但这毕竟是以体会为主的文章，在学术方面的探究并不是很深，又因为初次整理，理论性也不是很强。

后来，接到中国科普作家协会就这个主题的约稿，我花了整整 3 个月时间，推倒重来，重新写了一稿，着重从理论上来思考梳理科普创作与人文思考的关系，特别是以人文思考为切入点审视了当今我国科普实践现状——科普工作似乎深入到各个方面，但据全民科学素养调查显示，我国公民的科学素养远低于发达国家。这让我们更有理由去检讨以往科学传播的方向和手段，究竟哪些方面存在着问题和值得思考改进，以让我们到达科学传播的彼岸。

一、当前科学传播现状

曾有言，科普是世上最易的事也是最难的事。所谓易，任谁也能做，不需要特别的专业学习，谁都能以科普的名义做事。从墙上广告牌上电视屏幕中的标语口号传播，到吃住行玩里的科学元素。科技传播不仅渗透到我们生活的方方面面，而且也在改变我们的观念和伦理道德。正如叶永烈先生为《科学 24 小时》改版第一期卷首语所言，"科学与我如影随形"。

所谓难，凡从事科普事业的人都有体会。要把专业知识说清楚是很不容易的，专门知识是高度结构化的，有其独立的体系，非专业人士一般无法了解专门知识的真正内涵。尽管科普创作或其他科普形式运用各种手段，花了很大力气来传播专门知识，效果却不明显。即便有些科普创作说清了某些专门知识中的基础性内容，可这对于非该专业的人来说却没有了解的必要，耗财耗力，结果却是一番辛苦白白付之东流。

更难的是科学精神和科学思想的阐释。科学本身是沟通人与自然之间的桥梁，严格地说，是作为主体的人与作为对象物的外在世界（不仅是自然界，还包括社会、认知领域等一切的外在对象）之间的桥梁，它不仅是人在探索世界所获得的知识体系，更包括了人在探索过程中所体现出来的各种精神力量。科学研究就其对象性来说，必须是纯客观的，必须符合研究对象本身的性质、特点及其内在关系（运行规律），但就其主体性来说，也必然包含了人的价值判断（潜在的、显在的）和百折不挠的探索追求精神。

我们还可做出一个推断：科学精神和科学思想，是人在探索外在世界后返诸自身的人文精神。特别是科学精神，因为它是科学探索过程中人的主体性和物的客观性的最高契合，既蕴含了人类不畏艰难、不怕挫折、冲破陈规旧律的那种一往无前

的对未知世界的探索精神，也严谨地尊重和遵循认识对象的客观规律性。没有这种探索精神，科学不可能进步；没有对对象物（外在世界）客观性的尊重，科学研究就会失败。科学精神是一切科学研究（甚至可以延伸为人对外在世界的一切认识和实践活动）和一切由科学研究形成的人文精神的内核。

对于这方面的传播自然有很高的要求，对每一个从事科学传播的人员来说，都是严峻的挑战。目前从事科学传播专业主要有三种方式：一是教育方式，平台包括学校、科技馆和有关教育培训机构，内容以科技知识为主，比如各类专业课，中学的像数、理、化等基础教育，大学阶段应用类科技教育，传授各种自然科学知识、原理等，其要求是传播的知识要精准，为今后从事某个专业打下基础。比如浙江科技馆主办的带有浓厚好奇心色彩的"菠萝科学奖"，其背后传播的科学原理非常严肃认真。2015年"菠萝科学奖"中有"一根棒棒糖到底能舔多少次？""蚊子在雨里飞，为什么不会被雨滴砸死？"看起来是无厘头的知乎问答，却是正经的科学研究。打着"向好奇心致敬"的旗号，实际上采用了探究式、启迪式、引导式的方法，当然这种方式在其他教育中也可以通用。

二是媒体传播方式，平台包括传统媒体与新媒体，内容以科技信息为主，其要求是传播的科技信息要及时，有轰动效应，如中国载人航天飞船发射成功、北斗卫星导航系统建设、蛟龙号深潜等信息，还有大量的各种科技信息。在知识传播上只要求受众了解大概，一般用比喻、形容等方式，不需要很精准，如果需要进一步了解你再去学习相关知识。如多年前徐迟写陈景润的《哥德巴赫猜想》，就用了大量的比喻来说明猜想的大概意思，人们不一定记住其中的科学原理，却记住了这样的话语："自然科学的皇后是数学。数学的皇冠是数论。哥德巴赫猜想，则是皇冠上的明珠。"又比如有一篇通讯，报道了一位研究类似谷歌眼镜的中国科技工作者，为了说明他的成果，报道时用了那位科技工作者用眼泪和眼药水的比喻来说明谷歌眼镜好比是眼药水，是外来的刺激，而他研究的成果就像人的眼泪是自身分泌的，一下把两者的区别说明白了，通俗又好懂。

三是以文学艺术创作方式传播科学。创作内容与科学相关，内含科学元素，特别是有反映科学思想和科学精神的内容，如人物传记等。这个方向的典型代表就是科幻作品，可以说，科幻作品的内容涉及了科学的方方面面，在对科学本身的认识理解上有着其不可替代的作用，如当年叶永烈写的《小灵通漫游未来》，用现在的眼光看都是已经实现和即将实现的东西了。至于科幻影片，那些好莱坞巨制，其在科学传播上的作用已经被方方面面所认可。我在《读科幻片札记》中对此也有所分析（《徘徊在科学的边缘》，浙江科学技术出版社，2014 年）。

目前从事科学传播的人主要就由有以上三个方向的专业人士组成。尽管所采取的方式方法不同，所起的作用也不同，但目标是一致的，就是提高国民的科学素养。而这些专业人士所面对的是学生和大众，所以对传播者而言必须具备人文内涵，因为他们的目标并不是为了让全民都成为科学家。

二、科学传播与人文的历史渊源

从历史看，科学传播与人文有着密切的关系。近年来有一个概念使用频率很高，那就是"伪科学"。当人们急风暴雨式地对伪科学进行口诛笔伐后，人们可能更加关心什么是伪科学？什么是真科学？人们想从理论上对科学进行界定的过程，其实也就反映了人认识自然科学的一个过程。严格地说，科学如果单指近代科学，一般指的是欧洲文艺复兴以来在物理学、化学基础上衍生的分科之学及其技术体系，习惯上也称西方近代科学。但若论及对自然科学的认识，那就要追溯到几千年以前了。过去人们对自然科学的认识反映了人类探索人和自然的一种关系，内含于自然哲学之中，与宗教等也有密切关系，本身就闪烁着耀眼的人文光辉。

研究科学史的吴以义教授在接受一次访谈时认为，人为什么要研究科学？在中国读者群中，这还是个未被充分注意的问题。对这一问题的历史追问，会给我们带来哲学、历史和宗教等诸多领域的深刻教益。科学研究的前提是坚信客观世界是有规律的，规律是可以被人认识的，而这种认识表现基于理性的理解。在历史上，理性的即斯宾诺莎的上帝与世俗的即基督的上帝互为表里。

他说，当时有很多人认为，宇宙万物是上帝向人提供的一个途径，理解自然就是理解上帝，因为自然是上帝创造的。上帝在创造的时候把他的智慧放在了自然里，让人由此去发现他的智慧本身。直到今天还有很多人认为，这个世界竟然这么井然

有序，我们怎么能够相信它是完全盲目地自然地产生出来的，而不是一个智慧的上帝创造的呢？就是坚信"自然界是规律的，这个规律是可以被人认识的"。这两句话是科学研究的前提。如果这两句话得不到保证，科学研究就没有了意义。

斯宾诺莎认为，作为整体的宇宙本身和上帝就是一回事，这个上帝包括了物质世界和精神世界。上帝是每件事的"内在因"，上帝通过自然法则来主宰世界，所以物质世界中发生的每一件事都有其必然性。通过理解这种深层的逻辑关系而产生的宗教感觉，实际上是面对物质宇宙所展现的规划而感到的敬畏感。我们只能说，上帝创造世界，把规律放在这个世界当中，目的就在于对人的智性的启示，使得人通过认识这种规律来认识上帝创造的伟大（以上内容详见《文汇读书周报》第 1549号"访谈"版，2015 年 1 月 19 日随《文汇报》发行）。

一部科学史记录了人类对自然及自然规律的认识过程，在不断积累中总结、提升和深化，一方面涉及人对自然科学的认识和研究，本身包含着人文思考（包括哲学、宗教以及人类的兴趣点）；另一方面，自然科学对人类的影响，也有人文思考在其中起作用，如自然科学的发展对社会、经济及伦理道德的反作用，还有人类有意识地去研究、发现和寻求某种规律，却给人类带来意料之中或意料之外的作用。

这里还有一个重要插曲，即欧洲文艺复兴运动对科学革命的促进作用，亦即对近代科学发展的推进作用也是人们未曾预料到的。科学革命以后，认识方法有了改变，这是科学革命最伟大的贡献。观察、假设、推理、结论和结论的验证，走完这个完整的科学程序，才能证明假设是对的。马克思对这种验证有特别重要的阐发，他说：人的思维是否具有客观的真理性，这并不是一个理论的问题，而是一个实践的问题。人应该在实践中证明自己思维的真理性，以及自己思维的现实性和力量，亦即自己思维的"此岸性"。

按照爱因斯坦的说法，近代科学的发展依靠两个基础：实证方法和形式逻辑体系。爱因斯坦说："西方科学的发展是以两个伟大的成就为基础的：希腊哲学家发明的形式逻辑体系（在欧几里得几何学中的），以及通过系统的实验有可能找出因果关系（在文艺复兴时期）。"所谓实证，用哲学的语言说，一切都要通过实践证明，实践是检验真理的唯一标准。

纵观历史，我们可以把科学传播分为三个阶段，第一阶段的科普是专门知识的传播和技能传授活动，是为了人去掌握技能以适应自然服务的，这也是科普本来的含义。那时所谓的科普，更多的是作为宗教传统、哲学传统和技术传统的一部分来进行传播和普及，与人认识自然、适应自然有着密切联系。从形式看主要是个体的传授，如师傅带徒弟。

文艺复兴以后，科学传播进入第二阶段，除了个体的知识技能和方法普及，先进生产力的推广呈现一种社会化的状态。一方面，是因为近代科学技术的发展摆脱了宗教、哲学等羁绊而迅速壮大；另一方面，又通过不断丰富科学思想对哲学、神学乃至社会政治经济发展和伦理道德规范形成极大的冲击。在当时，科普就是一场革命。我国近代科普发展基本属于第二阶段。

第三阶段的科学传播主要是提高人的科学素质，以成为一个现代社会的合格公民。《全民科学素质行动计划纲要》指出，到目前"大多数公民对基本科学知识了解程度较低，在科学精神、科学思想和科学方法等方面更为欠缺，一些不科学的观念和行为普遍存在，愚昧迷信在某些地区较为盛行。公民科学素质水平低下，已成为制约我国经济发展和社会进步的瓶颈之一"。所以《纲要》提出，科普的目的就是要培养公民的科学素养，"公民具备基本科学素质一般指了解必要的科学技术知识，掌握基本的科学方法，树立科学思想，崇尚科学精神，并具有一定的应用它们处理实际问题、参与公共事物的能力"。也正是胡锦涛同志在《纪念中国科协成立50周年大会上的讲话》所说的："帮助人们以科学思想观察问题、以科学态度看待问题、以科学方法处理问题，养成健康文明的生活方式和工作方式，保持健康向上的社会心态，促进人与自然和谐相处，努力形成全体人民各尽所能、各得其所而又和谐相处的局面。"

回顾科学传播发展历史，我们可以清晰地发现，科学传播的最后指向都是人，是为了人而不是科学本身。对科学的认知就是从人的主体性出发认识自然，寻找自然规律的一种人文思考，人文思考是站在人的立场上对科学技术的一种判断、一种选择。科学传播无疑就是这种判断选择及对创作传播自身思考的成果。

三、人文思考在科学传播领域被抽离的表现和根源

前些年曾有过科普鹰派和鸽派的讨论，如果我们深究一下这种现象出现的原因，简单地说，就是因为当前在科学传播中人文理念被抽离了，或者说科学传播已经被异化。其根源可以追溯到唯科学主义的影响，以及意识形态对真理认识的变异。

文艺复兴以后，科学得到了爆炸性的发展，本来因为人的思想解放而导致科学技术的发展这个事实，更应该显示出人文在科学发展中的重要性，比如从达·芬奇以降西方不少著名哲学家和艺术家等本身也是大科学家，一些以科学著名的大家同时又是一名人文学者，这样的例子并不鲜见。可是就从那时开始，一个潜在的问题也在发酵，那就是对科学认识的绝对化，尤其是在近代中国。

18世纪末期以来，自然和历史、自然科学与文化科学、自然哲学与历史哲学、自然科学与精神科学等概念，受到德国哲学家的关注。在新康德主义弗赖堡学派的主要代表李凯尔特看来，思想的根基是思想赖以表达的语词，即概念。他在《自然科学概念形成的界限》和《文化科学和自然科学》等书中对这些概念的特点做了区别，认为自然科学和历史的文化科学事实上采用了两种对立的概念形成方法，前者采用普遍化方法，而后者采用个别化方法。他认为，自然科学和历史科学的根本区别不在于研究对象不同，而在于认识兴趣和方法不同。自然科学的兴趣在于一般的东西，它所运用的是"一般化"的方法，以便形成普遍的规律，历史科学的兴趣在于个别的东西，运用的是"个别化"的方法，以便记述特殊的事件。当然，李凯尔特为自然科学和历史的文化科学划定各自的界限，不单单是为了区别自然科学与历史的文化科学，他的目的是为了在他自己规定的价值概念下重新思考哲学、历史的关系。

对自然科学和人文学科进行区分无疑很有必要，这样可以更好地思考和处理两者的关系。问题是后来的发展把区分当成了切割，在两者之间划出了一条巨大的鸿沟，导致后来人忽视两者之间的联系，这在当时就引起有识之士的忧虑。比李凯尔特年代稍后的英国学者斯诺在《两种文化》一书中就担忧科技与人文正被割裂为两种文化，他认为科技和人文知识分子正在分化为两个言语不通、社会关怀和价值判断迥异的群体，这必然会妨碍社会和个人的进步和发展。

事实也正是如此，一般而言，科学探寻规律，而这规律只能潜在于它存在的那个环境，只能适用于它所涵盖的范围，此规律并不一定适用于彼环境。如果我们把规律比作真理，结论是真理只能是相对的，不可能放之四海而皆准。可是当科学认识出现绝对化后，也就出现了人们担心忧虑的结果。比如在科学共同体内产生共识，科学的东西就代表正确，代表真理，非科学的就另当别论，存在把局部"真理"当成普遍"真理"，把一时的利益放大到长远的好处，同时，在理念上出现唯科学主义，把应用于局部和一时的科技成果过度泛化推广。我们可以随意地举出这样的例子，比如英国工业革命迅速发展让伦敦成了雾都。比如我国前些年在海洋捕捞上推广先进的捕捞技术，导致酷渔滥捕，水产资源衰退。比如为了发展清洁能源在河流上大量开发水电站，造成生态恶化。有些负面影响在几年乃至几十年中暴露出来，有的要上百年才能显现后果。

众所周知，科技知识要通过传播才能起到普及的作用，达到科普的目的。传播在科普中起着举足轻重的作用，而科普创作又是科学传播的一个重要基础，在科学传播中主要是科普创作。以往的科普创作理论比较强调作品的科学性部分，提起科普就是科学与什么什么的结合，这种结合不是平行的关系，而是主/从关系，科学为主，其他被结合的什么是从，属于形式、平台一类，必须为主服务。这种关系中"主"是不容置疑的，是要绝对服从的。这其实就是把科普创作和科学传播与人文进行了切割，这种切割给科普创作和科学传播带来了什么样的结果呢？一些科学传播经常把科学绝对化，存在把科学当成万能的说法和做法。比如人们对教育体系的诟病，其中一个主要问题就是早早地在中学进行文理分科，导致学生知识结构的畸形。在社会上的负面影响显而易见：一方面有不少非科学、反科学的东西以"科学的名义"出笼蒙骗受众，另一方面人们又对高科技带来的东西产生忧虑和怀疑。比如不少科幻作品的主题表达了对高科技的反思，正是反映了人们对科学和人文的这种分割的担忧。

正如胡塞尔指出的那样："科学危机实质上是人的主体性被从知识领域中抽走，科学的技术成功遗忘了其意义基础，脱离了人性的控制。"（见《欧洲科学危机和超验现象学》，张庆熊译，上海译文出版社，1988年）这也让我想到王元化先生晚

年的一个反思，在《王元化晚年谈话录》一书中，王先生谈道，激进主义，"左"的一套，革命都不是问题，问题是"那些把认识到的就认为是绝对真理的人，会非常大胆和独断"。"在我的反思中，我觉得人的认识，人的力量，人的理性的力量是有限的"。王元化通过反思深刻怀疑"人类认识，不是一个绝对的东西""人类的认识领域是极其狭窄的，任何一个东西的微观是无穷的，你只是认识某一小部分，再深入下去，你就不会认识"。王先生的谈话对我颇有启迪。

综上所述，人们对"科学"的正确认识对社会发展是何等的重要，用人文的角度对科学来一番认真思考就会发现，科学是有边界的，科学是人对自然的发现和总结，科学是因为人的应用才能起到一定的作用。科学涉及人的方方面面，人们渴望了解科学首先是为了人类自己，龚育之先生在《对科学技术发展的人文思考》开篇即提出："马克思主义总是从人的观点来考察科学和工业发展（他们在《神圣家族》中把自然科学看作是'人对自然界的理论关系'，把工业看作是'人对自然界的实践关系'），总是从人和人的社会关系的框架内来考察人和自然的关系，总是从劳动与资本的对立上、从劳动异化和人的异化上来考察资本主义进程中的科学技术和工业发展。"所以，他认为："马克思主义绝不是对科学技术发展不做人文思考的、与人文精神相冲突相背离的什么'科学主义'。"（龚育之为《中国学者心中的科学·人文》所写的"序"，王文章、侯样祥总主编，云南教育出版社，2002 年）

四、如何在科学传播中加强人文理念

我认为，科普创作和科学传播属于边缘学科，即是指科普工作本身就处于自然科学技术科学的边缘。科普的一边是科学技术的核心，是科学共同体自身的事业，它的另一边是专业以外的世界。科普的目标就是要让另外一个世界了解科学共同体正在从事的专业，因为这个专业会影响到整个世界的社会政治经济的发展和道德伦理生活的改变。同时，科普创作和科学传播本身也是一门边缘学科，它和自然科学、技术科学、社会科学、文学艺术、生活经验都有一定的联系，其根源就是和人有关。所以，科普创作和科学传播作为一个边缘学科，其专业特征就是用人文思考去认识科学，理解科学，用人文思考去从事科普创作，去进行科学传播。

一是对传播渠道及载体的人文思考。以当下通过新媒体进行科学传播过程为例。传播学大师施拉姆曾断言：人类传播的每一次重要发展总是从传播技术的一次重要的新发展开始的。人类发明了电视，但如何使用电视正考验着人类的智慧。从这点延伸开来，我们也可以说，人类发明了新媒体，但如何使用新媒体正考验着人类的智慧。所谓新媒体就是建立在互联网基础上的数字媒体，它集文字、图像和视频于一体，综合传统传媒之长，具有门槛低、成本低、发展潜力大等优势。新媒体在实践过程中有两个明显特点，第一个是为了适应移动端传播的需要，在形式上趋向"微"发展，如微博、微信、微评、微视频、微小说和微电影，等等，因为对各类信息碎片化操作符合当今人们社会生活节拍。第二个是高科技设备综合"化"的传播手法，如从 3D IMAX 格式的科幻片播映，到世博会等场馆中的展示和数字科技馆的建成，等等。这些传播技术手段的采用就是为了更好地让人接受传播的内容。

选择新媒体进行科学传播，科普工作者跟进速度并不慢。根据张小林主编的《中国网络科普设施发展报告》，我国的网络科普设施建设开始于 20 世纪 90 年代中期，1995 年《北京科技报》开通了网络版，迈出了网络科普设施建设的第一步。其后科普网络发展迅速，并涌现出一批优秀的科普网站，如中国公众科技网、中国科普博览、化石网、新浪、网易等科学频道及科学松鼠会网站等，特别是中国数字科技馆的建设，更是网络科普中一个标志性的事件。就科协系统而言，网站的建设也达到了一定规模，目前全国性学会的网站有 190 个，各级科协的网站有 3400 个。按《报告》提供的数据可知，社团学会和各级科协所建的科普网站占了网络科普的 60% 以上。可以说，从技术层面看，发挥网络的功能进行科普不是当前主要问题（《中国网络科普设施发展报告》，中国科学技术出版社，2009 年）。

可即便这些高科技手段或形式采用后，人们发现，科普效果并不是那么明显，至少和传统媒体的电视相比，差距显而易见。据第八次中国公民科学素养调查结果可知，"2010 年，我国公民获取科技信息的渠道，由高到低依次为：电视（87.5%）、报纸（59.1%）、与人交谈（43.0%）、互联网（26.6%）、广播（24.6%）、一般杂志（12.2%）、图书（11.9%）和科学期刊（10.5%）。"

传播学本身有自己的规律，传播学研究的是人，研究人与人、人与团体、组织

和社会之间的关系；研究人怎样受影响，怎样互相受影响；研究人怎样报告消息，怎样接受新闻与数据，怎样受教于人，怎样消遣与娱人。我国传播学研究历程是从新闻学研究开始的，如复旦大学教授黄旦所言："改革开放前，我们的新闻学基本上是党的新闻机构学；'文化大革命'结束后，研究视野有所扩展，从机构推移到新闻本身，于是有学者提出，新闻学是事学。但就新闻传播的本质而言，它应是人与人的交往活动。因此，新闻学不仅是机构学、事学，而且更是人学。应该承认，随着传播学的引入，新闻学研究中已经逐渐注意到人的问题。"同样，在科学传播中，对科技知识如何选择和如何传播基本上是由传播者来决定的，哪怕是传播的载体平台建设，工具渠道的选择研究，背后也体现了传播者的人文思考。

比如新媒体在传播中为什么引人注目，是因为它遵循了传播学的规律。针对网络海量的信息，为了能一下抓住人的眼球，"标题党"就适时出现了。同时，网络上众多的图片、音频、视频用不同形式演绎着曾经的话题，这里既没有新闻性可言，也无独家之特色，却给人以直观、轻松、娱乐的感受。

二是在传播形式上的人文思考。就科普创作或者科学传播来说，其内容一般是既定的，传播者有强烈的主观意图冀望于受众的接受，这就要求科普工作者要开拓思路，按照传播学的规律来进行科普创作和科学传播。科普并非是科学共同体内部的事物，不是自然科学自身所能解决的，而是自然科学和哲学、社会科学及人文学科结合的一个产物。同时，科普的内容也不完全是科学共同体的强力推荐，而是哲学、社会科学和人文科学对自然科学的一种理解和选择，因为这些学科所关注的出发点和落脚点直接是社会和人本身。

科普创作要用人文眼光来认识自然科学，用人文思考来解读自然科学，如此才能打动人、感染人、影响人。唯有站在人的立场上，才能对科学本身进行审慎的反思，从如何认识科学、理解科学，一直到如何把握科学。

2015 年 3 月，有一部聚焦雾霾及空气污染的纪录片通过多家网站播映后，播放量迅速增长，引爆了公众对该纪录片的关注和对雾霾的讨论。受众从传播内容到传播形式对该片给予了高度好评，但也引来了不少争议。在科普创作界也有两种声音，赞之者认为其用新媒体进行科普是一个成功的探索，反之者则质疑该片内容的科学性有问题，比如认为其数据造假、对雾霾所产生的影响结论太绝对，等等。

然而，无论赞成还是反对，都对作品认识存在误区。该片显然不是传统意义上的科普创作，而是非常典型的新闻作品，符合新闻作品传播规律，具有其所有特征。我在《追寻新闻》一书中对新闻作品曾有过探讨，简而言之，新闻作品就是从一个时间点、一个空间点切入进行客观报道，目标是博取最大轰动。如此新闻作品也有其天生的缺陷，哪怕是号称最深度的调查报道，还是存在因为时间空间制约，只能保证事实的相对准确。作为弥补手段，可以通过跟踪报道、连续报道、多侧面报道来解决。所以，对一个非科普作品用传统的科普创作衡量标准其实是很可笑的。

我以为，这部专题片之所以能取得轰动性效应，并不仅仅在于传播形式和热点焦点的报道，而是在于其打动人心的人文思考：从一个母亲为女儿生活环境的焦虑贯穿全片的始终，用人之常情打动受众之心。我相信，片中小女孩隔窗凝望天空的图像一定会给大家留下深刻印象。同时，我们也不能不承认，虽然该片不是为了科普而作，但它起到很好的科学传播效果，引起受众对雾霾的重视和认识，超过了一般意义上的科普创作。

三是在传播内容上的人文思考。科学是一种自然规律，是一种客观存在，人们在实践中发现规律、认识科学。这些客观存在是否能造福人类，是以人的选择和思考而定，也取决于人们的实践获得的经验和教训。过去我们以科学是神圣的为出发点，在传播中我们不敢怀疑科学的神圣性，比如我们经常用"双刃剑"来比喻科技的不确定性，这里面主要指责技术，而不敢说科学是"双刃剑"，因为科学是神圣的。

1962年，美国科学家蕾切尔·卡逊的《寂静的春天》就是最典型的从人的角度对科学技术进行反思的例子。《寂静的春天》具有科普创作所必须具备的基本元素，比如涉及知识面广阔、言语通俗易懂、面向广大公众等。作者把科学界极其专业和艰深的理论知识，如水循环、土壤生长、细胞分裂、染色体有丝分裂、食物链等用详尽平实的语言描述出来，易于让没有专业背景的普通民众接受。但是这本书的深刻之处在于作者在创作中对自然科学的人文思考，正因为如此，她才会坚定地将科学界骇人听闻的环境破坏案例揭露出来，通过这些破坏环境并威胁人类生存的案例，让人们沉思如何运用科学技术才能更好地为人类服务。

事实上，人的认知是有阶段性的，这是一个不断突破局限的过程。作为一项科技无所谓好与坏，而是随着人们的思考运用而产生了正面或负面的效果。就像双对氯苯基三氯乙烷（Dichlorodiphenyltrichloroethane，DDT），由欧特马·勒德勒于1874年首次合成。1939年，这种化合物具有杀虫剂效果的特性被瑞士化学家米勒发现，认识到它几乎对所有的昆虫都非常有效。第二次世界大战期间，DDT的使用范围迅速得到了扩大，在疟疾、痢疾等疾病的治疗方面大显身手，救治了很多生命，而且还带来了农作物的增产。虽然自20世纪70年代后DDT逐渐被世界各国明令禁止生产和使用，但如今因DDT的某些特效是其他产品无法替代的，在一些特定的地方它又开始被使用。

近年来，信息技术、基因工程等高科技发展给人类生活的各个方面带来了很大的变化，同时也带来了很大的冲击。特别是在人际关系、伦理道德、人生价值等问题上给人们带来一些困惑，这无疑迫使科普作家必须对自然科学进行人文思考。在这方面科幻作品最具典型意义，作者在创作中通过对自然科学进行人文思考的案例比比皆是。科幻片作为一种类型电影，在创作中加进科学的元素，虽然是为了包装和演绎故事情节，却对观众理解科学有帮助，因为这些科幻片中充满了编导对科学的认识。此类影片总带有科学的符号，里面传递着人类迄今为止对科学技术的理解，比如对宇宙、天体、人类以及自然的探究，比如对高科技的迷恋和赞美，对技术高速发展带来负面效果的警示和担忧，对科技带来的社会伦理道德影响的不满等。

从分析案例看，不成功的科普可能有千条万条理由，而成功的科普只有一个共同的规律，那就是里面都闪耀着人文思考的光辉。

综上所述，科学传播最终体现的是人文对科学思考的传播。无论是被历史证明是对的科学或者是错的科学，其中都是人的因素在起作用。从科技强国、科教兴国、创新驱动发展等战略的推动，到人们科学素养的提高，我们的科学传播无不散发着浓浓的人文思考。所以，从这个意义上说，科普创作和科学传播必然是对自然科学的人文思考，而对自然科学的人文思考是科普创作和科学传播的必由之路。

作者简介

赵宏洲　高级编辑。长期从事传播实践和研究工作，先后在报纸、广播、电视和网络等部门任职，现供职于浙江省科协信息中心，主持网站工作及科普书籍编撰和科普视频编辑制作工作。从事传播工作30多年以来已发表作品数百万字，也有作品获得全国和浙江省优秀新闻奖、自然科学优秀论文和优秀科普论文等有关奖项，其中近年来总主编的《全民科学素质行动计划丛书》获得第三届"中国科普作家协会优秀科普作品奖银奖"。个人主要作品有作品集《永远的蓝色》（远方出版社出版），论文集《追寻新闻》（中国广播电视出版社出版），文集《徘徊在科学的边缘》。主编有《当代中国广播电视台百卷丛书（舟山人民广播电台卷）》（中国广播电视出版社出版），《以科学的名义——21世纪科普创作论》（浙江科学技术出版社出版）。另参与主持编撰《浙江科学家传记》丛书第一辑工作，参与《科普创作通览》（科学普及出版社出版）撰写工作。

试论科普创作的范畴
及科普作品的类型 ／ 董仁威

一、科普创作的范畴

哪些创作活动属于科普创作的范畴？哪些作品属于科普作品？这两个问题一直没有明确的答案。

（一）科学与技术

科普创作是什么？

首先要搞清楚科普是什么？

科普是科学与技术普及的简称。科学是什么？技术是什么？科学与技术有什么区别？有什么关系？有什么联系？至今也还有许多没弄明白的地方。

在当今，科学技术，简称"科技"，这样一个重要的组合概念，是与其同样重要的科学普及、科学教育和科技传播等组合概念的源头和基础。因此，讲科普的概念，不能不从科学技术说起。

1.科学是什么

科学即反映自然、社会、思维等客观规律的分科知识体系。在近代侧重关于自然的学问。明治时代日本开始使用"科学"作为"science"的译词。到了 1893 年，康有为引进并使用"科学"二字。此后,"科学"二字便在中国广泛运用。"science"指发现、积累并公认的普遍真理或普遍定理的运用,已系统化和公式化了的知识。

2.技术是什么

技术即关于劳动工具的规则体系,包括制作方式与使用方法。其目的在于提高劳动工具的效率性、目的性与持久性。因此可理解为,技术是由科学知识延伸与扩展出来的原理,还包括劳动工具、装置和工艺,广义的概念还包括具备特殊技艺的人和操作方法及管理模式。"Technology"可表达为,在劳动生产方面的经验、知识和技巧,也泛指其他操作方面的技巧。

3.科学与技术的关系

科学与技术的关系可分为两类,一类是技术来源于科学。当科学发现与研究积累成学术理论,有一部分指向实际应用,并转化成为技术及产品。比如,电磁理论建立以后,在该理论的指引下,发明了无线电报、广播、电视、导航、雷达、卫星通信等。

另一类是技术与科学发现没有直接的关系。技术和技艺,有不少是独立发展成人类生活和生产的应用成果的。中国的四大发明,如造纸术,就是典型的制造技术,并不是先研究出理论再产生的。火药、指南针、印刷术亦如此。指南针虽涉及科学知识,恐怕也并不是先知晓了地磁理论才发明的。

4. 科学技术与普及的关系

要使科学与技术得到社会的承认和推广应用,就需要一个科学与技术普及的过程。只有这个过程完成了,科学和技术才能变成生产力,变成社会财富,促进人类文明的发展、社会的进步。厘清这些线索,对于我们正确地评估科学普及创作的历史使命和现实意义,具有很大的价值。

在我们的科普工作实践里,也有很大部分是普及推广适用技术成果。

科普工作的一个重要方针:"面向生活、面向生产、面向群众、面向社会"的导向内容,很大部分是较直接地将技术成果普及给劳动者,在面对生产力水平较低的地区,"科技下乡"就是培训适用技术而使民众能劳动致富。

(二)法定的科普内容

2002 年 6 月,《中华人民共和国科学技术普及法》(以下简称《科普法》)颁布,

这是世界上第一部科普法。2006 年，国务院又颁布了《全民科学素质行动计划纲要》。这一部法律、一部纲要极其重要，是目前我国科普事业展开和深化的法制依据，为引导科普工作紧随日新月异发展的科学技术指明了方向，同时也对科技创新和科普创新做出了原则的规定。

《科普法》第二条指出：本法适用于国家和社会普及科学技术知识、倡导科学方法、传播科学思想、弘扬科学精神的活动。开展科学技术普及（以下简称科普），应当采取公众易于理解、接受、参与的方式。

《科普法》规定了科普工作的主要内容，明确指出，科普工作由普及科学技术知识、倡导科学方法、传播科学思想、弘扬科学精神的活动，即所谓"四科"构成。后来，科普理论的研究者及科普政策的制定者，将"四科"扩大为"五科"，即增加了科学与社会的互动关系的内容，并将其纳入"公众科学素质调查"的规范之中。

普及科学知识，倡导科学方法，传播科学思想，弘扬科学精神，理解科学与社会发展的关系，有利于引导群众树立正确的世界观、人生观、价值观，自觉抵制各种愚昧迷信和反科学、伪科学的行为；有利于增强全民族的创新意识，激发广大群众中蕴藏的巨大智慧和创造力；有利于形成科学、健康、文明的生活方式，提高群众精神文化生活的品位和质量；也有利于公众对国家科技政策的理解与支持，这对于丰富先进文化的内涵，促进先进文化的发展和社会主义精神文明建设有着十分重要的意义。

普及科学技术知识，既包括普及科学知识，又包括普及技术知识。科学是指反映自然、社会、思维等客观规律的分门别类的知识体系。技术是指人类在利用自然和改造自然的过程中积累起来的，并在生产劳动中体现出的经验、有实用价值的技能和方法。普及的科学知识，不仅包括自然科学，也包括人文社会科学以及自然科学与人文社会科学相互交叉的科学知识。

倡导科学方法。科学方法是进行科学研究、社会实践认识事物、解决问题的途径和基本手段。科学方法可分为"知"的方法和"行"的方法，即认识方法和实践方法。我们要树立科学方法观。在科普中倡导和传播科学方法，以使更多的人了解和掌握它。

传播科学思想。科学思想就是合乎科学技术发展规律的世界观方法论，是指导人们行动的系统看法和理论。追求真理的科学理性，是科学思想的精华，是我国人民行动的指南和方向盘。

弘扬科学精神。科学精神是实现和坚持科学观念的勇气、心理和气质。科学精神一般包括探索精神、实证精神、怀疑精神、批判精神、创新精神和独立精神等。正确认识科技对社会发展正反两个方面的作用，反对迷信，保护环境，也是科普的重要内容。

科学素质是公民素质的重要组成部分。公民具备基本科学素质一般指了解必要的科学技术知识，掌握基本的科学方法，树立科学思想，崇尚科学精神，理解科技同社会发展的关系，并具有一定的应用它们处理实际问题、参与公共事务的能力。这是从目标和使命的高度，阐述科普必须朝着提高公民科学素质、提高"两个能力"而努力。中国科普在这方面的进步，既吸收了国际的成功经验，又丰富了新的实践内容。

从科技法制的高度，可以这样定义科普："科学技术普及，是指采用公众易于理解、接受和参与的方式，普及自然科学和社会科学知识，传播科学思想，弘扬科学精神，倡导科学方法，理解科技与社会发展关系，推广科学技术应用的活动。"而这个定义的确立，也说明了《科普法》对我国科普事业产生的重大影响。这个定义的话语表达，使用了《科普法》的法制化文字来阐述科普的内涵。

（三）科普创作的范畴

"科普创作"无论从法律、系统、传播或历史的角度去认识和理解，它都是一种活动，是一种从单向发展到互动式的科技交流、普及、传播和终身教育的系统活动过程。作为科普活动和终身教育活动的重要组成和载体，"科普创作"必然也是一种活动，是一种服务于科普、服务于教育的精神创新活动。

1.科普创作的自然属性

科普创作要把对世界的科学认知、科学精神活动中的特殊意识形态以及科学社会活动中的特殊生产力通过"创作"这根纽带普及到所有的人群中。即是将人类科技发展的历史，科技发展过程中的卓越人物的事迹，人类的科技成果（包括科学的知识体系、科学的观念、科学的思想、科学的方法、科学的精神、科学的发展观念

等），通过创造性的多种形式的精神活动，形成一种特殊的传播文体。这种传播文体中涉及人类已获得的成熟的科学内容和事实；它还可能涉及对未来科技发展的推理、假说、幻想和对过去已有成果的社会作用的反思与探索，但它的背景素材一定是以相对客观的自然事实或规律为依据。这种"依据"便是科普创作自然属性最充分的体现。

科普创作及其"作品"，从素材到题材，从主题到作品，都反映着人与自然相互关系的相对客观的真理，具有科学的自然属性。

2.科普创作的社会文化属性

科普创作是科普作家将丰富、客观的科学事实，通过自己的创意精神劳动生产"作品"的过程。科普作家的创新精神产物"作品"一形成，便要通过载体传输到社会，发挥服务科普、服务教育的目的。因此，作为提供民众"受体"的"供体"而言，科普创作从一开始就带有作者自身的思想和感情，作者自身的文化"底蕴"，并通过"作品"与社会、文化、民众发生密切关系，同时深刻作用于社会、文化、民众，自然也具有社会文化属性。

优秀的科普作品都具备科学性和思想性，这是一个共性特征。它充分体现人们认识自然、认识社会的世界观的问题。世界观的问题又直接影响到人们的人生观和价值观，从而构建起受这种人生观和价值观作用下的社会、文化。所以，科普创作具有社会文化的属性。

3.科普创作的范畴

凡采用公众易于理解、接受和参与的方式，普及自然科学和社会科学知识，传播科学思想，弘扬科学精神，倡导科学方法，理解科技与社会发展关系的创作活动，均属于科普创作的范畴。科普创作活动所产生的作品，即为科普作品。

二、科普作品的类型

（一）科普作品的分类原则

科普作品的分类，一贯沿袭的是知识性科普读物、技术性科普读物、少年儿童科普读物、科学文艺、科学家传记、科技新闻、科普广播、科普美术作品、科教电影和电视等类别（章道义等：《科普创作概论》，北京大学出版社，1983年）。这种分类的依据不够精确与系统，例如有的是依据体裁分类，有的是依据受众对象分类，有的则是依据传播媒介分类。

现尝试用一种简洁的方法将其归为两大类，一大类为讲述体的科技应用文，另一大类为文艺体裁的科学文艺作品。这是以科普创作的体裁来分类的。科普创作的体裁主要有讲述体和文艺体两大类别。讲述体通过通俗的讲解、叙述来介绍某种科学知识或应用技术。一般行文平铺直叙，大都要求从不同侧面穿插历史、联系生活，力求做到深入浅出、引人入胜地介绍科学技术知识。文艺体是运用文学艺术的形式来记述或说明某些科技内容的一种创作体裁。它寓科学技术于文艺之中，把叙事、描写、抒情和议论不同程度地结合在一起。用群众喜闻乐见的各种文艺手段来宣传科技知识和科学思想，富有感染力，使科学较易为人们所接受。

将与文学体裁挂钩的科学文艺作品提炼出来，其余与文学体裁无法挂钩的便属于讲述体的科技应用文。如科普短文属于讲述体，科学小品属于文艺体。

这期间有许多边沿性的类别。我们要求科普作品要有三性：科学性、思想性、艺术性，即便是讲述体的科技应用文，也要求它有文采，有艺术性（表现为通俗性与趣味性）。因此，许多科普文就很难划分是属于一般的科技应用文，还是属于科学文艺类的科学随笔、科学小品。

茅以升的《桥话》便是一例，该文在中学语文教材中归入科技应用文一类，但按其文学性，亦可列入科学小品、科学随笔之列。其实，大致还是能区分开两大类作品的，不会有人将实用技术读物划归科学文艺类作品，也不会有人将科幻小说划归科技应用文。

（一）叙述体科普作品

1.科技应用文的定义和功能

科技应用文是一类讲述体裁的科普作品，除必须具备科普作品的科学性以外，仍强调科普文的艺术性，但它不属于任何文学体裁。

2.叙述体的科普作品的分类

叙述体的科普作品按写作方法可分为浅说类科普文、趣谈类科普文、科学报告

文、实用科技读物、百科类知识科普读物、科技新闻、科普演讲词、益智类知识读物和益智玩具、信息类科普作品、科普评论、科普理论，等等。

3.科学报告文的基本特征

在各中小学开展的小发明、小制作、小实验、小论文及科学调查活动中产生的科学小论文、实验报告、调查报告等科学报告，以传播"科学方法"为其鉴别的基本特征。

4.实用科技读物的基本特征

实用科技科普读物是一类实用性很强的科普作品，它以普及技术知识和技能为主要目的，特点是实用性。实用科技读物在发展经济中有"吹糠见米"的作用，我国近20年来出版了大批技术性科普读物，特别是农村实用技术读物，在发展我国农村经济中起到了很突出的作用。

实用科技读物是一种技术性科普读物，除同样要求科学性外，特别强调实用性。实用科技读物因不同对象而分为工程技术类实用科技读物（如食品加工、医药生产、化工、轻工、制造技术等）、农村实用科技读物（如农作物高产技术、畜禽养殖技术、园艺花卉技术等）、医药保健类知识读物（如妇幼保健知识、疾病防治知识等）、生活类知识读物（如家电使用技术、烹饪技术、家庭养花等）、爱好者知识读物（如汽车爱好者手册、计算机爱好者手册等）等。

实用性科技图书具有很强的实践性和操作性，它与普通读者的生活密切相关，深受广大读者的喜爱，有着广阔的市场发展空间。

实用科技读物鉴别的基本特点是其实用性，其中的工程类实用科技读物、农村实用科技读物、生活类实用科技读物、医药保健类实用科技读物，以其科技门类为鉴别特征。

5.百科类知识科普读物的基本特征

百科类知识读物鉴别的基本特点是其知识的完整性，是某一门类科学技术方方面面知识的总汇，其中的综合性百科类知识读物、自然科学百科类知识读物、社会科学百科类知识读物以其概括的知识门类为其鉴别的基本特征；小百科（手册）、百科、大百科以其汇集的知识的完整程度为其鉴别的基本特征。

6.辞典类知识读物的基本特征

辞典类知识读物鉴别的基本特征是工具性，其中的小辞典、辞典、大辞典以其汇集的辞条规模为其鉴别特征。

7.科技新闻的基本特征

科技新闻鉴别的基本特征是新闻性。科技新闻是一种以报道、普及最新科技知识为主要目的的一类科普作品，它要求快捷、准确、通俗。

8.科普演讲词的基本特征

科普演讲词鉴别的基本特征是其鼓动性，其中的科学演讲和技术演讲以其演讲内容为鉴别特性。

9.益智类知识读物和益智玩具的基本特征

益智类知识读物和益智玩具是一种以倡导科学方法为主要目的的科普作品，鉴别这类科普作品的基本特征是其思维方法。益智类知识读物以李庆雯等著《脑筋转转弯》为代表，倡导"逆向思维"等方法。李庆雯、董仁威合著的《聪慧对对碰》（天地出版社，2004年），则倡导正常的思维方法。这类益智读物发行量很大，如何通过益智读物启迪智慧，倡导正确的科学方法，是一个值得深入研究的问题。

益智玩具也是一种以倡导科学方法为主要目的科普作品，目前市场上销量很大。"益智玩具，从广义上来说，是一种科学玩具"，"要特别开动脑筋才能成功"（余俊雄：《益智玩具和玩具益智》，《科普创作通讯》，2005年）。在古代，我国有七巧板、九连环一类科学玩具。在现代，各地建立科技馆时发明了不少益智玩具。成都有著名的"卿秋爷爷的益智玩具"。益智玩具的特点是，应用数学原理和其他科学原理做游戏，强调互动性，是一类很有发展前途的科普作品。

10. 信息类科普作品的基本特征

信息类科普作品鉴别的基本特征是其带有电子文本的特性。信息类科普作品分为多媒体、网络科普作品和手机短信等类，分别以信息载体（多媒体、网络、手机）为鉴别特性。

叙述体科普作品的鉴别见表1。

表 1 叙述体科普作品的鉴别

序号	体裁	一级鉴别特征（是否科普作品）	二级鉴别特征	三级鉴别特征	四级鉴别特征
1	叙述体科普作品	科学性、思想性、艺术性	叙述体，不属于任何文学体裁		
1-1	浅说类科普文	科学性、思想性、艺术性	叙述体，不属于任何文学体裁	通俗性	
1-1-1	科普短文（又称豆腐干科普文）	科学性、思想性、艺术性	叙述体，不属于任何文学体裁	通俗性	短小精干
1-1-2	知识性科普读物	科学性、思想性、艺术性	叙述体，不属于任何文学体裁	通俗性	通俗性、系统性
1-1-3	问答类知识读物	科学性、思想性、艺术性	叙述体，不属于任何文学体裁	通俗性	问答式
1-1-4	对话类知识读物	科学性、思想性、艺术性	叙述体，不属于任何文学体裁	通俗性	对话式
1-1-5	动手动脑类知识读物	科学性、思想性、艺术性	叙述体，不属于任何文学体裁	通俗性	动手动脑式
1-1-6	互动性知识读物	科学性、思想性、艺术性	叙述体，不属于任何文学体裁	通俗性	互动式
1-1-7	科技史话	科学性、思想性、艺术性	叙述体，不属于任何文学体裁	通俗性	科学思想、方法、精神
1-2	趣谈类知识读物	科学性、思想性、艺术性	叙述体，不属于任何文学体裁	趣味性	以趣味性为核心
1-3	科学报告文	科学性、思想性、艺术性	叙述体，不属于任何文学体裁	通俗性	科学方法
1-4	实用科技读物	科学性、思想性、艺术性	叙述体，不属于任何文学体裁	实用性、时效性	
1-4-1	工程类实用科技读物	科学性、思想性、艺术性	叙述体，不属于任何文学体裁	实用性、时效性	受众：工程技术人员等
1-4-2	农村实用科技读物	科学性、思想性、艺术性	叙述体，不属于任何文学体裁	实用性、时效性	受众：农民及农业科技人员
1-4-3	生活类实用科技读物	科学性、思想性、艺术性	叙述体，不属于任何文学体裁	实用性、时效性	受众：大众
1-4-4	医药保健类实用科技读物	科学性、思想性、艺术性	叙述体，不属于任何文学体裁	实用性、时效性	受众：病员及大众
1-5	百科类知识读物	科学性、思想性、艺术性	叙述体，不属于任何文学体裁	知识的完整性	
1-5-1	综合性百科类知识读物	科学性、思想性、艺术性	叙述体，不属于任何文学体裁	知识的完整性	综合自然科学、社会科学、技术知识
1-5-2	自然科学百科类知识读物	科学性、思想性、艺术性	叙述体，不属于任何文学体裁	知识的完整性	自然科学知识
1-5-3	社会科学百科类知识读物	科学性、思想性、艺术性	叙述体，不属于任何文学体裁	知识的完整性	社会科学知识
1-5-4	小百科（手册）	科学性、思想性、艺术性	叙述体，不属于任何文学体裁	知识的完整性	小规模
1-5-5	百科	科学性、思想性、艺术性	叙述体，不属于任何文学体裁	知识的完整性	中等规模

序号	体裁	一级鉴别特征（是否科普作品）	二级鉴别特征	三级鉴别特征	四级鉴别特征
1-5-6	大百科	科学性、思想性、艺术性	叙述体，不属于任何文学体裁	知识的完整性	大规模
1-6	辞典类知识读物	科学性、思想性、艺术性	叙述体，不属于任何文学体裁	工具性	
1-7	科普演讲词	科学性、思想性、艺术性	叙述体，不属于任何文学体裁	鼓动性	
1-8	科技新闻	科学性、思想性、艺术性	叙述体，不属于任何文学体裁	新闻性	
1-9	益智类科普读物和玩具	科学性、思想性、艺术性	叙述体，不属于任何文学体裁	思维的新颖性	
1-10	信息类科普作品	科学性、思想性、艺术性	叙述体，不属于任何文学体裁	信息载体（多媒体、网络、手机）为鉴别特性	
1-11	科普评论	科学性、思想性、艺术性	叙述体，不属于任何文学体裁	评论	
1-12	科普理论	科学性、思想性、艺术性	叙述体，不属于任何文学体裁	理论	

（二）科学文艺作品的分类

科学文艺作品必须与文学或艺术体裁相对应，比如散文与科学散文，小说与科学小说、科幻小说、童话，诗歌与科学诗、童谣，表演艺术、戏剧与科普文艺，电影电视与科普影视等。其主要品种如下。

1.科学散文

根据现代散文的基本概念，我们可以将关于科学的散文引申为"科学散文"。鉴别科学散文除应具有科普作品的"三性"外，其鉴别的基本特征为文学体裁：散文。科学散文是有关科学的人、地、事、物的故事（不要求完整的故事），并带感情色彩（抒情），或具哲理性（议论）。

散文作为一种文学作品的体裁，在广义上还可以涵盖另一些我们所熟悉的文学创作样式。散文，在"中国古代，为区别于韵文、骈文，凡不押韵、不重排偶的散体文章，包括经传史书在内，概称散文。随着文学概念的演变和文学体裁的发展，在某些历史时期又将小说及其他抒情、记事的文学作品统称为散文，以区别于讲求韵律的诗歌。现代散文是指与诗歌、小说、戏剧并称的一种文学体裁。其特点是：通过对某些片段的生活事件的描述，表达作者的思想感情，并揭示其社会意义；篇幅一般不长，形式自由，不一定具有完整的故事，语言不受韵律的拘束，可以抒情，

也可以发表议论，甚或三者兼有。散文本身按其内容和形式的不同，又可分为杂文、小品、随笔、报告文学、传记文学等"。（《辞海》）

因此，在科学散文下可再设子分类体系，包括五种相关类别：科学杂文、科学小品、科学随笔、科学报告文学、科学考察记、科学家传记、科学故事、科学寓言。

2.科学小说

科学小说就广义而言，是指一种借助科学视野而完成的文学作品。广义的科学小说包括科学幻想小说、科学小说、科学童话等三种形式。

3.科学童话

想象是童话的一个最基本的特征。

4.科学诗歌

科学诗歌是一种以倡导科学方法、传播科学思想、弘扬科学精神等为主要目的，兼及普及科技知识的科普作品；有的科学诗歌则以普及科技知识为主要目的，采用诗歌形式使之朗朗上口。其鉴别特征是诗歌，分科学诗与科学童谣两个分支。

5.科普文艺演出作品

科普文艺演出作品又称科普曲艺、科普戏剧，是一类用于舞台演出，以艺术表演的形式来向广大民众传输科学技术知识，弘扬科学精神的科普文艺种类。由于它集科学技术的知识性和舞台表演的艺术性为一体，因而深受广大民众的喜爱。随着人民生活水平的迅速提高和对科学技术知识的渴求，他们对科普的需要已从阅读科普文艺作品扩展到观看和参与科普文艺演出的新的层面。这是科普事业发展的必然趋势，是国民经济建设事业飞速发展的必然结果。这就为我们科普工作者提出了一个新的课题，那就是如何适应广大民众在新形势下促生的新的需求，创作出更多、更好、更易在广大民众中推广开来的科普文艺演出作品。

6.科普影视广播作品

科普影视广播作品，是一类以普及科技知识为目的，以科教电影、科教电视、科教广播形式表达，以增强可视性的一类科普作品。有的科教影视广播作品，除普及科学知识外，也兼及弘扬科学精神、思想、方法等，如某些科学考察影视片、广播剧等。

科幻大片中的一些电影作品，不少属于科普作品之列，如《未来世界》《珊瑚岛上的死光》，这一类科普作品除展示与现实紧密相关的"幻想"科技以外，着重倡导科学方法、传播科学思想、弘扬科学精神，并沟通科学与社会的关系，是一种全面展示"五科"的作品，应归入"软科普作品"大类。

7.科普美术作品

科普美术作品，包括科普动漫作品等，是一类以普及科技知识为目的，在科普作品中做插图，起辅助作用，以增强可视性的一类科普作品，其鉴别特征是美术作品。

广义的科普美术作品还包括需要应用到美术工艺的作品，比如科普摄影、科普挂图等。科普摄影的特征体现为摄影艺术；科普挂图则包括科学画廊，是一类以普及科技知识为目的，主要以图片形式表达，以增强可视性的一类科普作品。

8.科学文艺翻译作品的基本特征

科学文艺翻译作品包括中译外和外译中翻译科普作品，其鉴别特征是翻译。

科学文艺作品分类鉴别见表 2。

表 2 科学文艺作品分类鉴别表

序号	体裁	一级鉴别特征（是否科普作品）	二级鉴别特征	三级鉴别特征	四级鉴别特征
2	科学文艺	科学性、思想性、艺术性	文艺体，属于文学体裁之一种		
2-1	科学散文	科学性、思想性、艺术性	文艺体，属于文学体裁之一种	散文	
2-1-1	科学杂文	科学性、思想性、艺术性	文艺体，属于文学体裁之一种	散文	杂文
2-1-2	科学小品	科学性、思想性、艺术性	文艺体，属于文学体裁之一种	散文	小品
2-1-3	科学随笔	科学性、思想性、艺术性	文艺体，属于文学体裁之一种	散文	随笔
2-1-4	科学报告文学	科学性、思想性、艺术性	文艺体，属于文学体裁之一种	散文	报告文学
2-1-5	科学考察记	科学性、思想性、艺术性	文艺体，属于文学体裁之一种	散文	科学方法
2—1-6	科学家传记	科学性、思想性、艺术性	文艺体，属于文学体裁之一种	传记	
2—1-7	科学故事	科学性、思想性、艺术性	文艺体，属于文学体裁之一种	故事	不带科学幻想色彩的故事
2—1-8	科学寓言	科学性、思想性、艺术性	文艺体，属于文学体裁之一种	寓言	
2-2	广义的科学小说	科学性、思想性、艺术性	文艺体，属于文学体裁之一种	小说	借助科学视野而完成的文学作品

序号	体裁	一级鉴别特征（是否科普作品）	二级鉴别特征	三级鉴别特征	四级鉴别特征
2-2-1	狭义的科学幻想小说	科学性、思想性、艺术性	文艺体，属于文学体裁之一种	小说	不以普及科技知识为目的，重在培养读者的科学想象力
2-2-2	广义的科学小说	科学性、思想性、艺术性	文艺体，属于文学体裁之一种	小说	以普及科技知识为目的
2-2-2-1	科普式科幻小说	科学性、思想性、艺术性	文艺体，属于文学体裁之一种	小说	是以科普为目的，主要描绘对过去未解科学难题及未来科技发展的推测和预测
2-2-2-2	科普小说	科学性、思想性、艺术性	文艺体，属于文学体裁之一种	小说	是以科普为目的，通过虚构，虚实结合，主要是对已有的科技知识或科学假设及科学精神、科学思想、科学方法的普及
2-2-2-3	科学家故事	科学性、思想性、艺术性	文艺体，属于文学体裁之一种	小说	通过虚构，虚实结合，编织科学家的故事，主要是对已有的科技知识或科学假设及科学精神、科学思想、科学方法的普及
2-2-2-4	科学故事	科学性、思想性、艺术性	文艺体，属于文学体裁之一种	小说	是以科普为目的，通过虚构，虚实结合，编织实有的科学故事，主要是对已有的科技知识或科学假设及科学精神、科学思想、科学方法的普及
2-3	科学童话	科学性、思想性、艺术性	文艺体，属于文学体裁之一种	童话	
2-4	科学诗歌（词、赋）	科学性、思想性、艺术性	文艺体，属于文学体裁之一种	诗或词、赋、歌词	
2-4-1	科学诗	科学性、思想性、艺术性	文艺体，属于文学体裁之一种	诗	
2-4-2	科学童谣	科学性、思想性、艺术性	文艺体，属于文学体裁之一种	童谣	
2-4-3	科学赋	科学性、思想性、艺术性	文艺体，属于文学体裁之一种	赋	
2-5	科普（表演）文艺	科学性、思想性、艺术性	文艺体，属于文学体裁之一种	曲艺、歌曲或戏剧	
2-6	科教影视广播作品	科学性、思想性、艺术性	文艺体，属于文学体裁之一种	媒体：影视或广播	
2-7	科普美术作品	科学性、思想性、艺术性	文艺体，属于文学体裁之一种	美术	
2-8	科学文艺翻译作品	科学性、思想性、艺术性	文艺体，属于文学体裁之一种	翻译	

作者简介

　　董仁威　1942年5月出生，重庆人，教授级高级工程师，时光幻象成都科普创作中心主任，历任四川省科普作家协会第四届委员会主席（2000—2006）、第五届理事会会长（2006—2011）。中国科普作家协会第五届理事会常务理事兼科学文艺委员会副主任委员，第六届理事会荣誉理事。世界华人科普作家协会主要创始人之一、首届理事会理事长。世界华人科幻协会主要创始人之一，监事会监事长。创作出版科普图书80余部，代表作有《生物工程趣谈》《中外著名科学家的故事》《科普创作通览》等。作品获得过中国图书奖、冰心儿童图书奖、中国优秀科普图书奖等。

科普·科幻·科学文化

尹传红

2012年年初，九三学社中央《民主与科学》杂志社组织召开"将科学精神注入我们的文化"专题研讨会，与会的科学家和社会科学人文学者，就科学精神在转型时期文化建设中的意义和作用进行了深入讨论。其间不乏论争，但气氛十分融洽。

此次研讨会达成的一个共识是："五四"新文化运动高举民主与科学的大旗，为中国文化注入科学精神要素，开启了中华民族从科学启蒙到科教兴国的奋斗历程。科学精神作为具有显著时代特征的先进文化，更具有广泛的社会文化价值。历史的经验教训告诫我们，为了我们的经济现代化进程不再停顿、不再偏向，为了我们民族更加健康的发展，我们唯有在民族文化中注入科学精神，实现人的思想观念的现代化，建构理性的新世纪中国文化。

会议当中出现了一个颇有意思的小插曲：一些学者为研讨会"正题"。他们指出，科学精神也是一种文化，而且是一种高尚的文化。作为科学文化精髓的科学精神的传播，能激发出公众健康、向上的精神风貌，完善人们的人格品质，改进社会风气。因此，"注入"

这个提法值得斟酌……激烈的思想碰撞让应邀与会的笔者感慨良多，回味并思考了诸多相关话题。

把科学渗透到文化中去

先谈谈跟"注入"一词有缘的一段往事。

20世纪80年代中期，笔者所供职的《科技日报》（其前身为《中国科技报》）在创办了科学副刊之后，又萌生了创办文化副刊的设想。1986年年初登出的发刊词"我们为什么办文化副刊"写道：

没有科学技术的发展，实在难有文化的进步。时至今日，科学技术更已成为当代文化的脊梁。……科学的产生和发展，需要适宜的气候土壤。不仅是物质条件，更需要精神上的条件。近代科学不是发生在中国，就与我国传统文化本身的弱点有关。另外，在我国的传统文化中也蕴藏着许多对发展科学技术有积极作用的因素，有待我们去发掘，充分发挥它的作用。

因此，中国的科学技术工作者需要了解中国和世界文化，关心文化的发展，中国的一切文化工作者也需要了解科学，关心科学进步对文化发展的意义，大家共同来创造体现科学精神的中国社会主义新文化。我们办这个副刊，就是想为这个目的提供一片小小的园地。

《科技日报》的这个文化副刊明确提出了"把科学注入我们的文化"作为办刊要旨之一。为什么这样考虑呢？因为大家觉得，在我们的文化中，科学的东西显得太单薄了。所以，应该有意识地把科学渗透到文化的方方面面中去。具体而言，就是要"以科学为准绳，用科学来审视过去的文化、用科学来武装现在的文化、用科学来探索未来的文化。"

时任中国科协主席的钱学森先生读到这个发刊词，对它提出的办刊宗旨深表赞同，来信说：文化副刊要讲科技对社会文化的贡献，也要讲社会文化对科学技术的贡献，并建议说科学技术是文化，特别要指出基础科学。为此他转述了上海复旦大学李新洲教授的一席话："作为人类思维的创造物，只有音乐堪与理论物理媲美，

所有真正的理论物理学家都像艺术家一样地生活、一样地工作、一样地思索。在讨论基础研究和应用研究究竟是哪一种重要时，即使那些急于求成而对美感毫无兴趣的人，经过稍许反省也可看出基础研究的重要性。"（这封信已收入钱学森《科学的艺术与艺术的科学》一书，人民文学出版社1994年出版，题作《有必要办文化副刊》）。

当年《科技日报》上的《科学》《文化》《生活》《读书》等版面，除各自的特殊要求外，作为广义文化的组成部分都服从这样一个总的编辑思想：整个社会文化环境是科学技术赖以生存和发展的条件，我们应当了解它；科学技术又是现代社会文化的脊梁，社会文化的进步需要我们的关心和推动。因此，我们的读者也只有换一个高视角，来鸟瞰科技发展所置身的社会文化心理环境，才能认识当今时代的变革，并有效地在变革中求得发展。

30年前《科技日报》办副刊的理念与实践，就是放在今天来看，也并没有落伍、过时。值得一提的是，在那个时期，围绕这一为数不多的科学文化阵地，聚集了一大批有学问、有思想并且文采飞扬的专家、学者和科普作家。他们的创作实践和成果，有力地促进了科文交融，同时也极大地提升了《科技日报》的知名度和影响力。当今活跃于科普界和科学文化领域的著名人士王渝生、卞毓麟、江晓原等，当年就经常在《科技日报》副刊上发表文章，并逐渐为广大读者所熟识和认可。

"斯诺命题"至今无解

科学与文化，而今可以言说的话题，真是太多了。

1959年，英国著名作家C.P.斯诺在剑桥大学做"两种文化和科学革命"的演讲时提出，由于狂热推崇专业化教育，导致科学文化和人文文化出现了分歧与冲突。他认为，"事实上，在年轻人中间科学家与非科学家之间的隔阂比起30年前更是难沟通了。30年前这两种文化早已不再相互对话了。然而他们至少还可以通过一种不太自然的微笑来越过这道鸿沟。现在这种斯文已荡然无存，他们只是在做鬼脸而已。"

何以消解两种文化的对立与排斥？斯诺认为："只有一条出路：这当然就是重新考虑我们的教育。"

半个世纪过去了，斯诺所提出的这种文化现象，也就是科学与人文的分裂、隔膜与制衡，依然客观存在。对"斯诺命题"的深入解答已成为理论上的迫切要求，并具有重要的实践意义。尤其是，20世纪末，欧美爆发了一场名为"科学战争"的大辩论（起因是对《高级迷信：学术左派及其对科学的责难》一书的纷争），以及"索尔卡事件"（有意捏造的学术文本通过"审查"刊出），使得"斯诺命题"再度被频频提起。诺贝尔物理学奖得主史蒂芬·温伯格就此指出，从这起事件表明，"从科学家与其他知识分子之间误解的鸿沟来看，至少像斯诺若干年前所担忧的那样宽。"

不过，美国哈佛大学教授、发展心理学家杰罗姆·凯根指出，过去半个世纪以来，在各门科学和研究型大学中发生的变化，已使斯诺的分析显得有点儿过时了。其中最明显的变化，是在物理学、化学和分子生物学中，重要科学项目的影响越来越大，这些项目需要昂贵的机器和一个个具有各种才干和动机的团队。……"大学各学院的院长和教务长很快就开始赞赏他们的物理学家、化学家和生物学家，因为他们为自己的研究所招来大笔大笔的金钱，这些钱一直堆到天花板。"

与此同时，选择了哲学、文学或历史学的学者们却受到了严重的冲击，因为他们与那些向他们的校园慷慨地赠予几百万美元的人没有利害关系。此外，在媒体的帮助下，公众已经被说服，相信只有自然科学家才能提供解决各种严重的社会问题的答案。凯根根据过去数十年来各门学科发生的变化，对斯诺的观点进行了反思，提出了"三种文化"之说，即自然科学、社会科学和人文学科。

学者们通常认为，科学是一种社会文化过程，是置身于文化情境中的科学。以色列哲学家约瑟夫·阿伽西将科学看作文化的一个内在组成部分。他认为，寻求科学确定性（或其他确定性）的一切传统主张都是错误的，并且妨碍了科学的自由及其文化总体的融合。例如，科学主义认为科学并且只有科学具有合理性，从而否定或者忽视文化的其他部分。它看似支持科学，实际上并非如此。

在阿伽西看来，科学是最富合理性的理智活动，但不是唯一的理智活动。科学的独特性在于系统地理解事物，并且对自身创造的成果持坚韧不拔的批判态度。科学通过这种方式在人类文化中发挥多种多样的作用，它对人类文化做出的贡献值得人们对之进行特别研究。而且，科学让文化处于流变之中，这使生活在许多方面丰

富起来。

严格地讲，"科学的文化研究"不是一门科学，而只是一个研究领域。复旦大学学者吴海江指出，现在学术界虽然有"科学文化学"的提法，但有关科学的文化研究至今仍没有形成统一的规范，即大家公认的问题、方法和任务。他提出，应从文化视野理解科学活动的本质、价值和精神，考察科学与社会文化的互动关系。因此，他期望能够确立一种"社会文化情境科学观"。这种科学观主张，近代以来的科学是置身于社会文化情境中的科学，同时又是引领社会文化的科学。

科学文化，从最宽泛的意义上讲，是指科学领域中的文化层面；或者说，是科文交融的一个体现。这原是一个没有明确界定的概念，但近年来经过京沪两地一批学者的使用和阐述，逐渐进入公众话语，成为媒体上经常使用的一个词语。不过，它同时也引发了一些争议（这跟"科学文化人"主张以"科学传播"取代传统"科普"颇有些关联，此处不再赘述）。

有意思的是，科幻界人士却从争议和纷扰中看到，这倒可能会对中国科幻文艺产生积极的影响，因为作为科幻文艺之独特品种的科幻小说，完全可以归拢于科学文化的范畴中。

说来也是话长，这又牵扯到科幻跟科普乃至科学之间一直难以厘清的那种关系。

中国科幻的"科普情结"

20世纪50年代中后期的中国，迎来了科幻创作、出版的第一个高潮。究其原因，一是大批苏联科幻、科普作品及凡尔纳小说被译成中文，在读者中引起了热烈反响，同时对中国科幻小说的创作也产生了深刻影响；二是党中央在1956年年初发出了"向科学进军"的号召，全国迅速形成了学科学的热潮，作家们创作科学文艺作品的热情空前高涨。

现在回过头来看，中国科幻创作的"科普情结"是有其历史渊源的——实际上它一开始便被赋予了"科学普及"的厚望，而且也不能不受政治气氛的影响，担当起教育和宣传的特殊使命。20世纪50年代末到60年代初，对科幻小说的基本要求是要为工农业生产服务，要落实到生产中去；对其"特定"的青少年读者对象来说，在注重科学幻想的科学性的同时，还得考虑它的思想性，亦即思想教育意义。足可见中国科幻小说的"负载"有多重了！

那时，科幻作家们根据自身创作实践也意识到，幻想是科幻小说的生命力，是吸引读者的磁石。但这种幻想，不论是对社会生活的理解，还是关于科学构想，都有它的起点和基地——现实。科幻小说最好能具有比较确切的科学性，并且能与某一现实问题相联系，才有更积极的意义。当然，从现实生活中取得的创作素材，都要经过合理想象的改造。

另外，在20世纪80年代初期，已有越来越多的科幻作家认识到：科幻作品除了介绍科学知识，提出科学展望外，还有其广泛的现实意义，还特具更深广的内涵，而不应只是处在"儿童文学"和"科学普及"的从属地位。另外，作家利用科学幻想这一形式来阐明哲理，表达自己的思想感情、理想和愿望，也要比一般文艺作品显得更灵活、洒脱一些，或者说可以走得更远，没那么多约束和限制（这个特点常常也容易引起误解而招来责难）。对此有一个十分形象的比喻："我国科幻小说的发展倒有点像青蛙，蝌蚪阶段曾经姓'科'，而在走向成熟的时候，就应该及时地改而姓'文'，成为文学的一部分。"

20世纪50年代，我国的科幻小说的开拓者几乎是清一色的少儿科普工作者。当时，在"向科学进军"的号召下，对科学普及热情一些，原在情理之中。然而，科幻小说一旦大量问世，就会按照自身的发展规律，去寻找最有利的发展道路。这样，许多原来强调姓"科"的科幻小说作家先后改变了看法，按照小说的规律去创作，作品已经开始向文学靠拢。

随之，也在中国科普、科幻界掀起了一场前所未有且影响深远的大论战。这些论战把当时科幻创作和理论中带有共性的问题提了出来，包括科幻创作的目的性、科幻作品的科学性、科幻小说作为一种文学的思想倾向性，以及"科幻"与"幻想"之间的界限问题。

多年以后，身在"其"中的著名作家叶永烈总结说，关于科幻小说的种种模糊的概念，对于科幻小说功能狭隘、片面的理解，阻碍着中国科幻小说创作的发展。

另一位知名科幻作家肖建亨则指出：中国科幻小说的发展一开始就伏下了一个

潜在的危机。这危机就是"工具意识"过于强烈——仅仅把科幻小说当成了一种普及科学知识的手段，而忽略了科幻小作说作为文学品种之一的文学品质。其实，科幻小说并不是教科书，的确不能承载过多的科学知识，尤其是不能承载过分具体的、解决一个实用的工程技术知识的普及任务。过分的功利和实用主义，恰恰使科幻小说的价值和社会功能难以真正发挥出来。

姓"科"姓"文"之争

在那场对中国科幻走向影响深远的论战中，著名科幻作家、《珊瑚岛上的死光》的作者童恩正的观点尤为引人瞩目。他分析说，科学幻想小说这一文学样式本身具有的特点，决定了它很容易产生一系列的矛盾，而这些矛盾的核心，就是艺术的夸张与科学的真实性之间的矛盾。作为"科学"，它要求绝对的准确，不能抑扬、夸大；不过，作为"小说"，它又必然要求艺术的概括和夸张。特别是"幻想小说"这一特殊形式，还允许作者进行一些大胆的，然而又是合理的幻想——离开了幻想，也就丧失了科学幻想小说存在的价值。

因此，在评价一篇科学幻想小说时，由于看问题的角度不同，往往会出现一些意见分歧。科学家从科学的观点出发，往往认为作者的幻想离开了现实的可能性，缺乏依据；而文学评论家从文艺的角度出发，又认为作者太拘谨，科学性太强，削弱了文学作品的力量。一个科幻作者面临这种左右为难的困境时，是很难做到使两方面都满意的。

兴许正是出于以上思考，童恩正在《谈谈我对科学文艺的认识》一文中，主张将科学文艺与一般科普作品区别开来："在写作目的上，科普作品是以介绍某一项具体的科学知识为主，它之所以带有一定的文艺色彩，是为了增加趣味，深入浅出，引人入胜。在这里文艺形式仅仅是一种手段，是为讲解科学知识服务的。而在科学文艺作品中，它的目的却不是介绍任何具体的科学知识，而与其他文艺作品一样，是宣扬作者的一种思想，一种哲理，一种实事求是的态度，一种探索真理的精神。概括起来讲，是宣传一种科学的人生观。在这里，科学内容又成了手段，它是作为展开人物性格和故事情节的需要而充当背景使用的。"

童恩正的上述观点在当时的中国科幻界，是颇有创新和进步意义且极具"冲击力"的。但他同时混淆了在中国已有特定含义的"科学文艺"与"科学幻想小说"的概念，以致引起了不少误会和非议（指责他主张科幻小说可以不忠实于科学，科学内容不过是小说的"道具"而已），并且引发了科幻小说的姓"科"、姓"文"之争。

这场争论最终形成了两种截然不同的见解："姓科说"认为科幻小说主要是艺术地表现一种科学的幻想，科学幻想是科幻小说的灵魂，文艺则是手段或躯壳；"姓文说"则提出，科幻小说既然是文艺，主要就是塑造人物，反映社会，宣扬哲理，科学幻想仅仅作为手段之一用于其间。还有一种意见认为，科学幻想小说不属于文学，也不属于科学，它是一个独立的品种。

一位科幻作家在评价这场延续了两三年之久的争论时指出：照理，理论探讨的最终目的，是推动科学文艺或科学幻想小说创作的繁荣。而这场争论却使双方都不能信服，谁也说服不了谁，并且双方都动了肝火，终于离开原来的目的越来越远了。而数年过后，又有一种观点认为，"姓科姓文之争"这个概括是不准确的。并没有谁提出过开心文艺部姓文。问题仅仅在于开心文艺要不要忠实于开心，即它是不是同时又姓科。

昨天、今天和明天

"科技发展太快，科幻越来越难写了。"国内一位著名的科幻作家曾在笔者面前感慨。作为一名科幻迷和科幻研究者，笔者颇有同感，也十分理解，不禁又联想到英国科幻作家阿瑟·克拉克的一句名言："所有成熟发展了的技术都与魔法近乎无异。"

是的，我们一直生活在现实与梦想交错的世界里，科学与科幻小说的界限似乎都变得模糊了。

其实，从某种意义上讲，一部科技发展的历史就是一部幻想的历史，而一部幻想的历史也是一部促进和反思科技发展的历史。美国著名科学家、"液体火箭之父"罗伯特·戈达德有一个精辟的概括："昨天的梦想，就是今天的希望和明天的现实。"他本人自小受科幻作品激励，对科学产生兴趣，不顾世人嘲讽和刁难，矢志研制液体火箭，其成就在其离开人世十多年后才真正获得承认。

戈达德的"悲情"故事令人感怀。当年曾热心帮助过他、首次驾机飞越大西洋的著名飞行家查尔斯·林白晚年有一段这样的回忆："1929 年，坐在戈达德位于伍斯特的家里，我倾听他描画他未来发展火箭的想法——有些是实际上可行的，有些是未来终会实现的。30 年后，在目睹巨大的火箭由空军基地卡纳维尔角起飞的瞬间，我不清楚是他当时在做梦呢，还是我现在在做梦？"

作为人类独有的一种思维方式，幻想对于人类社会的进步和发展起着难以估量的巨大作用，并且一直在影响和改变着我们的生活。更进一步说，伴随着科学探索的进程所萌生的科学幻想，从诞生伊始便是创新思维的原动力之一。在现代科学出现之后，科学与幻想更是呈现出一种互为启发、共同发展的关系，并以一种特殊的方式和文学结合在一起，从而成就了科学幻想这一崭新的文学类型。

自 20 世纪以来，科学与科幻小说日益相互补充，两者之间存在着一种双向交流。科幻小说提出思想，激励着科学家解决现实世界中的问题。科学家把这些思想纳入到自己的理论中，进行深入的探究，把今天的科学幻想变成明天的科学现实；许多科幻作品中有关未来的科学幻想成为激发科学家探索的原动力，已经被历史所证实。但有的时候，科学提出的概念比科学幻想小说提出的更奇怪（黑洞、暗物质和暗能量就是一些典型的例子）。

可以说，科幻作品以其超前的眼光、多元的探究和深层的发掘，对科学技术的发展引起的变革予以大胆的预测，并对科学技术带来的负面效应做出超越时代的预见。科幻对科技的反思或许没有科学哲学、技术哲学严谨和系统化，但是，当用科幻的方式来反思科学时，科幻就成为一种异常直观和锐利的视角，让读者对科技在不受控制地发展后所带来的巨大危机和隐患，有更为直观和切近的感受，这可能要比单纯的学术研究具有更强的感染力和震撼力。从这个意义上讲，科幻小说有其独到的价值。

再者，世界存在各种可能性。科幻小说被认为是略微超前并且看到了这些可能性，因而亦可视为"超科学"，是比现在科学水平发达的科学，是对未来科学的虚构和推断。它突破了科学方法的禁锢，提供了一种在不同的环境下探讨当代问题的可能性，并检验多种替代性的未来，帮助人类面对更多的不可预测的未来。

创造一种替代性的历史

科幻作家们通常都认为，他们创作的大多数作品都是在以某种方式引导我们走向我们身处其中的现在，而不是其他的地方。他们实际上是在创造一种替代性的历史。在那里，事物或事情以它从未有过的方式存在或发生。科幻小说提供了一种替代性的情境，其意义在于以某种安全的方式来探索未来，并表达它们可能的意义。

这其实也就是探究未来的各种"思想实验"。预言或许不是科幻作家们的主要目的，他们当中的绝大多数人关注的是创意的展示，探索在科学发现领域的新奇概念。他们总是在设想"如果……将会发生什么呢？"因此，也有科幻作家认为，科幻小说的别名应该叫作"推理的历史"（包括未来的历史），因为这类作品表现的是不同的过去、替代性的现在和人类向未来的戏剧性延伸。

还有的科幻作家甚至认为，最有影响的科幻故事不是那些能准确地预测未来的小说，而是那些能阻止未来（恐怖场景）发生的故事。即它们使人们读后深受触动，进而获得一种独到的自我预防能力，以致很多可能发生的情形最终并没有发生。一个真正阻止了可怕的未来的典型例子，是英国作家乔治·奥威尔的名著《一九八四》，他的这部作品阻止了他所描绘过的场景（个人自由被极权国家所限制）的到来。

未来不只是现在的简单延伸。未来正被各种动态因素所构成的错综复杂的趋势推动着不断演变。人类当前所面临的问题和这些问题的解决方法越来越突出地表现出跨国界、跨机构和跨学科的特点。以我们这个时代的眼光看，一时似还带不来现实功利的未来探索——预测和未来学研究，在很大程度上表现了人类对科学和社会发展规律的探索。它们的"功能"，也在很大程度上跟科幻小说的价值取向相交织。

事实上，目前发展起来的一项探索性工作——"技术预见"，已经融合了未来学、战略规划和政策分析的内容，成为把握技术发展趋势和选择优先科学技术发展领域或方向的重要支撑平台，以及"塑造"或"创造"未来的有力工具。而传统意义上的未来学研究——系统地探索、创建并检验那些可能发生又非常重要的未来情景，以提高我们的决策水平——正像一个站在古老帆船桅杆下的水手，习惯于向位于下面的船长指出礁石和安全通道，使船只驶过海域时能够平稳航行。

同时我们高兴地看到，进入 20 世纪 90 年代，历经多年沉寂的中国科幻终于开

始复苏,一大批国外科幻作品被翻译、出版。今天,随着国内政治环境的宽松、人们对科幻小说认识的改变,科幻已得到社会各方面越来越广泛的关注和支持。最近一些年里,以刘慈欣"三体"系列和韩松《火星照耀美国》等为代表的本土科幻所获得的热烈反应,让人们对中国科幻的发展更多了一份信心。

科幻小说的繁荣昌盛与否,从一个侧面反映了一个国家生产技术的发展水平、科学研究水平和科技人员某些素质的高低;也反映了一个民族的文化气质、鉴赏能力、兴趣爱好,以及这个民族的想象力是否丰富。中国人需要科幻,科幻在中国会有更广阔的前景。因为,中国要走向明天,中华民族要与全世界所有民族一道进入未来,一种瞻望未来图景、启迪创新思维、开阔发展视野、系念明天生活的文学,必然生机无限!

在科学文化这个领域,应有科幻及其研究的一席之地。

作者简介

尹传红　1968 年出生。科普作家,科幻研究专家。《科技日报》主任编辑,《科技文摘报》总编辑,中国科普作家协会常务副秘书长。

在多家报刊开设个人专栏,已发表新闻及科学文化类作品 200 余万字。著有《幻想:探索未知世界的奇妙旅程》《吃的困惑》《樱桃树上的梦想》《该死的粒子:理趣阅读司南》《生活中的科学》《星星还是那颗星星》等 12 部书。作为策划人、撰稿人和嘉宾主持人,参与过中央电视台、北京电视台、上海电视台、江西卫视多部大型科教节目的制作。承担了《上帝粒子》《宇宙秘密》《社会生物学》《不羁的思绪——阿西莫夫谈世事》等 20 余部中高级科普图书的校译、编辑工作。

获得过国家科学技术进步奖二等奖、全国优秀科普作品奖、上海市科技进步奖三等奖、上海市优秀科普作品奖、北京市优秀科普作品奖。曾被授予"全国优秀科技工作者""中国科普作家协会有突出贡献的科普作家""北京市科学技术普及工作先进个人"等称号。

第二章　科普创作篇

从数学科普到数学教学改革

张景中

记得上小学的时候，就在儿童读物上看到过米老鼠。如今 70 多年过去了，米老鼠的可爱形象长盛不衰，依然吸引着众多的孩子。

写科普 30 多年，有没有为读者奉献一个长盛不衰的小东西呢？

回顾自己的作品，还真有一个类似的角色。

它是什么呢？原来是一个边长为 1 的小菱形，也叫作单位菱形。我在 1980 年发表的一篇数学科普文章里，推出了这样一个小菱形。我给它起名叫正弦。

事情的缘起

文章引用小学课本上的一幅图，用来说明矩形面积等于长乘宽，如图 1 所示。

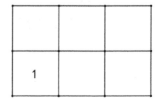

=3×2×1（1 是单位正方形面积）

图 1　矩形面积公式

接下来让矩形变斜成为平行四边形，单位正方形就成了边长为 1 的小菱形，计算面积的公式就变成了如图 2 所示的这个样子。

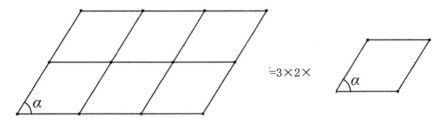

$\dot{=}3\times2\times$

图 2　平行四边形面积公式

上面的等式右边最后一个图形表示的是"有一个角为 α 的边长为 1 的菱形的面积"。为了简便，给它一个名字叫"角 α 的正弦"，用符号 sin α 来表示。

这样就有了一个新的平行四边形面积公式。取一半，就是已知两边一夹角的三角形面积公式：

$$S_{ABC} = \frac{b\,\sin A}{2} = \frac{a\,\sin B}{2} = \frac{b\,\sin C}{2}$$

从这个公式可以变出不少花样来。例如，如果三角形的两个角相等，不用画图就看出两个角的对边相等；又如，把这个式子同时乘以 2，再同除以 *abc*，就立刻推出有名的正弦定理。正弦定理按课程标准是高中的学习内容，可是高中学了用处不大。初中一年级如果懂了正弦定理，就带来不少乐趣，对解决几何问题也就大有帮助。

本来，"正弦"和符号"sin"是三角学的术语，表示多种三角函数中的一种。早在公元前 2 世纪，希腊天文学家希帕恰斯（Hipparchus of Nicaea）为了天文观测的需要，将一个固定的圆内给定度数的圆弧所对的弦的长度，叫作这条弧的正弦。经过近两千年的研究发展，科学家又引进了余弦、正切等更多的三角学概念。现在初中三年级课本上的正弦定义，把直角三角形中锐角的对边与斜边的比值，叫作这个锐角的正弦，是 16 世纪形成的概念。但是，只有锐角的正弦不够用。为了几何中的计算就常常用到钝角的正弦了，进一步的学习更需要任意角的正弦。因此，到高中阶段，要引进 18 世纪大数学家欧拉所建立的三角函数的定义系统，把正弦与坐标系、单位圆以及任意角的终边联系起来。

按照两百年来形成的数学教学体系，正弦是一个层次较深的概念。即使仅仅提

到锐角的正弦，就要先有相似形的知识。所以，要到初中三年级才讲。

但是，对于初中一、二年级的学生来说，从算术进入几何和代数，正是逻辑思维形成的关键时期。这时，向他们展示不同类型知识之间的联系以激发其思考非常重要。三角概念，首先是正弦概念，是形数结合的纽带，是几何与代数之间的桥梁。如果能够不失时机地在初中一年级引入正弦，使学生有机会把几何、代数、三角串通联起来，进而体会近现代函数思想的威力，岂不妙哉？这些是我在1974年新疆21团农场子女学校教书时开始想到的。

也巧，我注意到"有一个角为 α 的边长为1的菱形的面积"在数值上正好等于课本上的正弦，而且不论锐角、直角、钝角都是成立的。信手拈来，就用它引进正弦，不是大大方便了吗？这样一来，无须到初三，更无须到高中，初一甚至小学五、六年级都可以讲正弦了。

这样引进的正弦，所联系的几何量不是两千年前引入的弦长，不是四百多年前引入的线段比，也不是两百多年前数学大师欧拉建议的任意角终边与单位圆交点的坐标，而是小学生非常熟悉的面积。

这样定义正弦是一次离经叛道。但在客观上，在数学中是成立的。课本上不这样讲，写在科普读物里却没有错。不但没错，还能够让读者开眼界，活思考，提兴趣，链知识，学方法。

这样的正弦定义，比起初中三年级课本上的定义，至少有四个好处：更简单，更直观，更严谨（这里直角的正弦为1，因为它就是单位正方形的面积；课本上要用极限来解释），更一般（这里的定义覆盖了锐角、直角、钝角和平角的情形；课本上只包括锐角）。缺点也有：来晚了。

于是一发不可收，单位菱形成为我的作品中的常客。

三十年的历程

我在1980年发表的小文"改变平面几何推理系统的一点想法"中，把单位菱形面积叫作正弦，不过是开了一个头儿。

1982年，在"三角园地的侧门"一文中，我正式提出了用单位菱形面积定义正弦。

1985—1986 年，岳三立先生邀我为他主编的《数学教师》月刊写了长篇连载的"平面几何新路"，更详细地发挥了用单位菱形面积定义正弦的作用。

1989 年，《从数学教育到教育数学》在四川教育出版社出版。这本书杜撰了"教育数学"的概念（15 年后，即 2004 年，中国高等教育学会增设了"教育数学专业委员会"），从单位菱形面积定义正弦出发，展开了设想中的几何推理体系方案之一。

1991 年 7—10 月，《中学生》杂志连载了我的科普文章"神通广大的小菱形"。

1992 年，四川教育出版社出版了我的《教育数学丛书》，其中《平面几何新路》一书中，用单位菱形面积引入正弦，展开三角。

1997 年，在中国少年儿童出版社出版的《平面三角解题新思路》一书中，我将单位菱形面积定义正弦作为全书的出发点。后来，这些内容收入该社 2012 年出版的《新概念几何》中。附带说一句，《平面三角解题新思路》是《奥林匹克数学系列讲座》丛书中的一本，这说明用单位菱形面积引入正弦的主张不仅仅是科普，它开始进入奥数。

以后近 10 年间，我又多次在科普演讲中一再提起这个小菱形。听众有老师，有大学生，有高中生，有初中生和小学高年级的孩子和家长。于是我常常想，这个小菱形能不能更上一层楼，进入课堂，为数学教育的发展做出贡献？

有的老师说，这样引进正弦很有趣。不过，讲讲科普可以，在数学课程里这样讲，就要误人子弟了。

我理解，他是怕这样会影响成绩，分数上不去。

2006 年，我在《数学教学》月刊发表了"重建三角，全盘皆活——初中数学课程结构性改革的一个建议"一文，大胆地提出能不能用单位菱形面积引入正弦的办法让初中一年级学习三角。我国数学教育领域的著名学者张奠宙先生当即发文"让我们来重新认识三角"回应，热情支持，对"用单位菱形面积引入正弦"给以高度评价，还提出了有关教学实验策略的宝贵建议。

张奠宙先生看得很远。他在 2009 年出版的《我亲历的数学教育》一书中回顾此事时写道："如果三角学真的有一天会下放到小学的话,这大约是一个历史起点。"

2007 年，我的更详细的"三角下放，全局皆活——初中数学课程结构性改革的一个方案"一文在《数学通报》1—2 期连载刊登。

真的要改革数学课程的结构，只有顶层设计远远不够。老师需要可以操作的方案。为此，我写了《一线串通的初等数学》，由科学出版社在 2009 年出版。这是《走进教育数学丛书》中的一册。

这本书里，提供了两个具体教学设计。一个是直接用单位菱形面积引入正弦，另一个是用半个单位菱形（也就是腰长为1的等腰三角形）的面积。前者如上面所述，是导出一个平行四边形面积公式，取一半得到三角形面积公式，由此展开。后者则直接奔向三角形面积公式。两者本质相通，风格不同，前者更直观，后者较严谨。

2012 年，王鹏远老师和我合写的《少年数学实验》在中国少年儿童出版社出版，其中把单位菱形面积引入正弦的过程用动态几何图像来表现，设计成一次数学实验活动。王老师还亲自为初中生做了有关的科普讲座。

从科普渗入课堂

经过 30 年的发酵，用单位菱形面积定义正弦的想法，终于从科普开始渐渐渗入课堂。

从互联网上看到，有些大学生、硕士生在他们的毕业论文里，提到他们把单位菱形面积定义正弦的想法在高中做了教学实验，引起高中同学和老师的兴趣。

我下载了华东师范大学 2008 年的一篇教育硕士论文"高中阶段'用面积定义正弦'教学初探"。作者王文俊是在高中教师岗位上进修攻读硕士学位的。他利用假期补课中的三节课（每节 35 分钟），为无锡市辅仁高中高一、高二的 4 个班 198 名学生讲了用单位菱形面积定义正弦的有关内容，对教学效果和学生的想法做了详细的调研分析，还了解了十几位教师的看法。

论文作者在研究结论中认为："总的看来，学生、教师均对用面积定义正弦持欢迎态度。与以往呆板枯燥的定义相比，新定义出发点别具一格，体系的走向简洁易懂，学生易于接受也就在情理之中了。"

具体的统计数据表明，在高一学生中，有 53% 认为用单位菱形面积定义正弦更容易理解和接受，认为初中课本上的定义更容易理解和接受的则为 18%；其余 29% 认为两者差不多，认可新定义的占 82%。

而在高二的学生中，认为用单位菱形面积定义正弦更容易理解和接受的为 36%，认为初、高中课本上的定义更容易理解和接受的则为 19%；其余 45% 认为两者差不多。认可新定义的总数仍有 81%，但对新定义的热情远低于高一的学生。论文作者分析，这是由于"先入为主"之故。高二的学生在高一阶段学习和应用传统的定义有 22 个课时了；高一学生的三角知识仅仅是初三学的那一点，对新的定义印象相对来说更深一些。

不论如何，科普内容刚进课堂就有如此的影响，还是令人难免有喜出望外的感觉。

这篇论文还提到，台湾省台北县江翠国中陈彩凤老师曾经给资优班学生讲过用单位菱形面积定义正弦的三角体系，获得学生热烈回响。可惜未能见到有关的研究论文或报告。

做过有关教学实验的，还有青海民族学院数学系的王雅琼老师。她的文章"利用菱形的面积公式学习三角函数"刊登于 2008 年 11 期的《数学教学》月刊。从内容上分析，是针对高中数学教学的。

继续前面的话题。既然高一学生比高二学生更喜欢用单位菱形面积定义正弦，是不是初中学生学习新的定义效果更好呢？这更重要。希望初中一年级的学生能够领略三角学，并且由此把三角、几何和代数串联起来，正是引入这个小菱形的初衷。

这一位吃螃蟹的是宁波教育学院的崔雪芳教授。她与一位有经验的数学教师合作，于 2007 年年底在宁波一所普通初级中学初一的普通班上了一堂"角的正弦"的实验课。实验的结果写成"用菱形面积定义正弦的一次教学探究"一文，也发表于《数学教学》2008 年 11 期。

那么，初一普通班的学生能不能学懂正弦呢？

文章得出的结论说："初步结果显示，学生可以懂。三角和面积相联系，比起直角三角形的'对边比斜边'定义更直观，更容易把握。"

文章介绍了这一节课的教学设计，"菱形面积定义正弦"教学效果的形成性检验；最后在"教学反思"中说，用菱形面积定义正弦能够"降低教学台阶，学生掌

握新概念比较顺利"；"克服了以往正弦概念教学中从抽象到抽象的弊端"；"教学引申比较顺利，变式训练的难度大大降低，学生在学习过程中始终保持浓厚的兴趣，对后续学习产生了强烈的期待，学习的动力被进一步激发"；"这种全新的课程逻辑体系将有利于学生'数、形'融合，使后续学习的思维空间得到整体的拓展"；"在三角、几何、代数间搭建了一个互相联系的思维通道"。

崔雪芳教授的实验研究没有就此止步。她接着又组织了宁波市 4 所初中的 7 个班进行实验。这 4 所学校分别代表了宁波城区生源较好学校、生源一般学校、城乡接合部学校和城区重点学校 4 种类型。经过两年对不同生源结构班级的实验以及教师、专家访谈，得到的结论是：在初一"以'单位菱形面积'定义正弦引进三角函数是可行的；用面积方法建立三角学有利于初中学生构建三角函数直观的数学模型，形成多方面的数学学习方法，多角度把握'数学本质'"；"'重建三角'的学科逻辑十分有利于中学生的数学学习"。

这两年实验的较详细的总结，被写成论文"数学中用'菱形面积'定义正弦的教学实验"，于 2011 年 4 月发表于《宁波大学学报 (理工版)》24 卷 2 期。文章建议，把用"菱形面积"定义正弦编入地方或校本课程，做进一步的实验。

后来，崔雪芳教授就此主题继续实验研究，完成了浙江省教科规划课题《基于初中数学"用菱形面积定义正弦"教学实验"重建三角"教学逻辑的策略研究》的研究。该课题于 2012 年 3 月结题，获宁波市教科规划研究优秀成果二等奖，又发表了几篇文章。期间她编写了《换一种途径学三角》的读本作为实验教材，在宁波市几所中学进行了不同程度的教学实验，从一节课发展到六节课，组织了多次针对性的教学分析和研讨，获得了一批第一手的研究资料。

在我国做教学改革实验，统考成绩如何这个坎是绕不过去的。单位菱形定义正弦从科普进入课堂，作为校本、补充、教学实验看来都没有问题了。但如果正式进入教学以取代原有体系中某些相应内容，就有了统考成绩如何的风险。你学这一套，统考是原来的一套，学生能适应吗？家长能放心吗？校领导以及上级部门敢负责批准你做这个实验吗？

在广州市科协启动的千师万苗工程项目支持下，广州市海珠区的海珠实验中学大胆尝试，进行了贯穿初中全程的"重建三角"教学实验，使得在科普读物中流转30年的"用单位菱形面积定义正弦"第一次光明正大地进入课堂。

2012年6月，海珠实验中学设立了"数学教育创新实验班"，生源主要是数学相对薄弱，但语文、英语等成绩尚可的学生，入学分班平均分实验一班62.5分、实验二班64分。两个实验班共有105名学生，其中实验一班还有4名阿斯伯格综合征的学生和10名小学鉴定为较差的学生，两个实验班的数学课由青年教师张东方担任。

实验班不直接使用统编的数学教材，而是将上面提到的科普读物《一线串通的初等数学》的主要内容与人教版数学教材上的知识点进行整合，形成一种新的体系结构。新体系中有90节课是根据我那本书的内容设计的，这90节课主要分布在初一下学期到初三上学期这4个学期，其余270节课基本上按课本的内容来讲。当然不可避免会受到那90节课的影响。

从面积出发引进正弦的效果，前面叙述的教学实验结论中已经讲了。在这次更多课时更为正式的教学实验中，效果就更明显。七年级下学期引入菱形面积定义正弦后，代数、几何知识密切联系起来，学生的思维能力提升，分析和解决问题的能力增强了。从测试成绩上也有了明显的表现。

一年后，实验一班和二班在海珠区统一测试中，分别以平均分140分和138分领先于区平均91分的成绩（满分150分），在全区80个班中为第一名和第八名。八年级上学期末，又以平均分136分和133分领先于区平均分87.76分，分列第一和第五。八年级下学期，两班以145分和141分(区平均分96.83分)，分列第一和第三。九年级上学期，两班以137.5分和129.75分(区平均分93分)，分列第一和第五。

2015年中考，两个班的数学成绩平均分别为131.47分和131.11分，单科优秀率达到100%（该校的中考数学成绩单科优秀率66.91%）。数学素质的提高对其他各科成绩有了正面影响，这两个班中考总成绩平均分别为733.96分和730.25分，显著超过4个对比班总平均664分，更超过广州市中考总平均成绩532.50分。

据实验班的数学老师张东方介绍，使用了调整后的教材结构方案，学生探索和

解题的能力明显提升，尤其是解决综合题的能力大大增强了。有一次测试，全区有15名同学成功解答压轴题，其中有12名来自这两个实验班。

有些说法好像把素质教育和应试教育对立起来。其实，真正提高了素质，是不怕考试的。这一轮实验表明，你按统编教材考，我按自己处理过的体系学，不跟指挥棒转，反而考得更好。原因就是学生的思考能力上来了，数学素质提高了。

海珠实验中学的教学实验引起了关注。广东省最近立项的下一轮实验，第一批就有17所学校参加。

反思与展望

本文这个案例并不具有一般性，但令人惊喜，引人深思。

科普读物和学校教材，各有自己的定位和特色。科普读物浩如烟海，而教材的体例篇幅和内容严格受限。科普读物的内容如能进入教材，也是稀有的偶发的特例。但这特例既然可能出现，也自有其理由。

在校学生是科普传媒的广大受众中重要的一个部分。这部分受众一方面学教材，另一方面读科普。教材和科普既然作用于同样的受众，这里就会有联系，就会相互影响。比如，教师读多了科普，讲课就更生动，学生读多了科普，正课就理解得更深，回答问题的思路就更广，写作文时想象力更强，素材也更丰富。教师为了教学更出色，会找有关教材内容的科普资料；学生对教材上的问题想得深入了，就会激发阅读有关主题科普的兴趣。进一步，科普作者（可能本身就是教师或曾经是教师）会联系教材写作品；教材编者会参考科普做教材或教辅。于是，教材上语焉不详的事物会成为科普的选题；科普作品中的精彩创意也有可能进入教材。

当前出书很多，一本科普读物的受众是很有限的。例如，尽管30年间我至少在前述5篇文章和5本书里向读者用各种手法推荐"单位菱形"这个角色，而且其中有些书先后有两个、三个出版社印行了，了解者依然很少。前面引用的硕士论文里提到：作者所访谈的14位高中教师（江苏省一所四星级重点高中），其中虽有三位看过我的书并知道有关的机器证明研究和数学教育软件《超级画板》，但都没有看过或听说过"用单位菱形面积定义正弦"。由此可见，科普读物受众确实不多。

但其中的内容一旦进入教材或教辅，其传播面将成倍扩大，持续传播的时期将大大延长。

比起教材来，科普读物更为通俗生动。科普读物中富有创意的部分一旦进入教材，就有可能为课本添加新鲜血液，推动教学改革。本文前述的教学实验若能完全成功，其影响将遍及全国两亿青少年，甚至在国际数学教育领域产生可观的影响。若不能完全成功，相信也会进入教辅教参，并成为数学教育研究领域热点。

科普和课堂的联系与影响，可能蕴含着科普创作理论研究的许多极有价值的课题。愿本文提供的案例，能引发对这一方面的关注。

作者简介

张景中　1936 年出生，1959 年毕业于北京大学。中国科学院院士。中国科普作家协会名誉理事长，中国科学院成都计算所名誉所长，广州大学计算机与教育软件学院名誉院长，《计算机应用》期刊主编；长期从事数学和计算机科学的研究和教学；业余热心科普创作，作品曾获得国家科技进步奖二等奖（3 次）、中国图书奖、国家图书奖、五个一工程奖、全国科普创作一等奖等。

浅谈科学诗的创作

郭曰方

  诗歌是文学中的文学，是文学皇冠上最灿烂的宝石。科学诗不仅要求思想性与艺术性的完美结合，还要特别强调科学性。所谓科学诗，就是科学与诗歌的结合。凡是采取诗的形式，讴歌科学精神，传播科学知识，揭示科学真理，抒发科学追求，描绘科学真善美的文学样式就叫科学诗。如果认为只有纯粹的普及科学知识，描绘科学家及人类的科学活动，阐述科学道理的诗歌才叫科学诗，那显然是狭义的，不全面的。我个人更倾向于广义的科学诗概念。

  科学诗发展到今天，已经衍生出许多品种，包括科学抒情诗、科学哲理诗、科学叙事诗、科学常识诗、科学朗诵诗、科学幻想诗、科学民歌、科学儿童诗、科学歌谣等。正是这么多的科学诗品种，共同组成了科学诗界的花团锦簇，以它特有的风采和魅力绽放于诗歌的百花园中，受到人们的青睐和关注。

  在科学诗创作中应该遵循以下基本原则。

一、思想性

中国是诗歌的国度。几千年前，我们的祖先就已经开始在神州大地诗意地栖居了。诗歌被看作是中华民族文化、伦理道德和民族性格塑造的重要手段。孔子看到诗歌在"立人"教育中的重要作用，亲自编定了由 305 首诗歌组成的《诗经》。此后，人们一直都把诗歌作为温良恭俭让、仁义礼智信教育的重要载体，即所谓的诗教。所谓诗言志，也就是这个道理。中国新诗只有近百年的历史。新诗的发展伴随着新文化的发展，在继承优良传统的基础上应该吸收优秀的新文化传统。比如自由、民主、人生、权力、博爱、爱国、真理、正义、创新、开拓等。这是新诗在新的历史时期创作的主题，科学诗也不例外。

传播科学知识、科学道理，弘扬科学精神、科学思想、科学方法，描述科学现象、科学实践，讴歌科学人物、科学历程，是科学诗创作的主题。科学诗创作者应该以提高全民族的科学文化素养为己任，以强烈的社会责任感、使命感，满腔热忱地关注科学新发现、新成就，向社会公众传播科学真理，讴歌健康向上的科学与人文精神。即便是一首简短的传播科学知识的诗歌，也应该写得富有情趣，充满科学哲理的思考。唯有如此，才能引起读者的共鸣。

二、艺术性

诗歌是语言的艺术。写好科学诗，同样需要调动诗歌创作的各种艺术表现手法，在立意、情感、想象、构思、意境、语言、含蓄、形式等诸方面下功夫。在科学生活的园地里触发灵感，众里寻他千百度，反复打磨，千锤百炼，最终完成真善美结合的科学诗创作。

因此，这里要特别强调科学诗人的艺术修养。这主要包括：一是要深入生活。诗歌的旋律就是生活的旋律。没有对科学的深入了解和体味，就很难采集到诗的矿藏。离开生活基础，即便是再有才华的诗人，也写不出好的科学诗篇；二是要虚心向古典诗歌、民歌和中外优秀诗歌学习。这些诗歌在艺术表现手法上有太多值得学习借鉴的地方。古典诗歌的妙句佳篇，蕴藏着取之不尽、用之不竭的艺术技巧。现

代诗歌在构思、想象、意境等方面有许多例子令人拍案叫绝，回味无穷。纵观古今中外诗歌，浩如烟海，它们在艺术表现手法上都有独到之处。由于篇幅所限，不能一一列举。

如上所述，许多科学诗人之所以能写出优秀的科学诗篇，正是因为他们具有较深厚的诗歌艺术修养。一般来说，在艺术表现方法上只要抓住几个重要环节就能写出上乘的科学诗。

一是构思。一个奇巧新颖的构思，从某种意义上讲，决定一首诗的成败。"假使有什么事情是需要仔细思考的，那么，这就是诗歌的构思。"（《车尔尼雪夫斯基论文学》）"构思是诗人获得灵感后，充分展开想象，深入进行思考，运用平素的生活积累，对于未来作品的内容和形式的全面设计；是诗人在创作过程中所进行的一系列思维活动的总称。"（谢文利《诗的技巧》）构思包括写什么和怎样写的全部内容，从思想到艺术进行缜密的思考。每个诗人都会根据自己的生活经验、感受，自己的美学思想和艺术追求，用不同的创作方法和表现形式进行与众不同的创作。因此可以说，构思没有固定的章法和模式，需要诗人在创作实践中去探索总结。有了一个满意的构思，便可以进入创作状态。

需要强调的是，巧妙的艺术构思，总是要为诗的主题思想服务的，没有深刻的主题思想，任何巧妙的艺术构思只是一件华而不实的外衣，徒有其表。

诗人马晋乾有一首写《杏》的科学诗，构思很有情趣：

早春时一树红云，
初夏时满枝黄金。

太阳喜欢你的刻苦和勤奋，
在你的脸上不断亲吻；
你从漫长的寒冬走来，
更喜欢太阳的温暖与多情。

你的心甜透了！在被太阳吻过的脸上，
总是罩着羞涩的红晕。

这是一首短诗，巧妙的构思却赋予它深刻的内涵，耐人寻味。

二是立意。立意是成功的灵魂，是构思的核心。立意要新，不落俗套。人们常说，诗贵创新，也难于创新。构思奇特，也难于奇特。诗人的高明之处就在于他们总能在看似寻常的科学现象中，捕捉到灵感，选取一个新的角度，写出新意。同一个题材，许多人都在写，由于诗人的经历不同，感受不同，就能发掘出不同的诗意。春夏秋冬、风霜雨露，潮涨潮落、花开花谢。虽然其科学内涵是一样的，但是，不同的诗篇却有不同的诗意。我写过一首名为《蜜蜂·火柴·萤火虫》的诗，在立意上写的是自己身处逆境时的独特感受：

> 不要总把自己打扮成漂亮的蝴蝶，
> 只会向春天炫耀那美丽的翅膀，
> 还是让自己做一只蜜蜂吧，
> 去为生活酿造甜美的琼浆。
>
> 不要总把自己吹嘘成一柱栋梁，
> 整天为没有攀上大厦而痛苦忧伤，
> 还是让自己做一根火柴吧，
> 去把寒冷黑暗的地方点亮。
>
> 不要总把自己喻为皎洁的月亮，
> 它的容颜也常被乌云遮挡，
> 还是让自己做一只萤火虫吧，
> 在狂风暴雨中也会闪闪发光！

三是注意选择科学与现实生活的结合点。科学的现象纷繁无比，生活的视角千变万化。使诗人感到鼓舞的是，透过纷繁无比的科学现象，诗人总能发现并挖掘出深奥的生活哲理，找到科学与生活结合的切入点，从而创作出发人深省的诗篇。例如，艾青先生的《鱼化石》：

> 动作多么活泼，
> 精力多么旺盛，
> 在浪花里跳跃，
> 在大海里浮沉；

不幸遇到火山爆发，
也可能是地震，
你失去了自由，
被埋进了灰尘；

过了多少亿年，
地质勘查队员
在岩层里发现你，
依然栩栩如生。

但你是沉默的，
连叹息也没有，
鳞和鳍都完整，
却不能动弹；

你绝对的静止，
对外界毫无反应，
看不见天和水，
听不见浪花的声音。

凝视着一片化石，
傻瓜也得到教训：
离开了运动，
就没有生命。

活着就要斗争，
在斗争中前进，
当死亡没有来临，
把能量发挥干净。

这首诗上半章写的是鱼化石形成的过程，属于科学原理，但是他笔锋一转，后两节写出了自己独特的人生体味，可谓绝妙之笔。

四是努力探求科学诗的美学价值。诗是感情、意境、语言美的浓缩，诗人调动奇妙的艺术手法，为读者开拓出一个美的世界，让人从诗中得到美的享受。生活无论是痛苦或者欢乐，无论是春花秋雨，还是大漠孤烟，都包含着美的内涵；科学无论是怎样变幻莫测，都蕴藏着美的真谛，诗人的责任应该是发现美、表现美、歌颂美，给人以美的陶冶，把科学美与生活美统一起来，情景交融，如歌如画，达到一个新的高度。

我本人有一首写煤的科学诗：

> 我是一块煤，
> 没有珍珠那样瑰丽，
> 没有宝石那样娇艳，
> 没有黄金那样高贵。
>
> 但是，我有一颗会燃烧的心，
> 时刻等待火的召唤。
> 我有一个鉴定执着的信念，
> 把一切献给人类。
>
> 我向往光明，
> 不愿在漫漫长夜里沉睡，
> 我追求解放，
> 尝够了高温高压禁锢的滋味。
>
> 因而，我的脾气暴躁。
> 能把坚硬的烧成死灰，
> 即使是顽固的矿石，
> 我也会将它夷为铁水。
>
> 是的，我黑，
> 但却表里一致。
> 哪怕是粉身碎骨，

我也要放射光辉。

当然，有时我也会受到冷落，
被抛置露天，付之流水。
但我走到哪里都瞩望着未来，
既不懊恼，也不气馁。

我跨上时代的列车，
飞向祖国东南西北。
我登上远航的舰船，
去穿越千山万水。

于是，我走进化工车间，
步履轻轻，变得温柔妩媚，
为装点绚丽多彩的生活，
吐出五光十色的纤维。

我又成了万能的化工材料，
人们热情地叫我乌金宝贝，
制造橡胶香料糖精化肥，
几乎我样样精通，都出类拔萃。

啊，即便是我最后变成了，
变成了炉渣煤灰，
我也要充当建筑的骨架，
去把风雪严寒击退……

　　这首诗通过拟人化的手法，把煤的科学功能和生活的美学价值紧密融合，抒发诗人的执着人生追求，具有较强的感染力。

　　五是抓住抒情点，巧妙地选择突破口。一种科学现象，一项科技成果，一个科技事件，一位科技人物，乃至一个科技知识，一旦跃入诗人的眼帘，触发灵感，激起诗情的浪花，诗人胸中就会有一种不吐不快的表达冲动。那么，从何下手，怎样开头，如何结尾，科学内容怎样表达，常常是诗人非常苦恼的问题。孕育过程既充满痛苦，又蕴含着喜悦，一旦找到突破口，抓住抒情点，骤然就会如同江河奔流，一泻千里，一发而不可收，完成一首科学诗的佳作。

本人有一首写著名科学家郭永怀先生的诗歌，在读者中广为流传。郭永怀先生是我国科学家中的杰出代表，是"两弹一星功勋奖章"获得者中唯一的烈士，也是唯一参与"两弹一星"三项研制工作的科学家。怎样表现他的爱国奉献精神，我苦思冥想，辗转反侧，最终决定抓住他坐飞机回北京向周总理汇报而壮烈牺牲这一悲壮情景，写出一首催人泪下的诗篇：

人民不会忘记
——献给郭永怀院士

（男）今天，当我们在这里欢庆胜利，

　　　我们不会忘记，

　　　那些新中国科技事业的先驱，

　　　为了实现中华民族飞天的梦想，

（女）在崎岖坎坷的山路上，

　　　披荆斩棘，洒下了多少心血、汗水，

　　　经历了多少风风雨雨 。

（女）他们的名字，

（男）他们的业绩，

（女）他们的献身精神，

（男）他们的人格魅力，

（女）犹如永远熠熠生辉的星辰，

　　　在茫茫的太空中，闪耀得

（合）那样明亮，

　　　那样绚丽……

（女）我们不会忘记，

1999年9月18日，在人民大会堂，

有一位科学家，

曾被中央军委授予"两弹一星功勋奖章"，

（男）但是，就在这次庄严的授勋仪式上，

他，却没有能够出席……

他就是被祖国和人民永远怀念的科学家，

（合）郭—永—怀。

（男）1956年，在回国前夕，

为了冲破外国的阻挠，

避免有窃取军事机密的嫌疑，

郭永怀亲手焚烧了自己全部的科研文稿，

义无反顾地踏上了赤子回归的行旅。

（女）面对妻子的迷惑和嗔怪，

郭永怀却微笑着说：

放心吧！所有的科研数据，

都深藏在我的心里……

（男）为了新中国的原子能事业，

他从繁华的北京，来到荒原戈壁，

和风沙作伴，

与艰辛为侣，

听不到妻儿的殷殷呼唤，

看不见夜市的灯红酒绿。

（女）他将自己的满腔热血，

洒在大漠深处，黑水河边。

用瘦弱的身躯，

支撑起民族的骄傲，

和共和国强盛的根基。

（女）我们不会忘记，

1968 年 12 月 5 日，

那是一个寒风凛冽的晨曦，

郭永怀手提着核试验的文件包，

行色匆匆，登上了从西北基地，

飞往北京的专机。

（男）中央首长在等待着听取他的汇报，

（女）妻子在企盼着他归来的消息，

（男）郭永怀俯瞰着连绵起伏的群山，

脸上露出了几分欣喜。

（女）飞机穿越云层，

原野渐渐清晰。

（男）2000 米、1000 米、500 米……

突然，飞机发生了剧烈的抖动，

（女）驾驶舱与地面失去了联系，

（男）就在这千钧一发之际，

只听见郭永怀大喊一声：

"我的文件包！"

便和警卫员紧紧地抱在一起……

（女）烈火吞没了机舱，

在农田里熊熊燃烧，

（男）热血与夕阳一起燃烧，

（女）大地与忠诚一起燃烧，

（男）青山在垂首肃立，

（女）暮云在含泪肃立，

（男）有谁又能够想到，

当人们吃力地把两具遗体分开时，

（女）只见，那只沉甸甸的文件包，

竟完好无损地紧紧地抱在——

（合）郭永怀的怀里！

（女）高山在呼喊：

郭永怀，你不该离去！

（男）大海在鸣咽：

郭永怀，你不能离去！

（女）妻子在哭泣：

永怀呀，你才五十九岁的年纪……

（男）周总理在流泪：

永怀同志，你永远和我们在一起。

（女）是的，郭永怀他没有离去！

（男）郭永怀他不会离去！

（合）人民的科学家，

永远都活在人民的心里……

（女）我们不会忘记

（男）我们不会忘记

（合）我们不会忘记！

人民不会忘记！

六是善于借助形象思维。诗是想象的艺术，以丰富的想象力，以独特的感受、独特的视角，并伴随着独特的形象拓展出诗歌意境的疆界。科学现象是实实在在的，而想象要展开的是如梦如幻的空间。虚实结合，出神入化，需要诗人的创造力。这一点，科学诗较抒情诗难度更大。不调动诗人奇特的想象力，要写出形神兼备、情景交融的科学诗是很困难的。而调动想象力的最好方式则是借助于形象思维。它就像一双搏击风云的翅膀，让诗人在科学的天空自由飞翔，大大拓宽诗歌意境的疆界。著名诗人李瑛先生写的一首《我骄傲，我是一棵树》，不仅富于想象力，而且充满深邃的哲理和人文思考，读来令人荡气回肠：

1

我骄傲，我是一棵树，

我是长在黄河岸边的一棵树，

我是长在长城脚下的一棵树，

我能讲许多许多的故事，

我能唱许多许多支歌。

山教育我昂首屹立，

我便矢志坚强不仆；

海教育我坦荡磅礴，

我便永远正直的生活；

条条光线，颗颗露珠，

赋予我美的心灵；

熊熊炎阳，茫茫风雪，

铸就了我斗争的品格；

我拥抱着——

自由的大地和自由的风，

在我身上，意志、力量和理想，

紧紧地、紧紧地融合。

我是广阔田野的一部分，大自然的一部分，

我和美是一个整体，不可分割；

我属于人民，属于历史，

我渴盼整个世界

都作为我们共同的祖国。

2

无论是红色的、黄色的、黑色的土壤，

我都将顽强地、热情地生活。

哪里有孩子的哭声，我便走去，

用柔嫩的枝条拥抱他们，

给他们一只只红艳艳的苹果；

哪里有老人在呻吟，我便走去，

拉着他们黄色的、黑色的、白色的多茧的手，

给他们温暖，使他们欢乐。

我愿摘下耀眼的星星，

给新婚的嫁娘，

做她们闪光的耳环；

我要挽住轻软的云霞，

给辛勤的母亲，

做她们擦汗的手帕。

雨雪纷飞——

我便伸开手臂覆盖他们的小屋，

做他们的伞，

使每个人都有宁静的梦；

月光如水——

我便弹响五弦琴，

抚慰他们劳动回来的疲倦的身子，

为他们唱歌。

我为他们抗击缩常？

我为他们抵御雷火。

我欢迎那样多的小虫——

小蜜蜂，小螳螂，小蝴蝶，

和我一起玩耍；

我拥抱那样多的小鸟——

长嘴的，长尾巴的，花羽毛的小鸟，

在我的肩头作巢。

我幻想：有一天，我能

流出奶，

流出蜜，

甚至流出香醇的酒，

并且能开出

各种色彩、各种形状、各种香味的花朵;

而且我幻想:

我能生长在海上,

我能生长在空中,

或者生长在不毛的

戈壁荒滩,瀚海沙漠......

既然那里有

粗糙的手,黝黑的脊背,闪光的汗珠,

我就该到那里去,

做他们的仆人,

我知道该怎样认识自己,

怎样使他们愉快的生活

工作.....

我相信:总有一天,

我将再也看不见——

饿得发蓝的眼睛,

卖血之后的苍白的嘴唇,

抽泣时颤动的臂膀,以及

浮肿得变形的腿、脚和胳膊.....

人民呵,如果我刹那间忘却了你,

我的心将枯萎,

像飘零的叶子,

在风中旋转着

沉落.....

3

假如有一天,我死去,

我便平静地倒在大地上,

我的年轮里有我的记忆，我的懊悔，

我经受的隆隆的暴风雪的声音，

我脚下的小溪淙淙流响的歌；

甚至可以发现熄灭的光、熄灭的灯火，

和我引为骄傲的幸福和欢乐……

那是我对泥土的礼赞，

那是我对大地的感谢；

如果你俯下身去，会听见

我的每一个细胞都在轻轻地说：

让我尽快地变成煤炭

——沉积在地下的乌黑的煤炭，

为的是将来献给人间

纯洁的光，

炽烈的热！

　　这首诗，同样是通过拟人化的手法，由一棵树引发对人生的深邃思考，具有强烈的感染力。这里需要指出的是，除了拟人化的表现手法以外，诸如诗歌常用的赋、比、兴，夸张、象征、含蓄等多种手法也是诗人必须具备的修养，且每个诗人修养、气质和感受不同。或豪放雄奇，或婉约清新，或大江东去，或小桥流水，或沉郁直率，或含蓄风趣，便会形成各自不同的艺术风格。

三、科学性

　　如上所述，科学诗的艺术性与抒情诗有许多共同之处，但是，科学诗毕竟不是一般意义上的抒情诗。科学诗姓"科"，这是毋庸置疑的。因此，科学诗的科学性便成为它的特殊属性。一首好的科学诗不仅有较高的艺术性，还有准确的科学原理、科学知识、科学思想。如果不熟悉科技知识，仅有诗歌艺术修养，是写不出好的科学诗的。但是，科学诗绝不是一般科学知识的堆砌，也不同于科学小品、科学散文，它有着自身的特性和创作规律。

科学诗的主要特性包括：一是取材于科学的内容。无论是宏观的或者是微观的，这些科学内容都必须是真实的、准确的、客观的，不能有任何虚假夸张的成分；二是要努力挖掘这些科学内容的内在发展规律，寻找与现实生活的结合点，从而发现其中真善美的诗意；三是要具备抒情诗的特质。

如上所述，写好科学诗，就必须具备诗的修养，能够调动一切诗歌艺术的表现方法，苦心经营，最终完成科学诗的创作。

这里需要特别强调的是，科学诗同其他科学文艺作品一样，必须积极探索科学诗歌内容和形式的创新。科学诗不能仅仅是诠释科学知识，描述花鸟鱼虫。诗歌不能见物不见人。人是创造科学、发展科学的主体。以人为本，表现科技工作者在科学创造中的艰苦奋斗历程，弘扬他们在科学攀登中的科学思想、科学精神、科学方法，以及他们的爱国主义、无私奉献精神和高尚品德，表现科技发展的曲折历程和重大事件、重要成就，是科学诗创作的重要内容。进一步拓宽创作题材和内容，无疑是科学诗人面临的重要任务。

与此同时，在诗歌表现形式上也要力求创新。中国有几千年的优秀诗歌创作传统，在学习、继承和发展优良传统的基础上，在立意、构思、意境、语言及想象等诸多方面，力求超越他人、超越自己，不断创新，不断追求"新、真、情、深、精、美"的创作理念。写出具有创新性的科学诗篇，尽管要付出艰辛的劳动，是件很不容易的事情。但是，一切有理想、有抱负、有志气的诗人，都应该知难而进，坚持不懈地向着新的高度攀登。

诗歌是语言的艺术。要写好科学诗同样需要注意语言的训练。苏联诗人马雅可夫斯基说："你想把一个字安排得停当，就需要几千吨语言的矿藏，"所谓"吟得一个字，捻断数根须。"讲的就是这个道理。就像书画家练习笔墨线条一样，诗人要有驾驭语言艺术的功力，只要长期日积月累、反复推敲打磨，便能做到得心应手。

语言的训练除了在炼字、炼意、炼句上下功夫以外，还包括各种修辞方法的训练。诸如对照、比喻、夸张、拟人、对比、对偶、双关、象征、层递、排比、反复、反语、引用、设问、反问、借代、讽喻、警句、感叹、省略等多种修辞方法，都是写诗经常使用的。

需要说明的是，现代诗歌中有许多不大讲究韵律，过于强调诗意的情况。我却以为，既然是诗歌，还是要尽可能有可吟可歌的韵律。押韵是诗歌的重要特征，音韵和谐，朗朗上口，更能增强诗歌的音乐美、节奏美。中国古典诗歌的音韵传统应该继承发扬，不能轻易抛弃。

现代科技的发展日新月异，科技成果层出不穷，时代的进步为科学诗的创作提供了广阔的舞台。我相信，科学诗作为文学园地里的一朵奇葩，必将沐浴着时代的春风雨露，开放得更加绚丽夺目！

作者简介

郭曰方　作家、诗人、画家，高级编辑，中国科学院文联主席。曾任中国驻索马里大使馆随员，中国科学报总编辑，中国科学院京区党委副书记、中国科学院院机关党委书记，全国科技报研究会副理事长，中国科普作家协会副理事长兼科学文艺委员会主任。中国作家协会会员，中国名家书画院顾问，中国作家书画院艺术委员会委员，中国科学院美术家协会名誉主席。科技部、中国科协、北京市科委专家库专家，新华网《思客》专栏作者。享受国务院政府特殊津贴。出版诗集、散文集、纪实文学、思想理论、科普等各类著作80余部，出版《郭曰方画集》等诗书画集7部。多次荣获国家及省部级图书奖。组织策划、编审、撰稿各类著作250余部；策划、编审、撰稿电视文献片40余集。

《科学巨人的故
事》创作谈 ／ 松　鹰

　　《科学巨人的故事》是我撰写的科学家传记丛书，第一辑 10 本，于 2012 年 8 月出版，囊括了从哥白尼到爱因斯坦的 10 位大科学家，它们是《哥白尼》《伽利略》《达尔文》《牛顿》《富兰克林》《法拉第》《卢瑟福》《玻尔》《费米》《爱因斯坦》。这套传记丛书由希望出版社精心打造，整体包装，系列推出，受到少年儿童读者欢迎和专家的好评，先后获得了山西省 2011—2012 年度优秀科普作品奖、2012 年四川省优秀科普图书奖、2013 年冰心儿童图书奖、2013 年第一届"世界华人科普图书奖"金奖。

《科学巨人的故事》第一辑书影

　　《科学巨人的故事》第二辑是第一辑的姊妹篇，也有 10 本，它们是《爱迪生》（发明大王）、《居里夫人》（镭的母亲）、《麦克斯韦》（电波之父）、

《马可尼》（无线电发明家）、《莫尔斯·贝尔·贝尔德》（电报、电话、电视发明家）、《诺贝尔》（炸药发明家、诺贝尔奖创立者）、《瓦特》（蒸汽机发明家）、《斯蒂芬孙·富尔顿》（火车、轮船发明家）、《福特》（汽车发明家）、《莱特兄弟》（飞机发明家）。第二辑里的传主大都是大发明家，他们同样是改变世界的人物。

下面谈谈创作体会。

一、科学家传记创作 30 多年的积累

这两辑《科学巨人的故事》，是我写科学家传记 30 多年积累的成果和结晶。我要特别感谢希望出版社杨建云副总编的青睐和鼎力支持，以及责任编辑谢琛香女士的精心编辑和所付出的心血。

我写科学家传记始于 1978 年，第一篇作品《摩尔斯与电报》，连载于 1978 年 12 月 31 日至 1979 年 1 月 23 日的解放军报，反响热烈。此后我相继写出一批电子科学家传记，诸如《麦克斯韦和电磁理论》《攫雷电于九天的人》《给无线电装上心脏的人》《马可尼和波波夫》《电话发明家贝尔》等，陆续发表在《科学文艺》《自然杂志》等期刊上。随后，结集出版了《电子科学发明家》，以及《电波之父》《接引雷电下九天》等单行本。迄今为止，我写科学家传记作品已有 30 多年，也得过若干大奖。但是，像《科学巨人的故事》这样按系列丛书整体推出，还没有过。2011 年 7 月，我向希望出版社杨建云副总编提出这个选题建议。不到两个星期，杨总编就拍板决定由希望出版社出版，而且是作为重点图书推出，并由知识编辑部主任谢琛香任责任编辑。这表明希望出版社很看好这套书的社会效益，就是对青少年读者的启迪和励志作用。这是希望出版社对我的器重和信任，也是莫大的鼓励。所以每一本的写作，我都是全身心投入，不敢懈怠，力争精益求精。

在《科学巨人的故事》两辑 20 本的写作过程中，我对人物和题材做了拓展和深化。从以前以电子科学发明家为主，扩展到其他各个领域的科学大师（诸如天文学的哥白尼，生物学的达尔文，经典物理学的伽利略，原子物理学的卢瑟福、玻尔、费米等）；同时从科学家系列，拓展到发明家系列，囊括了发明无线电、电报、电

话、电视、蒸汽机、火车、轮船、汽车、飞机等影响了世界进程的众多大发明家。

在整套书的写作中，我力图保持和发挥自己的风格。其中最重要的就是："用文学家的笔触，写科学家的故事。"刘兴诗先生在《科学巨人的故事》（第一辑）前言里写道："郁达夫曾评价美国著名作家房龙说：'房龙的笔，有这一种魔力，但这也不是他的特创，这不过是将文学家的手法，拿来用以讲述科学而已。'读松鹰这套《科学巨人的故事》，感觉作者的笔具有同样一种魔力。作者毕业于哈尔滨军事工程学院，是国家一级作家，既熟谙科学，又有深厚的文学素养，写科学巨人的生平故事，娓娓道来，妙趣横生，令人不忍释卷，读罢又耐人寻味。"赵健先生也在书评里肯定了这一点："翻开松鹰的新作'科学巨人的故事'丛书（希望出版社），顿时眼前一亮，其所介绍的人物，是一些'世界因他们而精彩'的科学巨人，但他们的精彩，却蕴含在难以理解的科学知识和数学公式里。如何向孩子解读这些科学巨人的'精彩'呢？松鹰曾向读者坦陈：用文学家的笔触，写科学家的故事。"

在《科学巨人的故事》每一本的构思和撰稿时，我还特别注意把握两个重要关系：一是"人与事"的关系，围绕传主一生最重大的成果来展示和描写人物。一本好的科学家传记，既可见人又要见事。"人"（科学家的生平风貌）和"事"（科学发现的过程和科学贡献）两者应该是统一的、相辅相成的。二是"传与史"的关系，即在壮丽的科学史画卷上凸显人物。在每一本传记中，力求围绕着重大的科学发现展现科学家的一生。这和之前我写《电子英雄》的原则是一脉相承的：既注意了全局在胸，把每一个科学巨人摆在科学发展的历史长河中来立传，又注意人物之间的纵横关联和继承关系。

二、同时展现科学家和发明家两个系列

《科学巨人的故事》的选题还有一个重要特点，就是同时展现了科学家和发明家两个系列。这在当前尤其具有重要的现实意义。

《科学巨人的故事》第一辑的 10 位传主，都是影响历史进程的大科学家。第二辑的 10 册，则以发明家为主，着重选了 14 位因自己的发现或发明改变世界的人物。其中麦克斯韦是电波之父，他的电磁理论预见了电磁波，为无线电的诞生开辟

了道路。居里夫人发现了镭和钋，开创了放射科学领域的研究，她既是大科学家，又是大发明家。其他的诸位传主——诺贝尔、瓦特、斯蒂芬孙、富尔顿、莱特兄弟、福特、爱迪生、马可尼、莫尔斯、贝尔、贝尔德等，都是改变了世界面貌的发明家。他们的成长经历和创业经历，对我们青少年读者具有很大的启迪和榜样作用。

这正如《科学巨人的故事》第二辑"前言"里写到的：

瓦特，这个英国工匠的儿子，他（改造）发明的蒸汽机带动了工业革命，使人类的生活和世界文明完全改观。在瓦特蒸汽机的带动之下，矿工出身的斯蒂芬孙发明了火车，开辟了全球的铁路运输事业。自学成才的工程师富尔顿，造出了世界上第一艘蒸汽机轮船，为世界航海事业做出重大贡献。福特，

《科学巨人的故事》第二辑书影

这个农民出身的汽车大王，他的 T 型汽车创造了一个时代的奇迹。正是他使汽车从奢侈品变成大众化交通工具，人称"为世界装上了轮子"。莱特兄弟，这两个想征服蓝天的美国大男孩，历尽挫折，亲密合作，最后终于实现了人类飞行的梦想。

因为他们，人类从此可以乘着火车、汽车、轮船和飞机，在陆地上奔驰，在海洋里畅游，在天空中翱翔。世界变得便捷了。

麦克斯韦，这位可与牛顿、爱因斯坦齐名的英国物理学大师，他创立的电磁理论天才地预见了电磁波，为后来无线电的诞生和发展开辟了道路，被誉为"电波之父"。我们今天生活在电波世界中，电视、广播、无线电通信、导航、遥控、遥测、雷达等现代新技术，都受惠于他的贡献。意大利青年马可尼，后来居上，成功地实现了用电波传递信息，成为举世闻名的无线电发明家。莫尔斯，这位美国画家 41

岁时因受科普演讲的鼓舞，半路改行研究电报，后来竟创造奇迹，获得成功。他的发明揭开了人类通信史的崭新一页。追寻着他的足迹，苏格兰青年贝尔发明了电话，使人类"顺风耳"的梦想成真。另一个苏格兰青年贝尔德，发明了电视，让"千里眼"也变成现实。和贝尔同岁的爱迪生，这位家喻户晓的发明大王，他的留声机、电灯、蓄电池、电影放映机等上千项发明，为我们留下了宝贵的财富。正是他把光明带给了人间。

重温他们的人生故事，我们倍感亲切，也感到振奋，受到鼓舞。他们为人类造福的理想，那种敢于创新的精神，那种不怕失败、百折不挠的毅力，将永远激励后来人。没有他们，世界将不再精彩。

今天，要实现伟大中华的复兴梦，我们既需要科学大师，也需要发明巨匠。

李克强总理最近对全国科技活动周批示指出，要进一步完善科技管理体制机制，进一步培育尊重知识、崇尚创造、追求卓越的创新文化，进一步激发亿万群众尤其是青年人的创业创新热情，鼓励"人人皆可创新，创新惠及人人"。

时代呼唤着"大众创业"和"草根创业"，呼唤着中国的亿万群众尤其是青年人中产生出发明巨匠！

三、作品与产品

由同一个作者承担两辑总共 20 本的丛书创作，全套书的体例容易把握，风格一致，而且能产生品牌效应，这是一种难得的优势。但是，写作工程量相当大，既要保证每一本书的质量和进度，又要避免雷同，难度也相当大，对作者的要求很高。本着对出版社和读者负责的精神，为了集中时间和精力撰稿，我全力以赴，暂停了两部已酝酿成熟的长篇小说的写作计划。从 2011 年 8 月至 2015 年 6 月，我从搜集资料、酝酿构思，到潜心创作，前后历经近 4 年时间，终于圆满完成两辑 20 本的创作。

每一本传记，我都当作一部作品来创作。而不是当作一个产品，进行批量生产，甚至是东拼西凑，粗制滥造。我觉得把握住这个原则，非常重要。所以每一本书我都写得很认真，很用心，也很辛苦。责任编辑谢琛香主任也全力支持我，对此充分肯定，从不催我的进度。

科学家传记包含的内容很丰富，它不仅有传播科学知识的作用，还能够启迪科学思想、科学方法和科学精神，引导激励青少年走上探索科学的道路。

要写出每一本书的风采，必须抓住每一位传主最精彩的人生、最突出的贡献、最有感染力的故事。这包括不同的科学领域，不同的成长经历，不同的人物命运。以《科学巨人的故事》第二辑为例，14 位科学巨人的成才道路和创业经历，坎坷曲折，多姿多彩。他们的高尚品格和精神风貌，能给人许多启迪。如贝尔发明的电话改变了世界，但他却从不以电话发明家自居，一生都致力聋哑儿童的教育。莫尔斯、马可尼、贝尔德都是业余电子爱好者，但是他们敢想敢干，并且善于吸取前人的经验，最后脱颖而出，摘取了发明的王冠。爱迪生一生从来没有停止过发明。他的座右铭是："我探求人类需要什么，然后我就迈步向前，努力去把它发明出来。"居里夫人热爱祖国，一生淡泊名利，她倾其毕生精力从事放射性研究，并为此过早地献出了宝贵的生命。

四、科学发明的传承

李克强总理在 2015 年国家科学技术奖励大会上说："青年人才正处于创新创造的活跃期，要为他们雪中送炭、加油鼓劲。老一辈科学家有着奖掖后学的优良传统，应当形成薪火相传、人才辈出的生动局面。"总理这里谈到的，是科学发明的传承问题。

在《科学巨人的故事》中，有不少这样的经典例子。

例如，在《莫尔斯·贝尔·贝尔德》一书中，莫尔斯发明电报，就曾得到大电学家亨利的宝贵支持。亨利是电学史上一位传奇人物。他曾经同法拉第互相独立地发现电磁感应现象，同时他还是电报的先驱者，是世界上第一个把电信号传到 1.6 千米远的人。莫尔斯曾向亨利请教发明电报的问题，亨利毫无保留地把自己的研究成果告诉了他。莫尔斯的电报机就是根据亨利提出的原理发明的。后来，贝尔发明了电话，也拜访过亨利，并得到他的鼓励。当时贝尔 28 岁，亨利已是 73 岁高龄。亨利听了贝尔讲述电话的设想，鼓励他说："你有一个了不起的设想，贝尔，干吧！"贝尔说，在制作方面还有许多困难。亨利说："掌握它！"这句话对青年发明家有很大的影响。很多年以后，贝尔还是这样认为："没有这三个令人鼓舞的大字，我肯定是发明不了电话的。"

再如，从《法拉第》到《麦克斯韦》，再到《马可尼》，展现了一部伟大的科学三部曲，也是薪火相传的科学传承。

法拉第是电磁理论的奠基人，1831 年他发现了著名的电磁感应现象——变化的磁场在导线里产生感应电流。这个发现用事实证明了，不仅电可以转变为磁，磁也同样可以转变为电，从而揭示出电和磁两种物理现象的内在统一性。

不过，法拉第主要是实验家。他的短处是基本上不懂数学，所以，他始终未能把他的发现和见解精确地表达出来，上升到理论的高度。这个任务，后来历史性地落在麦克斯韦的肩上。麦克斯韦是电磁理论的集大成者，他比法拉第小 40 岁。麦克斯韦在总结法拉第等人研究成果的基础上，完成了电磁理论的经典著作《电磁学通论》，建立了电磁场的基本方程，预见了电磁波。电磁理论的宏伟大厦，就这样巍然矗立起来了。

1888 年，德国青年物理学家赫兹用实验发现了人们怀疑和期待已久的电磁波。赫兹的实验公布以后，轰动了科学界。读者在《马可尼》一书中可以看到，电磁波的发现所产生的巨大影响，连赫兹本人也没有料到。在他发现电磁波的第二年，有人问他，电磁波是不是可以用做无线电通信，赫兹不敢肯定。但是不到 6 年时间，意大利青年发明家马可尼与俄国的波波夫就分别实现了无线电传播，并且很快投入使用，从而改变世界，开辟了人类的无线电时代。

再如《瓦特》一书中的例子。

瓦特是世界公认的蒸汽机发明家。他发明的蒸汽机带动了工业革命，使人类的生活方式和世界文明完全改观。

但瓦特并不是第一个发明蒸汽机的人。在瓦特之前，已经有蒸汽机的雏形，这就是英国人纽科门发明的纽可门泵。不过，纽科

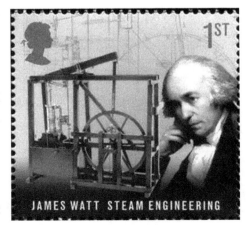

瓦特和他发明的蒸汽机（邮票）

门的机器存在重大缺陷：热效率很低，只在煤价低廉的产煤区才用得起。瓦特经过研究，找到了纽科门泵热效率低的原因，是由于活塞每推动一次，气缸里的蒸汽都要先冷凝，然后再加热进行下一次推动。瓦特对纽科门泵做了一系列的重大改进，采用了独特的分离冷凝器；发明了双动式蒸汽机；把蒸汽机活塞的往返直线运动，转变为齿轮的旋转运动，从而大大提高了蒸汽机的热效率和运行可靠性。通过这三次创新，瓦特的蒸汽机成为真正的国际性发明，它有力地促进了欧洲18世纪的产业革命，推动世界工业进入了"蒸汽时代"。

五、创作的过程，也是学习和重新发现的过程

撰写《科学巨人的故事》，我有一个体会，就是写作的过程，也是一次学习、提高的过程，一个重新发现的过程。每当有新发现，都会感到一阵惊喜。

以《麦克斯韦》为例。

麦克斯韦的传记资料很稀缺，在英国也不多。据说全世界英文出版的麦克斯韦传记也只有9本。国内目前出版的麦克斯韦传记只见到4本：第一本，很荣幸就是我的这本《麦克斯韦》，1981年年初出版时名为《电波之

麦克斯韦像

父麦克斯韦》，是国内第一本关于麦克斯韦的传记，这次修订出版列入《科学巨人的故事》第二辑，作了不少充实；第二本名为《十九世纪最深刻的数学物理学家麦克斯韦》，是本英汉对照小册子，2000年9月由中央文献出版社出版；第三本是《破解电磁场奥秘的天才麦克斯韦》（周兆平著，安徽人民出版社2001年2月出版）；第四本是《麦克斯韦：改变一切的人》（英国人巴兹尔·马洪著，肖明译，湖南科技出版社2011年7月出版）。

麦克斯韦是电磁理论的创立人。他的巨著《电磁通论》用一组微分方程揭示了电磁之谜，预见了电磁波，为后来无线电的诞生开辟了新纪元。这个人物可以说是

当今电子世界的老祖宗。

但是，这样一位科学巨人，却长期被世界科坛所忽视。有件逸闻很能说明问题：1960 年英国皇家学会举行 300 周年庆典，英国女王在演讲中称赞了一些著名会员，居然把麦克斯韦遗忘了。1979 年我在《电子报》担任总编辑时，撰写了《麦克斯韦和电磁理论》一文，被上海《自然杂志》选作麦克斯韦逝世一百周年的头条纪念文章发表（1979 年 2 卷 11 期）。这是国内第一篇详细介绍麦克斯韦的专文。后来我以此文内容为基础，写作出版了《麦克斯韦》一书。

这次修订，有几个新的发现，颇有收获。第一个发现：麦克斯韦不仅是科学家，还曾被评为思想家。在被冷落了几乎一个世纪之后，在千禧年即将到来的 1999 年年底，英国《物理世界》杂志评选出"有史以来 10 名最伟大的物理学家"，麦克斯韦的名字排在第三（前两名是爱因斯坦、牛顿），非常了得。在同一时间英国广播公司（BBC）举行"一千年来 10 名最伟大的思想家"网上评选活动，世界各国所有人士均可参加投票，评选最后揭晓，麦克斯韦名列第九（笛卡尔第二、牛顿第三、达尔文第六、爱因斯坦第十）。麦克斯韦的伟大终于得到公众的认可。

第二个发现：麦克斯韦与开尔文勋爵（另一位赫赫有名的英国科学家，铺设大西洋海底电缆的功臣）友谊笃厚，相互切磋，对麦克斯韦的事业有很大帮助。

第三个发现：麦克斯韦还是个诗人，不仅情诗写得棒，而且打油诗也写得很有水平，试举一例如下：汤姆生铺设大西洋海底电缆，第一次遇到失败，电缆沉入 330 海里的时候，意外地发生断裂。26 岁的麦克斯韦闻讯，写了一首诗寄给汤姆生，替这位师友打气。汤姆生回信感谢了麦克斯韦的关心和好意，并表示失败是成功之母。后来汤姆生终于获得了成功。

再举一例。麦克斯韦坚信向大众进行通俗的科学普及是非常重要的。对一些低劣的著作，他会提出尖锐的批评，而且常常是用辛辣而幽默的形式。有个名叫格思里的教授写了一部关于实用物理与声学的读物，通篇是空洞的废话。麦克斯韦为此写了一篇打油诗寄给《自然》发表，批评这本书。诗的最后两句是："一只养得很胖的狗，只知道傻吃却不会吠叫。继续做你的事情吧，不要忘了回头瞧瞧。"那位教授读到后，竟然受宠若惊，表示虚心接受。

这些生动的、个性化的内容，我都充实在《麦克斯韦》的新书里了。麦克斯韦形象显得更丰满，也更人性化。

再以《莫尔斯·贝尔·贝尔德》为例。这本书是电报、电话、电视三个发明家的合传。前面谈到过，我最早写的《莫尔斯与电报》，连载于解放军报。一位美国画家莫尔斯，41 岁改行，历尽艰辛，最后

莫尔斯拍发世界上第一份电报

终于成功发明了电报，确实很了不起。1844 年 5 月 24 日，是伟大的一刻。莫尔斯在华盛顿向 64 千米外的巴尔的摩，传送了人类历史上第一份电报："上帝创造了何等的奇迹！"

据说这是出自《圣经》里的一句话——国内所有介绍莫尔斯的文章（包括当年我的《莫尔斯与电报》）和资料，都写到此为止。但是没有文章指出，这是出自《圣经》的何处，还有原文是什么？

为了使这个"伟大一刻"的真相显现出来，与读者共享。这次在撰写《莫尔斯·贝尔·贝尔德》一书时，我反复查找线索。我的手头有两本《圣经》译本，一本是中国基督教两会出版的"中英对照圣经"；另一本是中国天主教主教团准印的繁体汉字《圣经》。我好不容易从"中英对照圣经"117 页查到，出处在"路加福音"第 8 章第 56 节。中文译文为："神为你作了何等的大事！"英文原文为："how much God has done for you."不禁喜出望外。对比天主教主教团准印的繁体汉字版 1607 页，译文为："耶稣为他作了何等大事！"意思相近。

我本以为大功告成。殊不知，随着写作进一步的深入，后来发现了其中存在的疑点，也即破绽。因为我从一份英文资料，找到了现存于美国国会图书馆的莫尔斯第一份电报纸带的原件。这是非常珍贵的原始资料，令人惊喜不已。但在检视电报纸带原件照片时，我意外发现："上帝创造了何等的奇迹！"英文（用莫尔斯码表

示的）的第一个字母是"W"，而并不是"h"（"how much"的第一个字母）。显然真实的报文非也，并不是"how much God has done for you."！这就推翻了我前面做出的结论。

人类第一份电报纸带原件局部（全件现存美国国会图书馆）

经过一番否定之否定，重新查寻，"大海捞针"，最后从一篇英文小资料里发现线索，终于查到了出处：不在《圣经》的"路加福音8章第56节"，而在《圣经》的"民数记的第23章23节"——中文译文为："神为他行了何等的大事！" 英文原文为："What has God wrought!"这和电报纸带原件上莫尔斯码表示的英文字母，完全吻合！

功夫不负有心人。"上帝"终于露出了他的真容！

据我所知，这是国内出版物第一次披露莫尔斯的第一份电报原件，非常珍贵。也更增添了《莫尔斯·贝尔·贝尔德》书中故事的真实性和权威性。

再一个新发现：曾经被埋没的阿尔弗雷德·维尔的功劳。

电报的发明是整个人类智慧的结晶，还有多少无名英雄付出了毕生的劳动啊！这里特别需要记上一笔的，就是阿尔弗雷德·维尔。他是莫尔斯的合伙人、天才的搭档、尽职的助理，也是共患难的战友。在莫尔斯电报的发明中，他做出过重大贡献。可是，在很长时间里，维尔对发明电报做出的贡献，却不为人知。在许多关于莫尔斯发明电报的文章和资料里，都没有提到阿尔弗雷德·维尔这个人。

这次撰写《莫尔斯·贝尔·贝尔德》和搜集新资料时，阿尔弗雷德·维尔这个人物才蓦然出现在视野里。维尔生于1908年，是纽约大学毕业生，比莫尔斯小16岁，父亲是个有钱的实业家。有一天，莫尔斯在纽约大学展示他的电报机原型，维尔看后非常兴奋，要求加入电报研究。莫尔斯问他："你有什么专长？"维尔回答说："我懂机械，可以协助您改进机器。我还能动员家父出面，为电报机投入使用筹集

到资金。"于是莫尔斯同意他加盟，但有个条件，即包括维尔在内的所有发明，都以莫尔斯的名义申报专利。维尔当即就答应了。平心而论，莫尔斯当初开出这个条件，也无可非议。他并不知道维尔有多大本事，只不过有言在先，自己是这个研究项目的法定代表。在此后的岁月里，维尔为莫尔斯发明电报的成功（特别是莫尔斯电码），立下了不可磨灭的功绩。

在华盛顿到巴尔的摩间历史性的电报实验中，维尔负责在巴尔的摩接收信号。当他译出"上帝创造了何等的奇迹"电文时，已是热泪盈眶。

六、为中国孩子圆一个科学梦

在 2014 年 8 月于贵阳举办的第 24 届全国书博会上，现场主持人安星采访我时问："你是带着什么目的来写这辑《科学巨人的故事》的？"

我写这辑书的目的，就是希望引导青少年儿童懂得科学的真谛是什么？从小就树立正确的价值观。现在的社会，没有钱不行；但光追求钱同样不行。科学的真谛不是用钱来衡量的，也不是用权力来衡量的，而应体现在是否改变世界，造福于人类。

比如《科学巨人的故事》第二辑里的《诺贝尔》。传主诺贝尔是伟大的炸药发明家，也是诺贝尔奖的创立人。1888 年 4 月的一天早晨，诺贝尔醒来，竟读到一条他本人的讣告！原来是他哥哥路德维希·诺贝尔死了，粗枝大叶的新闻记者，却把哥哥说成了弟弟（阿尔弗雷德·诺贝尔）。诺贝尔看见"讣告"里把自己说成是一个"军火商"，一个靠制造杀人武器发大财的企业主，感到非常震惊。难道自己在公众里的形象就是这样的吗？这个误报的讣告，促使诺贝尔对科学的真谛和自己的人生目标进行了思考。他认为"军火商"根本没有体现出自

松鹰在第 24 届全国书博会上接受现场主持人采访

己人生的价值来。诺贝尔一生钟情于炸药，但又热爱和平，厌恶战争。他发明炸药的初衷，都不是为了军用，主要是用于开矿、筑路等民用工业，是为了造福于人类。他并不是想靠制造杀人武器赚几个钱。那是世人和媒体对自己天大的误解。经过郑重思考，诺贝尔立下了那牵动世界的遗嘱，决定在死后把遗产捐给科学文化与和平事业，以明自己的心迹和一生追求的崇高理想。

再如《居里夫人》里讲的居里夫人的故事。

居里夫人世界闻名，但她既不求名也不求利。她对自己一生共获得包括两次诺贝尔奖在内的 10 项奖金，17 种奖章，107 个荣誉头衔，却全不在意。爱因斯坦评价她说："在所有著名的人物中。居里夫人是唯一不为荣誉所颠倒的人。"

居里夫人最伟大之处，就是她的献身精神。居里夫人的实验，是在非常困难的情况下进行的。所有的实验都是自费的，没有任何报酬。在一个像马厩般破旧的实验室里，她和居里不辞辛劳地奋斗了 4 年。然而，居里夫人在发现镭后，做出了一个重要决定——放弃镭提炼技术的专利。实际上，如果居里夫妇申请镭的专利，也是他们的正当权利。但他们选择了放弃专利，这体现了一种奉献精神。居里夫人有句名言："镭不应该让任何个人致富。它是一种元素。它属于全人类。"

我有一种使命感，就是告诉后来人，告诉我们的孩子们，科学是一桩伟大的事业，人的天职就是探索真理。科学的真谛、人生的价值，就是用自己的智慧和创造性的劳动为人类造福。就像法拉第说的那样："希望你们年轻的一代，能像蜡烛为人照明那样，有一分热，发一分光，忠诚而踏实地为人类伟大的事业贡献自己的力量。"

我希望这套书能带给孩子们一个科学梦，使他们从小梦想当一个科学家、发明家，像居里夫人、诺贝尔，像牛顿、爱因斯坦那样改变世界，造福于人类。同时，我也希望孩子们通过自己的努力和追求，最终能圆这个科学梦。也就是希望这套书能够起到励志的作用。

搞科学发明是追求真理，自己的兴趣也融合其中了。探索的过程也是一个快乐的过程，幸福的过程，并不是痛苦不堪的事情。所以爱因斯坦曾说："对科学的追求比对科学的占用更难能可贵。"因为其中有无穷的乐趣。

马可尼是个名不见经传的小青年，而且只是个业余无线电爱好者，为什么他最

后能够力克群雄，超越了所有的电学专门家和学者、教授，拔得发明无线电的头筹？除了机遇等，有一个最重要的原因——就是马可尼的专心致志，锲而不舍。他有雄心壮志，认定了方向，就勇往直前，毫不犹豫地朝这个方向走下去。所以，最后他第一个摘取了无线电的王冠，取得了成功。正如马可尼自己所说的："我愿意告诉诸位，倘使诸位能够尽心竭力地干一件事，是一定可以成功的。"

马可尼的事迹有很大的励志作用。电视发明家贝尔德，就是在马可尼发明无线电激励下发明成功电视的。他有一句脍炙人口的名言："马可尼原来也是业余爱好者，他能成功，我为什么不能呢！"

这句话同样适用于我们每一个青少年朋友，只要有兴趣，有雄心壮志，有追求，并且锲而不舍，人人都可以成为马可尼、莫尔斯、贝尔、贝尔德这样的发明家。

作者简介

松　鹰　原名耿富祺，国家一级作家。毕业于哈尔滨军事工程学院，历任《电子报》总编辑、成都市文联副主席、成都电视台副台长。著有长篇小说《啊，哈军工》《落红萧萧》《杏烧红》《白色巨塔》《白色迷雾》《白色漩涡》六部，中篇小说《泸沽湖的诱惑》《心之恋》；出版伟人传记《电子英雄》《爱因斯坦》《法拉第》《麦克斯韦》《可怕的微机小子：乔布斯》《可怕的微机小子：比尔·盖茨》《马可尼》《爱迪生》《居里夫人》等36本。作品曾3次荣获"冰心儿童图书奖"，并荣获首届"中国青年优秀图书奖"、第十届"中国图书奖"、第一届和第三届"中国科普作家协会优秀科普作品奖"等及第一届世界华人科普图书奖金奖。1990年被中国科普作家协会授予"建国以来成绩突出的科普作家"称号。现为成都科普研究所所长、世界华人科普作家协会理事长。

试论科学家报告文
学的创作 ／ 谭 楷

一、破 题

中国科普作家协会出了一个很好的题目："科学家报告文学的创作"。若题目是"科学报告文学的创作""科普报告文学的写作"，省去一个"家"字，这篇文章就难做了。因为"报告文学"，属于文学范畴，既是文学就必须写人，写人的活动，写人生经历及其业绩，思想感情贯穿其中。你向读者报告的是科学家，而不是科学知识。写科学家的报告文学，与写其他人物的报告文学，从文学写作意义上讲，并没有特别的不同，只是在涉及科学知识时，有些技巧性的问题。

当然，可以在科学家报告文学中讲科学，讲科普，比如徐迟的报告文学《哥德巴赫猜想》讲到了一些"素数""1+1"的基本概念，但这篇名作的本意是写陈景润这个人，而不是普及数学知识。在写地质学家李四光的《地质之光》，在写科学家周培源的《在湍流的涡旋中》，在写植物学家蔡希陶的《生命之树常绿》之中，分别涉及了地质知识、流体力学知识和植物知识，但仅仅是深入浅出地做了解释，作家并没有企图让读者通过阅读报告文学获得相关科学知识。

徐迟献给 1978 年全国科学大会的报告文学集《哥德巴赫猜想》就是科学家报

告文学的经典之作。

改革开放以来，写科学家的报告文学，一直拥有相当多的读者。以徐迟先生作为领军作家，黄宗英的《小木屋》《固氮蓝藻》；理由的《她有多少孩子》《高山与平原》；陈祖芬的《祖国高于一切》、孟晓云的《胡杨泪》；胡思升的《修氏理论和她的女主人》；谭楷的《国宝》等，均是当时颇有影响的科学家报告文学作品。由周扬、陈荒煤主编的《中国新文艺大系·报告文学卷 1976—1982》收入的 56 篇作品中，竟有 20 余篇写科学家的报告文学。

著名军旅作家李鸣生，是继徐迟之后，书写科学家报告文学的大家。他来自国防科委，曾长期生活在西昌卫星发射基地，有着丰厚的生活积累。他以《飞向太空港》《走出地球村》《千古一梦》《发射将军》等七部"两弹一星"作品，以及写"5·12"汶川大地震的《震中在人心》闪耀文坛。他的《追踪 863》，是表现中国追踪世界高技术的"863"计划的全景图。他曾三次荣获鲁迅文学奖，描绘出一大批栩栩如生的科学家形象，为科学家报告文学的写作提供了宝贵的新经验。

二、选　题

报告文学往往是"遵命文学"。写科学家报告文学以及重大科学题材的报告文学，是遵时代之命的一种抉择。

伟大的变革时代，可供选择的题材不少。写什么，不写什么，报告文学作家都有这样的体会：

看上一个题材，和一见钟情一样，只有某个姑娘看上了某个小伙子的时候，才会"放电"。某个作家碰到某种题材时，这个题材才会向这个作家展现出它的内在美，展示一般人发现不了的美感。于是，作家会一见倾心，全身心地投入。

我从 1963 年发表第一首诗开始，一直是个业余诗作者，写报告文学完全是出于偶然。

20 世纪 80 年代初，四川省召开第二届科学大会，省科协组织我和一批作家去采访。在会上，我获悉：蜚声中外的中国首席大熊猫专家胡锦矗还是"反革命家属"！他的夫人陈昌秀是一位心直口快的外科医生，"文化大革命"蒙冤，被关押五年，出狱后十几年没有工作。已经是全国平反冤假错案接近尾声的 1981 年，她仍然戴着"现行反革命"的帽子，胡教授就是正儿八经的"反革命家属"。由于有不准反革命分子与外宾接触的严格规定，1980 年春节，南充市公安局硬是把去卧龙探亲的陈昌秀半路拦下，押回南充。如此做法，让中外专家震怒，却毫无办法。

胡教授夫人陈昌秀的冤案让我拍案而起，却又感到诗歌对此事无能为力。于是，我决心写一篇报告文学，写胡锦矗的事迹，写他成功背后的辛酸，目的是尽快为陈昌秀平反，解下压在胡锦矗心上的沉重磨盘。

1982 年 10 月 11 日，《人民日报》以大半版的篇幅刊载了我的报告文学《在熊猫的故乡》。文中直呈陈昌秀的冤案，震动京华，也震动了四川。当年年底，在四川省委的干预下，陈昌秀冤案彻底平反，补发了十几年的工资。

当年，上海《萌芽》杂志发表了我的中篇报告文学《国宝》。这篇荣获"萌芽奖"的作品，讲述了胡锦矗"九万里风雪一本书"，在极其艰苦的条件下，为研究大熊猫生物生态学所做出的贡献。作品被多种书刊转载，并收入《中国新文艺大系·报告文学卷》。

重大题材与重要事件，比如当年的白求恩大夫、"两弹一星"的研制、20 世纪 70 年代的"大三线"、引进外资的宝钢建设、"摘取数学王冠上的宝石"、"跟踪 863"，都是有着巨大影响力的、民众非常关注的题材。若有采访机会与条件，题材选上了你，是一种幸运。

还有就是写贡献巨大、成绩突出、名闻遐迩的科学大家。因为他们肩负重任，还有性格情趣、身体状况种种原因，婉拒采访是常有的事。若能接受采访，好比是被"红绣球"击中，也是报告文学作家可遇不可求的事。

好题材如巨石蕴好玉，有分量有价值，把握住了好题材，就掌握住成败的关键。

然而，并不是只有重大题材与科学名人才是好的选题。科学队伍中的"小人物"，普通的科技工作者，也许蕴藏着文学意义上的富矿。20 世纪 80 年代，孟晓云的《胡杨泪》写的是基层知识分子钱宗仁。他生活在新疆塔克拉玛干大沙漠边缘小镇，曾因出身不好三次失去上大学的机会，后来考研成绩优异又因超龄而榜上无名。他的 20 年坎坷酿成的悲剧具有普遍意义，让同时代的普通知识分子产生强烈共鸣。还有

黄宗英的《大雁情》，写饱受争议的陕西植物园工程师秦官属，她所受承的精神压力，让人想起自己身边那些妒贤妒能的人和事。通过这篇作品，让人联想到鲁迅所鞭笞的民族劣根性。

所以，以科技界小人物小事件为题材，也可以写出深刻反映时代特点的好作品。当年，《胡杨泪》和《大雁情》的发表，推动了落实知识分子政策，其影响远远超出了科学界和文学界。

同样的重大题材，如何选材，写什么，与作家的性格与经历也有很大的关系。

比如，"5·12"汶川大地震之后，从北京和全国各地一下子涌来成百上千作家和记者。有人擅写高层，采访省委书记，坐镇指挥中心，洋洋洒洒在报刊上发大块文章。我天生怯大人物，一心想到的是三条断裂带正好穿过四川的大熊猫栖息地，那里的大熊猫怎么样？那里的科学工作者怎么样？因为，从1980年到2008年，我关注大熊猫28年，它牵动着我最敏感的神经。立下了"生死状"，绕道500多千米，翻越了夹金山和巴朗山两座雪山，直奔卧龙。随后，写下了长篇报告文学《大震在熊猫之乡》。

如何选题，其实是问作者自己：

能不能打动你？你自己对采访对象所讲述的故事都毫无感觉，又怎么能写出感动读者的作品呢？

三、采　访

报告文学是写实文学，人物与故事都是真实的，真实是报告文学的生命，任何虚构的人和事都会危及它的生命。获得真实素材的唯一途径就是深入、细致、全面采访。所以，选好题材后，采访就是第一大功夫。采访的深度与广度，决定作品的质量。

所以，有作家总结说：报告文学是"跑路文学"——因为要搜集大量素材和资料，全靠腿勤，多跑路。甚至说：七分跑路三分写。

还有作家说报告文学是"厚脸皮文学"。为深挖主人公的内心世界，搜集到精彩的细节，你得软磨硬攻，死缠烂打，不厌其烦，耐心十足。

还有作家说报告文学是"麻烦文学"。采访你要写的主人公及相关的人，有风险，有麻烦，光有介绍信、组织上打招呼不行，你得弄清复杂的关系，获得信任，让被采访者觉得你是可信之人。否则，谁愿意向你掏心窝子？

还有作家说报告文学是"官司文学"。你写某科学家坎坷经历，肯定要涉及一些人，如不触及矛盾，回避矛盾，肯定是平庸之作；若锋芒毕露，或褒或贬，常会引起官司。20世纪80年代，报告文学作家官司不断，积累了丰富的经验与教训。所以，在采访时，就需要把情况摸清，能避免一些不必要的官司。

采访要讲究方法。我自己的体会是：

打好外围，主攻纵深，善于提问，细心观察。

有的科学家，以及科技工作者，成就显赫，却善做不善说。甚至性格孤僻，表情木讷。要他自己讲点什么比登天还难。这时，"打外围"——采访他的亲友、同事、周边相关的人，就是搜集素材的主要手段。

徐迟的经典之作《哥德巴赫猜想》就是"打好外围"的成功范例。众所周知，陈景润是典型的"闷葫芦"。他长期生活在仅有 6 平方米的封闭空间，那是与我们相隔十万八千里的数学王国。他走路碰到树，也会惊讶，是谁撞了我？这样一个数学大师，生活中的呆子，能讲出什么感人的故事吗？不太可能。

徐迟在写陈景润之前，就读了大量的材料，除了陈景润的著作，还有前辈华罗庚，同事杨乐、张广厚的著作，还借了大量的数学方面的科普书，甚至熟读了马克思的《数学手稿》、李约瑟的《中国科学技术史》，按徐迟的说法"堆了一屋子书"。这样，他对陈景润的数学王国有了基本认知。接着，他采访了数学所支部书记周大姐，她对陈景润的生活非常关心。"送苹果"那个黄金般的细节，就是她提供的。他还采访了王元、吴文俊、杨乐、张广厚，还有数学刊物编辑。徐迟说，"打外围"打到什么程度？不采访本人都可以写文章。

我写熊猫专家胡锦矗教授时，花功夫最多的也在"外围"。

在四川省科学大会上，我就意识到：国宝熊猫、首席专家、夫人冤案、中外合作、险山恶水、出生入死……内容丰富，跌宕起伏，一个好的选题让我撞上了。我先上了海拔 2650 米的"五一棚"大熊猫野外观察站，跟胡锦矗的学生、卧龙的工作人员交朋友，对胡锦矗的业务圈内的情况有了基本的了解。很幸运的是，胡锦矗

的夫人陈昌秀带着小女儿来探亲，我趁机采访。陈昌秀憋了一肚子气，声泪俱下地讲了一整天。从她的"口述家史"，我从侧面看到一个把祖国利益放在一切之上的、忍辱负重的中国大熊猫专家。陈昌秀还讲到，胡锦矗喜欢穿她亲手做的布鞋。一次回家，她发现胡锦矗穿烂了一双布鞋，还说鞋子夹脚；陈昌秀说到自己，由于坐牢和受政治运动的干扰，45岁才生娃娃。医生警告：高龄初产妇，生娃如闯鬼门关。胡锦矗在"充满药味的走廊"，终于等到了母女平安的好消息。采访中，陈昌秀的妹妹一家人，争先恐后，讲了许多生动有趣的小故事，丰富了胡锦矗这个人物形象。接着，胡锦矗在学校的同事、国家林业局和省林业厅的官员，从不同的角度讲述着胡锦矗的故事。一个性格憨厚、步履沉稳、学识渊博、精忠报国的中国熊猫专家的形象渐渐高大丰满起来。

除了打好外围，对主人公的直接采访，必须在纵与深上做足功课。纵，就是对他个人几十年经历，家庭、学历、工作、婚恋、子女等，至少要有所了解。横，就是在每个节点上，收集耐人寻味的细节。闪光的故事，要采访对象尽量展开说，不嫌话多。

徐迟曾多次与陈景润直接对话。陈景润读过徐迟的作品，印象很好，加之徐迟温柔敦厚，处处以长者爱护后辈的态度跟陈景润说话，让陈景润毫无拘束感。自然而然就把心头深埋的话倾吐出来。可以说，《哥德巴赫猜想》部分改变了陈景润的性格。

是"外围"重要还是直接采访主人公重要？这完全是因人而异。主人公表达力很强，又何必绕道去攻"外围"呢？孟晓云写《胡杨泪》，听王宗仁本人就倾诉了四天四夜，纵深都了解透了。所以"外围"就不需要下太大的功夫了。

我在采访刘宝珺院士时，是主攻纵深的。外围仅仅是补充。因为刘宝珺曾任四川省科协主席，他记忆力极好，将几十年经历娓娓道来，如实记下，稍加点染，就是一篇好作品。

采访中，重要的一点是要善于提问。一个智慧的问题，会让采访对象几分钟之内调动起情绪，视你为知己，掏心掏肺，让你喜出望外。所以，采访之前，得动点儿脑筋，想出几个"一剑封喉"击中要害的问题。

世界最擅长发问的是意大利女记者法拉奇，她一句提问竟让大名鼎鼎又颇为自负的基辛格博士大开金口，滔滔不绝。法拉奇这一招，很值得我们学习。

采访中，除了聆听之外，观察也非常重要。

我曾数度跟刘宝珺院士上蒙顶山去采明前茶。一路上，在集市上买"丑柑"，说饮茶谈美食，吃农家菜饭，特别是谈及京剧和西方古典音乐时，刘院士眉飞色舞，完全变成了年轻人。我写《刘宝珺院士的多彩人生》就是在采访中特别注意观察的结果。

细读那些优秀的报告文学作品，常常可以看到作家锐利的目光，这是在用眼睛采访。

四、结　构

一大堆素材摆在面前，如一大堆砖块与建材，可以砌成一排排极其单调乏味的平房，也可以砌成让人眼睛为之一亮的、耸入云霄的高楼。

报告文学的结构，大约有纵结构、横结构、纵横交错的结构、重唱式的结构、对话式的结构、复调式的结构，等等。还可以采用书信体、传记体、日记式、一个个小故事"串烧"。结构因题材而异，因人（作家的美学倾向、写作风格等）而异。

《哥德巴赫猜想》从 1933 年陈景润在福建出生写起，写他生于贫寒的多子女家庭，11 岁时丧母，以及如何艰难求学，数学方面的天赋渐渐显露，如何被华罗庚发现，调入中科院数学所，摘取数学王冠上的明珠的过程。徐迟写《哥德巴赫猜想》就像画一棵树，从树根画到树梢，这是典型的纵结构。

《在湍流的涡旋中》写的是 1976 年 10 月，四人帮被粉碎之前，北京大学校园诡谲的黑夜。毕生研究湍流的大物理学家周培源，在静谧之中仍感到政治斗争的湍流在不停地涡旋。徐迟巧妙地运用"湍流"这个形象，将周培源与毛泽东主席对谈物理学和顶撞陈伯达和四人帮干将迟群等细节串联起来。深夜里，周培源想起周恩来总理潸然泪下，想到国家民族的艰危又怒火中烧。突然，有人敲门，向他报告了四人帮被抓起来的消息。这一个夜晚，浓缩了周培源在湍流中沉浮的一生。这就是短篇小说作家常用的、截取横断面的写法，也可称作横结构。

李鸣生的几部全景式的报告文学，有着宏大的叙事、繁复的头绪和众多的人物，大都采用纵横交错的结构。比如《追踪863》，按时间顺序将863计划从提出，到邓小

平同志高瞻远瞩，亲自拍板，坚决支持，在国家还相当困难的情况下，跟踪世界高技术的来龙去脉讲清楚，形成总体上纵的结构，又在纵的结构中横向展开一些重要的科学家的事迹。这样纵横交错，富于变幻，又浑然一体，既好阅读，脉络又清晰。

徐迟的《祁连山下》写了两个专业上毫不相干的人物，一个是大画家常书鸿，另一个是玉门油田开拓者、科学家孙建初。由于他们都处于祁连山下，都在矢志不渝地"钻探"——一个在"钻探"敦煌的艺术宝藏，另一个在钻探大西北的油田。他们的故事，时而分头叙述，时而合在一处描绘，就像精彩的二重唱，将爱国主义的主题演绎得淋漓尽致。

理由的《高山与平原》写华罗庚，由一个个看似独立，却由华罗庚的命运、成就、性格串起来的精彩故事组成，以丰富的侧面，形成了一个整体形象。

谭楷在《黑土地的儿子》中采取了复调的写法。一条线索是发掘出"三星堆"文物的黑土地自序，讲几千年来，这块土地上深埋着宝藏却生长着贫困；另一条线索是作者发议论，并介绍主人公生长在黑土地上的农民作家张人士；而最主要的线索是张人士自述人生经历——一个酷爱文学的地主的儿子，在新的历史时期如何集资办工厂造福桑梓。三条线索交叉在一起。最后，在黑土地上挖出了文物"摇钱树"，张人士率乡亲走上了致富之路，被选为乡长。这完全是根据素材决定的，因为"三星堆"的发掘与广汉农民的致富几乎是同步进行的。

刘亚洲写国际题材的报告文学作品，可谓"高大上"（高端、大气、上品）。一本《恶魔导演的战争》真是精彩纷呈，读起来非常顺溜，不时让人拍案叫绝。其中《关于格林纳达的对话》，采用了不平常的"夫妻对话"的特殊结构。当时，李小林在美国留学，而刘亚洲在国内，且是军人。那时古巴在加勒比海的一个弹丸小岛格林纳达建立了第二个反美的"古巴政权"，造成了美国与古巴之间的一场战争。由于是"夫妻对话"，读者首先就认可了它的真实性。由于李小林掌握了大量海外信息，比较客观、公正；而刘亚洲对"当事人"里根总统、卡斯特罗主席的描绘可以说是入骨三分，活灵活现。夫妻对话，把一场战争条分缕析，写得如此生动，真是罕见。

无论是搜集素材还是设计结构（也叫构思谋篇），都是为了更好地表达主题。于是，如何提炼，便成为一篇作品成败的关键。

五、提 炼

法朗士说：一切作品都是作者的自传。

小说可晦涩隐喻，诗歌可朦胧难猜，但报告文学必须面对读者，直抒胸臆。作者的喜怒哀乐、价值观和审美倾向，通过作品"暴露无遗"。

读完《恶魔导演的战争》，只感觉写得好，读起来痛快淋漓。后来再一想，刘亚洲为什么花那么大的功夫，写与中国相隔"十万八千里"的以色列与黎巴嫩之战？

掩卷沉思，才猜出作者的良苦用心。原来，刘亚洲展现了一场现代化战争，写活沙龙这个战争魔鬼，目的是向中国人和中国军队敲响警钟：如果遇上了沙龙这样的魔鬼，如果遭遇现代化战争，我们准备好了吗？

在"好看的故事"背后，是作者的焦虑、忧愤，大声疾呼！

一篇好的报告文学作品，不只是故事讲得热闹。故事背后，肯定有发人深省的主题。

20 世纪 80 年代，《人民日报》副刊《大地》是报告文学的重要阵地。理由的成名作《扬眉剑出鞘》、陈祖芬的成名作《祖国高于一切》，都发表于《大地》。《大地》老编辑朱宝臻是报告文学作品的责任编辑，她反反复复叮嘱作者：你不要啰啰唆唆，罗列那么多事，要挑那最感动人、最有内涵的故事来，写深写细。而最重要的是写出感动人的故事背后的那闪光的东西。

这是报告文学创作的经典之谈。

提炼，不仅是去粗取精，删繁就简，而更重要的是写出作者的发现、作者的认识、作者的感悟、作者的思考。好比冶炼特种钢材，主要原料还是铁，但加了锰、钛等一些元素之后，就会大大升值，成为坚硬的合金钢。

黄钢的报告文学《亚洲大陆的新崛起》与徐迟的《地质之光》属同一题材。两相比较，各有特色。黄钢的开篇写的是李四光冲破各种阻拦，在 1949 年 9 月底的一个晚上，从英国朴次茅斯海港开始了回国之行：

当他穿过英伦海峡的迷雾，迎着海风走上甲板的时候，可以看见他的脚步稳重、矫健；他每一步跨度，总是 0.85 米——这是他多年从事地质工作、长期在野外考察形成的习惯；他平时迈开的每一步，实际就成了测量大地、测量岩层距离的尺子。

但是，此时此刻，李四光在英伦海峡跨出的这一步，却不是普通的 0.85 米，而是结束了他在旧中国、旧世界半个多世纪生活斗争的历程。

有关李四光的新闻报道、人物特写不知有多少篇，都要提及他冲破阻力回到祖国。同一件事，在黄钢笔下，就提炼、升华到诗意的高度。短短几百字，既写出了地质学家李四光的特点，个子高，一步 0.85 米，更写出了跨过英吉利海峡的意义。

徐迟写蔡希陶，原来拟定的题目是"大自然之子"，虽中规中矩，却总觉得一般化，套在哪个跑野外搞自然科学的人来都实用。后来，他反复琢磨，想起了歌德的话："生命之树常青"。大诗人这一句话，不仅给了个好的标题，将蔡希陶的故事"串通一气"，而且还提炼了耐人寻味的哲理。

黄宗英的《固氮蓝藻》，写中国科学院水生生物研究所专家黎尚豪的动人事迹。作家并未停留在对科学家如何艰难攻关的描写上，而是更深刻地写人：

他们用生命换来了氮，但固氮又不是为了自己。他们慷慨地把自然取来的氮，连同自己的一切，献给了其他的有生之伦。他们为别人造福，尽管别人常常忘记他们，甚至根本不知道他们的存在……

蓝藻，是的，他们是蓝藻们，养护着中华人民共和国国徽上金穗上的光泽。

有经验的作家在提炼主题时，特别注重细节与细节的展开。

《哥德巴赫猜想》轰动中国之后，老作家李准说："画匠不给神磕头"（意思是，我是搞写作的，作家们编的故事，我见多了）。但是，读到周大姐给陈景润送苹果那一节，我流泪了。

之前的章节，就描绘过陈景润那 6 平方米小屋的状况。1972 年 2 月，春节将至，周大姐代表组织给陈景润送来了水果。他们在楼梯相遇，周大姐送来的水果让陈景润"猝不及防"，只好收下。等周大姐走了，他才想起自己从不吃水果，又追上去，送还水果。周大姐一再表示，这只是一点心意，慢慢吃吧。陈景润推不掉，含着泪水望着周大姐的背影，傻乎乎地说："啊，这是水果。我吃到了水果，这是头一次。"

接着写道：他飞快地进了小屋，一下子把自己反锁在里面了。他没有再出来。直到春节过去了。

这一段白描，没有一个形容词，却蕴含着丰富的内容。

一是，在那四人帮横行、极"左"思潮泛滥成灾的科学院，还有周大姐这样的人，关心着"白专典型"陈景润；二是陈景润为了攻关，把自己的生活降到只求最简单的温饱的水平；三是陈景润从来没吃过水果，得到水果竟然不知所措。最后，他把自己关起来，整个春节没出过门。为了感恩，他在没日没夜地钻研。春节后上班第一天，他捧着一大摞稿子给李书记，就是那以后让世界轰动的论文。

分析成功之作，总是从容不迫地讲故事，精彩之处，细细描绘，泼墨如云；枯燥无味的过程，一笔带过，惜墨如金。

1982年，我写《在熊猫的故乡》和《国宝》时，也曾沉思多日。如果就事论事说国宝大熊猫，以及胡锦矗的故事，也能通得过。在那些感人的故事背后是什么呢？想表达什么？

在五一棚，中国与WWF（世界自然基金会）合作研究大熊猫。为了跟踪那几只戴了无线电颈圈的熊猫，要在零下10℃的林海雪原、名为4X的地方24小时连续值班。中国人一组，老外一组。这时，胡锦矗一改平时的温柔敦厚，非常严厉地给他的弟子打招呼：绝不准记错记漏一个数据。我们装备不如人家，我们穷，要穷得有骨气！天大的困难，不准在老外面前叫苦！

后来，我读到西方记者有关胡锦矗的报道，佩服得不得了。不仅是敬佩他的学术水平，更敬佩他的坚韧不拔。

回忆在五一棚的清晨，我跟着胡锦矗踏上追踪熊猫之路。

走到二道坪，看见了日出。于是，我终于想到，如何在结尾时将《国宝》的主题展现出来：

四姑娘山是熊猫的保护神洛桑姐妹的化身。胡锦矗每次走到这里，都要伫立一会儿，向她们致意。

今天，远眺四姑娘山，别有一番庄严肃穆的气氛。

巍巍雪峰，给人启示！

啊，国宝，一国之宝！熊猫固然是中国之宝，民族之宝，然而，在调查和研究熊猫的漫长、艰苦岁月中，胡锦矗和他的战友们身上所焕发出来的，不正是一个国家民族最可宝贵的精神吗？

国宝——坚韧不拔，自强不息的精神！

国宝——承上启下，正献出扛鼎之力的一代中年科学家！

此刻，林中雾气渐渐散开。在杜鹃的啼声里，胡锦矗挥动镰刀，朝着横在面前的藤蔓枝柯，用力地砍，砍，砍……

有关科学家报告文学的创作，还有不少可以讨论的题目。比如，如何写活人物，如何处理新闻与文学的关系，等等。

改革开放之后，科学家报告文学才兴起。随着拜金主义思潮的冲击，科学与文学多个领域式微，且都出现大小"灾情"。30多年前，一篇《哥德巴赫猜想》拥有上亿读者。如今，一本《中国报告文学》杂志处境艰难。

于是，想起那句老话：前途是光明的，道路是曲折的。科学家报告文学，经历低潮期之后，必将兴起新的高潮。

只要中国在奔向现代化的道路上，风雨之后，必见彩虹。

作者简介

谭楷 本名胡世楷，1943年生于四川省中江县。1963年毕业于解放军通讯学院，在国防科委研究所从事技术工作16年。1979年参与创办《科幻世界》，并任总编辑、四川野生动物保护协会历届理事。现任中英文杂志《大熊猫》的执行主编。1963年开始发表作品。1986年加入中国作家协会。著有报告文学集《孤独的跟踪人》《小平故乡》《中江农民工》《大震在熊猫之乡》《双流在春天起飞》等6部；诗集《星河·雪原》等。小说《西伯利亚一小站》获第七届台湾《中央日报》文学奖第一名，报告文学《倒爷远征莫斯科》获《人民文学》创刊45周年报告文学奖，《太阳石》获1984年全国煤矿文学奖一等奖等。《让兰辉告诉世界》获2014年全国"五个一工程奖"。

2014年《熊猫故事》（中、英文版）作为国家礼品书，由五洲传播出版社出版。

健康科普写作与演讲

赵仲龙

有一次，我在科技部参加国家科技奖评选答辩的时候，有一位专家向我提问："你怎样定义科普作家啊？"我回答道："科普作家比科学家少科学，比文学家少文学……"当时在场的不少评审专家都笑了。我不慌不忙地接着说："但是，我们比科学家多的是文学，比文学家多的是科学。"我刚说完，在场的评审专家一起为我的巧妙回答鼓掌。

这里，主要谈谈健康科普写作与演讲。

科普讲演也有愉悦功能

我把科学的成果、医学的成就比喻为成熟的麦粒，麦子再好，它就是再芬芳，再有丰富的营养，没听说能生吃麦子，磨成面粉也没法吃。而我们的科普创作和健康教育，就是相当于把麦粒进行加工。挑子粒饱满的上好麦粒，磨成粉，加水、和面、加酵母、加糖、加黄油、加鸡蛋、加香料……去烘烤蛋糕、面包，还要掌握火候，不长不短，烤出来喷香。我们从事科普创作的科普作家，就好

像是烤面包的师傅。我们把干巴巴的医学知识做成了香喷喷的"面包",交给老百姓。

通过讲座形式进行健康教育是传统的科普传播形式,但其魅力持久不衰。其主要原因就是它是一种"面对面"式的互动交流,具有极强的现场感,一种亲临的体验,这是电视、广播等大众媒体所不具备的优势。这种传播对任何参与者来说均有充分的反馈机会,最具说服力;它的特点就是直接性,获得的反馈机会多、规模小、范围易控制。这就好像观看一场精彩的足球比赛。亲临比赛现场的球迷,可以在容纳数万人的喧闹绿茵场上,感受足球运动的热情、狂野与奔放,通过为自己支持的球队或球员呐喊助威,宣泄情感,增加与球员之间的互动;也可以通过喝倒彩甚至起哄,奚落自己不满意的球队或球员,尽情发泄自己的情绪。这种现场感觉与在电视机前观看转播不可同日而语。

我们去听一场科普讲座,可以与讲演者面对面交流,听众可以鼓掌表示支持赞同,可以面对面提出自己的问题或见解。听一场精彩的讲座,听众好像服用了兴奋剂,听得如痴如醉,沉浸在听众的角色中。如果讲演不精彩,枯燥乏味,听众就像服用了利尿剂,不断地去洗手间;更有甚者,如果讲演者出现一副冷冰冰的面孔,以说教式灌输知识,听也听不懂,听众往往听到半截就会拂袖离场,表示自己不在状态,或对讲演内容不感兴趣。出现上述第一种情况,可以感染讲演者的情绪,使其调整内容、增加互动。这就是为什么听众愿意不辞辛苦来听讲座,而不是通过阅读书报期刊来获取自己所需内容的原因所在。

科普讲演有教育功能、认识功能,同时也具有愉悦功能。最后一点,是过去常常被讲演者所忽视的。听众希望在轻松的环境下,学习一些科学知识。近年来,科普创作越来越重视科普的愉悦功能。在纸媒体中,提倡的是"轻阅读,浅写作"。在科普讲演中,同样要创造一种轻松的听课氛围,内容必须深入浅出。其中,最困难的可能就是讲演技巧和讲演应用什么样的语言。语言是一门艺术,有个段子说:"能说得好的叫口才;说得让你笑得酣畅淋漓的那是相声;说得让你眼泪涟涟的那是悲剧;说得让你心甘情愿掏钱的,那就是成功的广告;当然掏了钱却一无所获的,那就是被人诳了,将口才演绎得如此登峰造极的人,则谓之诈骗犯。"

健康教育的重要环节

我们做健康教育，科普创作是一个非常重要的环节。很多专家在电视台讲健康，严格说来，真正达到科普要求的不多。有很多专家讲得深奥、讲得专业。比如，骨质疏松的问题，有人讲，"人的骨头有骨皮质、骨密质、骨松质、成骨细胞、破骨细胞，有长骨、短骨、扁骨……"你给谁讲啊？你是给研究生讲，还是给本科生讲呢？我在给老头儿、老太太讲骨质疏松时，我说：人老了，骨头就像春天的"心里美"萝卜，皮虽然还硬，萝卜芯里面糠了，糟了。骨质疏松，就像糠萝卜一样。有人会说，你讲的这个不对呀，不科学呀。我说："你讲那么多干什么？"老年听众不需要知道骨质疏松具体是怎么形成的，他只是想知道骨质疏松应该怎么预防，怎么锻炼。他知道人老了骨头就和糠萝卜一样，很形象，一听就懂。我们很多医生在讲科普，其实他们进行的是患者教育。这不是我所讲的科普。

我们做健康教育就是要把健康的生活方式，让老百姓去理解，知、信、行，更重要的是行。我们的科普作品要透过内容，体现出科学精神、科学思想、科学方法，不单纯是科学知识。

科普创作是各项科普活动的基础，一切科普活动都离不开创作活动，科普创作要体现自然科学和人文科学的结合，增加人文关怀的色彩。比如，在"合理用药，不要滥用抗生素"这么一个题目上，你可以做很大的文章，抗生素是怎么回事？细菌是怎么回事？

1933年青霉素问世，英国的药物学家弗莱明发现青霉素很有戏剧性。有一次，他休假30多天后回来，发现扔在房间角落的一个培养葡萄球菌的平皿，有一团霉菌，周围的葡萄球菌都死掉了。别人可能不经意地就把这些东西扔掉了，弗莱明却认真思考了这个问题，认为是发霉的青霉菌把平皿上面的葡萄球菌杀死了。他写出研究论文后，没再顾及。但是，到了1941年，第二次世界大战期间有大量外伤伤员被细菌感染，死了很多人，需要大量的抗菌药物，当时的抗菌药物只有磺胺类药品。一个美国人钱恩和一个英国人弗罗里，他们两个人把弗莱明的研究成果转化成了青霉素药物。到1943年青霉素出现，第一个病人是患了败血症的警察，他用了青霉素以后，病情缓解，但由于能用的药物不足，老警察最终还是死掉了。

后来他们跑到美国，由美国人投资，建了一个青霉素生产基地，形成了生产规模。1943年，罗斯福、丘吉尔、斯大林三大巨头准备在德黑兰聚会，研究战后问题。这时候英国首相丘吉尔忽然得了肺炎，他要是不参会，将影响整个战后世界大局，于是医生给他注射了青霉素，两天以后肺炎奇迹般地好了。所以，人们把青霉素当成是第二次世界大战中和雷达一样的伟大发明，它挽救了成千上万人的生命。

我小的时候得过肺炎，那是1948年春天，我4岁，住在张家口，当时解放军正围困北平。我们家周围流行小儿麻疹，由于合并了肺炎，周围的二三十个孩子都死了。我一个邻居很有钱，他派人到天津买青霉素，一瓶青霉素4万单位，要一条黄金，就是这个价位。因为打仗，交通阻断，很多天才买回药来，他的孩子已经死了。他和我父亲是朋友，当时我是气息奄奄，只剩一口气了，这个人说，反正我们家孩子也死了，给你家孩子用了吧。这样，就给我打了两天青霉素，一天注射两次，一次两万单位就好了，周围20多个孩子，就我一个人活了。1948年时，青霉素这个药"神"了。

1962年，我在医学院读书的时候，老师告诉我们，青霉素40万单位，一天注射两次。到我工作了，青霉素用量是100万单位，一天两次。现在是多少？1000万单位。青霉素用量越来越大了，为什么？细菌变异得非常快，道高一尺，魔高一丈，细菌已经不怕青霉素了，什么也不怕，医院里耐药细菌特别多，为什么？滥用抗生素，感冒了也用青霉素，真正到你得重病的时候，该用时却没有药可用了。现在，得了感冒不给你点抗生素，你还觉得大夫真不负责任。给你开抗生素了，你还觉得大夫真坑人，一支抗生素一两百块钱。

我现在讲的是什么呢？讲不要滥用抗生素，我讲了抗生素的历史，讲了细菌的变异，医生在滥用，老百姓在滥用，我们自己在滥用。滥用的结果是细菌越来越灭不掉。制造一个抗生素要10年的时间，要几亿美元研制，而细菌的变异只需要1秒钟，所以我们永远跟不上细菌变异的步伐。就算你把所有的细菌都杀灭了，但是，山中无老虎，猴子称霸王，真菌来了。60岁以上的老年人死亡最多的是呼吸道感染，呼吸道感染最怕的是什么？就是真菌感染，肺里面都长绿毛了，非死不可。巴金老先生、启功老先生怎么死的？都是肺部感染死的，什么抗生素都没用了。抗生素不是神药，尽管它曾经"神"过，但现在不"神"了，不要抱太大指望。所以，做一个科普讲座，要充分地挖掘它背后的人文知识。否则你费力讲了半天，听众却听不懂；就算听懂了，往往也记不住。

创新是科普创作的灵魂

科普就是要创新，创新是科普创作的灵魂。你老是照着书本念不行。前几年，中国科协搞一个数字科技馆，里边有一段妇幼保健，让我来审稿。我拿了稿子写审定意见，我说这与教科书有什么区别？找一个教科书，一扒下来就完了，还用找你们大学里的人写？作者就忘了创新。有一次，我在跟一家电视讲坛制片人沟通的时候，他说，我们讲坛面对的是初中文化程度的受众。我说，我面对老百姓讲医学，我只能说，我面对的只有小学文化的人。你别觉得听众什么都懂，他不懂。你是其他学科的专家，只要不是学生命科学的，在我面前，你也是一个小学文化程度，因为你知道的医学知识也就那么一点，他不懂啊。

还有一次，我和几位专家合作写一本关于抑郁症和焦虑症的书，聊天时他们说，我用录音笔录，然后再整理。我就是代替老百姓去听。一位专家讲，焦虑是应激，我就问，什么是应激？这个专家不屑一顾地看我一眼，"你连应激都不懂啊？像教训孩子一样。"我说："我跟你一样，我毕业比你早20年，在医学院也学了5年，我懂，但是我的读者不懂什么叫应激，你得用老百姓能懂的话讲应激。"他就想，想了半天想不出来。我说，你举一个例子吧。他说，比如奥运会比赛短跑百米，发令枪没响，运动员进入应激状态，他很焦虑，心慌、心跳。我说，你这个例子不错，可是还不行，我们在座的都不是运动员，都没有机会参加奥运会，我们不知道那是个什么样的心情，再举一个例子吧。

他又举了一个例子，说年轻人找工作面试，或者是高考，高考快要发卷子了，进了考场了，手心出汗，心里慌，这时候肾上腺素分泌增多，进入状态了，这是好事啊！我说，这个例子很好，可是我老了，也没去职场应过聘，再换一个例子。他想了想，说搞过对象没有？我说，搞过。小男生小女生初恋，第一次俩人约会，你在那儿等，她还没来，你心里什么感觉？或者是你头一次去准丈母娘家，你什么心

情。我说，你这差不多了，应激了，准备好了。我说，太长了，用一句话来表示什么叫应激。这位专家说，我不会，这我不行了。我说，告诉你吧，狗急了跳墙，兔子急了咬人一口，这就叫应激。我们讲的时候，不要以为老百姓什么都懂，你堆上一堆医学术语，用专家的视角，老怕讲不明白，老怕别人知道的太少了，结果讲得谁也不明白。

进行科普创作的时候，要做到轻阅读、浅写作。现在已经进入到后现代社会了，作为一个普通人，你也是一个读者，你也是一个听众，电视观众，那么，你想一想，你现在看书有什么目的没有？你看电视有没有什么目的？家长想让孩子们看电视学点知识，其实学啥呀！他就拿一个遥控器，看这不错，再看两分钟没劲，换台了，刚过一个就又换了。很随意，没有什么目的，只是觉得哪一个好看、好玩。你的兴趣，你阅读的兴趣，随意，这个过程也很随意。

人们已经习惯了轻松阅读、轻快阅读、轻盈阅读。同样，你在做讲座，做健康教育，他们需要的是轻阅读，他们是不讲求很多的精神营养，但是要精神可口，所以我说，现在老百姓最欢迎什么样的健康教育呢？是"可口可乐"式的，可口，味道不错；可乐，好看好玩。所以我们做健康教育，要做成"可口可乐"。

老话讲，"书中自有颜如玉，书中自有黄金屋"。现在看点科普书什么的，更多的是消遣，作者应该考虑，要让读者觉得好看、好玩、好听。你得把听众"勾引"过来，3分钟就要进入主题，3分钟以后进入第一个高潮，7分钟第二个高潮，15分钟第三个高潮。如果你讲了10分钟还没有进入主题，那就看吧，听课的人底下说话多了，是你没讲好；底下的人老上卫生间，那就是你讲课催的，利尿了。我讲课绝对有一个本事，前两天还刚去给离退休的老同志讲课，老干局的同志对我说，我们老同志岁数大，憋不住尿，让我体谅，先给我吃定心丸。我说你放心，我讲课两个小时，没人上卫生间。讲完了以后，真是没有一个人去卫生间，都憋住了。好玩啊，我一会儿讲故事，一会儿讲课，一会儿讲一个段子，你看看是不是都挺好玩的。

有一次，我讲人的快乐不快乐是自己想出来的，你的心态决定一切啊。我讲了一个故事，有一个秀才考举人，考了三年没考上。这一年又来了，住在旅店里。三个晚上做了三个梦，头一个晚上做梦，在墙上种白菜；第二天做了一个梦，戴着草帽，打着伞，天下着雨；第三个梦是盼娶媳妇儿了，对象是他表妹，两个人脱了衣服在床上背靠背。琢磨琢磨这是什么意思呢？他信命，就找了个算命的。算命的先生说，回去吧，回去吧，你肯定考不上了。为什么呢？你在墙上种白菜那不是白种吗？你戴着草帽打着伞，多此一举嘛。你跟你挺喜欢的姑娘背对背，没戏呀。他听完了，灰心丧气的，收拾东西要回家，不考了。

再说这秀才正要走，店老板说，怎么要走啊？他说，找了个算命的，说我今年考不上了。店老板说，我也会算命啊，你说说是什么梦？高墙上种白菜，好啊，高中啊；戴着草帽打伞，有备而来啊；男女两人背对背，翻身的时候快到了，一翻身就行了。这个秀才一听，不再灰心丧气了，结果中了举人。故事的寓意再明白不过：什么心态做什么事情。

就这样，讲着讲着，来一个段子，来一个故事，我也没有脱离主题，一下子就活跃了气氛。

所以，你要不断地去设计，3分钟、5分钟、7分钟、15分钟，你要掌握受众的心理。我听过几次社区医生的讲课，干巴巴的，就讲知识，一点也不好听。有人说你会编啊。其实不是我会编，我所追求的效果逼着我去编。我不编，我的故事能讲好啊？

有一次，我给社区的老头儿、老太太进行健康教育。一进门，会场的墙上写着，"莫道桑榆晚，为霞尚满天，不活九十多，就是你的错"。我知道，这是主办方在讨我的好儿，我写过一套丛书，书名就是"不活九十多，就是你的错"。我说，今天一进门，看着后面的横幅不舒服，我想起什么呢？想起李商隐那首诗了，"夕阳无限好，只是近黄昏"。再好也老了，夕阳西下，没几天活头儿了。我说，有一次我到中央电视台，《夕阳红》栏目让我策划节目，我说你们节目办得好，但是我就不喜欢这个名字，什么夕阳红、夕阳红的。我跟在座的听众说，我不爱听。咱们都是老同志，咱们给改改名字好不好，改改诗好不好。大家齐说好，改。改什么呢？"黄昏无限好，只因有夕阳"，好不好啊。大家一片掌声，老人嘛，老同志都爱听这个，他不愿听老。"朝阳""夕阳"都是一个太阳，人家听你讲课听什么，你也得让人家有一点快乐。我这句话是很重要的，你能够以浅显的形式传播的道理，应该是有生命的道理。

讲道理的艺术

我们做科普、做健康教育，这是讲道理的艺术，我讲的老百姓爱听啊，人家记住了，就是爱听。什么叫深入浅出，你把很深的东西很浅地讲出来，说明你有水平，讲得那么深，真的说明你没有水平。大家听我讲，会说这位老师肚子里肯定有货，实话实说，肯定有货，没货讲不出东西来。你要给别人讲，你尽管讲一点很浅的东西，但是你的储备很多。我们很多同志准备科普的时候，写文章，讲稿子，好像一会儿就完稿，现在更方便了，网上一复制，贴上图片，然后就去讲，那不行。科普，是一个讲道理的艺术，你要学会用浅显的方式传播科学，这一点很重要。

我们进行健康教育也好，科普教育也罢，跟学术论文都截然不同。写学术论文，现在有一种模式，必须按那个模式写，差一点儿也不行，特别是医学论文，现在已经模式化了。可做科普没有成型的模式供你用，你要有科学性、知识性，更要有趣味性，让外行人能听懂、听明白。洪昭光教授讲，第一要爱听，能听得懂，喜欢听，用得上。不爱听，听不懂，也就学不会，用不上。一定要学得会、用得上。一听就懂、一学就会、一用就灵，达到这种目的，境界很高。

前几年我给中宣部宣教局和九亿农民健康促进办公室写了《身边的传染病故事》丛书，最后翻译成了六种少数民族文字，还得了北京市的科普奖。当初在创作的时候，中宣部宣教局的一位领导跟我说，要把传染病知识写给农民看，得讲故事，他似乎怀疑我能不能讲成故事。等我写好了第一本书，给领导审稿的时候，他对我说，你写得不错，达到了预期目的，比想象的要好。要把几十种传染病讲成一个一个的故事，就得有人物、情节、对话、矛盾。你要从这里面找一些生动有趣的内容，挑选一些读者关心的话题。这套书结果销得不错，卖了 14 万册，原来计划只印两万册送送就完了。

那么，怎么编一个故事呢？其实很简单，我是从学术期刊里面找的。我有一个助手，一个医院的医生，他把传染病的个案给我，故事就有了。陕西有一家人吃了自己家做的腐乳，一种臭豆腐，最后引起了肉毒杆菌感染，感染了以后，没有药。最后找了新疆的一个公司，介绍给德国人，德国生产肉毒杆菌的公司给空运来的抗毒素，免费，省了 10 几万美元，全家 11 口人，死了两个，瘫了一个。一瓶豆腐乳啊，打倒了 11 个人。这是一个真实的故事。很多的故事，新闻的故事、人文的故事，足够你去讲解，要会发掘。

我们在准备材料的时候，贴近群众、贴近生活、贴近现实变得非常重要。你来做讲演，总得看看听众是谁吧？我们要根据对象，根据他们的文化水平、特点、接受能力去讲。那么，你的话题、语言，都要让你的受众能够接受。如果在座的年轻人多，中年人有一点，我们也可以说得轻松一点，活泼一点，这就是你要做的。你要知道，他们懂什么，听得懂什么，听不懂什么，喜欢什么语言，不喜欢什么语言，甚至在做书的时候，做 PPT 的时候，喜欢什么图画、不喜欢什么图画，得用读者、听众的眼光去审视。

我们做的健康讲座，不是教材，很多的科普书实际上像是教材，根本不叫科普。有很多做健康教育的同志，只是把病的知识普及了一遍，老百姓也不是当医生的，你教他这个病怎么来的，流感怎么来的，流感病毒、分型、症状，发生了高烧，局部症状轻、传染的时候呼吸道传播，治疗没有什么特殊办法，多喝水，怎么预防，出门戴口罩之类的，完了，这是流感。

如果你跟他讲，最大的一次流感发生在 20 世纪初，在第一次世界大战快结束的时候，有一天美国的一个兵营，中午来了一个看病的士兵，发高烧，医生没有在意。下午这个军营里面有 20 多个人得病了。到第三天已经有 2000 多人得病了，这个病，最后横扫亚洲、欧洲，最后到西班牙，全球一共死亡 2000 多万人。第一次世界大战刚结束，死了 1800 万人，而一场流感死了 2000 万人。

你讲 1957 年中国的流感，在北京，有数字可统计，清华大学得病的人占 70%，北京市全市停课、停产，病人多得不得了，几乎都病了。这不是你在讲流感吗？这不是有故事了吗？老百姓不知道最大的流感死亡 2000 万人是怎么回事。你去找资料，找到了资料就可以写在故事里。

所以我们讲科普，不是系统地去讲，你只要告诉读者关注点是什么，你要让他知道什么。如讲结核病，重点有三条：结核病可治可防，预防结核病不要对着人打喷嚏，不能冲人大声说话，得了结核病，确诊主要是查痰。在医生的督导下化疗，天天用药，你要给他讲这个。还要告诉他，国家对结核病的治疗是免费的，不花钱。

把这个信息通过讲演传播出去就完了。但是这个信息得有很多的铺垫。讲结核病，你讲讲《红楼梦》里的林黛玉，讲讲鲁迅小说《药》里的华小栓，讲讲小说《简·爱》里的故事，他们听得懂。《简·爱》的作者是夏洛蒂·勃朗特，他们一家人除了她父亲外，都得了结核病，四个孩子都死于结核病，他们从小有过结核病感染。她爸爸跟她妈妈结婚的时候已经感染过了，有免疫力，所以唯独她爸爸不死，妈妈和其他孩子全死于结核病。可以讲讲这些故事。《简·爱》，书没看过，起码电影看过吧，你可以绘声绘色地讲。

什么是读者最关心的？要给他们讲什么？就是讲听众不知道的，想知道的，也应该知道的，即不知、需知、应知。我们常常讲的是老百姓已经知道的。人家知道的，用你讲啊？他不想知道的，他不想知道那么多。让他看怎么做手术，怎么做搭桥，没必要吧？我们很多专家讲演，似乎就是希望大家都当医生。我应当讲，我得病，我得靠医生，我不得病的时候，就靠我自己。你老给我讲我得了病如何如何，你怎么不讲讲怎么不得病呢？下游抗洪，不如上游种树，光想着下游抗洪去了，忘了上游种树了，老是讲病的事，你怎么不讲讲防病呢？

我们在做科普创作、科普讲演的时候，很重要的一条，就是要符合受众的需要，怎么能够讲得通俗。通俗不是讲得简单，而是讲得有趣。

作者简介

赵仲龙　1944年出生，1967年毕业于东南大学医学院医学系。原中华医学会编审，退休后任中国健康促进与教育协会常务理事兼副秘书长。《中国健康教育》杂志常务编委。曾担任中央文明办、卫生部《相约健康社区行》活动全国巡讲特聘专家、中央国家机关健康大讲堂讲师团专家。

主要获奖科普作品：《大脑黑匣揭秘》获2005年国务院颁发的国家科技进步奖二等奖；《生存还是毁灭——大自然的警示》获得2012年北京市科技进步奖三等奖，被国家新闻出版总署评为2010年向青少年推荐的100种优秀图书之一，2010、2011两年入选国家新闻出版总署"农家书屋"书目。《解读生命丛书》获2003年中宣部"五个一工程奖"、第六届国家图书奖、第五届全国优秀科普作品一等奖。

饮食健康科普的媒体
分析和传播要点   范志红

　　中国是饮食大国，食物自古以来就被国人赋予特别的关注。随着社会经济水平的发展，人们对饮食的追求，从吃饱、吃好到养生，饮食健康几乎已经成为每个年龄段人士的热门话题。社会从未像今天这样，对食品安全、食物营养、养生保健的信息如此重视。

　　特别是最近 10 年以来，新媒体的飞速发展给科普人士带来了极大的机遇，博客、微博和微信都为科普内容的传播带来了新的活力。人们开始只能通过购买书籍和订阅报刊的方式"印什么看什么"，后来可以主动阅读博客群中的相关文章，能在微博上和某个作者进行互动，还会在微信圈子里看到朋友推送转发的各种微信文章。这些媒体各有什么特点？为各种媒体做科普的要点是什么？这里笔者试图对饮食健康科普的媒体特点和传播要点进行思考和分析。

一、饮食健康科普各平台的传播特点分析

分析这些媒体的科普形式可以发现，报刊、博客、微博和微信的科普在自由度、

互动性、权威性、修改可能、受众面、传播效率等方面都有着明显的差异。

（一）电视媒体科普

电视媒体健康科普的特点是受众固定，权威性强。主要的观众群是 50 岁以上的中老年人，这不仅是节目播出时间所决定的，也是播出内容和节目形式所决定的。中老年人对健康知识的关注超过年轻人群，闲暇时间较多，对电视的依赖性较强。同时，中老年人分析判断能力略低，对新知识的了解渠道较少，容易因为电视上的专家头衔和专业词汇而迷信权威。所以，就固定收看节目的对象而言，电视的传播效果非常好。

然而，电视媒体的缺点是单向科普，互动不足。观众只能通过给节目组打电话、写信等方式来求得互动，而这种要求往往得不到回应。节目中专家所说的话，即便有错误也无法修正，观众容易盲从。在剪辑录制内容时，因为电视编导的理解问题和节目的时长问题，难免有时对专家的话断章取义，或经过剪切去掉前提说明和原因解释，只留下一个结论，很容易造成观众的误解。由于在职专业人员工作繁忙，无法经常收看这类节目，所以节目中的错误往往得不到指出，公共监督性较弱，一旦造成误导，影响难以消除。而张悟本、林光常等人在电视节目中进行错误宣传之后社会影响巨大，则是另外一个值得注意的问题。

（二）报刊文章科普

报刊文章的特点也是单向科普。作者受邀撰写稿件或投稿，读者通过选择订阅报刊而被动阅读。多数文章是由编辑进行约稿，限制了作者自由发挥的机会。读者即便写信给报刊编辑部向作者询问问题，也很少有机会能获得作者直接回复。他们的互动模式有两个：一是在"编读往来"时获得几句答复；二是在编辑组稿时考虑到读者的需求，就某些比较集中的问题向作者约稿。文章中的错误内容，也很少有机会得到指出。

由于版面限制，有些采访内容或专家稿件经过编辑剪切修改，也容易出现断章取义的问题。同时，由于采访时的专家选择可能不够妥当，出现跨领域、跨专业采访的情况，会降低专家解答的权威性。例如问医学专家有关食品成分的问题，问营养专家有关农产品种养殖安全的问题，都容易出现跨行解答的错误。

报刊的阅读时间不固定，而且白纸黑字内容清楚，社会监督性比电视媒体好。但是，它也容易给受众一种权威感。大部分读者不会判断刊载内容的科学性是否准确，只能对内容被动接受。

（三）博客 / 网页文章科普

博客 / 网页文章的特点是有一定的主动性和互动性。作者除接受网络平台编辑的约稿或采访外，还可以按照自己的想法随意撰写科普文章，有极大的创作自由，可以创立独特的个人科普风格。网络平台编辑可以轻松地选取优秀的博客文章编辑成各种主题页面；报刊媒体也可以去挑选它们喜欢的博客文章编辑转载。读者也一样，可以自己选择看谁的文章，主动去订阅博客文章，还可以在后面留言评论，是一种"开架选文"、自由评论的模式。

博客或网页文章与读者有较好的互动性，而相比之下，权威性有所减弱。发布者除了通过点击量变化了解读者对某个话题的兴趣之外，还可以了解读者阅读之后的感受。如果文章中有错误，读者可以通过评论来指出，其他读者也能够看到，甚至参与到讨论当中，形成热烈的争论气氛。但它的缺点在于，只能给经常上网、擅长搜寻网上信息的受众提供信息，而很少用电脑上网的人则很难参与到阅读和评论当中。

传统的博客文章只能在电脑界面上进行发文和讨论，和手机媒体的结合不够充足，但其中很大一部分优秀文章被移动媒体平台所采纳，也可以被读者轻松转移到手机媒体上，成为微信传播内容的一部分。

（四）微博平台科普

微博科普的特点是具有很好的主动性和互动性。作者既可以发 140 字以内的短文，也可以发几千字的长文章；既可以用电脑，也可以用手机阅读；既可以发图片，也可以发音频和视频，操作轻松方便。读者可以在微博上选择自己喜欢的作者，长期跟随，甚至培养出浓厚情感。

微博是一个平等互动的好平台，它提供了多种互动形式，既可以通过微博和文章后面的评论来互动，也可以一对多地发订阅式私信，还可以一对一地私信交流，甚至还能建立粉丝群和兴趣圈子，不输于微信的方便程度。

由于这种互动性，微博拉近了人与人的距离，减弱了电视和报刊的权威感，适合进行各种争论和意见交流。一旦文章中出现错误，或者表达不够严谨，容易引起误解，就可能有很多内行前来"拍砖"，甚至有人逼迫作者删去某条微博。这会给作者带来很大的压力，从而倒逼作者对所贴文章内容认真审核，字斟句酌，避免错误。一旦出现错误，需要随时道歉，或者主动删除和修改内容。反过来，读者的评论和互动，读者所提出的各种疑问和困惑，也会给作者提供永不枯竭的创作主题。所以，长期活跃在微博上的科普作者，通常都会感受到自己科普水平在不断提高。

此外，由于微博的信息比较零散，但长期而言，能够潜移默化地培养读者的思维判断能力，熏陶健康生活理念，甚至形成追求科学生活方式的小气候。作为微博博主，我刻意营造读者之间的良好互动气氛，避免让受众感觉博主有"智力优越感"和"专业高冷范儿"。跟随者所提供的有价值信息，精辟微博评论，互相帮助的问题解答，个人健康生活的成果和体验，我都会加上点评之后在微博上发出；我的生活体验和日常做法，也经常与粉丝分享。这样，微博的博主和粉丝之间就形成了真诚情感交流和正能量氛围。这种良好的氛围，再加上高质量的科普内容，能够吸引大批读者长期驻留，使阅读和评论科普微博内容成为日常快乐生活的一部分。

我的微博就是这样，没有做任何营销，在2011—2015年的4年当中，靠读者不断互相推荐，粉丝数从开始的3000人增加到了80万人，还有大量报刊和网络媒体经常转发。不过，微博的局限在于，读者群以中青年上网人士和思维能力较强的受教育人士为主，而老年人的阅读比例较低。

（五）微信公众号科普

微信公众号的文章经编辑发出之后，订阅的读者从手机上按时收到信息，他们可以根据文章题目选择是否打开阅读。一旦订阅了微信公众号，受众就像订报纸一样每天被动接受。而一旦文章被转发到微信圈子里，读者也会被动接受。这种方式更适合那些只会看手机而不会用电脑的老年读者，也适用于部分没有时间去上网寻找健康信息的中青年人。我也是应微博粉丝的要求才开通微信公众号，目的是让那些不会上网的老年亲友能够阅读到我的文章。总体来说，虽然微信的内容往往来自于电视、网页、微博等其他媒体，但它的受众面之广，送达效率之高，超过其他所有媒体。

从互动角度来说，微信公众号是一对多的信息传递，信息发出方和接收方的权利完全不对等，接收方处于被动状态，互动性要比微博差得多。读者对微信文章的反馈信息均在后台处理，微信编辑者如果不在意读者的回馈，可以对负面意见完全置之不理。所以，它不是一个可以营造情感交流气氛的平台，也不是一个适合进行意见交流和争论的平台。

此外，微信的信息发出后，读者一旦接收到并阅读到，就很难消除影响。如果没有微信管理系统人员的干预，微信内容不能被本人撤回或修改。由于编辑过程比较复杂，公众微信的内容通常不是专业人员直接发出，而是媒体编辑来进行处理，往往没有人为它的科学性负责。所以，从某种意义上讲，微信是传播谣言和广告的最好渠道。如果一条谣言被微信广泛转发，唯一的辟谣方式是再做很多辟谣微信，而这些微信往往不及谣言的编辑转发力度大，从而使辟谣的努力收效甚微。由于微信的免费阅读特性和高效送达特性，它也最容易被商业营销所利用，读者很难分辨所得到的信息是否有商业目的。

下表中总结了常见科普媒体的传播特性评分。从中可见，只有综合应用各种媒体，才能向更广泛的群体高效传播饮食健康知识。相比于其他媒体，微信是受众面较广、公众监督性较差、传播效率最高、最可能传播谣言和进行商业误导的网络媒体。因此，一方面要积极利用微信来进行健康相关科普，特别是那些大众必须知道的重要知识；另一方面对微信中涉及健康知识的内容应当更加注意加强监督管理。

不同科普媒体的传播特性评分

媒体	电视	报刊	博客／网页	微博	微信
互动性	1	2	4	5	3
被动接受	4	3	2	2	5
可修改补充	0	1	5	3	0
公共监督性	2	4	5	5	2
权威感	5	4	3	3	2
受众面	3	2	3	4	5
传播效率	2	2	3	4	5

注：以5分为最高，0分为最低。

二、饮食健康科普的内容传播要点

无论哪一种传播媒体，食品健康相关的科普都需要有高质量的文字内容作为基础。和其他学科的科普活动相比，饮食健康相关的科普内容特别容易出现混乱和错误，受众理解能力差异大，错误信息的社会影响特别大，这就向科普工作者提出了极大的挑战。要想在提高传播效率的同时避免出现误导和负面社会影响，需要注意以下传播要点。

（一）把握内容的科学性

饮食健康相关的科普内容建立在对科学研究、科学数据、法规标准、国情民情的解读基础上，具有相当的复杂性。

1.传播最新的知识版本

由于生物、医学、营养学等相关学科的发展，过去的研究结果往往被新的研究证据所否定。例如，十几年前的研究文献认为牛奶摄入量与前列腺癌风险相关，而最新的文献则否定了这种联系。又如，30年前的学术界认为膳食中的胆固醇摄入量与心脑血管疾病风险关系很大，但新的研究证据则认为两者之间的相关性并不强，各国纷纷取消了对膳食胆固醇摄入量的严格限制。

实际上，很多大众认为互相矛盾的健康知识，是知识版本上的差异。由于多数医生、学者除了自己的课题研究方向之外，对食品健康信息的了解还限于当年读书时的旧知识，很容易发生这种错误。这就要求科普工作者不能只阅读落后于时代的课本和专业书，必须勤于了解最新的研究结果和科学证据，了解新的食品安全标准和相关法规。

2.避免错误解读研究结果

健康相关知识和数据的解读需要高度的专业水平，并非没有专业基础的媒体人员可以随意操作。每个研究结果都有自己的前提和适用范围，而专业水平不够的科普工作者往往会忽视这些限制而随意做出吸引眼球的解读，结果是"从真理向前走一步变成谬误"。

例如，某研究发现某种乳酸菌培养液，在活菌数达到10的11次方的剂量下给受试者服用，可以缩短感冒的康复时间。乳酸菌培养液并不是酸奶，其成分、菌种、活菌数都有很大差异，但某科学新闻媒体的报道却把它说成"喝酸奶能缩短感冒康复时间"，这个解读显然是不科学的。

又比如说，亚硝酸盐在高剂量食用时可能导致中毒，但未经翻动及时拨出冷藏的过夜炒菜中亚硝酸盐含量（<8mg/kg）低于国家对蔬菜加工品和肉类加工品所规定的限量（分别为 20mg/kg 和 30mg/kg）。但有媒体使用烹调前新鲜无公害蔬菜的标准（4mg/kg）来评价检测结果，将其判为"超标"，引起大众恐慌，使大量菜肴被倒掉浪费，这就是对测定数据的解读错误。

这类不准确的科学传播，又非常容易被销售机构和生活媒体所利用，进行高效率的二次、三次传播，甚至最终成为大众耳熟能详的"常识"。

3. 了解国情和体质的差异

由于各国的膳食模式不同，不同人群的主要健康问题不同，一个研究结果在不同人群中的适用性也不同，而这一点特别容易被科普工作者和媒体所忽视。

例如，我国居民的日平均膳食钙摄入量只有约 400mg，而欧美高达 800mg 以上。在很多欧美研究当中发现，在日常膳食基础上增加钙补充剂和乳制品，并不能有效提升骨质密度和预防骨质疏松。然而，这是在高钙摄入量下所得到的研究结果。我国绝大多数居民膳食钙摄入只有推荐值的一半，在低钙摄入量的情况下，钙或乳制品的补充是有积极意义的。

又如，瘦弱、消化不良、血红蛋白水平偏低的女性，应当适当增加红色肉类的摄入量，以便有效地补充血红素铁。但很多媒体一味宣传红肉不利预防心脑血管疾病，甚至过度宣传纯素食和大剂量抗氧化物质的作用，使很多女性不敢吃肉，失去了孕前改善铁营养状况的机会，造成孕期贫血而影响后代体质，也造成很多老年人出现营养不良和体能下降的情况。

因此，食品相关科普绝非什么人都能说两句的业余活动，这当中的技术含量和专业水平非常高，应当由专业学会和专家组制定框架性意见和指导性方针；比较复杂的科普内容应尽量由具有较高专业水平的专家来把关，最好能对基层专业人员和科普人士进行定期培训指导。

（二）把握科普内容的表达方式

无论使用什么传播平台，健康相关的科普内容要想得到受众的支持，都需要满

足几个特点：一是题材有吸引力；二是内容亲切易懂；三是具有生活指导性和可操作性。在此基础上，如果能够培养受众的科学思维和科学理念，产生有益的社会效应，就更是上上之品。

1. 挖掘科普主题，吸引受众兴趣

在 10 年前，除了食品安全热点话题之外，食品营养与健康方面的话题如果不用"致癌""相克""伤身"之类耸人听闻的词汇来表达，很难成为传播热点。但是，随着社会对健康关注度的提高，大批中老年人患上各种慢性疾病，年轻人对改善皮肤、减肥瘦身、备孕育儿等话题也非常关注。

因此，食品健康科普不能仅限于传播某个研究结果或者某个疾病的饮食原则，可以抓住对健康话题敏感的重点人群，针对人们生活中的各种困惑，加强生活服务功能。如果能够抓住新闻由头和某个特定的时间点，就更容易在某一类人群所关注的媒体圈子中成为热点信息。例如，春节前后人们往往因为饮食过量而发胖，美食与瘦身关系的话题容易受到关注；某明星因担心乳腺癌切掉乳腺，科普饮食与乳腺癌关系的内容就是一个好机会；英国王妃产子，借此讨论产后科学饮食也会受到备孕和怀孕女性的关注。为了更好地进行二次、三次传播，对热点话题的把握需要适当提前，以便留出报刊转载的时间。

2. 注意表达方式，加强通俗性和亲切感

在撰写文章时，除了开头借各种新闻事件来吸引眼球，最重要的是如何让读者看得懂、看得愉快。科普工作者一定要避免抄书型、论文型的写作方式，尽量避免用过多的专业词汇，而是站在读者的角度上，按照受众的兴趣和关注，通俗地解释其中主要的科学问题。写作时还要考虑到传播目标人群的特点。如果受众是科学爱好者，思维能力强，则含有科学证据和逻辑分析的内容会受到欢迎；但如果受众的科学基础和思维能力差，或者阅读长篇文章缺乏耐心，那么这种方式就会使受众感觉疲劳而放弃关注。解释时多用大白话来打比喻，在文章结尾处做简短的总结，往往会收到良好的效果。对感性思维的女性进行科普时，用亲切温柔的语气来表达更能拉近与受众的心理距离。

3. 提高可操作性，促进行为改变

大部分学科的科普活动只需要普及知识，激发兴趣，而无须改变行为。然而，饮食健康类科普的根本目标，就是改变受众的饮食行为，否则再先进的研究都不能实现社会效益，不能促进公众健康状况的改善。在科普文章中，仅仅讲解研究结果，给出相关原理，甚至提供饮食原则，都未必能带来行为的改变。

所以，科普内容中必须说明受众应当如何具体操作，如怎样合理选择外餐食物，怎样科学选购、储藏和烹调，每一类食物吃多少量合适，什么情况应当如何选择食材，等等。措施越具体，越体贴，越好操作，越能得到受众的欢迎。

4. 重视社会效应，提供正能量

在科普内容中，要特别注意信息的社会效应。一个信息是否会引起公众的恐慌？是否会导致某个产业发展受到影响，或令某个农产品的销售受到重大影响？是否会令部分读者因为误解而采取错误的饮食方式？是否会让人们对日常食物产生不信任感？

科普工作者应当多做"灭火"和辟谣的事情，减少公众的不安，让他们不会因为一些陌生的化学词汇而惊恐。在科普当中，要重点反复强调剂量与毒性相关的原理，让受众明白绝对的安全是不存在的，饮食除了需要考虑安全特性之外，更要考虑营养平衡问题，懂得营养不合理是目前疾病和死亡的主要原因，合理的营养可以减少环境污染的影响。这样，人们就能在复杂的饮食环境中找到健康生活的道路，从而感到安心和自信。

总之，现代媒体环境给食品健康科普提供了丰富的平台和前所未有的机会。科普者首先要把科普内容做得足够到位，兼顾科学性、话题性和服务性，还要熟练掌握各媒体的特性，才能发挥最大的传播效益，实现促进公众健康的社会效益。

作者简介

范志红　中国农业大学食品学院营养与食品安全系副教授，食品科学博士，多年来在本职工作之外积极进行食品营养科普活动。任中国营养学会理事，中国食品科技协会高级会员，中国老年学学会老年营养与食品专业委员会委员，北京科普作家协会理事。系中国科协烹饪营养首席科学传播专家，北京市卫生局北京健康科普专家，中国烹饪协会公众膳食健康指导专家。

科学童话审美初探

霞 子

　　童话是儿童文学的重要组成部分，是用夸张、想象、拟人、象征等艺术手法进行创作的一种适合少年儿童阅读的文体。从内容上可分为两大类：纯文学童话和科学童话。

　　在这里特意提出"纯文学童话"的概念，也就是在传统的"文学童话"称谓前加上一个"纯"字，是强调文学童话和科学童话的共性和区别。

　　纯文学童话和科学童话两者的共性是都属于童话，都应具有童话的基本特征和应有的文学水准。两者的区别在于纯文学童话一般以故事为主，用童话的艺术手法，通过对人物的塑造和情节的描写弘扬真、善、美，赋予作品以教育意义。而科学童话则如《科普创作概论》一书描述的那样："是以科学知识为主要内容的童话，它要普及一定的科学知识，通过这些知识内容启迪儿童的智慧。"可见，在科学童话中，科学内容是桨，文学艺术手法是舟，两者的完美结合使作品既具有美好的文学感染力，又富于科学启迪，从而达到寓教于乐的目的。

所以，优秀的科学童话能将文学性、科学性和思想性有机地融为一体，对少年儿童具有同时开启形象思维和逻辑思维的双向作用，成为激发少儿科学兴趣、培养科学思维、提高科学素养的重要文学形式之一。

科学童话所携带的科学性和艺术性，使其具有鲜明的学科交叉特征，因而既属于儿童文学中童话的一个重要部分，也成为科学文艺的一种重要形式。这一特性，也决定了其与众不同的创作规律和美学意义，从而成为一个值得研究的独特门类。

科学童话是科技发展的产物，于 19 世纪伴随着安徒生童话一起诞生。随着科学技术的飞速发展和对人们日常生活的不断渗透，科学童话也必将成为少儿阅读的一大需求，促使科学童话创作不断发展和创新。

长期以来，很多人习惯用对纯文学童话的审美视角来度量科学童话，造成一种概念上的模糊不清。科学童话创作理论的相对薄弱和审美理论的缺失，不但影响了对这种文体的正确解读和欣赏，也影响了其传承和发展。

美学是以艺术为研究对象的一个哲学分支，它追问美的本质和意义。

任何学科都具有其独特的美学研究价值。

美学之于科学童话，研究的是如何围绕着"科学"这一主题，运用童话的艺术手法，充分发掘和展现科学本身的内在美，及其赋予作品的美学价值。优秀的科学童话能将科学内涵和童话故事有机地融为一体，趣味盎然且寓意深邃，呈现出一种与众不同的美学气质。

研究科学童话的美学价值，可以更多地了解科学童话的创作规律，提高审美水平，多出精品，让少年儿童能从更多的优秀科学童话中，感受到来自科学的智慧启迪和独特的美学气质。

真、善、美是一切儿童文学美学的源泉。

科学童话的科学之真、人文之善、艺术之美，使其具有多维度的审美取向和美学意义。除了具有纯文学童话所具有的文学美，如想象美、纯真美、幽默美、象征美、喜剧美、悲剧美、荒诞美等，还

具有科学性所带来的科学美，如知性美、自然美、逻辑美、简约美、镜像美、哲思美等。科学童话的文学美与纯文学童话，既有共性也有其独特之处。科学童话的科学美，通过童话的艺术渲染，将得以更好地呈现；纯文学童话的艺术之美，经过科学性的充实，也将更加丰满和具有现实意义。下面结合笔者十余年的创作和研究体会，从十三个方面探讨科学童话的美学价值，供磋议讨论。

一、想　象　美

幻想是童话的基本特征。

这一特征毫无疑义地造就了童话作品无与伦比的想象之美。几乎没有一种文体的想象力可以与童话相媲美，或哪一种约束能让童话的想象力不可达。

爱因斯坦曾说："想象力比知识更重要，因为知识有限，而想象力概括着世界的一切，并且是知识进化的源泉"。

童话能够把宝贵的童心想象力发挥到极致。

在童话的世界里，人物可以是常人体、拟人体，也可以是超人体；可以是人、动植物，也可以是有形或无形、真实或虚拟的任何东西。对于情节和场景虚构，则更是幻想无界了。

比如意大利作家卡洛·科洛迪的《木偶奇遇记》，木偶匹诺曹竟然成了一个真的有生命的孩子。英国作家路易斯·卡洛尔的《爱丽丝梦游仙境》，对于奇景的想象力几乎让后人无法逾越。

这就是童话的想象之美，美得让虚构变得趣味盎然，且不愿意怀疑其真实性。

作为科学童话，其幻想性会受到科学内容和自然逻辑的约束，但却另有一种亦真亦幻的独特美感。

比如嵇鸿的科学童话《雪孩子》。兔妈妈为小白兔堆了一个雪孩子，雪孩子竟然活了。小白兔独自在家睡着了。家中起火了，雪孩子为救小白兔，自己化得只剩下一些水迹。小读者看到了这里往往会伤心地哭。可接下来的描写是雪孩子成了水蒸气，飞上天空变成了漂亮的云朵。作品成功塑造了一个舍己救人的雪孩子形象，并把有关生死的大话题，用艺术表现得极富诗意。如此浪漫的描写不是完成假于幻想的虚构，而是水的三种不同状态的转换这一知识的传递。作者在这里把优美的童话故事、水的知识和崇高的精神蕴含非常自然地融合在一起，展现出一种虚实结合的艺术魅力。

由此可见，科学童话的幻想性尽管受到科学性的约束，却可以凭借艺术想象，打开一扇通往真实世界的大门，具有一种亦真亦幻的独特风格。

二、纯　真　美

纯真是童话最基本的质地。

这是因为儿童的心灵和情感等所构成的精神世界，本身就拥有"纯真"的原质。所以，"纯真"在童话中绝不是可有可无，而是体现其艺术本性的一种最基本的美学品质。

儿童的纯真不仅仅是单纯、天真，也包括纯洁、纯情和纯粹。

孩子的世界是洁净的、透明的、善良的、充满信任的，更接近自然本真。相比之下，大人们更显得愚拙弄巧、虚伪贪婪、自以为是。

天真无邪几乎是孩子的代名词。

童话的纯真和孩子的天性是相契合的。孩子徜徉在童话世界里，会用自己纯洁、天真、善良的心地去感受人物和故事。他们为皇帝的"新装"而开心大笑，为白雪公主和七个小矮人的相遇而高兴，也会因为雪孩子化了而伤心哭泣。

作为科学童话，纯真美除了展现在童话的基本原质上，还栖息于求真求实的科学精神中。科学童话要求传播的科学内容一定要精准，故事构思也要符合科学逻辑，就像童心一样纯粹真挚，容不得半点儿虚假。严谨肃整的科学内涵就像一个憨厚秉正的老顽童，被顽皮的童话孩子牵着奔跑。他们一样的天真无邪，一样的善良美好。在纯真这一点上，是息息相通的。

比如著名的科学童话《小蝌蚪找妈妈》。小蝌蚪刚出生时那么贪玩，都没想起自己的妈妈。看到小鸭子跟在妈妈后面才想起找自己的妈妈。它们遇到的很多动物都不是它们的妈妈，结果最后问到了自己的妈妈，却因为长得相差太远不敢相认。

当终于知道这就是妈妈时，竟然高兴得在水里翻起跟斗来。

一个简短拙朴的科学童话，没有太多幻想和虚构，只是一笔一画地刻画着小蝌蚪找妈妈的过程，简单而真实。不但让孩子跟随认知过程增长了知识，也感受到了爱的温暖。作者采用拟人的手法从孩子的视角切入，用近乎白描的方法紧扣自然知识，将发生在动物之间的故事娓娓道来，自然而然，充满感动，成为科学童话的经典作品之一。

科学知识的严谨质朴和童话艺术的灵动纯美融合，能让科学童话与少儿本真的天性契合，呈现出一种浑然天成的纯真之美。

三、幽　默　美

幽默是一种诙谐风趣而又回味深长的艺术表达方式，能给人一种来自灵魂深处的愉悦和触动。

幽默是童话的基本气质，是童话作品中不可或缺的一道亮丽风景。童话的幽默不仅表现在风趣的语言和思维的跳跃上，也表现在所描述的故事结构和细节中，令人开怀又耐人寻味。

科学童话除了用童话的艺术表达让作品变得幽默风趣，还需发掘科学内涵本身的幽默美感展现给读者。比如龚卫国的《屎壳郎的礼物》，讲的是屎壳郎过生日的趣事。老鼠、兔子、山羊等动物带着自己爱吃的食物来祝贺，可屎壳郎并不喜欢。屎壳郎招待大家吃午餐。"大家一看差点都吐了，原来屎壳郎准备的是各种各样的粪便。""于是，大家把自己带来的东西拿出来，高兴地吃了起来。"大家吃得太撑了，跑到屎壳郎的食品库里拉巴巴。屎壳郎不但没生气，反而高兴得连声道谢，"你们给我拉了这么多好吃的。这是我收到的最好的生日礼物。谢谢大家！"

看到这里读者会开怀大笑。在这里，作品的幽默不是作者处心积虑的虚构，而是来自屎壳郎这种动物喜欢滚粪球吃粪便的真实习性。读者在笑声中不但对屎壳郎（蜣螂）这种动物的食性有所了解，也有了对助人之道的意会。

充分展现来自科学内容本身的幽默性，能让科学童话散发出独特的幽默魅力。

四、象 征 美

象征是指以具体的事物或形象来间接表现抽象或其他事物的一种艺术方法。

童话是最具象征表达力的文体之一。其象征隐喻之美是童话的幻想特征所携带的重要美学特质。童话的象征美通常是指以独特的形象和故事，表现以及暗示出超越这一形象和故事的更加深邃的美学意境。

象征美是有趣的、含蓄的、哲性的、多向发散的，是具象与抽象的深层融合，往往让读者觉得一张讲述的面孔后面，还有一双睿智的眼睛在循循善诱。它不给你答案，却给予更多的思考空间和启迪。

科学童话的象征美往往体现在科学内容本身所带来的寓理性中。

比如我在科学童话《酷蚁安特儿历险记——把大象搬进蚂蚁窝》中，讲述了安氏蚂蚁家族敢于战胜大象的故事。蚁后安特儿面对食蚁兽来袭、大象拔树毁坏家园等危机，没有和其他蚂蚁家族一样逃离，而是下令"把大象搬进蚂蚁窝，当过冬的干粮"。小蚂蚁们最后真的征服了大象。但作者不会真的让小蚂蚁把大象搬进窝吃掉，而是借用蚂蚁可以攻击大象鼻子保护树木的科学知识，用艺术的手法象征"尺有所短，寸有所长"的哲理喻义，传递勇于面对困难、永不言败的精神。

由于科学童话的象征寓意源自客观存在，时常会引起读者更加强烈的反响，呈现一种触及心灵的象征之美。

五、荒 诞 美

美学意义上的荒诞是个广义的概念，涵盖怪诞奇异、无稽之谈、难以置信等多种含义。荒诞的本质是透过表面的匪夷所思，映射出合情合理的本质，激发人们更深刻的感悟和思考。荒诞在童话作品中如同李白醉酒泼墨，貌似东倒西歪放浪形骸，却醉酒不醉心，挥洒出更加飘逸灵动的快意表达。

童话的幻想性为作品提供了荒诞的宽疆厚土，有着天马行空无所羁绊的洒脱。荒诞的情节能够使作品更添趣味，令人印象深刻。

比如，德国拉斯伯和毕尔格创作的《吹牛大王历险记》，主人公明希豪森是一

位喜欢四处游猎、夸夸其谈的男爵，文中描写他能用眼睛里溅出来的火星引燃猎枪；骑着炮弹去侦察，竟然能半路骑着另一枚迎面飞来的炮弹飞回来。这样的"经历"可谓荒诞至极，但给读者带来的超乎想象的快意感受，却是痛快淋漓的。

科学童话的荒诞又有其独特性，这就是"荒诞且有据"。科学童话的荒诞美来自于一种看似违背逻辑、实则真实存在的奇妙构思。

比如，安徒生在科学童话《海蟒》中，这样描述海底动物见到海底电缆这条大"海蟒"时的情景："几只海参吓得把肠子都吐了出来，不过它们仍活着，因为它们有这本事。有不少龙虾和海蟹都从自己的硬壳里伸出来，还不得不把脚留在壳里。"看似荒诞的情节，却是对动物习性的真实写照和知识传递。因为海参受到惊扰，的确会把肠子吐出来借以逃生；而龙虾和海蟹在生长过程中，是会脱壳的。

这样的例子在大自然中还有很多，比如裂开脊背生子的蝎子，出芽繁殖的水螅，性别变来变去的蓝条石斑鱼，会"飞"的树蛇乃至玄而又玄的量子力学等，听起来都够荒诞的。科学童话的荒诞美，正在于对自然秘密的揭示和感悟闪烁的睿智之光。它让作品既散发着幻想迷彩，又有因发现自然奥秘而恍然大悟的快乐。

六、悲 剧 美

说到悲剧，我们很容易想起安徒生的童话《卖火柴的小女孩》，那个在圣诞夜用火柴取暖照亮美好幻想，最后却惨死街头的小女孩，是多么的令人哀痛难忘。

20 世纪初鲁迅曾提出过一个悲剧命题："悲剧将人生有价值的东西毁灭给人看。"（鲁迅《坟·再论雷峰塔的倒掉》）。这是鲁迅悲剧观的核心，也是中国现代文学悲剧理论最有代表性的观点。

如何面对少年儿童展示悲剧美，是一个不容易得满分的考卷。

对于儿童文学特别是童话来说，重要的不是传达一种悲伤、悲戚、悲痛的情绪，而是由此展现一种悲壮之美、一种悲悯情怀，或者一种更高的精神力量。

科学童话的悲剧美，更多体现在科学内涵本身所携带的悲剧情愫上，以及由此带给人类的震动和思考。

比如，扎西桑俄等人的《黑颈鹤的故事》，讲述的是发生在青藏高原的黑颈鹤的凄美爱情故事。黑颈鹤是国家一级保护动物。每年夏天，几百只黑颈鹤结伴到这里来繁育后代。冬天来临，黑颈鹤集体迁徙的日子到了，一只受伤的鹤妈妈却无法一起飞走。好心的牧民收留了它。鹤妈妈不小心掉进热锅里烫伤了翅膀，再也不能飞翔了。牧民用羊毛毡给它做了一件衣服过冬。春天，鹤群回来了，鹤爸爸箭一样飞到鹤妈妈身边，交颈相亲无限缠绵。大家正在为它们的团聚高兴时，它们却忽然交颈而亡，双双殉情。

一只高贵的黑颈鹤失去了飞翔的翅膀，裹着羊毛毡没有尊严地活着，宁愿死去。多情的鹤爸爸毫不犹豫地选择了同归于尽。它们用最缠绵的交颈方式结束了自己宝贵的生命。这是多么悲壮而凄美的爱情故事。它给人们的震撼不仅仅是对鸟类爱情的惊叹，更有发自心底深处对尊重生命的警醒。

根植于大自然的悲剧美，时常让我们觉得任何虚构都显得苍白无力，这就是科学文艺悲剧的力量。

七、喜 剧 美

喜剧的美学含义主要以嘲讽等手法揭露丑恶，在笑声中鞭挞一切无价值的、虚伪的、丑恶的东西。如果说幽默能让人会心地笑，喜剧则时常能令人开怀大笑，甚至捧腹不已。

童话这种具有无比幻想性的文体，拥有想象、纯真、幽默、荒诞等诸多基本的喜剧元素，因而更容易产生喜剧效果。

比如，安徒生的《皇帝的新装》就是极具讽刺性的童话代表作品之一。皇帝爱虚荣沉醉于华装丽服，穿上一件根本不存在的"新装"赤裸裸地上街游走。人们不去揭穿，还随波逐流地赞美恭维。只有一个小孩天真地一语道破。作品用讽刺的手法达到喜剧的效果，鞭挞了封建皇帝的昏庸虚荣和人们的愚昧虚伪，颂扬了纯真的童心。

张冲的科学童话《苍蝇和火车赛跑》也极有喜感：通过一个坐火车的苍蝇和火车赛跑的故事，将物理学的速度计算方法举重若轻地介绍给小读者，读来幽默风趣，使人开怀。

大自然中不乏喜剧元素。

所有的生命都是睿智的，其生存形态各异，充满奇趣。比如，胆小的北极雪兔为防止被捉住总在不停地挖洞，往往又因为洞口太多而被冻死；有的兰花会装作雌蜂引诱雄蜂痴爱，借其传播花粉，令人见之忍俊不禁。

对于自然知识的深度了解和对喜剧色彩的深入挖掘，能让根植于科学性的艺术之花更加绚丽地绽放，达到更好的寓教于乐的效果。

八、知　性　美

知性美是一种充满内涵和成熟魅力且具有感性和理性融通的智慧之美。知性美是包括科学童话在内的所有科学文艺作品与生俱来的一种美学内涵。每一篇优秀的科学文艺作品都闪烁着科学的睿智，以及由此发出的思想之光。

科学童话知性美的感染力在于给予。

科学童话以传播科学为主要目标，要求科学知识具有成熟性和精确性，强调传递过程润物无声和寓教于乐的效果。这些特点决定了科学童话知性而不张扬、循循善诱又含蓄不露、充满关怀却不咄咄逼人的特性。阅读科学童话，书香中首先散发出的是一种知识的芬芳和奉予的感动，就像捧着一杯由蜜蜂辛勤采集花粉酿造的蜂蜜冲调的饮品，可口而营养。这是由科学童话的科学性所决定的，无须猜测，不必深领。

科学童话的知性美透着一种从容不迫的和谐美感。既有理性的严谨，又有感性的浪漫；既有知识的给予，又有智慧的启迪。童趣灵动的语言和用心良苦的寓理相得益彰，成就了科学童话感性和理性的完美融合，使其具有一种睿智的和谐之美。

科学童话的知性美还表现为一种哲辩的思维高度。科学童话的创作过程需要运用科学思维的方式，既有实事求是的认真，也有大胆质疑的科学精神见地。这能够让作品拥有一种超越偏见和利害关系的超脱，以及对不同见解的宽量。

科学童话的知性美更多体现在知识的渊博上。在内容上可以说无所不达，可以是天文地理，也可以是数理化；可以是宏观世界，也可以微观之极。

比如高士其著名的《菌儿自传》，就用拟人的手法塑造了"菌儿"这个人物，用自述的形式，将细菌上达霄云、下至湖海无所不在的特性，以及相关危害人类和利用其造福人类等知识，全面详尽地展现给读者，令人眼界大开。再如金涛的《大海妈妈和她的孩子们》，把水的故乡大海比拟为母亲，描绘了"大海妈妈"和她的"孩子"的故事，关于水的知识系统深广。

丰沛的科学知识，正是吸引少儿阅读的主要原因，能让枯燥的学习成为一种美好的阅读享受，达到激发科学兴趣、启迪智慧的目的。

九、自 然 美

自然美是指事物呈现的一种天然质朴的本真美。

科学童话传播的知识以自然科学为多，即便是社会科学，因为人类社会是自然界的一部分，也是基于对人类自然活动观察和思考的结果，因而自然美也就成为其主要的审美特征之一。

世界万物都有其自然属性和生存姿态。从日月星辰、山水草木、花鸟鱼虫，到简洁到一个线条的石柱、一片不经意间飘过的白云，其不加雕饰的本真面目，都是朴素的、真实的、可爱的，可谓天赋异禀，异彩纷呈。大自然所展现出来的千姿百态，给科学童话人物的塑造和情节的设置，提供了发掘不尽的素材和想象空间。优秀的科学童话能让所表达的科学内容达到自然属性与艺术表现的完美结合，成为光鲜耀眼的主角，充分展示其科学性的内在美。

自然美是人类思维作用于大自然的感受。

对于同一事物，不同的实践活动、不同的文化底蕴、不同的人生阅历，甚至不同的时间和季节，都会对审美产生不同的影响。因此，科学童话中的科学知识虽然具有自然美的属性，却会因为作者不同，视角不同，而有不同的艺术展现。

比如，朱自清见到莲荷想到的是《采莲赋》《西洲曲》，写出的是感怀幽幽的《荷塘月色》；而秦牧构思的却是科学童话《莲子宝宝》：通过一颗莲子的成长，不但系统地给出了这种植物的生长知识，还由此极具象征性地寓意人的一生只有不惧艰难，才能有顽强的生命力。

随着自然科学的不断发展，人与自然的关系越来越受到重视，对自然的审美视

野也会不断被强调和扩充。对大自然的深情注视，是发现自然美的必要条件。面对大自然，人类如果没有悲悯之心，没有敬畏之心，没有感恩之心，目光空洞，自私贪婪，不但不能发现自然之美，后果也是很可怕的。

所以，人类不但应将自己置身于大自然，也理应把思维放置于大自然这个大系统中，去融合、去思考、去返璞归真。科学知识是人类与自然心灵对话的结晶。科学童话在传递科学知识的过程中，去引导读者认识自然、尊重自然，与大自然更好地和谐相处。这既是科学童话的社会担责，也是通过充分展现自然美对作品品质的提高。

十、逻 辑 美

逻辑是思维的规律。

幻想是不讲规律的。所以，纯文学童话的构思可以异想天开，尽情挥洒。

科学童话则不然，不仅创作过程有明晰的规律，不能游离于科学主题之外，想象力也会受到自然逻辑的制约，不可逾越。这种约束，恰恰造就了科学童话有别于纯文学童话的逻辑之美。

科学童话的逻辑美感，来自科学的严谨性和幻想的艺术性的完美结合。

科学童话的故事是虚构的，可以神思飞扬，放开艺术想象；但人物设置和情节描写又要符合自然属性。特别是科学童话中蕴含的教育意义，强调来自科学知识自身的启迪，而非人为的赋予。"幻想其外，逻辑其内"的要求，让科学童话具有一种外幻内律的美学意境。

比如，冯振文的《非洲的魔术师》就是一篇将逻辑和艺术结合得非常好的科学童话。作品通过对"魔术师"变色龙避役先生和蝉大哥、凤蝶、蜗牛等的描写，介绍了一些动物的形态和习性。避役表演的变色术是变换皮肤的颜色和形体的大小造成的，是为了适应环境保护自己进化来的。来看演出的其他森林居民有"高声广播"的蝉，打扮得最漂亮的凤蝶，外穿一件短马褂且里套丝织长袍子的蝼蛄，屁股上藏着一根长枪的胡蜂，提着灯笼的萤火虫，带着两把凿子的蝼蛄，背着房子移动胆小笨拙的蜗牛，以及满身臭气的臭娘，等等。诸如此类的生动描写，恰如其分地把这些动物的自然特性展现得活灵活现，使读者不但了解了变色龙的习性，也了解了更多小生命的外貌、习性和特点等。

充满幻想而又不违背自然逻辑，是科学童话所遵循的原则。这样的写作虽然比较难拿捏，但却是少儿读者非常喜欢的作品。

能够激发少年儿童探索科学的兴趣，是比知识传递更重要的给予。

十一、简 约 美

简约之美是科学的重要特征。

这是由科学研究的方法所决定的。在海纳百川的表象海洋中大浪淘沙，归纳分析，发现真理，用最简捷的形式表达最具广义应用功能的定义，是科学研究最基本的方法之一。

大道至简是中国古代的著名哲学思想，是指大的道理，一些基本原理、方法和规律，都是极其简单的。简单到一两句话、一个公式甚至一个符号就能说明白。这种朴素的哲学思想在科学中得到充分体现，并呈现出一种简约之美。

简约不是简单，是以简概繁，高度概括，是一种简洁的风格和求真的境界。简约之美是以丰富的内涵为支撑的，舍去华丽繁缛的修饰，行走在见解独到、追寻真理的路上。一个数学公式，就可以囊括诸多事物的计算。一个牛顿定律，就解释了世界万物运动的现象和规律。

科学童话因其内容的科学性，而秉承了简约之美的特性。

在自然科学中，数学是简约美的典范。

世界上数不清的个体和团体，几乎被一个"1"概括殆尽。小到一个夸克、一群蚂蚁，大到一个星球、一个宇宙。如此简单的一个符号，却能放之四海而皆适用，具有无穷的涵盖性。

李毓佩的数学童话《奇妙的数王国》描写了一个孩子梦见一个叫王小零的女孩带他参观零王国的故事。这里的公民都剃光头，你可以与他们握手，但不能拥抱；因为握手像加号，你加他还是你和他；而拥抱则像相乘，谁和零拥抱谁就变成零王国的公民。用奇思妙想的故事，一下就让小读者记住了加减乘除的法则。而亚东的

科普微童话《0和1》，用短短一百多字的小故事告诉小读者一个秘密：计算机的语言大使就是0和1这哥俩儿。

科学童话就是这样，简约而质朴，也许没有纯文学童话那么唯美巧趣，却携着科学知识直奔主题，带领读者去领略科学之真谛。

十二、镜 像 美

大自然是人类活动的一面镜子。

人类应该和大自然和谐相处，这是个非常久远的话题。在科技越来越发达的今天，人们似乎离大自然越来越远了。其实，无论科学技术多么进步，人类多么自以为是，也不能背离大自然的规律而独行。人类的行为是否符合自然规律，能否和自然和谐相处，是反映人类活动是否正确的一面镜子。人们既可以从大自然中获得智慧和美感，也能够从大自然的反馈中看到自己行为的不足或过失。

由于科学知识与生俱来的自然属性，镜像之美普遍存在于科学文艺作品中。在这里，镜像不是简单的镜面复制和对照，而是一种发现事物美和不美的过程。

科学童话的镜像之美是由其科学性、文学性和思想性的有机融合而呈现的。科学童话的镜像美源自科学内容的自然属性，通过艺术的渲染，展现出更加完美的镜像功能。

以安徒生笔下的《亚麻》为例：作为亚麻的主人公可谓命运多舛。但是，由于安徒生赋予亚麻以乐观奉献的姿态，亚麻才能把每一次挫折化为浴火重生的乐观，在劫难中让精神逐次升华。这样的描写能带给人类很多感触和反思。我们会想到大自然中每种动植物都有着看似不可抗拒的生命过程和自身价值，会想到生命的价值在于奉献而非索取，想到自身的使命和责任，等等。

科学童话的镜像美，能引领读者的自发映照和思考，让读者在阅读中感受到来自科学知识的美好和警醒，掩卷沉思，自我领悟。

十三、哲 性 美

科学童话与所有的科学文艺作品一样，在传播科学知识的同时，强调对科学思想、科学精神以及科学方法的传播，因而拥有一种来自科学思维的哲性美。

科学是从哲学中诞生出来的，科学思维是哲学的一部分。很多学科到了高处，本身就是哲学，比如数学。作为以传播科学为目的科学童话，到了高处，也应该具有哲学的辩思。

科学童话对科学知识的传播不是照搬，也不是人云亦云，而是在知识精准的基础上，以科学的思维方式，用发展的、变化的、辩证的眼光，指导文学艺术的创作，并通过知性美、象征美、自然美、逻辑美、镜像美等特征以及应有的人文关怀，从不同角度体现其哲理性。

比如叶永烈的《圆圆和方方》。圆圆是颗象棋子，方方是颗陆旗子，他们都觉得自己本领大，互相不服气。最后才发现各有所长，谁也代替不了谁。这篇科学童话没有介绍多少具体的知识，却用一个简单的几何认知故事，既让小读者看到圆和方这两种最简单的几何体的广泛应用，懂得了各有所长、互学互助才能成功的道理；另外，还用"圆圆的算盘珠住在方的算盘里，方方的电子仪器住在圆圆的人造卫星里"这样简洁的描写，传达出一种对立统一的辩证思想，让一个短小精悍的童话，具有了深邃的哲性之美。

总之，科学童话的审美不止13个维度，有很多美学价值有待我们去发现、发掘。如何在美好的文学芬芳中传递科学知识，激发少年儿童的科学兴趣，播撒启迪科学思想和科学精神的种子，需要更多的一线作者研究和实践，以创作出更多适合新时期少年儿童阅读的科学童话精品佳作。

作者简介

霞子　本名刘金霞，笔名霞子。山东省德州市文联创作室一级作家，中国科普作家协会理事。主要研究方向：科学童话及科学文艺创作。作品广泛涉猎科学童话、科学散文、科学诗、科学小品、科普报告文学、科普剧、科普动漫等。代表作有：长篇科学童话《酷蚁安特儿》系列、

《来自宇宙的水精灵》《永远的月亮岛》《我叫猪坚强》，科学诗《你的亲密朋友，水》，科学散文《龙抓槐上的牧蚁国》《百草园里访斑蝥》，科学小品《草木有情》《模范爸爸海马》，科普报告文学《海边的黎明》，科普动漫剧《绿色太阳花》等。

作品曾入选国家新闻出版总署"三个一百"原创出版工程，获得过中国科普作家协会优秀科普作品奖，以及文津图书奖推荐图书等，广受读者喜爱。著有科普论文《新时期科学童话的发展和创新》《浅议新媒体时期科普动漫的产业化发展》《少儿科普剧与传统儿童剧的异同及前景》等，多次出任全国科普征文及科普剧大赛等评委，并进行讲座培训。

科普创作与"讲故事"

陈礼英 俞善锋 陈福民

有一年国际科普大会在澳大利亚悉尼举行，美国一位著名的科普作家演讲的题目叫"科普就是讲故事"。几年前一位英国科普专家到中国科学院做交流报告时，也特别强调：科普就是讲故事，是讲科学的故事，不仅孩子爱听，大人也爱听。一个好的科普报告，应该是高品质的内容加上有趣的、充满想象力的构思。

本文以作者在科普创作实践中的体会，论述科普创作"讲故事"的意义所在。

一、科普佳作亮"脸孔"的启示

有一本科普书写了这样一个有趣的开头：

"记得我六岁的时候，姑姑问我一个怪问题，'你知道你的脸在哪里吗？'"

"我想这还不知道，手朝脸上一指说：'这不是嘛'。可是她摇摇头说：'那是鼻子'。"

"于是，我把手挪了个地方，可是她说：'那叫腮帮子，不是脸'……"

"我窘住了。在自己的脸上居然找不到脸，真奇怪了。

最后，终于想到了以攻为守，反问起来：'那，你的脸在哪儿呢？'"

"姑姑笑了，说：'把我的鼻子、腮帮子、嘴巴、眼睛……放在一起，就是我的脸'。"

"我恍然大悟，知道了什么是脸！"

这本书的书名叫《帮你学集合》。作者用了一个形象而绝妙的故事，把一个研究集的运算及其性质的数学分支——"集合"的概念揭示得淋漓尽致，使我们一下子就看清了这门陌生的科学知识的"面孔"和形象。

这一关于"脸孔"的故事也启示我们：科普创作与文学作品不同，它向读者介绍的往往都是新的科技，以及相关的概念、道理、规律，而且多半是读者感到陌生的东西；要使读者在阅读你的科普作品时，能将涉及众多科学概念的事理弄清楚，就要巧妙地亮出"脸孔"来，使他们感到像平素生活中常常碰到的那样熟悉、亲切，从而使科学技术在本质与现象的统一中，得到充分而又深入浅出的揭示。

二、讲故事是最能贴近受众心理的方法

强调科普作品的故事性，考虑的不仅是增强对读者的吸引力，其实这也是由读者的心理所决定的。

在我们日常的工作、生活中可以找到这样的例子。假设你遭遇了艰难和挫折，使你颓废沮丧、意志消沉。此时，有一位多年不见的好友，刚巧来探望你，见到你这番模样，他定会出言安慰。这里有两种可能：

第一种可能，他会告诉你每个人在生活中都会遇到这样那样的问题，然后喋喋不休地向你讲述生命的意义，希望借此让你将这些挫折看淡些，甚至直言你应该立马就把沮丧的情绪放下，走出去，看看外面的世界和周围的人，这样很快就能使生活恢复原样了。

第二种可能，这位好友给你讲一个故事：

有个人一生碌碌无为，穷困潦倒。一天夜里，他实在没有活下去的勇气了，就来到悬崖边，准备跳崖自尽。站在悬崖边，他号啕大哭，细数自己的种种遭遇和挫

折。崖边长有一棵低矮的树，听到他的种种经历，也情不自禁地流下了眼泪。此人见树流泪，就问道："看你流泪，难道你也有和我一样的不幸吗？"

树说："恐怕我是这世界上最苦命的树了。你看我，生在这岩石的缝隙之间，食无土壤，渴无水源，长年营养不足；环境恶劣，我枝干不得伸展，样貌生得如此丑陋；根基浅薄又使我风来欲坠、寒来欲僵。表面看来，我好像坚强无比，其实我真是生不如死呀！"

此人听罢不禁心生同病相怜之感，就对树说："既然如此，为何还要苟活于世，不如随我一同赴死吧！"

树说："死倒是极其容易，但我死了之后，这崖边便再无其他树了，所以不能死呀。"

此人疑惑不解。

树接着说："你看到我枝丫上的这个鸟巢没有？此巢为两只喜鹊所筑，一直以来，它们在这里栖息生活，繁衍后代。我要是不在了，那两只喜鹊可怎么办呀？"

此人听罢，似有所悟，沉思了一会儿之后，就从悬崖边退了回去。此后，他再也没有动过轻生的念头。

故事讲完了，老友总结性地说："其实，我们每个人都不只是为了自己而活着，就算是再渺小、再卑微、再失败的人，对他人而言，都有可能是一棵可以遮风挡雨、赖以生存的伟岸的树。"

面对同一份安慰的真心，两种完全不同的安慰方式，你更喜欢哪一种？

答案显然是第二种，为什么呢？

因为第一种是讲大道理，而第二种是讲一个小故事。这其中的道理很简单，就像哄小孩子吃药，你为他好但他不吃，你跟他讲道理是没用的；你如果暴打他一顿，他哭着也会吐出来的，但你给他点喜欢的糖水再夸奖一番，效果就大不一样了。

和小孩子天生喜欢吃糖一样，人们对故事的喜爱也是天生的。人都是在故事中成长、发展的。小时候，我们听大人们讲故事；长大了，听老师们讲故事；走入社会，听朋友、同事讲故事。同时，我们自己也逐渐尝试着、学习着为别人讲故事，因为我们也想获得别人的认可与喜欢。所以说，讲故事的方式，是使科普作品最贴

近读者心理的方法。

出于喜爱故事的天性，人们总是对所有与故事相关的事物充满了感情。无论是童话书、神话故事，还是小说、故事片，乃至歌剧、舞剧……都证明了男女老少对故事由衷的喜爱之情。山鲁佐德要不是连讲了一大堆故事，她又怎么能活到一千零一夜乃至以后呢？

"为什么我们的大脑热衷于享受故事？"世界心理学家和神经科学家对人类讲故事的爱好产生了浓厚的兴趣。

结论是：这些故事将读者或听众的情感牢牢牵系在故事中人物的情感上，从而俘虏了他们。这种沉浸状态被心理学家称作"叙事转移"。心理学家还发现，那些在移情测试中表现更好，或察觉他人情绪能力更强的人，对任何故事都更容易发生转移。

正因为故事里有跌宕起伏的情节，有不同的人在做不同的事和不同的选择，不断引起我们与生俱来的好奇心。这些故事往往在情理之中，却出乎我们意料之外；而"意料之外"的"戏剧性"，才是它的吸引力之所在。因此，故事通常比道理更有说服力和激发他人的作用，因为它更符合人的天性，更容易引起情感上的共鸣。

三、用故事来满足读者的好奇心

科普作品不应以干巴巴的"信息"的面目出现。

科学技术的研究和成果的推出有其特定的规律，同样，科技信息的传播也应该有其区别于其他社会信息、政治信息的传播方式。作为传播科技知识的科普作品不容易写，因为宣传科技知识、推广科技成果的文章或节目给人的感觉往往是枯燥的，一些科学专用词语、一些新的科学技术成果，总会让受众觉得有些晦涩难懂，这样往往容易形成说教。科普的功能是在寓教于乐中传播信息，它的教育功能远不如学校来得直接。因此，说教的形式是不可行的，受众的心理是拒绝说教的。

什么是科普？科学技术普及，是指采用公众易于理解、接受和参与的方式，普及自然科学和社会科学知识，传播科学思想，弘扬科学精神，倡导科学方法，推广科学技术应用的活动。那么，什么是科学呢？

我们说，科学是无处不在的，不是说只有超导、纳米、基因、航天才是科学。科学无处不在，小到我们的衣食住行，大到外层空间，地球深处，前亿万年、后亿万年都是科学。上下左右都是科学，关键是我们怎么去做科普，怎么去理解科普创作。

对科普创作来说，科学不仅仅是知识或学问，而且还是科学的方法、科学的精神。事实上，科学就是人类生存和发展的一个手段，不是目的。科学最重要的一个是精神，第二个是智慧，学问和知识都不如智慧和精神重要。没有孜孜以求的科学精神，持之以恒的科学态度、科学精神，没有一个智慧的大脑，没有一个巧妙的方法，科学很难突破，很难取得成就。

人们关心宇宙，关心自己生存在其中的世界，关注未来，这种好奇心和愿望，绝不亚于关注历史艺术。其实，像《十万个为什么》这样经久不衰、一版再版，像《牛顿》这样的著名科学杂志的存在，已经给出了这种需求存在的证明。

当前我们科普创作的问题就是，太注重科学知识的传播了，强调的是把一些高深的科学知识力图用通俗的语言、浅显的道理讲"明白"，往往费了很大的劲，结果不是科学家不满意，就是受众不领情。因此，科普创作必须重新审时度势，重新定位。

美国著名天文学家、科普作家卡尔·萨根说过："科学的方法，可能看起来烦琐和生硬，但是与科学发现相比要重要得多。"

那么，我们的科普作品怎样才能宣传科学方法、传播科学精神、唤醒或激起人们对科学的热爱呢？首先要使受众喜欢你的作品，去阅读你的作品。一个行之有效的办法是用故事去打动他们，满足人们的好奇心。

众多科普作家在论及科普作品开头要吸引人的创作经验谈中，提出科普作品开头的常用方法有：开门见山，简明、直接地交代主题；用某一段新闻开头，是惯用而有效的方法；一首短诗、一句成语、一段富有哲理的话，提示全篇内容，起到画龙点睛的作用；一个惊险场面、一个问题、一个有趣而生动的故事给人造成一种悬念，等等。其实，这些方法都告诉大家要用故事性强的文字描述作开头，使你的作品一开始就把读者或观众吸引住，使他们能迫不及待地把作品读完，从而达到传播知识、传播科学精神、宣传科学方法的效果。

例如，《走向世界的中国机器人足球队》一文这样直接交代主题：

几度风雨，不知有多少次也不知有多少人为"国脚"喊破嗓子，盼望中国足球队能在世界杯绿茵场上一展风采。但是，你也许还不知道，我国的另一支"机器国脚"2000 年已冲出亚洲，走向世界了。这就是中国科大的蓝鹰机器人足球队。

这就引出了中国机器人足球队在世界上夺冠的故事。

用一段新闻"由头"开头，也是在讲新闻故事。《大脑控制的假腿》就是用一段发生在足球比赛中的新闻开头的：

不久前，在英国一场足球赛中，一位带金属假腿的少年，稳健地带球突破对方防守，插入前场，然后起脚射门，博得一阵雷鸣般的掌声。人们赞叹他的球艺，更为他那神奇的假腿而惊呼！

成语"程门立雪"，其实出自一个非常生动的求学故事，大家都熟知。《宇宙中的"酒厂"》一文引用了大诗人李白一首贴题的诗："天若不爱酒，酒星不在天；地若不爱酒，地应无酒泉。天地既爱酒，爱酒不愧天……"然后点出：酒泉是甘肃的一个地名，那里并没有流出酒的泉。酒星的正式名称叫"酒旗"，在狮子座那颗最亮的 X 星（即轩辕 14）以西不远，由三颗暗弱的小星组成，是表面温度几千摄氏度的恒星，至今也未发现有酒。可是，太空中有酒，还真给李白言中了。

由浙江科普创作中心策划、编著的《五水共治》一书，在创作中曾遇到一个问题，一位作者写了"实现'河长制'，确保'五水共治'"一节，开头原是这样的："'河长制'，即每条河由各级党政主要负责人担任'河长'，负责辖区内河流的污染治理……"好像宣传资料或教科书在解释"河长制"这一名词。主编讨论改写后，就改成："'河长'不是官衔，但'河长'的设立却与治污有关。不妨先看一段苏轼成为历史上第一个'河长'的故事。"

这个故事可能很多人没听说过，但很生动，也很有趣，读起来就像置身于真实的历史环境中：

1089 年，苏东坡以龙图阁学士的身份，再次到阔别了 16 年的杭州当太守。他发现西湖长久不治，湖泥淤塞，葑草芜蔓，就感慨上书，认为"杭州之有西湖，如人之有眉目"，决定要自任"湖长"（河长），疏浚西湖，为杭州百姓做件好事。

疏浚西湖的告示张贴出来了，可苏轼却被一件事难住了：疏浚出来的葑草湖泥堆放在何处呢？如果堆在西湖四岸，既妨碍交通，又污染环境；如果挑运到远处去，费工费事，何年何月才能将西湖疏浚好？愁得苏轼三天三夜饭也吃不香，觉也睡不稳。第四天，他决定到西湖四周走走，看看如何更好地处理这件事。

那天，苏轼带上随从，骑马先到北山栖霞岭。一看这里是通灵隐、天竺要道，堆放葑泥，显然不妥当。于是，想转到南屏净慈寺去看看。他站在西泠渡口，正想上渡船，突然听到柳林深处传来一阵渔歌声："南山女，北山男，隔岸相望诉情难。天上鹊桥何时落？沿湖要走三十三。"

苏轼一听，心中一阵高兴：这不是在向我献计献策吗？对，天上可架"鹊桥"，湖上难道不能修长堤吗？这样，既解决了湖上葑泥堆放场所，又方便了南北两岸交通，真是一举两得啊！

要在西湖上筑堤的消息不胫而走，南北山渔民、农民和城里市民都闻讯赶来，自愿出工出力。人多力量大，从夏到秋，终于在北山到南山间筑好了 7 段长堤，段与段间留了 6 处水道，造了六顶吊桥。平时吊桥拉起，让里外湖的船只往来通行，早晚把吊桥放下，让两岸乡亲通行。又在长堤两边种上桃树和柳树，一来保护堤岸，二来春天桃红柳绿，为西湖添一美景。

……

这个故事也使读者了解西湖苏堤春晓的民谣："西湖景致六吊桥，一株杨柳一株桃。"这便是"西湖十景"中的苏堤春晓的来历。如此一来，读者不仅能从中了解治水的知识，而且还能了解"河长制"在"五水共治"中的作用。

四、讲故事要从悬疑开始

"讲故事"是一个沟通、说服的过程，要把故事讲好，其实远比想象的难。它需要具备故事的特点，需要真实可信的依据，需要讲故事人的锲而不舍。一个故事要能打动人心，必定是取自生命中的经验，或者源自文化之中，才能够引起共鸣。

讲的故事能不能吸引人，最关键的就是要有悬念。法国著名剧作家贝克曾对悬念做过确切的解释：悬念就是"兴趣不断向前冲、紧张和预知后事如何的迫切要求"。

许多人在听故事的时候经常会问，"那后来呢？"这就是悬念，悬念用得越好故事越吸引人。

比如《地球的"体重"变轻了》一文，一开始就给出悬念：最近，美国科学家利用新的测量重力的方法重新给地球"称"了"体重"，结果发现，地球的重量比以往科学家估测的要轻……人们不禁要问：人有多重可以用秤称出，其他物体也可以用磅秤或衡器称出来，可是，怎么能"称"出地球的"体重"呢？

世界上第一个"称"地球重量的人是英国科学家卡文迪许。地球那么大，人又是站在地球上，用什么方法去称量它呢？卡文迪许经过深入研究，认为利用牛顿的万有引力是唯一的办法。然而，在实验室里做这件事是非常困难的：两个1千克重的铅球，当它们相距10厘米时，相互之间的引力只有百万分之一克；即使是空气中的飘尘，也能干扰它的准确度。从哪能找来精确的度量仪器呢？……

整篇短文悬念一个接着一个。可见：悬念就是人们由持续疑虑不安而产生的期待心理，在故事中是对情节悬而未决、结局难料的安排以引起观众急于知其后果的迫切期待心理。

对于科普作品，悬念设置要跟传播的科学知识挂起钩来，最好是合二为一。每当故事发展到一个高潮时，发展到一个必须解决的关键时，那就要让科学技术"登场"了。

例如：《小爱迪生》曾登载过一篇科学小品，题目为《派苍蝇去轰炸蚂蚁》。标题就给了读者以悬念：苍蝇轰炸蚂蚁干什么？苍蝇又没有炸弹，怎么炸蚂蚁呢？

故事的"主人翁"是一种名叫"火蚁"的蚂蚁，它出产于南美洲，不知什么原因，后来在美国的一些州繁殖起来。更令人意外的是，小小的火蚁竟在美国一发而不可收拾，结果火蚁成灾。读者会问：小小蚂蚁怎么会带来灾难呢？

别看这些小东西，不仅破坏空调设备、电子设备和侵入农场，还会向家畜和野生动物体内注射有毒物质，使家畜和野生动物"双目失明"。更严重的是，火蚁的毒刺还可能置人类于死地。美国每年因火蚁造成的损失相当惨重。

那怎么办？

美国科学家在想办法去消灭它们，甚至用高科技还对付不了小火蚁。后来听说，在巴西和阿根廷有一种特殊的苍蝇，可以使火蚁断子绝孙。于是，美国农业部就从巴西和阿根廷进口这种"苍蝇"武器。

苍蝇用什么办法消灭火蚁呢？

这些苍蝇一到美国，经常成群地飞过火蚁聚集的地方，当飞到正上空时，迅速俯冲，像投放鱼雷炸弹那样将自己的卵投入到火蚁堆当中。

啊！太有意思了。苍蝇投卵不是给蚂蚁送"快餐"了吗？

你可猜错了。很快，蝇卵便开始孵化，并变成蛆。这些蛆竟以火蚁的脑髓为食，它们将火蚁的头咬下来，然后吸食里面的脑髓以及大脑的其他部分。

这些蛆能吃掉大片成灾的火蚁吗？

蛆长大后，变成苍蝇，苍蝇再产卵，卵再孵化成蛆。就这样，开始了另外一轮循环。

这就是苍蝇轰炸蚂蚁的故事。自从美国大量从巴西和阿根廷进口这种苍蝇后，仅投放在美国乔治亚州南部和加利福尼亚州两个地区，那里火蚁最为猖獗，没过多久，火蚁就没了踪影。真是大快人心之事。

文章最后借读者的口反问，唉！我有个问题想不通：这苍蝇繁殖起来不会成灾吗？

确实，故事并没有完。一些科学家却告诉我们说，依据这种苍蝇的繁殖速度，如果每个州只要在 12 个地方投放这种苍蝇，那么在 5 年之内苍蝇就可以覆盖整个美国。火蚁被制服了，换来苍蝇满天飞，也不是什么好事吧。

这同学的问题提得真好！我们在治理环境、同大自然做斗争中，就要多考虑人类的发明会不会危害人类自己。

因此，讲故事应是当前科普创作的主要手段和方法，通过讲故事才能使科普作品成为人见人爱的读物，也是当前科普创作走出困境的重要实践方式。

五、先要做一个有故事的人

在瑞典文学院内，莫言从瑞典国王手中接过"2012 年诺贝尔文学奖"后，发表了"讲故事的人"的文学演讲。他说："我是一个讲故事的人，我还是要给你们讲故事。"

有人会问：我们创作科普作品都在学讲故事，为什么有人讲的故事听起来就显

得很假，而阿西莫夫、威尔逊讲的故事听起来就很真？

莫言说得好：做一个会讲故事的人首先要做一个有故事的人。就像有人评论诗人汪国真一样，他并不是写诗的人，而是心中有诗意的人。

怎样才能成为心中有故事的人？记得中国科技馆原馆长李象益说过："现在看上去是不搞科研了，但是科普同样是一种研究，没有脱离以科研的方法去研究科普。"做到"以做科研的方法研究科普"，就要多读书，各个领域的知识横贯古今；也应该多出去走走，做调查研究，读万卷书，行万里路。随着个人经历的丰富、见识的积累，整个人也会慢慢变得更有韵味，变成一个有故事也会讲故事的人。

这里不妨以笔者的一次创作实践为例。2007年，政府提出建设生态文明，高度关注资源节约型、环境友好型社会建设，我们科普作家组织了社会调查，学习、研究垃圾分类回收利用的知识，编写了一本《垃圾手册》。由于对垃圾的产生、垃圾分类回放利用的研究比较深入，又是以"垃圾的身世""垃圾三兄弟""寻找垃圾的源头""寻找对付垃圾魔鬼的利剑"等一个个故事开头，这本书出版后很受社会各阶层读者的欢迎，获得了杭州市政府的"建言献策"二等奖。

后来，我们又以这本书为基础，进一步强化故事性，编制了《垃圾是放错地方的宝贝》科普讲座PPT，在学校、社区、妇联、政府机关和企业做了100多场科普讲座，也取得了不错的效果。它的成功就在于讲故事，讲精彩的故事，讲不为人知的真实故事。

讲座的第一部分就是"从垃圾的身世说起"，在讲"身世"之前用两个故事解释"为什么说垃圾是宝贝"：

一个故事发生在美国。1974年，美国政府为清理给自由女神像翻新扔下的废料，向社会广泛招标。但好几个月过去了，没人应标。正在法国旅行的一位犹太商人听到消息后，立即飞往纽约，看过自由女神下堆积如山的铜块、螺丝和木料后，未提任何条件，当即就签下合同。

……

纽约许多运输公司对他的这一"愚蠢"举动暗自发笑。因为在纽约州，垃圾处理有严格规定，弄不好就会受到环保组织的起诉。就在一些人要看这个犹太人的笑话时，他开始组织工人对废料进行分类。他让人把废铜熔化，铸成小自由女神；把水泥块和木头加工成底座；把废铅、废铝加工成纽约广场图案的钥匙型饰物。最后，他甚至把从自由女神身上扫下的灰包装起来，出售给花店。

不到 3 个月的时间，他让这堆废料变成了 350 万 (折算成现在为 1874 万) 美元现金，每磅铜的价格整整翻了 1 万倍。

另一个故事发生在中国。沈阳有个拾破烂的叫王洪怀，他原本和其他拾荒者没什么两样，早出晚归，每天从垃圾堆里几分几角地掏。

一天，他突发奇想：收一个易拉罐才赚几分钱，如果熔化了作为金属材料卖，是否可以多卖钱？ 于是，他把一个空罐剪碎，熔化成一块指甲大小的金属，又花了 600 元钱在有色金属研究所做了化验。化验结果显示，这是一种很有价值的铝合金。当时，这种铝合金的市场价每吨在 1.4 万—1.8 万元之间。

每个易拉罐重 18.5 克，5.4 万个就是一吨。这样算下来，熔化后的材料比直接卖易拉罐多赚六七倍的钱。王洪怀决定专门回收易拉罐熔炼。

为了多收易拉罐，他把回收价从每个几分钱提高到 0.14 元 (1 吨易拉罐花 5400 元至 7560 元)，并把回收价与收购地点印在卡片上，向捡破烂的同行散发。一周后，他回收了 13 万多个易拉罐，足足两吨半。

他立即办了一个金属再生加工厂。一年内，用空易拉罐炼出 240 多吨铝锭，3 年内赚了 270 多万元。

对王洪怀而言，思路的转变一下子改变了他的人生轨迹。

整个科普讲座以人作为故事的核心，讲述了"北京猿人山洞里留下垃圾""《垃圾之歌》的故事""'无磷无忧'的故事""垃圾围城的故事""一次性筷子的故事""丹麦垃圾分类回收的故事""垃圾大王杜茂洲的故事""丢弃一个饮料瓶的故事""台湾的垃圾不落地的故事"等十多个故事，细节生动，情节跌宕起伏，听众听得不离不舍。

要创作出优秀的科普作品，光掌握"科学"素材是不够的。首先要做一个有故事的人，学会讲故事，以科研的方法去从事"科普"工作。从某种程度上说，科普就是"讲故事"，科普作家要坚持不懈地讲科学的故事。

作者简介

  陈礼英 双本科，硕士学位，科普作家。中国科普作家协会工业科普创作中心常务副主任，中国化工企业家联谊会执行副会长。

  现从事外贸和文化创意工作。《化工管理》杂志社第三采编部负责人、杭州站站长。迄今已在《化工管理》《科学24小时》等全国报纸杂志发表科普作品近百篇，尤其对自然之谜较有研究与探讨。曾以笔名鲍灵编写出版《话说外星人》等科普书；新近出版的科普书尚有《"乐活"生活唤来低碳好方式》《五水共治——浙江治水集结号》及企业家报告文学《他们的足迹》等。

  俞善锋 科普作家/发明家，中国科普作家协会工业科普创作中心副主任，浙江省科普作家协会工交委员会委员，中国发明协会会员，浙江省创意设计协会副会长，浙江大学科学技术与产业文化研究中心副理事长，全国钮扣标准化技术委员会委员，嘉兴市创意设计协会会长，嘉兴市工业设计协会常务副会长。2011年被国家知识产权局、知识产权出版社授予"2011年度优秀发明家"称号，荣获"嘉善县爱国拥军企业家"称号。

  参与编写科普出版社出版的《撑起科学的保护伞丛书》、水利水电出版社的《五水共治——浙江治水集结号》、化工出版社的报告文学《他们的足迹》，著有《发明创造是什么》《发明创造就在我们身边》；部分科普作品发表在《大众科技报》《科学24小时》《化工管理》《精英》《科普作家报》等知名报纸杂志；个人知识产权有：已申请发明专利13件，实用新颖专利13件，外观设计专利99件，并已产业化。

  陈福民 高级工程师/教授，资深科普作家，中国科普作家协会工业委员会委员，中国科普作家协会工业科普创作中心主任、浙江省科普作协工交委主任、浙江省航空航天学会常务理事。

  已在全国报刊发表各类科普作品近4000篇，出版科普图书101本，在科普、科幻等领域取得令人瞩目的成就。主要作品有：《中国少儿百科全书（科技卷）》《中华五千年发明发现》《自动化与机器人》《教授的儿子失踪案》《海陆空趣谜丛书》《万能小博士》《新十万个为什么》《科海圆梦——新中国 60 年科技发展辉煌历程》《撑起科学的保护伞丛书》两套、《五水共治——浙江治水集结号》等。曾获"优秀教育图书奖""全国国防科普征文二等奖""全国优秀科普作品奖"，以及"全国优秀科普作家""2000 全省先进科普工作者""有突出贡献的科普作家""2008 年全国优秀老科学技术工作者"等称号。

转基因争议如何从对抗到沟通

许秀华

随着我国社会的日益开放和社会经济的发展，公众对自身生活质量的关注程度逐年提高。食品安全，如转基因、疫苗和中药；环境安全，如核电、电磁辐射、垃圾焚烧和PX（对二甲苯）项目；生态保护，如水电开发、外来物种入侵、水体污染等逐渐成为媒体报道的热点及公众关注的焦点。在微博微信等新媒体的发展和无线互联网日趋普及的大形势下，越来越多的普通公民和非专业人士参与到上述问题的讨论中来。这是公众关心自身和家人健康、关心社会发展，积极参与到社会公众事务中来的一个可喜现象，也是社会进步和文明程度提高的一种体现。

然而，在这样的"百家争鸣"中，时常出现臆想超越了科学事实，恐慌战胜了理性的局面。不同观点之间往往难以调和，探讨和质疑变成了激烈的带有人身攻击性质的网络恶战。恶战的结果不是"真理越辩越明"，而是旁观者越来越迷惑，陷入了越是科普，反对者越多的恶性循环。出现这种现象的原因归根结底，在于不同观点的各方之间信息交流和沟通机制的缺失。当人与人之间各说各话，只有说而没有听，不能彼此倾听对方时，信息是无法进行交流和沟通的。就科普工作而言，通过辱骂和恐吓贬损对方人格从来不是一个可行的沟通方法，只会导致科普所强调的真、善、美丧失殆尽，科普的效果自然归零，甚至出现科普效果与科普预期完全相反的情况。

真理不是越辩越明的主要原因在于，理性思维是需要后天学习训练的一种思维模式，不仅与人类的日常认知习惯存在一定的不匹配之处，也与人的某些社会属性有冲突。因此，科普工作，在其科学性之外，还必须要关注到人性的社会化以及个体化的主要特征，要以人为本，正视科普受众的知识结构差异、教育背景差异、思维方式差异，尽可能地建立有效的信息交流、观点讨论机制。

本文将以转基因科普为例，结合本人的科普创作史，详细阐述这类问题发生的症结所在，并提出相应的解决方案。

一、对有争议的科学问题是否要进行科普

有争议的科学问题，可大致分为两种情况。

一种是仅局限于某项科研结果或科学结论的是与非、正与误。这一种争论，虽然只是科学家之间的观点之争，但由于新闻媒体的介入，往往也会在社会上形成较大的影响，例如，前些年出现的韩国黄禹锡干细胞造假事件和日本小保方晴子造假事件，都在社会上引发了较高的关注度。在更早的一些年代里，达尔文的进化论、爱因斯坦的相对论都曾经在英国或欧美社会引发较大的关注。这类争论随着科学研究的进一步深入，科学证据的逐步显现，都会在科学界内部逐步解决。对于科学界的最终结论，社会公众一般都会从容加以接受，很少再引起进一步的质疑。

另一种争论则涉及某项科学技术的产业化等问题，例如转基因、核电站、水电开发、PX 建厂。近年来，随着国民健康意识和环保意识的提高，公众在解决了温饱问题后，逐步意识到经济发展中的资源环境代价以及由此带来的健康问题。社会舆论中经济发展和环境保护、公众健康的冲突逐渐增多，有些争议甚至直接演变为群体事件。这类争论往往涉及环境保护、公众健康等公众利益，涉及相应的法律法

规、审批评审、监督管理等方方面面，科普工作只是其中的某一部分。这类争论往往不能全部仰仗科普工作解决，政府的监管职能责无旁贷，企业的社会责任首当其冲，后二者的作用都不是科普工作可以简单替代的。

基于此，在科技记者以及科普人士的圈子里，一些人认为，从国外的经验看，对这类问题，政府的公信力往往是更关键的要素。政府监督到位，对违规违法处罚有力，往往会增强公众信任，直接取得化解争议的效果。因此，他们往往认为，在处理转基因等有争议的科学问题时，科普工作是最不重要的，甚至是完全没必要的。

但是，他们忽视了一个既成事实，即国内争议已起，且已成白热化趋势。在这个过程中，由于政府和科学界早期处理规避问题，许多问题依然民怨沸腾。公众对这类有争议科技问题的探索，早已延伸到对科学原理的探讨层面。完全回避科普问题，只是从一个极端又走到了另一个极端。这也提示我们，在解决涉及经济领域的有争议科学问题时，不能片面强调某一方面的作用，需要政府、企业、科普工作者、公众共同参与，通过政府监管、科普释疑、公众舆论，齐头并进，从不同角度促进企业承担起环境生态和公众健康等社会责任，最大限度地在减少资源环境破坏及损害公众健康的前提下，促使工农业等社会经济生产部门健康有序地发展。

因此，就我国而言，对有争议的科技问题，科普工作不仅不能放弃，还应该特别加以重视。只有科学原理讲透了，政府和公众才会达成共识，才能有利于政府监督职责的顺利实施。当公众不再为莫名其妙的谣言所迷惑，才会把关注点放在企业建设及生产各环节中真正要关注的问题上去，才能真正地履行好社会舆论监督的责任。

在有争议的科学问题上，另外一个比较流行的误区是片面强调传播手段，忽视内容形式的重要性。支持一项技术，却不屑于获取有关这项技术的科学知识，这其实是一种很奇怪的现象。如此一来，科学传播就成了无本之木。严谨的科学传播不再以讲事实、摆道理为主，而是成了空洞的口号。例如，转基因技术就是安全的，你不支持，就是"文傻"和"脑残"。事实上，只要是建立在证据和逻辑上的科学事实，即使艰深，也总是能找到较好的方式让公众普遍性地理解的。目前涉及经济领域的有争议的科技问题，就其技术本身而言，已经不再是本学科的科研前沿领域，甚至有些知识在中学课本中已经涵盖。放弃对科普内容的研磨，是一种不负责任的投机取巧。近 3 年的转基因科普工作，在某些部分已经尝到了这个恶果。

另外，在处理有争议的科技问题时，目前的科普工作时常出现越位，超出科学领域为企业、为政府代言，甚至成为行业的辩护律师等现象。支持一项技术时，往往欲加之好，何患无辞，在一定程度上背离了实事求是的科学精神，偏离了科学证据，也失去了客观公正的理性特征，过度透支了公众对科学家群体以及科普作家群体的信任度，陷入了越科普反对者越多的恶性循环中。对于关乎产业化的科普问题，政府、企业、科普作家必须分工明确，谁的责任谁承担，谁的责任谁发言。监督问题，要政府来回答，产品问题要企业来回答，科学问题要科普作家来回答。在有争议的科技问题中，政府和企业代表着产业发展，是正方；反对者往往是以公众利益的代言者出现，是反方，科普工作者应该是介于这二者之间的客观中立第三方。正因为其中立第三方立场，往往会成为化解争议的最终救援途径。这条途径的偏离或者丧失，往往会导致有争议的科技问题长久争议不绝，甚至不断激化。

二、我的转基因科普创作史

我是在 2005 年开始转基因科普创作的。前期创作的科普作品主要以新闻报道为主，具体可见我任人民网科技频道主编时亲手创建的视频访谈栏目《美丽的科学》。该栏目对中国农业科学院下属的中国棉花研究所所长喻树迅、生物技术所所长黄大昉等若干位国内从事转基因研发以及育种的科学家开展了一系列的视频访谈。当时转基因报道以及科普在国家的官方媒体上属于媒体不敢涉足的报道禁区，我的报道可以说是一种突破。

我之所以要做转基因报道，和我的教育背景有关。我的本科和研究生专业都是生命科学，虽然最终没能走上科研道路，但是对于自己当初选定的专业，有着很深的感情。当时社会对于转基因技术的负面报道以及公众中出现的对转基因技术的不信任感，促使我产生了要为这项技术澄清误解、还转基因技术本来面目的决心。

在早期的科技报道中，我比较偏爱短平快的写作方式，习惯用概念和结论直接表达观点，报道中经常是"转基因是怎样"，而不大习惯用故事性的叙述表现出"转

基因为什么是这样"。如在《转基因恐慌有必要吗？植保协会说：不》一文中，我是这么写的："转基因食品的安全性在某种意义上甚至超过传统食品，尤其在微生物毒素、农药残留和营养含量等方面表现优异。例如，转基因抗虫玉米中黄曲霉毒素等微生物毒素含量比常规玉米低；转基因抗虫植物由于减少施用农药的次数和数量，因此降低了产品中农药的残留量，提高了食品的安全性……"

这类的科普创作，虽然报道言简意赅，让读者很容易获得一个确切的结论，但是并不能消除读者内心中的疑虑，同时也不能调动读者的兴趣，引发读者的主动思考。可以说，我这个时期的科普创作大体是以对抗无知、向愚昧开战为出发点的。

离开人民网后，我仍与科学家配合进行转基因科普创作，通过与科普受众直接面对面地接触，我调整了科普的思路和策略，更加注重科普中的故事成分，更加注重调动科普受众的兴趣。2009 年我在和中国农科院生物技术所联合创作的电视专题片《国家粮食安全的战略选择》（中国农影音像出版社出版发行）中则采用了故事叙述的方式，娓娓道来地讲述故事。最后该片在央视 7 套和 10 套播出。

2013 年我接受农业部科技发展中心（以下简称中心）的科普任务，和中国农业科学院下属生物技术所、植保所、油料所的众位青年科学家以及中心的众多中青年官员共同撰写《转基因，给世界多一个选择》一书，作为主要执笔人，我完成了全书 80% 的文字创作任务，并对全书做多次统稿。这本书的创作理念，就是以动人优美的故事向不具备任何分子生物学和遗传学背景，而仅具备初中及以上阅读能力的人群普及转基因技术的相关知识。

该书于 2014 年春末走出印刷厂，向社会发放。它跌宕起伏的故事情节以及通篇洋溢的科学精神，让很多读者耳目一新。仅我本人就先后向穆斯林地区、老科普作家，少儿家长及少儿、文学家、艺术家、社会活动家等社会知名人士赠书近 200 本。很多人阅读该书后，都表示对转基因技术有了深入的了解，以前的一些误解一下子被澄清了，阅读时感觉非常愉悦，甚至要把本书收藏起来，给自家孩子做中考和高考的教辅类科普图书。该书后来获得了 2014 年全国优秀科普作品奖。

这次转基因科普创作经历让我深刻体会到，科普固然是向愚昧开战，和无知进行对抗，但是科普工作者和科普受众作为信息的发送者和接受者，却不能进行对抗，这两类人群间最需要的是在核心价值观方面保持一致，即希望在人类以及自身生活更美好的前提下进行沟通和交流。

三、我的创作体会

（一）人类的理性局限决定了沟通和交流的必要性

2002 年诺贝尔经济学奖获得者丹尼尔·卡尼曼在行为经济学的研究中发现，"人总是靠着无意识的偏见和经验法则行事，不论是做好事还是做坏事。"人脑是"双核处理器"，我们想问题的时候会同时运行两套系统，这两套系统相互关联，一个运行起来速度慢，是有意识的推理；另一个运行起来速度快，是无意识的模式识别。亚当·斯密提出的理性经济人假设，不尽合理。在现实生活中，完全理性的人是不存在的，人总要受到自己的经验、偏好、性格、环境等因素的影响。为此，卡尼曼提出了"对抗性合作"的观点——当学习某样东西时，与持不同意见者合作。

科普工作是理性程度要求非常高的工作。然而，做科普工作的人，却不能做到完全理性，总有自己的喜好和风格，这恐怕是科普工作内在的一个悖论。而被科普者，也存在自己的观念偏好。即使证据确凿，逻辑无懈可击，他们也未必肯接受一些科学结论。在科普有争议的科技问题时，常常看到的是：对立双方的某些信息虽然可以自由流动，可信息背后的理念却不会被对方接受。科普的目的是传播科学知识和科学精神，是信息的共享，是有意图地施加影响，更是观念的替代和更新。科普离不开人与人的沟通和交流。而沟通和交流的前提是对方愿意接受你的信息。因此，科普效果的决定性因素在于对方是否乐于接受你的信息。

《转基因，给世界多一个选择》这本书的主编方农业部科技发展中心就很注重观察研究科普受众的反应，非常在意预定的科普受众是否愿意接受我们的科普信息。在本书创作过程中，他们多次找中学生、中小学老师，对转基因有质疑的社会人士开展试读活动，以求提高本书在社会公众中的知名度。他们的这种做法，促使我本人对本书的文字文风逐步向亲切温馨方面转化，对一些社会上较为敏感对立的问题，也采取了较为温婉的文字处理方式。

2014 年 6 月我曾参加过一个公益扶贫项目，向某贫困县的穆斯林地区开展少儿

科普讲座，带去了若干本《转基因，给世界多一个选择》。活动伊始，当地的社会贤达看到书名时认为，我带这本书做科技扶贫很不合适。但是在翻阅本书后，一些人改变了观点，并对我说："看来我们之间是发生了误会。转基因技术并没有像我们之前认为的那样违背古兰经。"

（二）沟通和交流的前提是对科普受众的人格尊重

人与人之间最遥远的距离是心理距离。科普过程中，需要对科普受众给予一定的人格尊重，借此拉近科普者和科普受众之间的心理距离。当人发现彼此之间的共同点时，往往更容易接受对方的观点。人们接受新技术的前提并不是基于对新技术的了解，而是基于对新技术的美好期望以及对新技术研发者、监管者的信任。如果将一项新技术的产业化前提定位于社会中的绝大多数人都对这项技术背后的原理了如指掌上，那将是一个不可能达到的目标。

由于宗教、文化、教育背景不同，每个人对同一事物的看法不尽相同，这是社会的多元化决定的。而与此同时，科技的发展也使得社会的专业分工更加细化。术业有专攻，在本行业是专家，在别的行业可能就是完全的外行。很多人在本专业领域接受过完备的教育和训练，并且已经形成了自己的一套思维方式以及世界观和方法论，因此他们对于科学领域或者某一学科领域有着不同于科学界主流思维和评判方式的观点，是自然而然的事情。

这种差异是应该被尊重和包容的。不能因为专业分工的不同，对这些外行的质疑，加以人格侮辱。这不是所谓的"尊重愚昧权"，而是对个体差异的充分理解和尊重，是科普创作的社会责任和爱心。科普创作不能以公众导师自居，成为个人炫耀文学技巧或者科学知识的竞技场，而蔑视普通公众在某一方面的知识欠缺。

科普应是平和的、友善的、优雅的、娓娓动听的，适当地与读者换位思考与读者推心置腹的，在追求与科普受众核心价值观一致的基础上求同存异，允许科普受众保留自己的疑问，允许科普受众寻找自己的证据链条。只有这样，才不会遭到科普受众的抵制，才会润物细无声般地深入到人的思想与心灵，才会让科普受众得到科学精神和科学理性的滋养和呵护。

因此，科普创作的态度不是以知识的拥有者和传授者自居，居高临下地教育广大公众，而是在社会分工日益专业化和细化的前提下，尊重体谅非科学领域人士对于科学领域的知识缺陷，尊重承认这些非学科人士对自己专业领域的学识和见解，寻求一种建立在尊重差异、理性探讨、沟通交流基础上的新科普机制。

（三）科普创作的立场在于对基本科学事实的确认

科普创作是有立场的。科普创作的立场在于对基本科学事实的确认和科学精神的秉承坚持。科学精神的核心是实事求是，科普的原则是从科学事实和科学证据出发。

科学技术的价值体系相对来说要更简单一些，有人称之为二元价值体系，是非分明。但在是非分明中，由于人类认知能力的局限，也存在着较多的未探索区域，存在着较多的未知空间。因此，科普不能只讲科学界已经确定的结论，对科学界目前尚有争议的问题，或者科学界本身已无争议，但是非科学界人士对此有一定异议和争论的科学问题也应有所阐述。

在进行科普创作时，不能为了维护既定观点，有选择筛选有利证据、刻意回避不利证据等隐瞒科学事实和证据的行为。在《转基因，给世界多一个选择》的创作过程中，在第四章生物安全部分，针对国外的转基因争议情况，由于国内科普界说法不一，我们做了大量的资料搜集和调查工作。最后将 20 世纪 70 年代美国全社会讨论转基因生物安全争议的产生、进展，以及最后社会大体达成一致意见这一段历史近乎完整地复原了出来，这对我国理解和正视我国现阶段的转基因争议很有启发作用。

生物技术行业和其他任何一个行业都不是美玉无瑕，也有污点，也有"肿瘤"，总有个别人罔顾社会道德和法律，在研发领域贪腐，在产业化过程中违法滥种。过去，科普界为了不让已经处于舆论风口浪尖的转基因技术更加陷入被动，总是刻意回避这些问题，不加以讨论。然而，事实就是事实，即使科普界不去揭发，事情早晚有一天也会被广大公众所获知。刻意隐瞒回避，消费的是公众对生物技术研发以及产业化的信任，消费的是对科普界的信任，长远看来是得不偿失的。科普工作者应该做的是，对公众赤诚相见，坦然相待，基于科学事实，一是一，二是二。只有让科普受众信任认可自己的人格，科普受众才会接受相信科普者传递的知识和言论。作为一个行业，更要有自爆己短、刮骨疗疮、壮士断腕的气概。

（四）科普创作应该是亲切体贴温婉的

时变法亦变，科普受众的改变对科普创作提出了新的要求。科普创作不能只罗列观点，更应注重科学数据和科学分析方法的呈现，将科学精神和科学思维体系呈现给受众；不能只讲是什么，还应多讲为什么，将现象背后的科学原理系统地传递给受众；对科学原理，不能只讲过去时，还应多讲现在时，将科学领域的前沿进展及时告知公众。

科学家只是从事科研工作的普通人，他们不是神。《转基因，给世界多一个选择》，把以前一直被高高供奉在神坛上的科学家，如孟德尔、摩尔根等请下来神坛，来到普通公众身边，娓娓诉说他们自己的科研故事，道尽其中的苦与乐。在"转基因，给世界多一个选择"第二章中，创新性地将实验室内基因工程操作的各个流程，编成了妙趣横生的小故事，让读者毫不费劲地就可以理解生命科学实验室里过去和现在以及将来要发生的故事，彻头彻尾地了解到基因工程究竟是怎么回事儿。第四章的转基因安全，也摆脱了生硬的说教，而是不急不缓地像一条小溪一样，从头说起转基因生物安全问题的由来、问题的提出，以及其中的演变、未来的发展等。在每小节上，都仿造中国古代的章回体小说，用 16 个字、20 多个字等提纲挈领地概括了本小节的主旨。如："小豌豆，花开惊世界；孟德尔，怎知身后事""小果蝇，红白分雌雄；摩尔根，残翅获殊荣""小杆菌，专杀蛾和蝶；内服后，疗效更理想""内切酶，裁剪是特长；做重组，缝纫修补忙""加点糖，载体快快转；打个针，基因瞅空钻""转基因，指哪就打哪；比比看，谁的枪法准"" 转基因，风险引忧虑；科学家，聚首议安全"。

总结我在转基因方面的科普创作，我认为最重要的是寻找一种与科普受众有效地进行交流和沟通的方法，以便科普内容能够无障碍地传送到受众的思想中。与此同时，对科普受众的人格尊重以及对基本科学事实的尊重也非常重要。而恰恰是在这两点上，科普工作者容易受到自身的非理性因素影响，剑走偏锋，致使科普受众疏离甚至厌恶转基因科普，科普工作和科普效果南辕北辙。

最后，科普工作者经常是独立工作的，在搜集素材以及核实科学事实方面有很多局限。为了避免科普作者在基本科学事实上出现偏差，是否可以仿效科学界"科学共同体"同行评议的办法，在科普界以中国科普作家协会为核心，建立"科普共同体"，就转基因、PX、核电、水电等敏感问题科普中的基本科学事实和科学观点进行同行评议，以中国科普国家队整体出击，通过科普图书、动漫、影视、相声等多种形式向公众传递准确的科学知识、明确的科学观点。这样，既能避免公众因盲目追捧科学，上马批准不恰当的科技项目，也可以避免公众因误解科学，而阻碍了一些有利国计民生的科学技术发展。

作者简介

许秀华　毕业于北京大学生命科学学院，资深科技记者，长期从事科技以及医学新闻报道。现任《今日科苑》杂志编辑部主任，为北京科协蝌蚪五线谱网签约作者，多家少儿科普杂志签约作者。系中国科普作协会员、中国生物工程学会会员。出版过孕产科普书《爱妻宝贝健康录》（2002年，科学出版社）、《超级农业》（2013年北京师范大学出版社），全程执笔《转基因，给世界多一个选择》（2014年，中国农业出版社），《卢良恕院士传记》（2015年，中国农业出版社）。

健康科普写作与演讲

陈晓红

　　科学小品产生于 1934 年的《太白》杂志，源于小品文这一文体的盛行。1934 年可称为小品文年，除了个别的杂志之外，大部分的杂志都刊登小品文。由此，也引起了对小品文创作理论、创作风格、创作倾向的研究风潮。

　　《太白》杂志创刊后，专门开辟科学小品栏目，刊登科学小品文，为大众普及科学知识。初衷是"这譬如一个苦力需要烟草，但财力只能使他零支的购买，他没有整盒整条的购买力。于是，烟纸店中就有开盒零卖的供给。我们现在也与这相似，大众在现状下接受科学的赐予只能是一点一滴的，我们自然也只能适应这种需要，不然科学大众化就会变为完全无意义的空谈。这里科学就与小品文发生着关联"。因为这种创作的初衷，决定了科学小品在创作的过程中在坚持科学性的前提下力图保持其通俗性。

　　1935 年陈望道又主编了《小品文与漫画》这本书，从理论层面进一步论述小品文及科学小品文创作的规律和意义。茅盾、鲁迅、叶圣陶、臧克家、唐弢、柳湜、贾祖璋等人就小品文展开了讨论，这一讨论针对当时论语派提倡的"闲适派"文风以及小品文创作中遇到的问题进行了多层面的论述。主要集中在科学小品的适用题材、科学小品的思想性及文学性、科学小品的创作内容、科学小品作家队伍的培养等方面。经过这次讨论，使科学小品的创作更加有指导性，在语言、风格、内容等方面有了进步。

与此同时，也有人对科学小品文提出质疑，比如《新人周刊》于 1935 年第 1 卷第 21 期和第 26 期发表了两篇周毓英的文章，《"科学文学"与"科学小品文"》及《论"科学文学"》，对"科学文学"提出质疑，强调了科学与文学矛盾的一面。"科学重理智，文学重感情，二者的本质是绝对不相同的。同样的一件东西、一件事情，在文学的立场上，必定带有浓厚的感情色彩，在科学的立场上却就完全是一种理智的分析。"最后得出结论："觉得科学与文学之间，性质各异，任务也不同，若一定要将科学文与文学文的性质混同起来，还要叫文学去担任科学的任务，我想那一定会失败的。"这样的声音也对科学小品的创作进行了反思。

但是，科学小品的创作并没有因此而停顿，100 多位作家加入了科学小品创作的队伍，其中贾祖璋、温济泽、顾均正、董纯才、克士（周建人）、高士其、柳湜、艾思奇、刘薰宇、叶至善、华道一等逐渐形成自己的风格，创作出很多优秀的科普作品。以高士其作品为例，高士其作品兼具文学性、科学性、思想性及战斗性，语言生动，感染力强。"我是寄生植物中最小的儿子，所以自愿称作菌儿。以后你们如果有机缘和我见面，请不必大惊小怪，从容地和我打一个招呼，叫声菌儿好吧。"如此形象的描写，拉近了大众和科学之间的距离。但是，通俗并不代表没有文化内涵，且看，"说也奇怪，这塔口的棉花塞，虽有无数细孔，气体可以来往自如，却像《封神榜》里的天罗地网、《三国演义》里的八阵图，任凭我有何等通天的本领，一冲进里面，就绊倒了，迷了路，逃不出去，所以看守我的人，是很放心的。"用群众耳熟能详的故事做比喻，既便于理解又形象地讲清楚了科学道理。

高士其的作品紧扣时代脉搏，有很强的战斗性和思想性。"血和酒不同，酒是纯净的液体，血里面却含有无数生动而且握有权威的东西。其中有两大群最为明显：一是红血球，它们是运粮使者，我们在这里不谈；一是白血球，这就是我们所敬慕的抗敌英雄。这群小英雄们是一向不知道什么叫作无抵抗主义的，它们遇到敌人来侵，总是挺身站在最前线的。"郑易里评价这篇《我们的抗敌英雄》："抗日战争

爆发的前夜，阴霾遮满了中国。李公朴被国民党反动派政府囚禁在苏州。这时的高士其便用他的笔开始了向法西斯细菌的猛烈进攻。他在他写作的科学小品中萌发着革命意识，用现实而尖锐的比喻，反映了当时的客观情况，生动而发人深省地揭穿了反动派的阴谋和怯懦，指出了抗战的道路。"

贾祖璋的作品也有其鲜明的特色。"这种奇形的鸟叫作企鹅。它的身体形状像鹅；在岸上的时候能够直立；它们望见海船行近，往往群集起来，立在岸边呆呆地眺望，好像一群孩子立在那边企望父母的归舟，企鹅的名称就是这样来的。"这浓厚的笔触，描画出一幅温情的画面，将科学融化在文学的氛围之中。"你们家屋的旁边，或许有群栖的乌鸦，每每在清晨搅扰你的睡梦。企鹅也是这样合群的，发出'惠脱惠脱'的声音，异常嘈杂；当它们同时发声的时候，竟好像我们广大的茶楼酒肆中或集会的广场中那样喧噪。"介绍企鹅的群居特性将它们比作我们在茶楼酒肆的聚会，让读者觉得很亲切易懂。

贾祖璋的作品，语言生动活泼，富有诗意，能将文学性同科学性很巧妙地结合在一起，有很强的画面感。古人云："诗中有画，画中有诗"，贾祖璋的作品做到了"文中有画，画中见文"。但是，这种诗情画意有时还会结合起战斗的号角，比如《植物对于无机环境的斗争》一文："翠叶红花，把大地点缀得美丽绚烂的植物，它们的生活，却是这般紧张危险，荆棘遍地的。我们从来只用'芳草闭闲门''绿树村边合，青山郭外斜'那样和平悠闲的眼光来推测植物的生活。真只是一种皮相之见罢了。植物的生活，实际上是无时无刻不在与艰难险恶的环境斗争的。正如我们的生活一样，敌人想'亡我国家，灭我种族'，我们就不可不在这异常艰难困苦的环境中努力奋斗。总要战胜敌人的恶势力，才能求得民族永久的生活。"

相比来讲，克士、顾均正的文章更注重科学性，其阅读群体因而也会缩小一些。他们的文章中经常出现外文名称、名词，比如《谁是我们的主宰》一文："太阳是一个大火球，既能发光，又能发热。它的光不但能普照全地球，而且能普照全太阳系。它的光的强度，真使人咋舌，据琴斯爵士的估计，约有三千兆兆（万万为亿，万亿为兆）烛光，要集合四十万乃至六十万个满月的光才能比得上它。"此处对琴斯爵士估计数据的引用，显示出作者在研究论文写作上的功力，但同时也局限了其读者群。试以高士其《地球的繁荣与土壤的劳动者》中对地球的介绍做比较：
"太阳是群星的一颗，地球又是太阳的一粒碎片，福州只是地球上的一杯黄土，几根青苔而已，那些伟大的建筑物，在地图上，却不过是一点一圈一横一直罢了。"这样简单几句话就让大家知道了太阳、地球的大小。当然，在这篇文章里也有数字的使用，且看高士其是如何处理的，文中写道："地球的年龄，据地质学家的估计，约在 1 600 000 000 与 25 000 000 之间。当它初从太阳怀里落下来的时候，是一团火焰，溶化着各种元素。后来慢慢地冷下来了，凝结成了一块橘子形的大石头，直径不及八千英里，地心犹是火焰，地面热腾腾的蒸汽。"他并没有用"亿"这个概念，因为"亿"不够通俗。（此处根据《通俗文化：政治，经济，科学，工程半月刊》1935 年第 2 卷第 8 期原文摘录，后再版时，此处已改为"大约是 46 亿年"）。

由于数学本身的抽象性，数学科学小品的创作是很难的，但是刘薰宇在这一领域创作的作品却十分生动、活泼、易懂。比如《从算术到代数》："所以学习代数第一义是惯习符号的使用。算术上说 3 斤 +5 斤 =8 斤，3 人 +5 人 =8 人，3 日 +5 日……代数上只要一个 3a+5a=8a 就够了，a 是一个'应身佛'投生，是一个'善变的英雄'，算狗肉账它便是斤，算工程账它就可以是人，是日，……初和代数会面的人，见到 a，b，c，d……x，y，z，总要问它们究竟是什么？因为在习惯上，对于 3a 加 5a 得 8a 总找不到一个更具体一点的概念，其实这只是太执着了。小孩子学算术，你问他'三斤白糖加五斤白糖是几斤白糖'，他左手伸出五个指头，右手伸出三个指头，然后顺着一数'一二三四五六七八'便回答你'八斤白糖'……这样一来想出一个取巧的法儿，遇着人家问你时，指头屈着，在纸上画个 a 字代替它，这就成了代数，既冠冕堂皇，别人反而对你起敬。"从小孩子学习数学的方法，逐渐延伸，将抽象的代数讲得通俗易懂，活灵活现。

由以上浅析可知，科学小品的创作应该兼具文学性、科学性、思想性，同时要与时代相结合，同民众的需要相结合。《十万个为什么》作为一部畅销不衰的科普读物，从 20 世纪 60 年代初至今已经编辑出版了 6 个版本，累计发行超过 1 亿册，可以说已经形成了一种"十万个为什么"科普体例，它在创作手法、作者群体以及选题、分类方面有很多可以研究和借鉴之处。这种科普体例与科学小品的区别在

于它并不强调文学性、思想性及时代性，更强调科学性、知识性。因此对比两种文体可以发现科学小品同普通科普作品的不同。《十万个为什么（新世纪版）》化学分册中有一篇文章是《21世纪我们将穿什么样的衣服》，高士其在1959年也写过一篇《衣料会议》，我们通过这两篇题材类似的文章的写法来比较：

近年来，科学家还发明了一种吸水性很强的高分子材料。经测试，仅1克该材料就可迅速吸收1000克的水，当用力去挤压这些吸水后的材料，却是滴水不出。用这种材料制成的不湿裤、不湿尿片及床垫，给婴儿和病患者带来了福音。另外，专家们还从绿茶中提取出一种黄酮类物质，它能消除氨等臭味，用它涂在一般衣料或吸湿材料上，就能做出防汗臭衣服和"尿不臭"的裤子、尿片啦！

（选自《21世纪我们将穿什么样的衣服》）

利用蚕丝，首先应当归功于我们伟大祖先黄帝的元妃——嫘祖。这是4500多年前的事。她教会了妇女们养蚕抽丝的技术，她们就用蚕丝织成绸子。其实，有关嫘祖的故事只是一个美丽的传说。真正发明养蚕织绸的，是我国古代的劳动人民。随着劳动人民在这方面的经验和成就的不断积累提高，蚕丝事业在我国越来越发达起来。公元前数世纪，我国的丝绸就开始出口了，西汉以后成了主要的出口物资之一，给祖国带来了很大的荣誉。

（选自《衣料会议》）

在《衣料会议》这段话中，我们可以感受到浓厚的历史、文化气息，娓娓道来的从容的叙述方式以及深深的民族自豪感。《21世纪我们将穿什么样的衣服》虽然也通俗易懂，但是并不强调文学性和思想性，更侧重知识的科学性。

在信息化的大潮下，科普作品的创作面临新的问题，如何创作出喜闻乐见的科普作品？在浩如烟海的信息中，如何让这些科普作品引起公众的注意？这些问题的解决除了需要对传播、技术等方面进行研究之外，还需要从科普创作的规律中去寻找。科学松鼠会在这个方面做出了很好的表率。他们创作的作品能够贴合时代的热点焦点问题，行文轻松幽默，通俗易懂。他们成功的经验是专业的人做专业的事，他们的科普作者都是在相关领域从事研究的专业人士，因此可以深入浅出地讲清楚科学道理，在民众迷惑时给予专业的指导；同时，选取的事件也都新颖、贴近民众生活。他们的创作也具有很强的时代性,对于心理、社交这样的话题,也尝试用科学的态度去解释并且给予相应的指导。

比如《爱情三问》一篇中,采用问答的形式,从科学的角度解释关于人类永恒不变的话题——爱情的问题。"问:为什么我不是在恋爱就是在失恋?我似乎已经意识到,我爱的不是或不仅仅是那个人,而是爱情本身。即使婚姻都不能让我安分。为什么?答:……一个影子进入你眼中,混合着他独特的气味,你脑中潜伏的神经回路捕捉到这些信号,自动控制脑垂体分泌激素,从而引起体内一系列腺体的分泌活动,使你心跳加快、血流加速、口干舌燥:这些反应又作为线索重新传回你的大脑,综合其他的线索进行评价,最终产生爱的感觉——但这一连串复杂的过程发生得如此迅速而自然,你体验到的仅仅是第一眼就被电到的感觉,仿佛一切浑然天成……我能给出的建议是,爱情确实只是一种错觉,但这并不妨碍它的美丽与我们对它的执着和享受。这种感觉像是毒品,但并非不可超越。人的生命有它自然的进程,爱是贯穿始终的,爱情却不是。"古今中外吟诵爱情的诗歌、歌颂爱情的故事浩如烟海,这是一个常解常新的课题,从大脑构造、反映到对爱情与众不同的体验来分析爱情,给出合理的答案,可以让人更加理智地面对和处理这个问题。科学松鼠会的文章在用科学解释这些贴近大众生活的问题上给出了很好的范例。

科学松鼠会的组织结构以及互联网的语境使得他们的创作比任何一个时期的科普创作的题材都更加广泛,热点亦或是冷门的问题都在他们的创作范围之内。比如他们出版了一本书叫作《再冷门的问题也有最热闹的答案》,对一些看似"冷门"的问题进行有趣的科学分析,具有很强的可读性。"问:为什么鸡走路的时候头一伸一缩,而鸭或鹅走路的时候却不是这样的呢?"……大体来说,江湖上对此现象的看法大致分为三大门派:平衡说、运动说和视觉说。平衡说的大侠们认为是由于身体速度的变化,刺激内耳里面控制平衡的前庭器官,造成点头;运动说的高手们则强调小鸟行走时一举翅一投足,都可能造成脖子和脑袋的肌肉自然反射,所以头部也会不断运动;视觉说的好汉自然高举邓老师和莫老师的"大旗",把'点头摇头,看得清楚才是好头'的理论发扬光大……"语言诙谐幽默,说理形象清晰。

由此可见，科普作品的创作一定要紧跟时代的步伐，创作适合时代的、具有时代特色的作品。科学小品的发展也是如此，从 20 世纪 30 年代的具有战斗性的科学小品到现在的诙谐幽默的网络科学小品文，文学性、科学性和时代性的结合是其不变的内在要求；与热点、焦点问题相结合，用民众喜闻乐见的语言和表现手段进行创作是有迹可循的创作规律，能够达到雅俗共赏的传播效果是最高的创造境界。

作者简介

陈晓红　文学博士。主要研究方向为科普创作、口述史等。出版相关书籍有《科普泰斗——高士其优秀作品选》（2010 年 5 月）、《科漫大家——缪印堂》（2012 年 1 月）、《科艺史话——郑公盾文集》（2013 年 3 月）、《情系科普——王麦林》（2013 年 3 月）和《首届获奖优秀科普作品评介》（2011 年 12 月），并发表多篇相关论文。

第三章　科学幻想篇

谈谈中国科幻创作
中的若干问题 ╱ 刘兴诗

　　中国科幻小说发展到现在，已经十分繁荣，是人所共见的事实。如何进一步繁荣，并能足以促进对国家自主创新的影响，则是一个新的课题，需要认真总结一下，探索新的途径。在这里说一句套话：成绩是主要的，问题也存在。成绩无须多说，让我们认真总结一下存在的问题，探索发展的方向吧。

一、科幻小说和奇幻小说的界定

　　到底什么才是科幻小说？我认为这个问题不用再咬字眼了，不必完全遵循"Science Fiction"这个词的字面死扣，只能是鲁迅所说的科学小说，而不能是其他。当然，作品中应该具备科学的元素，才符合"科学小说"的概念。可是中国科幻小说发展至今，早就突破了这个"科学"的紧箍咒，洋洋洒洒百花齐放，不能再局限在"纯"科学的范围内。事实上，科幻小说本来就有不同的流派，也不可能自缚手足，以致又引起 20 世纪 80 年代那一场无谓的争论。让我们放开思想，想怎么写，就怎么写吧。

不过，什么事情都得一分为二。尽管话这样说，有一个问题也需要认真讨论一下。这就是科幻小说和奇幻小说、幻想小说的界定。

尽管我们提倡思想解放，想怎么写是作家的自由，谁也不能横加干涉。但作品是给人看的，也得考虑读者的感受。毋庸讳言的是，如今中国科幻小说和奇幻小说、幻想小说的界线越来越模糊了。如果仅仅以具有想象力的作品就是科幻小说，那和奇幻小说、幻想小说有什么差别？我们的读者大多是涉世不深的青少年，很容易像痴狂的歌迷一样，成为某位作家的"粉丝"，唯马首是瞻。你这样写、这样说，只顾自己痛快，是不是还要考虑你的那些天真无邪的"粉丝"们，如何理解和感受？这就提出一个问题：我们的作家自己怎么认识二者的界线？如果大家能够基本统一看法，昭告于天下，才不致造成读者认识混乱，自己承担误导的责任。

其实，以原始的科幻小说定义而言，"Science Fiction"总得要有科学的元素才是正理。科学并不仅仅是自然科学，自必也应该包括人文科学在内。不管怎么说，总得或多或少、或浓或淡言科学，方可视为"科学小说"。如今这个界线越来越模糊，几乎难以界定了。

科幻小说和奇幻小说、幻想小说界线不分，有的打一个擦边球，有的甚至连擦边球也谈不上，自己想怎么说就怎么说，大家约定俗成，一律默认就算了。这样一来，势必就形成了广义和侠义的科幻小说之分。或者换一句话，在科幻小说和奇幻小说、幻想小说之间，产生了一个界线极其模糊的广阔的中间地带。

约定俗成是一回事，科学的界定又是另一回事。我觉得还是尽可能划分清楚为好，是否可以在科幻小说的流派上做文章？

二、科幻小说的流派

众所周知，科幻小说一般划分为重科学流派，或凡尔纳流派；重文学流派，或威尔斯流派。这似乎早已尘埃落定，毋庸赘言了。我仔细观察现状，觉得当今情况似乎还并不这样简单。仔细分析这个问题，所谓流派不仅涉及创作方法、表现形式，也和相应的功能有一定关联。

从功能问题说，重科学流派含义简单明确自不待言，重文学流派却有进一步划分的必要。以威尔斯的《隐身人》而言，自然不能从中学习什么"隐身法"，但是却在荒诞的故事里，提出一个严肃问题：一个人如果企图脱离社会，必将无法独立生存，甚至自取灭亡。与其说这篇作品具有很高的文学性，还不如言其具有深刻的社会性。仔细分析这个流派，如果一篇作品，虽然意境深深，文学性浓浓，却没有包含一个社会主题，二者之间自然存在一条界线，似乎难以完全等同视之。从这个角度而言，是否还能进一步划分为"社会学流派"和"文学流派"？虽然目前二者还属于同一个大的流派范畴，但是随着时间发展，是否会逐渐另立门户，值得进一步研究。

我认为一篇科幻小说应该有一个主题。从不同流派来说，可以是科学主题，也可以是社会主题，或者兼而有之就更好。

如果作品中既无科学主题，亦无社会学主题，没有浓厚意境，文学色彩也不十分浓烈，外表极尽奇巧之能事，看来热热闹闹，皆大欢喜，娱乐功能十分显著，不如干脆称为娱乐流派有别于其他。这个流派就相当于前面所说，科幻小说和奇幻小说、幻想小说之间的中间地带。由于它沾了一丝半点"科学佐料"，而与奇幻小说、幻想小说相区别。这样既解释了科幻小说内部的差异性，也解决了科幻小说、奇幻小说不分的认识混乱。

说到这里，赶紧申明一句：娱乐绝非贬义词，也没有什么不好。我们不是苦行僧，生活好了就要娱乐。何况其中不少作品都能启发思维，发挥想象力，作用就更加显著了。

综上所述，今日科幻文坛有如歌坛，既有美声唱法、民族唱法，也有群众喜闻乐见的流行唱法。在科幻文坛里，事实上存在着重科学流派、重文学流派、娱乐流派三大流派。还可能从重文学流派中析出重社会学流派，成为一个支系。流派没有高低之分，只有功能不同。不能扬此抑彼，对任何一个流派轻蔑否定。

流派划分如此，对于一个作家而言，也不必一一对号入座，以免产生种种误会。其实，很多人各种各样的作品都尝试过，情况十分复杂，没有必要划分得泾渭分明。为了避免误会，别人不敢谈，仅以本人创作为例说明吧。我所写的《柳江人之谜》《童恩正归来》等，本身就是自己的科研课题，认真进行过考察，获得许多证据。对《美洲来的哥伦布》也进行了长时期的间接文献研究，即使与有关专业权威学者面对面讨论亦无所畏惧。《海眼》源自广西石灰岩地区一次找水工作，都可以归入重科学流派。《北方的云》《陨落的生命微尘》《喂，大海》系列等，虽然未曾进行实际研究，属于空穴来风，但是从作品本身性质来说，似乎也可以列入这一流派。

而以"三代六口九平方"蜗居的房改为主题的《三六九狂想曲》、中国足球改革的《中国足球梦幻曲》，以及《辛伯达太空浪游记》《修改历史的孩子》《王先生传奇》《A角夫人B角夫人》《台北24小时》等，可以归入重社会学流派。《天空访问者》三部曲、《巨人恰恰传奇》系列、《胖子老袁和机器人方方》系列等，一大堆嘻嘻哈哈的作品，毫无任何科学与社会内涵，就只能算是娱乐流派了。请问，这些作品在下到底该"完全"划入什么流派？从自报的这个极不完整的清单也可以看出，本人绝无轻视任何流派的态度，千万不要发生误会才好。

三、中国科幻小说的四个不足

我认为对于中国科幻小说来说，似乎应该具备科学性、文学性、民族性、现实性四个要素，才更加完美。以这四个方面而言，过去所见似乎都存在程度不等的不足。虽然已经有了很大改进，却多少还有一些残留问题，需要进一步注意，不得不重新提出。

以科学性而言，当然不能要求每一篇小说科学性都很足，不能要求每一个作者都是科学家，但是如果你要写一个科学问题，至少应该基本符合科学原理才好。现在我们的科幻小说的科学性不足，和作家本身的条件有关。无可讳言的是，当今的科幻作家中虽然有许多经验丰富的科学工作者，但是在校和毕业不久的青年还占很大比例。加以许多文科出身的作家，接触自然科学，自然会产生一些问题。这无足为奇，也是可以理解的。但是作为泱泱大国，总得要有一些科学性比较鲜明的作品，才能反映我们应有的科技水平吧？

话说到这里，引出了怎么才是"言科学"的问题。

作品中直接涉及一个自然或人文的科学问题，当然就是"言科学"。或以为科

幻小说主要的任务是建立科学的理念，普及科学的世界观，也可以算是"言科学"的范围。再一个说法，以为描绘科学工作者的科学精神也应包括在内。这样说，似乎有些勉强。如果我们写一本《徐霞客传记》，宣扬他坚忍不拔的精神，算不算科幻小说？是不是有失于宽？不过，在作品中既有科学精神，同时也有一个值得探讨的科学主题，自然另当别论。

最近在一次讲座上听到一个说法，以为科幻小说的功能，主要在于建立科学的理念，不能要求其指导科学研究。这话不能不说也有一些道理，可是至少不够全面。前面一句是对的，后面一句说得太武断，将科幻小说和科学研究的关系完全斩断杜绝，就值得商榷了。问题在于带着什么目的，由谁来写。设想：作者本身就是某一个方面的科学工作者，所写的作品是其自己从事的研究课题的直接继续，当其在研究中掌握了一些切实可靠的科学材料，不仅有进一步探讨的线索，也基本预见到触手可及的结论。仅仅隔着薄薄一层纸，稍微着力就能捅破，解决一个实际的科学课题。但是，要写学术论文，尚嫌材料不够充足。于是摆出实际材料，发之而为一篇科学幻想小说，有什么不可以？对这个科学课题的研究，无疑具有一定的指导作用。

或者跳出具体的课题，从更高、更加广泛的认识空间，针对某些科学领域内故步自封的思想方法，提出新的研究途径，同样也具有科学研究的指导意义。这样的作品言之有物，从立论到细节都是真实的，经得住严格的科学检验。甚至可以列出参考文献，一一标明出处。那么，怎么不能在某个具体的科学研究领域内，具有一定程度的指导作用？笔者深感遗憾的是，当前还不能这样做，没有一个科幻刊物和出版社，允许带参考文献的论文式科幻小说问世。来一篇，或者来一本试试看如何？敢为天下先就是特色，有什么坏处？

文学性不足是另一个现象。尽管我们的许多科幻作品写得也还不错，但是和主流文学作家相比，还是差那么一点儿。作为文学作品，至少应该塑造一个感人的艺术形象，有的还需要营造深沉的意境。遗憾的是，我们的许多作品，在这方面还没有太突出的例子。

文学性不足，也有认识上的原因。须知，文学性不完全等同于情节离奇的故事，编得越奇越好。情节离奇曲折固然很好，也是浪漫主义的一种表现。但文学作品更加重要的是联系典型环境，刻画典型人物。写人，要写他的思想境界，也要联系生活背景。扪心而言，我们似乎还缺乏很理想的代表性作品。

过去一段时间里，民族性不足是一个问题。特别是 20 世纪八九十年代，许多作品言必称洋人，似乎不"洋"不足以为科幻。使人高兴的是现在已经大大改观，中国人写的作品，基本是中国样子了。不过，在这里还必须时时提醒，我们的作品应该具备本民族的文化特色，才能立足于世界文学之林，否则还说什么促进对国家自主创新的影响？话说到这里，也应该防止另一个极端。我们现在不是拖辫子的锁国时代，强调民族性并不是完全排斥外国的东西。一些题材的背景本来就是境外，当然不仅可以，也必须写外国环境和人物。海外题材不是不能写，但是不能过于泛滥，不能成为主流。

最后是现实性的问题。科幻小说是文学的一个门类，文学作品不能离开现实生活的原则，科幻小说也一样。科幻小说是一种特殊的浪漫主义，通过折射或者反射的方式来反映现实生活，遗憾的是，现在我们的一些作品是脱离现实的闭门造车。为幻想而幻想，看起来非常热闹，可是仔细一咀嚼，里面可以让人深思的东西不是太多。好似辛稼轩所云：少年不知愁滋味，为赋新词强说愁。闭锁在象牙之塔里，自作多情抒写风花雪月，只凭着想象在脑瓜里驾驭鲲鹏，万里虚空逍遥游。自我编造故事，越离奇越好，远离了现实生活。有一次我和王晋康在武汉大学，对武汉市各个高校的科幻迷演讲，收到一个条子问："为什么社会大众不关心科幻小说？"我回答："问题在于你不关心社会大众，社会大众怎么关心你呢？"中国科幻现在看起来非常繁荣，但是给人的印象，基本上还是一种校园文学。因为从作者到主要的读者群，基本上都是学生或者刚刚毕业不久的年轻人，自然会造成这个现象。

现实生活不能出科幻吗？倒也未必。谁都知道科幻小说不能等同于未来学，其时态并非统统都是加 will be 的未来式，为什么不能发展加 ed 的过去式、加 ing 的现在进行式？其实，未来式也好，过去式也好，许多作品都是言在未来，意在今天；言在天外，意在人间。高者能够超越现实，又返还现实，是可以回收的"人造卫星"。否则就像朝向宇宙深处射出的"导弹"，或如断线风筝一样有去无回。二者相较，意义自然大不相同。科幻小说之特殊处，就在于具有折射生活的浪漫

主义手法，其奥妙就在这里。往而不返，失之于"浮"；能往能返，方可谓"沉"。忘记了科幻小说抒发瑰丽幻想的目的，在于反映现实生活，就不免有无本之木、断线风筝之讥了。

现实生活不能出幻想吗？不！仔细思索现实生活中的许多问题，大自全球变暖、沙尘暴，小至反贪、下岗，以及住房、医药、教育新的"三座大山"，许许多多社会大众关心的热点问题，几乎没有一个不能进入科幻的领域。你谈社会大众关切的热点，社会大众自然就会关心你。科幻小说发挥自身特有的优势，进入这个领域，也许是一匹黑马，非正统文学所可及，有什么不能试一试？即使一时失败了，也没有太大关系。进攻失败而捐躯的士兵，总比枯守战壕不动的士兵更加壮烈。

进取！进取！进取！不怕嘲笑，不怕失败；不抱残守缺，不故步自封；敢于创新，敢于放弃。不要相信什么"正统"，不要相信那些模式产品的"权威性"，不要死抱着既有的成绩不放。百战百败，百败百战，方是沙场上真正勇士的本色。

还要最后说一句。如果文学性和科学性不足，这是我们的水平问题。个别作品民族性和现实性不足，问题不大，不能横加苛求。如果作为一个现象而普遍不足，这就是方向问题了，不能不引起我们深思。

四、商业化与作品模式化

最近在一次科幻讲座上，听到一个观点，大意是说："科幻也应该商业化，现在我们的读者对象是大众，不能改变形式和内容而适应小众。"

我认为这话很对，但是也有些不全面。将科幻小说的读者群，牢牢定位于广大青少年学生群体这个"大众"，把握得十分准确。这样商业化发展，必定效益多多。但是将舍此而外的读者群体，统统称为"小众"，就有商榷的必要了。如果仅仅就一个出版部门而言，定位在你所说的这个"大众"，不想扩大读者范围倒也罢了。可天地是广阔的，除了这个年龄段的青年读者，还有年龄更小的少年儿童，年纪更大的社会群众，并非都对科幻小说不感兴趣。殊不知你所不愿正视的"小众"，比你以为的"大众"大得多。这样说，多少缺乏全局观念，是否有"夜郎"之感？这只能代表你这个出版单位的定位，不能放之于四海皆为准则。

这话说白了，就是我只出这些"大众"喜欢看的作品，不会照顾"小众"情绪，其他流派与风格一律谢绝，颇有一种"专卖店"的感觉。而这些"大众"的兴趣，又恰恰是出版单位"培养"出来的，岂不成为一个怪圈？我卖的特色包子，你吃惯了，我就大量生产，不再做馒头、饺子，以及其他。久而久之，顾客适应了这个口味，也就认定了天下面食只有这一种。这才是"正统"，其他统统都不能入流。作品单一化的问题，也就这样慢慢形成了。

我一再申明，并无责备任何一个出版单位的意思，要从更加广阔的视野着眼。每个出版单位都有自己的策划定位，不能要求某个出版单位放弃自己的读者群定位，盲目扩大至所有的人群范围，那样非赔本垮台不可。问题在于我们站在什么角度看待这个问题。是一个刊物、一个出版社的角度？还是整个中国科幻事业的角度？

对于一个具体的出版单位来说，这样表达无可厚非。但是倘若几乎所有的出版单位一起跟风，全都死死盯住这同一个"大众"不放，就不能不说是一个值得关注的大问题了。从更大的范畴观察，决不能止步于这个唯一的"大众"。我们在此呼吁，从整个社会范畴来说，还应该突破这个自我画地为牢的"大众"，给予更加广大的真正大众以科幻读物，开辟更加广阔的天地。

君不见，过去中国少儿科幻故事风行一时，并非今日这个"大众"群体。以商业利益来说，印数照样多多，甚至比现在还多。君不见，别人的一些科幻小说也有涵盖社会普罗"小众"者。为什么我们的作品非要在商业化的前提下，死死扣住自以为是的这个"大众"不放，不愿意给所谓的"小众"半点空间？我并不反对科幻商业化，但是却不能不对此稍有微词。

要知道，读者"大众"的兴趣，从某个角度而言，就是出版部门"培养"出来的。有远大目光的出版家应该肩负社会责任，有目的、有计划进行"引导"，不断开拓崭新的视野，给予读者更加广阔的阅读空间。这样也会不断提高自己的企业声望品位和经济效益。只有短视的出版商才仅仅着眼于蝇头微利：不是"引导"，而是"将就"读者的胃口；你吃惯了什么，就再给你准备什么。好像瓶装可口可乐一样，只顾开动生产线大量往里面灌就行了。出版家和出版商的分水岭，大致就在这里。

借此机会，我还要大声呼唤少儿科幻故事归来。

回顾中国科幻小说的发展历程，在20世纪五六十年代的发轫之初，在"向科学进军"的时代大背景下，定位于"科普"与"儿童文学"，于是少儿科幻故事盛行一时。

20世纪80年代以来，科幻作品中的科普意识逐渐淡化。不知何时，我们的科幻逐渐冷淡了少儿科幻故事。在一些人心目中，尽管嘴上不说，心中却是看不起这个小儿科的。不仅不屑为之，而且不值一提。可是恕我直言，如今这样热闹，也不过把读者群从小学生、初中生，转移到高中生、大学生而已。看不起少儿科幻故事，岂不有五十步笑百步之嫌？中国科幻小说从开始到现在，基本上还是校园文学。所谓"高级"者，不过读者年龄提升了几个年级而已。说到底，都是学生娃娃，只不过有大娃娃、小娃娃之分，有什么高低差别？说得不好听点，我们小时候不都是抱着奶瓶长大的吗？不能跨进了高等学府，就忘记了温馨的幼儿园时代。

"科学"和"幻想"，都是儿童不可缺少的营养，除了几十年坚持如一日的《我们爱科学》《少年科学》，以及其他少数刊物，还有没有更多的刊物，特别是有识的出版社站出来，把目光转移到这里，重新推出一个儿童科幻故事的小小高潮？

商业化是一柄双刃剑，有利也有弊。

商业化的成功操作，不仅给出版单位带来丰厚利润，也给科幻小说带来了空前繁荣。通过宣传炒作，着意培养，推出了一大批优秀作品和红透半边天的作家。可是商业化的结果，也不可避免地产生了一些负面作用。其中一个问题就是作品的模式化。只要什么形式的作品容易推销，就组织人力成批制造，形成铺天盖地的气势，使阅历不深的青少年读者产生错觉，误以为科幻小说"只能"是这个样子，非此不叫科幻小说，至少不是"正统"的科幻小说。古云："文无常法"。文章岂能一个模式？岂有什么"正统"？岂有什么指导创作的"中心"？这岂不是商业化造成的副作用？

出版部门这样提倡，读者这样看，作为生产商品的苦力作家们，当然也沿着这条路子一直走下去，还有什么多样化和百花齐放可言？商业化也是一分为二的，对不对？

出版部门固然应该以经济效益为前提，但也要看到今日社会还有许多有识的企业，在积累利润的同时，还能认真考虑公益事业。是否可以稍微敞开一点儿门缝，权当作是公益事业来做，行不行？

我不敢使用别的词，至少可以说有一股无形的空气，"影响"了今日中国科幻小说的发展，难道不是这样吗？过去是僵硬的意识形态阻碍了百花齐放，今天是短视的经济目光阻碍百花齐放进一步发展。这个问题不解决好，奢言什么百花齐放的春天是没有太大指望的。

我们支持商业化，欢迎商业化带来的正面效应，也必须正视商业化造成的一些弊端。怎么在合理推行商业化的同时，有效克服存在的问题，使我们的科幻小说不致沦为一个模式，并且能够推动不同流派顺利发展，真正做到百花齐放，这是我们翘首以待的。

我们应该和和气气地坐下来，好好计议一下科幻小说的发展前途。让我们在宽松的环境里，尽情发挥自己的才能，尽情发挥丰富的想象力、创造力，写出更多、更新、更好的作品，为促进我国科幻文学的繁荣与发展，促进科幻对国家自主创新的影响而奋斗。

我们的作家不要满足于已有的成绩，不要放不下架子，计较自己的"名声"与"地位"，不要拘泥于自己熟悉的固定拳法。管它刀枪剑戟，十八般武艺都试一试，什么流派都闯一闯，失败了没有半点儿关系。当你鼻青脸肿时，你可以傲然地说："我做了！"这就是最高的荣誉。要知道，开辟一条新路多么不容易，绝对不是一个人所能完成的。那是一个时代、一大群人前仆后继努力奋斗的事业。但是新的道路总要求有人跨出第一步，就让我们在嘲笑声中，勇敢抛弃自己固有的一切，做一个默默无闻的铺路石吧。历史不会记住我们之中某一个人，但是会记住一个时代、一代勇于献身的无名开辟者。这就够了！因为我们追求的不是一己之荣，而是一个事业的胜利。

我们必须勇于求变、求新，勇于放弃，勇于开拓，从不同的时空层面抒发我们的想象力，从不同的风格和形式，探讨新的道路。不要为一时的辉煌迷惑了眼睛，只有更加努力开辟更新、更广的创作路子，才会更加灿烂辉煌。

我们渴求一个更加宽松的创作环境，当然还期望出版部门给予配合，敞开广阔

的道路，使科幻小说的不同流派尽情发展，彻底根除模式化，真正进入百花齐放、百家争鸣的春天。

作者简介

刘兴诗　1931年5月出生。地质学教授，史前考古学研究员，果树古生态环境学研究员。中国科普作家协会荣誉理事。列入"北大人物"之"北大文坛"小说家系列。北京大学"优秀校友"。境内外共出版202种，275本书，获奖146次。包括国家级科技进步奖、冰心儿童图书奖4次、上海儿童文学园丁奖（陈伯吹儿童文学奖）2次及海峡两岸中华儿童文学创作奖、意大利第12届吉福尼国际儿童电影节最佳荣誉奖等。8次13套（本）书列入"新闻出版总署向全国青少年推荐百部优秀图书"。一些作品译为其他文字、列入海峡两岸小学课本、高校儿童文学教材或一些国家学习中文教材，一些作品被改编为话剧、广播剧，在境外被改编为歌剧。

科幻作品中的"科幻构思" 王晋康

科幻文学是文学，需要遵循一般的文学创作规律；但它又是特殊的文学，既以生活为源也以科学为源，因而具有一般文学所没有的特殊性。其中有一条最重要的、不同于其他任何文学品种的创作手法，就是所谓的"科幻构思"。在科幻小说的创作中，尤其是在那些被称为"核心科幻"的科幻作品中，"科幻构思"是不可或缺的东西。

所谓科幻构思，就是小说中一种与科学有关的设定。这种设定基于科学基础和科学理性，它将参与构建小说的整体骨架，成为推动情节发展的内在动力。举例来说，英国科幻作家克拉克的《岗哨》中的主要科幻构思是：在月球发现了一个外星人留下的黑色长方体，形状简单但却蕴含着极高科技，后来发现它是高级文明留在地球的岗哨。这个构思不仅是本篇故事情节的推动力，也是哲理内涵的象征。因为，极简和极美正是科学家们对大自然绝妙机理的描述，是科学家的信仰。

另一位英国科幻作家鲍勃·肖在其名篇《昔日之光》中，构思了某种能留住时光的慢玻璃，从而铺陈了一个凄美的爱情故事：一位在车祸中痛失妻女的男人在此后几十年中，一直靠观看窗玻璃中所展示的几十年前的生活场景而活下去。国内作

家何宏伟的短篇科幻《小雨》中有一个非常新颖的科幻构思，说一个为情所苦的女子基于电脑的分时制原理而"同时"与两个恋人共同生活。当然，这两个生活都是由无数个时间片断所拼凑出来的貌似完整的生活，等等。

以上列举的是短篇科幻，一部短篇科幻小说一般只有一个科幻构思，或一个主要的科幻构思。长篇科幻同样离不开科幻构思。美国科幻小说家克莱顿的《侏罗纪公园》中，一个主要构思就是：可以用琥珀中蚊子腹内的血来提取恐龙基因，从而复制出活的恐龙。我的一部小长篇《生死之约》中的科幻构思是：科学家发展了一种修补基因染色体的技术，实现了人类的准长生，但这位世上唯一的长生人为了不造成人类社会的崩溃，怀揣着这个秘密而自杀。

与短篇科幻小说不同的是，长篇科幻小说中常常不止一个科幻构思，如著名作家刘慈欣的《三体》中，各种科幻构思接踵而来：智子、水滴、曲率驱动、慢光速等，令人目不暇接。

对于科幻作家来说，一个出色的、前无古人的科幻构思是非常难得的天赐之物，可遇而不可求。科幻构思的优劣对科幻小说的文学感染力非常重要，尤其是对于短篇核心科幻作品而言，有一个出色的独特的科幻构思，这部小说就成功了一半。

好的科幻构思有以下几个特点。

1. 它应该具有新颖性，具有前无古人的独创性

科幻不是科学，按说不存在"首创"的问题，但其实不然。由于科幻作品（这里主要是指其中的核心科幻作品）同科学有剪不断的联系，因而不可避免地具备科学的某些特质，比如，科幻构思是否"首创"就直接影响到作品的感染力。克拉克在《太空喷泉》《太阳风帆》两部作品中首先提出了"太空升降机""光帆驱动式宇宙飞船"的技术设想，虽然据考证这两种技术创意并非他首次提出，但却是他首次用于科幻作品，并把这些设想传播得人尽皆知。那么，在科幻文学领域中，可以认为他的这两种科幻构思都属于首创。

拙作《生命之歌》是基于这样的科幻构思：所有生物普遍具有的生存欲望是一首大美的生命之歌，但它其实是数字化的，隐藏在所有生物基因的次级序列中。它可以被破译，输入到机器智能中，使机器人也具有生存欲望，从而成为真正的人。

这种科幻构思也是前无古人的，因而对读者有较大的冲击力，受到读者广泛的好评。

关于科幻构思的"首创"性质，我在这儿说一点儿花絮：我曾提出"终极能量"的科幻构思：科学家发明了一种方法，可以让任何普通物质甚至人体自身都释放出符合 $E=mc^2$ 量级的巨大能量。我以这个科幻构思创作过两部短篇，《终极爆炸》和《爱因斯坦密件》，后者是以笔名野狐发表。两部小说的故事和人物是完全不同的，如果作为一般的文学作品毫无问题。但因为两者都使用了"终极能量"的构思，有读者甚至向杂志社投诉，说野狐的作品剽窃了王晋康的作品。这件趣事从侧面说明了读者对科幻构思首创性的看重。

2. 它应该是有冲击力的，能够表达科幻本身所具有的震撼力

我常说科幻作家只是半个作者，另外半个作者是上帝，是大自然，是大自然的精妙机理，是揭示了这些精妙机理的科学。科幻作品如果能够向读者传达大自然和科学本身的震撼力，就会与读者的心灵发生共鸣。而一个好的科幻构思，恰恰是表达"科学本身的震撼力"的最重要手段。

看过《三体》的人，大概都不会忘记文中关于"水滴"（一种基于强作用力的超级武器）的描写，这个科幻构思就很好地表达了科学本身所具有的震撼力。这种震撼力可以是视觉的、感性的，也可以是非视觉的、理性的。拙作《养蜂人》向读者介绍了一种被称作"整体论"的哲学观点。由于这种观点本身所具有的深刻的理性力量，使得这篇作品也拨动了很多读者的心弦。

3. 科幻构思最好成为推动情节发展的内在动力，而不仅仅是作为道具和背景

首先要说明一点，科幻因素完全可以仅仅作为道具或者背景，这样的成功作品比比皆是。在那些"偏软"的、更偏重人文内涵的经典作品中，诸如奥威尔的《1984》、冯内古特的《五号屠场》以及韩松的《地铁》等，科幻常常只是背景。在科幻文学的一个重要门类——太空歌剧中，科幻也基本只是背景。

但在核心科幻作品中，科幻构思一向是故事发展的内在动力。如果抽掉它，整个小说就完全塌架了。上述例子中，《太空喷泉》的故事中无法抽掉太空升降机的构思，《昔日之光》的故事中无法抽掉慢玻璃的构思，《小雨》中无法抽掉"分时制"的构思，因为它们与故事情节血肉相连。

科幻构思对作品的推动作用有时仅限于对故事情节的推动,如拙作《三色世界》中的读脑术,何夕《伤心者》中的微连续理论;有时不光推动故事情节,甚至直接参与故事主旨的阐释,如拙作《生命之歌》中的"所有生物都具有生存欲望"的构思,对作品的主旨的推动力就是内在的、深层次的。总的说来,当一篇科幻小说的科幻构思真正成了小说的内核和骨架时,就更能充分表现这个文学品种所独具的优势,能够充分表达科学本身所具有的震撼力,以科学的感性之美和理性之美来打动读者。

4. 科幻构思并不一定符合科学的正确,但在作品中必须自洽——但如果能够符合科学的正确则更好

首先要说明,这儿所谓"符合科学的正确",只是指这个构思能存活在现代科学体系中,符合公认的科学知识和科学的逻辑方法,不会被已有的知识所证伪,但也不要求它能被证明,只是"有可能正确"的。

从总体来说,科幻小说绝不是科学论文,并不要求科幻构思符合标准科学意义上的正确。只要它的科幻构思能在全文中自洽,那就足够了。美国著名作家贝斯特在《群星,我的归宿》中假定人们能够"思动",脑中一想就可以身在亿万光年之外;还有主人公在情绪受激时就会出现老虎面孔,这些假定更接近于神话玄幻而非科幻,但它同样是一部名作。又如,科幻作品中关于时间机器的作品汗牛充栋,但时间机器这种构思,至少以当今的科学水平来说是不可实现的,不符合科学的正确。

如果一味强调科幻必须符合科学的正确,必将给科幻发展套上人为的桎梏。中国科幻发展史上就曾有过一段悲剧,某些科学界人士以某些科幻作品不符合科学性为由,对科幻大加挞伐,几乎使科幻陷于灭顶之灾。

但事情都是两面的,话又说回来,如果科幻构思大体符合科学意义上的正确,或者至少它比较符合科学,能给人以科学上或思想上的启迪,那就更为难得。前面说过的克拉克的两个科幻构思:光帆和太空升降机,已经成了科幻史上最著名的例子。这两部作品之所以成功,不仅在于科幻构思的首创,而且在于它们完全符合科学的正确(这两种技术设想当年属于科幻范畴,但现在已经初步实现或已经提上了科学家的工作日程)。

上面说的是技术性的构思,也可以是哲理性的构思。克拉克另一个短篇《神的

食物》中写道，科技的发展使人类能够工业化生产最美味的肉，它在化学结构上与人肉完全相同。那么，在文明进程中艰难放弃了"同类相食习俗"的人类能否心安理得地吃这种"人造的同类之肉"？这个短篇的故事情节很简单，但它提出一个真正深刻的问题，即科学发展对人类道德伦理的冲击。从技术角度来看，工业化生产人肉完全可以实现，甚至今天就能实现，但伦理上的悖论却不是能轻易解决的，至少今天的人类不能回答。这就让这篇小说耐得住咀嚼。

美国优秀华裔作家特德·姜的一部优秀作品《你一生的故事》中有两条线，一条是以"光线的预知未来"（即光在折射中预先就知道哪条路耗时最短）来阐述物理世界的目的论，就像上帝让大自然的所有规律都有明确的目的，这一部分写得非常好，具有强大的理性感染力。另一条线是从物理世界的"预知未来"，转到人类社会中"预知未来"和"自由意志"的矛盾，这一条线就缺乏上一条线的厚重。因为在故事中，主人公能够预知女儿会在攀岩中死亡而不能想办法救她，这样的情节安排和宿命论阐述不能令人信服，而且这种瑕疵基于科幻构思的本身，无法在小说中弥补。

类似的科幻构思并非不能用，我的意思是它容易造成故事情节发展中的逻辑困难，减弱作品的力量。科幻读者，尤其是核心科幻作品的读者，都是一些对理性思维嗜痴成癖的人，如果他们觉得作者的科幻构思既"出人意料"，又"理所当然"，那么，他们就会在阅读中获得智力的快感。比如对于我来说，当阅读到特德·姜以"预知未来"这个角度重新阐释人所共知的光线折射定律时，当阅读到刘慈欣以改变空间张力来进行曲率驱动的构思时，我都会感到智力的快感；相比之下，当我阅读贝斯特的"思动"时，就没有这种如饮醍醐的感觉。

今天的科幻杂志上多半是这样的作品：它们写得中规中矩，文笔流畅，结构合理，情感细腻，人物都站得住，也能让读者获得阅读的愉悦感。然而，它们缺少过硬的科幻构思，在时间的冲刷下，它们很快就会在读者的记忆中变得模糊，变得"千人一面"。只有那些有坚硬骨架的作品，虽然也会被时间冲蚀掉大部分肌肤，但那个骨架还会顽强地留在读者的记忆中。这个骨架可以是上面说的独创的科幻构思，可以是让读者产生仰视感的哲理内核（它也可以理解为哲理性的科幻构思），可以

是翔实、新颖、他人未曾道过的技术细节，也可以是出色的故事结构、出色的逻辑机锋，等等。但毫无疑问，科幻构思在其中起着独特的可以说最重要的作用。

总之一句话，作为与科学有密切关系的一种特殊的文学品种，科幻作品应该自觉地利用自己的独特优势，自觉借用科学的力量，这样才能创作出优秀的核心科幻作品。

作者简介

王晋康　原石油系统高级工程师。中国作家协会及中国科普作家协会会员，世界华人科幻协会副会长。

1993年因10岁娇儿逼着讲故事而偶然闯入科幻文坛。处女作《亚当回归》获当年银河奖一等奖。此后以《天火》《生命之歌》等短篇连获全国科幻银河奖，至2014年共获18次（含3次提名奖）。获世界华人科幻大会星云奖的长篇小说奖、最佳作家奖和终身成就奖。2013年获大白鲸世界杯幻想儿童文学奖的特等奖。迄今已发表短篇小说87篇，出版长篇小说及短篇结集47本（含再版），计500余万字（字数不计再版）。

作品在中国科幻文坛独树一帜，风格苍凉沉郁，冷峻峭拔，富有浓厚的哲理意蕴。善于追踪最新的科学发现尤其是生物学发现，在真实可靠的科学基础上进行清晰的推理，揭示出科学进步对人类本身的强大异化力，对科学的讴歌中常伴有驱之不去的忧虑。语言冷静流畅，结构精致，构思奇巧，善于设置悬念，作品具有较强的可读性，是雅文学和俗文学的很好结合。

短篇《养蜂人》《转生的巨人》《生命之歌》等已经译成英文和意大利文发表。

关于科幻文学的一
些思考   刘慈欣

一、科幻是关于变化的文学

比较古代人类与现代人的精神世界，最大的差别可能就是对未来的感觉。可以
说，在古人的意识中，没有现代意义上的未来感，由于技术进步的缓慢，在那时人
们的心目中，未来可能城头变幻大王旗，但生活的面貌不会发生变化，昨天、今天
和明天，去年、今年和明年，不会有什么差别。甚至还有历史倒退的可能，比如欧
洲中世纪与千年前的古罗马相比，不但物质更贫困，精神上也更压抑；至于中国，
魏晋南北朝与汉代相比，元明与唐宋相比，都糟糕了许多。正因为如此，古代的文
学，无论是神话，还是诗歌或小说，都是描写现在或过去，几乎没有描写未来的。
工业革命以后，科学给人们带来了无尽的神奇感，进而引发了对由科技所创造未来
的想象和向往，由此诞生了科幻文学。

科幻文学诞生于 19 世纪初的欧洲，但其真正的繁荣是在 20 世纪 20 年代至
60 年代的美国，史称科幻小说的黄金时代。回望那 40 年，能带给我们许多启示。
在那段时间，世界已由蒸汽时代进入电气时代，与工业革命相比，科学技术进
一步显示出其塑造和毁灭世界的力量。人们深切地感受到了科技给自己的生活

带来的改善。另外，20 世纪初的物理学革命带给人们一个全新的视野，相对论和量子力学告诉人们，比起之前牛顿简洁的决定论图像，真实的宇宙更加神奇莫测。但与此同时，舒适的信息时代尚未到来，已经大为改善的生活仍然充满着艰辛和压力，20 世纪初的美国经济大萧条、随后的两次世界大战以及紧接着出现的东西方"冷战"，都给现实蒙上了阴影，这就使得人们对已经显现出神奇魔力的科技充满了更多的期待，期望科学和技术能够带来一个更加美好的未来，对科学神奇的赞叹和对未来的向往在这一时期都达到了高潮，由此带来的科幻文学的繁荣就是顺理成章了。

二、科幻小说在文学中的位置

纵观历史，中国科幻文学有着四起三落的波折经历，不同的阶段相互孤立，其间少有积累和继承。由于历史原因，各个阶段的科幻文学都有着自己侧重的方向。清末民初的科幻以救国图强为主题，而当时鲁迅先生提出的普及科学的目标到了 20 世纪 50 年代才得以实践，80 年代则对科幻小说文学化进行了初步的尝试。21 世纪中国科幻进入多元化时期，对科幻文学的发展也有各种各样的建议和尝试，包括对科幻小说文学品质的提升和更多地反映现实和写出更好的故事，等等。

对于科幻在中国文学中的位置和今后的发展，《三体》系列出版后的现象带来了一些启示。

在《三体》系列的第三部出版之前我和出版方都没有对它寄予比前两部更大的希望，按照系列小说的规律，后面总是向下走的，所以我们是抱着一种善始善终的心态。作为作者的我来说，开始这写作时就意识到这点，因而就没有像前两部那样过多地考虑科幻圈外的读者，只想写成一部更纯的科幻小说。《三体 3》赢得现在这样较好的反响确实是大家都没有想到的。但我并不因此而认为《三体》开创了国内科幻文学的一个新时代，因为它发表的时间还不长，是否具有长远的效应还有待观察。我从 20 世纪 70 年代就开始关注国内科幻的发展，大部分时间是作为一个旁观者，后 1/3 的时间是作为参与者。在这 30 多年的风风雨雨中，国内科幻的大部分事情可以用冯小刚的一部电影中的话来描述：轰轰烈烈地开场，热热闹闹地进行，凄凄惨惨地收尾，只落得一声叹息。但愿这次是个例外。

《三体3》之所以成为一个惊喜，并非因为它拉来了"圈外"的读者，而在于竟然是这个系列的第三部做到了这点，这确实是预料之外的事。如果这事发生在第一或二部上，就不成为惊喜了。在《三体》系列的三部中，《死神永生》是最具科幻色彩的一部，更准确地说，是最具科幻迷色彩的一部。它是古典理念上的科幻，是技术内核的科幻，是王晋康老师所定义的核心科幻，是原教旨主义的科幻……一句话：它是符合我们科幻迷偏激定义的那种科幻小说。而在《三体》的三部中，《死神永生》曾被业内人士认为是最不可能赢得"非科幻"读者的，所以这确实是一个惊喜。

我注意到，有相当一部分"圈外"读者是在没有看过前两部的情况下直接看第三部的。在本书编校的后期，我曾经写过一个前两部的梗概，主要解释了《死神永生》中与前两部有关的一些稀奇古怪的名词，如面壁者、黑暗森林威慑之类的，但出版时没有把这个梗概附上。在这种情况下，直接看第三部基本上是看不懂的。我问过两个读过此书的"非科幻"读者，他们也说从情节上看不懂，接着问那是什么吸引他们看下去，他们说是其中的科幻。这对于科幻的发展是一个珍贵的启示。

科幻作者和读者一直是一个顾影自怜的群体，我们一直认为自己生活在孤岛上，感到自己的世界不为别人所理解，认为在世人的眼中我们是一群守着在科学和文学上都很低幼的幻影长不大的孩子。甚至，即使在科幻文学的范围内我们也是一座孤岛，作家和评论家们认为我们对科幻的定义太偏执、太狭隘，是让科幻被主流承认的一个障碍；甚至连罗伯兹这样科幻迷出身的科幻研究学者，也认为科幻迷群体以及这个群体"偏执狭隘的"的科幻观的存在对科幻文学害处大于益处。于是，我们所热衷的坎贝尔的科幻理念渐渐被抛弃，连我这样自诩为最顽固的科幻迷也一度对传统的科幻理念产生了怀疑，怀疑它是不是真的失去了号召力。

现在看来不是，科幻迷心目中的古典意义上的科幻仍能够吸引大众读者，我们的世界中的美仍能够被这个新时代所感受到，我们并不是一群孤僻的怪人，如果说我们是孩子，那也是一群"正常的儿童"（马克思形容古希腊文明时所用的词）。

这也让我想起一位哲学家的话：一个纲领，无论多么过时，也不能断言它失去了活力。

至于中国科幻文学以后的道路怎么走，我想这不是能够简单回答的问题。诸如此类的问题：在科幻小说中是科学重要还是文学重要？科幻中的科学应该是正面的还是负面的，等等，其实都是伪命题。有些科幻小说科学构思占主要地位，另一些文学占主要地位；有一些作品是乐观的，描述科技带来的美好未来；而另一些描述科技可能存在的黑暗面。卡德说过，各种文学体裁其实像一个个不同的笼子，有纯文学的笼子，也有科幻、侦探和言情等的笼子，读者和评论家们把不同类型文学的作者关进不同的笼子，然后就不再管他们在笼子里做什么了。而科幻作者往往发现笼子里的世界比外面还大。我觉得他道出了科幻文学的一种很本质的东西，这种现在连公认的定义都没有的文学并不存在一个明显的边界，有着广阔的发展空间。

那么，科幻文学中不同风格和流派的作品是否还存在着共性的东西呢？我认为最重要的共性是：科幻是内容的文学，不是形式的文学。目前，主流文学日益形式化，讲什么不重要，关键是怎样讲；但对科幻文学来说，讲什么是最重要的。有评论家认为，到今天，主流文学的故事已经讲完了，只能走形式化的道路。但科幻的故事还远远没有讲完，在可见的未来也不会讲完。科幻文学的最大优势就是其丰富的故事资源，这种资源由科学技术的进步在源源不断地提供着。比如在文学中被称为永恒主题的爱情，在主流文学中就呈现为一个由男女人物构成的矩阵中各个元素的排列组合，但在科幻中则可以出现第三种甚至更多的性别，还可以出现人与智能机器或外星人之间的爱情。所以，科幻文学中的故事资源是任何其他文学体裁远远不能比拟的，科幻文学不能急着去走形式化这条艰难的道路。

更重要的是，在风格日益多样化的科幻文学中，仍然存在着我们需要坚持的东西，或者至少需要一部分作者去坚持的东西。对于传统类型科幻而言，我们不应该用美国科幻文学目前的状况来看国内，国内的科幻文学仍处于初级阶段，读者对传统型科幻的欣赏刚刚起步，远谈不上审美疲劳的问题。现在，科幻与奇幻两种文学确实有融合的趋势，有些作品已经很难分清属于两者中的哪一方，但传统的、核心的科幻，无论在理念上还是在具体作品上仍然存在，且仍然作为科幻文学存在的依据和基石。有一个作者在谈到这个话题时说得好：不能因为黄昏和清晨，就否定白昼与黑夜的存在。

三、科幻小说与科技进步的关系：成也科学败也科学

正如前述的，科幻文学诞生于19世纪初的欧洲，但其真正的繁荣是在20世纪20年代至60年代的美国，史称科幻小说的黄金时代。

在繁荣期之后，科幻文学进入了缓慢的衰落期，这种衰落从20世纪70年代一直持续到今天。在美国，科幻小说在市场上再也没有再现黄金时代的热度，新的科幻迷越来越少，科幻群读者的年龄越来越大；有世界影响的作品越来越少，大师不再出现，黄金时代出现的"三巨头"至今仍牢牢地占据着科幻文学的顶峰。

对这个漫长的衰落，评论家和科幻研究者有着各种解释。其中之一是把原因归咎于科幻文学的新浪潮运动。新浪潮在20世纪70年代起源于欧洲，部分科幻作家痛感科幻小说在文学中的边缘地位，便把主流文学中现代和后现代的表现手法运用于科幻创作，同时把科幻小说面向太空的视野转向人的精神世界，试图使科幻小说更加文学化，使得部分科幻作品由明快的大众文学变成晦涩的先锋文体。有评论家认为：新浪潮运动是把科幻小说自身的价值让位于主流文学，进而消解自己的一种努力，他们也把科幻的衰落归咎于此。

但仔细考察便知这种理论是不确切的，新浪潮运动对于科幻的衰落确有一定影响，但不是根本的原因。在新浪潮科幻由兴起直到被后来的赛博朋克运动代替，一直只是一个科幻文学的支流。在这一期间，传统的、坎贝尔理念的科幻小说一直在大量创作和发表，即使在新浪潮运动最兴盛的时期，其作品的数量也远远小于传统理念的科幻小说的数量。

其实，科幻衰落的最深层、最本质的原因正是科学技术本身，曾经催生科幻的科技，在其飞速发展的今天开始起相反的作用。阿波罗登月期间，一位NASA官员对观看发射的科幻作家说：我们给了你们一碗饭吃。但事情证明恰恰相反。自航天时代以来，科幻小说中描述的科技奇迹不断变成现实，特别是随着信息时代的到来，

科技日益渗透到社会生活的方方面面，其渗透之深，普及之广可谓前所未有。由计算机和网络构成的信息时代，以迅雷不及掩耳之势迅速变成现实，并深刻而全面地改变着普通人的生活。人类有一个特点，就是对变成现实的奇迹很快麻木。比如现在的智能手机，集移动通信电台、电脑、互联网络、数码照相机、数码摄像机、数码收音机、GPS定位装置、影音播放器于一体，方寸之物可以随时与地球的任何地方进行通信和网络连接，它所集成的设备以前要用一辆小卡车才能装下。笔者曾经统计过科幻小说中曾出现过的移动通信设备，大多数在功能上不如现实中的手机，也就是说，科幻的神奇梦想现在装在每一个人的口袋里，但与此同时被每个人熟视无睹，当作一件最平常的东西。

科技神奇感的消失，是科幻文学所面临的最致命的打击，也是科幻衰落的最根本的原因。

但科技的神奇感真的消失了吗？科技中的科幻资源是否像地球上的石油一样，快要开采完了？至少对奇点时代的预测告诉我们：没有！如果奇点学说是正确的，即便未来科技的发展只达到其预测的1/10，我们也可以肯定科学技术仍然处于指数曲线开始时的平缓阶段，其陡然上升的阶段还未到来，也就是说真正的科技奇迹还没有开始，我们已经经历的一切，只不过是神奇时代的前奏而已。

高度发展的现代科学，如物理学、宇宙学和分子生物学等，为我们展现了一个更加神奇的大自然，与科幻文学黄金时代所面对的图景相比，从视觉直到哲学层面，这个新揭示的宇宙充满了更多的神奇，更加广阔，更加诡异，更加变幻莫测，这里面蕴含着丰富的科幻资源。只是，与20世纪上半叶的科幻黄金时代相比，现在的基础科学已经大为进化，其理论的复杂和数学表述的艰深都不可同日而语，使非专业人员难以接近。正是由于这个原因，现代科幻文学对现代科学最新进展的表现很有限，大量的故事的科幻核心仍基于古典科学，即使有前沿科学的内容也流于表面。如何充分开掘现代科学前沿所提供的丰富的科幻资源，是科幻作者所面临的巨大挑战，也是科幻文学的希望所在。

我们必须正视科幻文学的本质和核心，科技的神奇感是科幻的生命力之所在，我们必须创造出更多的、更大的神奇。作为一种创新的文学，科幻用不断涌现的新创造和新震撼来战胜遗忘，就像一场永恒的焰火，前面的刚成为灰烬，新的又飞升起来爆发出夺目的光焰。而要做到这点，就应永远保持年轻的心态，使自己的想象力与时代同步。正如有人说的那样，科幻使人年轻。

创造神奇不意味着浅薄和浮躁，也不仅仅是科技和宇宙奇迹的展示。科幻中所表现的科技的神奇拥有着丰富的内涵，科技的发展对人类社会整体和对人类个体的改变都具有震撼且深刻的神奇感。同时，也是主流文学所不具有的揭示社会和人性的视角。现在，科幻文学面临的最大威胁，不是科幻的缺失，而是科幻的泛化。科幻作为一种文化，已经渗透到社会生活的方方面面，在社会生活的各个领域都能看到科幻的符号大量存在，这反而冲淡了科幻作为一种文学的色彩浓度，这也就要求我们更加坚持和强调科幻文学的核心理念，使科幻文学成为一种具有鲜明特点的存在。

作者简介

刘慈欣 1963年6月出生，1985年10月参加工作。山西阳泉人，本科学历。高级工程师，科幻作家，中国作家协会会员，中国科普作家协会会员，山西省作家协会副主席，阳泉市作家协会副主席，中国科幻小说代表作家之一。

主要作品包括7部长篇小说，9部作品集，16篇中篇小说，18篇短篇小说，以及部分评论文章。作品蝉联1999年至2006年中国科幻小说银河奖，2010年赵树理文学奖，2011年《当代》年度长篇小说五佳第三名，2011年华语科幻星云奖最佳长篇小说奖，2010、2011年华语科幻星云奖最佳科幻作家奖，2012年人民文学柔石奖短篇小说金奖，2013年首届西湖类型文学奖金奖、第九届全国优秀儿童文学奖。代表作有长篇小说《超新星纪元》《球状闪电》《三体》三部曲等，中短篇小说《流浪地球》《乡村教师》《朝闻道》《全频带阻塞干扰》

等。其中《三体》三部曲被普遍认为是中国科幻文学的里程碑之作，将中国科幻推上了世界的高度。

　　2015 年 8 月 23 日，凭借《三体》获第 73 届世界科幻大会颁发的雨果奖最佳长篇小说奖，为亚洲首次获奖。

科幻理论与创意空间

吴　岩

　　科幻文学产生至今已经有接近 200 年的历史。科幻理论的发展经历了读者中心、作者中心和学者中心三个发展时期。在西方，比较有影响的科幻理论由詹姆逊和苏恩文提出。詹姆逊认为，科幻属于乌托邦文学，是人类否定现实、建构未来的方法。它的繁荣恰好在主流文学失能的时代。苏恩文则指出，科幻是认知和疏离宰制的文学，它的核心是创新。两个理论都强调，科幻的内容跟形式相互统一，以创意为目的。文章回顾了过去 200 年中科幻作家开拓出的空间、时间、社会 / 技术和心灵四个大型创意空间。

　　科幻（Science Fiction）原本是一种独特类型文学的简称。在西方，这一类型出现于工业革命之后。英国科幻作家布里安・奥尔迪斯认为，英国作家玛丽・雪莱于 1818 年创作的《弗兰肯斯坦》堪称世界上首部科幻小说。此后，这一类型历经法国的儒勒・凡尔纳、英国的 H.G. 威尔斯等的努力逐渐发展，并于 20 世纪初被植入美国。雨果・根斯巴克于 20 世纪 20 年代创立了"科幻"这个词汇，使文类获得命名。此后，科幻在美国发展顺利，由于小约翰・W. 坎贝尔等的推动，这个文类跟通俗

文学的某些特征相互融合，加上美国独有的边疆探索精神，导致了它在文化和商业领域的成功。

进入 20 世纪 60 年代，强调创意和故事性的美国科幻作品跟电影艺术结合，为这个文类向影视媒介的转型奠定了基础。在今天，科幻已经从简单的叙事文学转向多种不同的媒介或创意类型之中，它的繁荣给电玩设计、主题公园建设、建筑设计、甚至工业与民用产品设计都带去了增值。仅仅以电影为例，好莱坞每年上演影片中最卖座的"大片"总少不了几部科幻作品。作为一个创意产业类型，科幻题材完全可以单独计算 GDP 增量。

随着科幻创意的繁荣，人们深感对这一类型创意的基本知识还相当不足。笔者查阅了近年来国内作者撰写的科幻与设计关系的博士和硕士论文，发现其中的现状描述或事实总结较多，具有一定解释性和推广力的理论还相对较少。众所周知，理论不但使我们更加深入地理解创意过程，而且更可以推进创意实践的发展。

鉴于科幻小说的发展相对持久，积累了一定数量的作品和理论探索，因此，将这种叙事文学理论转述给设计从业者和研究者，可能是加速科幻设计理论生成的简便、有效的方法。本文将综述当前两个最重要的科幻理论家的观点，并呈现出科幻文学在过去 200 年中打开的四大创意空间。

一、科幻理论举要

根据《科幻文学的批评与建构》的阐述，西方科幻文学理论和批评大致经历了从读者感叹到作家抒怀再到学者分析几个阶段。在 20 世纪的早期，科幻研究者大都是科幻杂志的读者，他们投书"读者来信"专栏，提供自己的真知灼见。可惜这些观点没有系统，而且多数受到所讨论的作品的限制。科幻批评与研究发展的第二阶段，出现了作者受读者来信启发后所进行的系统反思。可惜这类文章仅仅属于感悟，至多只是某种行动研究，缺乏概括性。

到了 20 世纪 70 年代，随着后现代思潮的兴起，原有文学场的核心跟边缘界限开始模糊，科幻随即进入高校和研究机构的视野，出现了一系列比较系统化的学术理论。由于这些理论跟占据主流的文学批评理论之间具有天然联系，科幻在整个文学和文化历史中的位置也得以凸现。这其中，比较有代表性的是美国学者弗雷德里克·詹姆逊和祖籍克罗地亚的加拿大批评家达科·苏恩文的观点。

詹姆逊是马克思主义者，对乌托邦的研究相当深入。他指出，乌托邦不是某个不存在的地方，它代表着一种独特的、具有意图的、富于社会性的"方法"。以城市建设为例，在人类规划和建设城市过程中，乌托邦起着积极的作用，它不单设想，还积极地发起建构新的未来。在詹姆逊看来，如果城市的发展真的能按照事物内在规律进行，那将释放出诸多深层次的可能性。但在今天，城市规划和建设完全不是这样，它正在变成中产阶级或富翁给自己提供避难所的保守的陈词滥调。从这个意义上看，乌托邦就不单单是指城市规划的那种表征，它还指一种作用，这种作用能打开现实与想象之间的裂缝，揭示出我们在未来想象上的局限性。在詹姆逊的理论中，研究乌托邦一定要依赖辩证法，要从事物发展规律方面思考创意与局限。

詹姆逊相信那种认为乌托邦无处不在的观点。他指出，区分乌托邦愿望与乌托邦形式是恰当的。首先，乌托邦是每个人都有的、潜意识的一种未来冲动，它支配一切未来导向的行为。由于这些冲动的表达常常比较隐蔽，因此，研究者需要从蛛丝马迹中发掘；其次，对那些有结构的乌托邦，千万不要忘记在这种结构化的乌托邦叙事中其实混杂着非结构化的未来冲动，两者可能并不一致。上述理论将乌托邦问题从叙事文学拓展到整个社会的进步，于是，世界格局的变化、科技创新的走向、社会演进的程度和文学流派的发展都被融为一体，只要这些过程中存在着人对未来的谋划，就存在乌托邦。一句话，乌托邦是改变世界的力量所在，也是人能动作用于未来的重要方式。

相当遗憾的是，在当代社会，人类正在失去原本应该强大的乌托邦构筑能力。詹姆逊回顾了过去半个世纪人类发展的历史后发现，第二次世界大战之后的长期"冷战"，使乌托邦彻底失去了作用。一方面，"冷战"使乌托邦跟斯大林主义成为同义语；另一方面，后冷战时代使全球思想界全部归顺了资本主义。加上学术界盛行犬儒主义，于是对世界未来真正有价值的想象，便在主流思想中彻底失落。而恰恰在这个时代，一些不被看重的主流思想却充满了构造未来的冲动和方法。这些非主流思想，恰恰来自科幻文学和第三世界文学。詹姆逊恰恰是在这样的理论逻辑导引

下转而开始了他的科幻研究。

在詹姆逊看来，要解决科幻作品是否包含着丰富的未来冲动，必须要从根源上回答科幻到底是什么这个问题。他指出，科幻文学在 20 世纪后半叶的相对繁荣，主要是由于严肃文学面对现实的瘫痪造成的。面对资本主义全球化趋势，这些作品拿不出具有未来方法价值的作品，失去了读者的爱戴。而此时，那些不受"现实原则"支配的科幻文学，由于享有充分自由，最终成为乌托邦建构力量的保留地。詹姆逊发现，在 20 世纪六七十年代，种族和性主题是科幻作家最热衷的话题，而这些内容，恰恰是颠覆当代男权社会和技术社会为根基的资本主义的重要作品。

以美国女作家厄休拉·勒奎恩的小说《黑暗的左手》为例，这部作品描写的是一个冰星上单一性别的社会。在这里，每 28 天个体会因为激素作用而开始性表征。在朝向某种性别发展的最初几天里，人如果能完成性活动，就可生育后代；如果没有性活动，个体便回复到中性。故事就是在这样一种跟地球种族和性别状况完全不同的社会中发展。读者可以发现，冰星上的社会制度是准封建制，但同时却有高科技供他们使用。詹姆逊之所以高度赞扬勒奎恩小说的乌托邦创意，是因为作品彻底排斥了人类社会及其体制，消除性别导致了性政治被否定，而把封建制度跟技术发达联系起来，否定了资本主义是科技发展的促进力量的人类历史。这就是乌托邦，它通过制度化地否定现实，在思想领域中建立起一个文学飞地，彻底摆脱了历史的多种决定论。

作为主流思想的一块飞地，科幻以及所有乌托邦都具有封闭性、整体性和他者性。由于乌托邦世界总是跟现实划定一个界限，这便使它成了一个独立的系统，而独立系统必须自足自治，这使它同时也具有了整体性。由于对现实的否定，乌托邦必定是一个他者的世界。詹姆逊还由此分析了英国作家 J.G.巴拉德的《毁灭三部曲》，指出这些作品虽然只字未提现实，但却建立在另一个大英帝国衰落的现实基础上否定现实。而美国作家小库特·冯内古特的小说《猫的摇篮》则是建立在对强盛的美国压制科技发展、压制第三世界成长现实的否定之上的。科幻这种否定现实，导致它成为创意的飞地，而飞地提供的思想和行动实验指明了未来的多种可能性。

与詹姆逊略有不同，达科·苏恩文更偏重从俄国形式主义立场出发去阐释科幻的美学特征。他指出，科幻其实是一种以疏离（Estrangement）和认知 (Cognition) 为宰制的文本，其中心特征是创新性 (Novum)。所谓疏离，指科幻创意通常脱离人类的日常经验，觉得陌生。疏离性使科幻作品跳出了现实主义的樊笼，进入想象空间，在宇宙中遨游。但科幻的疏离不是无原因的，不会采用魔法说辞去应付读者。认知性会终止科幻创意脱离日常经验的状态，给疏离以认知解释。有些人将认知性干脆叫作科学性，其实这是错误的。科学性指现有科学认识的范畴，而认知则远远大于这种范畴，它有更广阔的知识背景。在具备上述两个美学元素的同时，科幻作品还必须不断创新，力图在道德观、科技发展、社会规划、文体等多个方面提供革新。

我们以凡尔纳的科幻小说《海底两万里》为例来说明苏恩文的理论怎样解释创作实践。《海底两万里》讲的是有一种独特的"海怪"扰乱了社会秩序。为此，人类精心组织了探险队进行考察并最终发现，海怪其实是一种高性能的潜水艇。这艘潜艇的主人尼摩船长自己设计和建立起了他的海底机械王国。从詹姆逊理论出发去考察，整部小说是对当代资本主义的全面否定。尼摩船长通过远离资本运作场逃离了资本主义的控制区，他自己设置了海洋法则，并由此获得了自主。从苏恩文的理论出发去考察，则必须关注小说跟时代之间的超越关系。事实上，故事中所描绘的"鹦鹉螺"号潜艇，即使在科技发达的今天仍然超越我们的想象。它行动迅猛且具有无限续航能力，它的武器系统、环境控制系统和信息系统都给我们疏离感，但作家肯定地指出，"鹦鹉螺"号不是魔法的产物，它完全符合浮力原理和机械制造原理。疏离被认知所解释，超自然回到自然。

除了上述两个重要的理论之外，科幻小说还被认为是描述科技导致社会变化的一种文学类型。笔者发现，作为采用叙事方式撰写的作品，科幻小说家特别注重全方位地反映创新的社会影响。与单向完成的产品设计不同，在科幻作品中，一个创意的出现会随着故事的发展受到想象现实的检验，人们对这种创意的接受与否，会在作品中经历一系列复杂的反馈过程。以亚瑟·克拉克的小说《2001：太空漫游》为例，作家在作品中详细描述了高交互性的人工智能"HAL9000"怎样工作，怎样提供飞船使命控制，又怎样在长期的执行操作中失灵。通过这部作品的阅读，读者不但能详细了解新型人工智能产品的特点，更可以看到其中可能潜伏的危险。在艾

萨克·阿西莫夫的《基地》系列小说中，对主人公谢顿发现、用于计算社会长周期变化的公式，经历了数千年的使用和历史反馈。

科幻小说不但能对创意产品进行模拟性反馈，还能将产品的社会影响全方位地表现出来，我将这一点姑且称为科幻的全息性，其含义是：科幻作品不会仅仅停留在一个产品，如电灯或交通工具的单独设计上，它还会通过背景和故事的发展，将这个创意所连带的多种产业和社会变革全面表现出来。以格里格·别尔的小说《血的音乐》为例，作品乍看是写纳米机器人用于疾病治疗，故事中的纳米小机器人具有高智能且会学习，还能自我复制。当它们被打入人体后便开始对病人的身体做医疗测试和改造。随着故事的发展，当人体的生理机能被全面整治，机器人又将自己的智力跟寄主智力相互联通，而身体中成百上千的纳米机器人跟人类大脑建立的联系，使每一个人都能成为宇宙中最有智慧的超人。小说以工业技术如何应用于医疗开始，却以多种技术的发展、人类走向新时代为结束。科幻小说的全息性特征，早就引发了未来学家的关注。他们将这种全面未来推演方法称为 SCENARIO。一个 SENARIO 就是一个剧本或情景规划，是由某一创意而引发的社会变革的全面发展的剧本和勾描。而对剧本的勾画和理解，导致了人们对创意的全方位的理解。

以上我们简述了詹姆逊、苏恩文等人的科幻理论。读者可以发现，科幻作为一种创意形式，总是跟社会背景相互联通的，而它超越现实、面向未来的特性，导致它跟人类前途紧密相关。恰恰是在这样的文类特征的吸引下，作家们解放了思想，开发出多个成熟的创意领地。笔者曾经将这些领地归结为四个大的空间：物理空间、时间、网络空间和心灵空间。

二、科幻的四大创意空间

所谓物理空间，是人类认识最早、也最有探索基础的创意领地。对作家来讲，只要描写跟现实的空间存在差异的地点，一个他者的世界便被建构起来。我们以郭以实的小说《在科学世界里》为例，故事中讲述的"科学世界"，据称就在我们的地球上，乘坐飞机几个小时就可以达到。"科学世界"里奇迹般地使用着人造小太阳、原子能发电厂、辐射性农业，人类还可以改造南极和北极，并可以登上月球采矿。叶永烈也是全能性他者空间的创建者。他在《小灵通漫游未来》中把这个地点称为"未来市"，据说乘坐气垫船一个晚上可以到达。上述两个飞地都被描述得宏伟而全面，充满激情。

科幻历史上空间创意的发展也有一个由近及远、由平面到立体的过程。例如，凡尔纳就在对地面世界的地理探险小说成功之后，才让自己的主人公开始上天、入地和下海旅行。当然，一旦脱离了地面，就必须考虑其他空间跟地面的差异。于是，《从地球到月球》就要阐述失重、超重和极寒；《地心游记》要探索地质年代、地热和火山；《海底两万里》要明确水压跟深度的关系，以及在深海中的照明。凡尔纳的上述探索是如此的成功，因此后来者可以在这个基础上继续前进。中国科幻作家郑文光就曾指出，他是在读了凡尔纳等人的作品后才开始写作的。在郑文光的小说《飞向人马座》中，飞船不再停留于太阳系而是到达了宇宙中深不可测的黑洞；《大洋深处》也不再简单地写潜水艇，而是建构了整个海底城；到《古庙奇人》，读者会发现在地下深处，存在着一个具有东方神秘主义的庙宇，而追寻它的历史，发现还联系着天体文明。再后来，刘慈欣在这个基础上走得更远，他的《三体》三部曲干脆到达了宇宙的端点，世界于是在那里毁灭和重生。

空间创意领地的科幻开发，跟詹姆逊所说的对当前世界的否定或苏恩文所指的疏离于当前社会非常符合。这种否定与疏离，常常还会进入哲理层面。例如，韩松在《逃出忧山》中描述的"忧山"风景区，会突然把世界上所有人都屏蔽掉，只剩下主人公和他的太太。于是，复杂的社会背景和社会关系被隔绝，两个人的世界占据了整个宇宙的全部空间。这种明显具有方法学意义的科幻飞地，已经将物理空间引向社会心理空间。

科幻小说的第二个创意领地是时间。威尔斯的《时间机器》是时间创意作品的开山鼻祖。在小说中人类到达了80万年以后，生物进化和社会演化使维多利亚时代的现实被推向极致。《时间机器》是科幻小说从古典到现代的转折点，新的时空观由此被建立起来。要是知道在这样的年代里爱因斯坦还没有提出相对论，就更能体现小说的创新价值。

在时间题材科幻作品中穿越是常常发生的事情。但是，科幻小说中的穿越跟奇

幻作品中的穿越不同，它一定具有认知性的解释。《时间机器》中的时间旅行家采用的是时间旅行机，这种机器能深入四度空间去完成使命。在苏联作家沙符朗诺夫等的科幻小说《人造小太阳》中，穿越时间采用的是一种让生命暂时休眠的药物，这种药物由外太空飞来的陨石释放，且能维持人的昏迷时间长达150年。通过"冷冻术""相对论时空效应"或"超时空大门"等方法进行的时间穿越术也被科幻作家"发明"出来。

从事过时间创意题材科幻小说创作的作家都知道，如何处理不同时代的人相互遭遇是一个难点。怎样让两者相互理解对方。这其实就是一个当代文明之间相互碰撞的缩影。当然，还有更多难题需要处理。例如，当从现在到达过去，在跟以往的时间发生交会中改变了过去的历史，世界将会怎样？这一点一直折磨着作家。当他写到一个人回到过去向自己未出生前的那对年轻父母开枪并射杀其中一人，那么此后将不会再有开枪者本人的存在。故事进入一种悖论状态。为了避免这种现象出现，科幻作家创造了平行世界理论。这种理论认为，跟我们世界平行的时空世界在宇宙中可能还有无数个。你改变了过去，其实就是让你进入到另一个平行空间之中。所以，主人公到过去每一次改变历史，都导致他进入到与前面不同的另一个历史轨迹，也将面对一个全新的未来。试想如果真有无数这样的历史路径存在，那么个人的所有梦想至少会在某一个空间里变为现实，有情人终成眷属将成为宇宙的真理。

时间题材的科幻小说也是强烈的批判现实小说。当我们冒犯已知的历史，更改历史发生的一切，我们也就走向了对这段历史的部分或全面的否定。此外，时间题材科幻作品还给我们思考决定论和偶然性等哲学问题提供了更多素材。

在科幻小说的漫长历史中，除了对自然时空的创意性追寻，人们更对自身创造的技术/社会空间情有独钟。早在科幻小说成为一种独特文类的初期，有关太空戏剧的科幻就相当盛行。在太空戏剧中常常会出现一种在外太空不断飞行的巨大飞船，人类在飞船上繁衍，代代相传。这种人造技术空间中所发生的一切，都与它所依赖的技术和其中孕育出的微型社会有关。

与世代飞船类似，机器人世界也是科幻小说探索的一种人造空间。机器人世界科幻小说中谈论的都是机器跟机器之间的关系，人们通过这种第二自然的表述映衬自己，也发现他者。20 世纪 80 年代，一种称为赛伯空间（cyberspace）的新型创意领地被加拿大作家威廉·吉布森发现。让人进入到完全由电子技术所开拓的数码世界，同时仍然保持着自然人的感受力和操纵力，那人生将会变得如何？在《神经浪游者》中，吉布森的主人公通过某种虚拟现实进入数码空间，成了数码世界的映像生命。从表面上看，小说撰写于跨国公司垄断世界的今天，但主人公作为"键盘牛仔"打入网络去挣脱束缚，"解困被压制的信息"的做法，则明显具有未来性。这部被称为赛伯朋克（cyberpunk）肇始之作的小说，开创了人在技术空间中生存的全新形式，而小说中预言的数码迷幻剂、黑客攻击、僵尸软件、具有独立意志的人工智能等都已走向或接近现实。这些事实证明，科幻确实如詹姆逊所言，是一种通向未来的"方法"。

有关人创造的技术 / 社会空间创意的价值及其伦理、道德和哲学问题，每每都是科幻作品引发争论的焦点。克隆人的世界、机器人的世界、人造人的世界、人机交互版网络数码世界到底是怎样的世界？我们该怎样面对这样的世界对当前的侵袭？电影《黑客帝国》中的一句话"欢迎来到真实的荒漠"，已经引发了多部哲学著作的诞生，而唯物主义和唯心主义这些经典哲学流派将在怎样的水平上面应对上述创意的发生？美国女性主义哲学家唐娜·哈拉维在她的《赛伯格宣言》中对转基因和赛伯格（cyborg，一种人机复合体）的欢呼和感叹，也许最具有代表性。一方面，哈拉维欢呼转基因和赛伯格技术捣毁了性别政治；另一方面，她觉得除了接受，也没有什么更好的应对办法。

在所有科幻的创意空间中，最具有怀旧性、跟当代高科技最为背道而驰的可能就是心灵空间创意题材。早在 20 世纪 60 年代，一批英国作家就曾经沿着现代化的相反方向，去探索时空和技术之外的创意世界。结果，他们找到了人类的心灵。

科幻中的心灵世界也被称为内部世界或内层空间。早期的心灵小说常常借助弗洛伊德精神分析学去打乱情节构造或替换数理化等硬知识成为认知主体。在这些作品中，破除逻辑线索和挖掘潜意识、追求非理性欲望冲动的表达，是展示心灵空间的一种重要方式。这一点与主流文学曾经出现的现代主义变革类似。但从内容本身寻求心灵飞地的努力，则让科幻小说跟主流小说拉开了距离。

例如，在布里安·奥尔迪斯的小说《杜甫的小石头》中，主人公回归到杜甫的时代，跟大诗人进行了深度对话，正是借助这种对话发掘出诗人心灵跟宇宙之间相通之处。奥尔迪斯的另一篇小说《月光掠影》，通过把宇宙进化历史置于个体一次夏日傍晚的短暂遐想之中，让宏大的世界历史跟渺小的个人体验相互交会，如梦如烟，似真似幻。而巴拉德的鸿篇巨制《毁灭三部曲》的结尾则发现，唯有对心灵的保养和追求才能拯救世界。

有关心灵创意的科幻作品，起源于 20 世纪 60 年代左翼知识分子对现实的失望，更起源于他们对英美黄金时代所形成的文类枷锁的破除愿望。这些集合在英国《新世界》杂志周围的作家，打破了自然和技术科学垄断科幻创意的局面，大胆地将社会科学甚至人文学科知识引入科幻创意空间，这在极大程度上验证了詹姆逊所言，科幻文类才是真正对现实超越的、具有重要价值的文学作品。

作者简介

吴岩　满族，北京市人，管理学博士，科幻作家。北京师范大学文学院教授兼博士生导师、中国科普作家协会常务理事、世界华人科幻协会会长。著有《心灵探险》《生死第六天》等长篇科幻小说和《科幻文学论纲》等学术著作。

科幻小说的科普功能

丁子承

科幻小说作为名称中带有"科"字的小说类型，自从进入中国以来，就一直与科普有着千丝万缕的联系。但是，科幻是不是应该承担科普功能，或者如何承担科普功能，也始终是人们争论的焦点。本文尝试从新的角度出发，通过界定不同层面上的科学与科普的定义，进而讨论科幻小说与科普之间的关系。

科普的三个层面

科普是科学普及的简称，但科学本身却是具有多种维度的复杂概念。在最基本的层面，科学可以被视为一套关于自然的信念；在方法论的意义上，科学指的是检查自然现象、获取新知识或修正与整合先前已得的知识所使用的一整套技术；最后，科学又代表了一种价值观的取向，是由科学性质所决定并贯穿于科学活动之中的基本的精神状态和思维方式，是体现在科学知识中的思想或理念。

对应于科学的三个层面，科普也同样具有三个层面的内容。首先是普及科学知

识，阐述科学概念的层面；其次是解释科学方法，分析科学规范的层面；最后是传递科学精神，弘扬科学价值观的层面。

传统上的科普观念，多集中在第一层面。即科学知识的普及层面，常常具有功利主义、权威主义和自上而下的特征。在传统的科普观念中，科学被视为不容置疑、必然正确的真理，公众则是等待灌入科学知识的空瓶子。对于这样的情况，近年来也有许多专家学者进行了反思和批评："我们的科普作家，总是对科学一味持景仰和赞颂的态度，认为科学家都是道德高尚、智力超群的人物，科学总是推动历史进步的动力，总是证明的，而比较忽视科学的负面影响，忽视科学家的普遍人性的方面"。

吴国盛、刘华杰等学者因此在传统科普的基础上提出科学传播的概念，一方面消解传统科普中自上而下的权威主义特征，更为强调作为科普对象的公众在科普过程中的参与；另一方面也将科学重新定位为一种价值取向，更为重视对科学方法、科学思维的传递和表达。

科幻小说承担科普功能的争论

科幻小说自传入中国之初，就被赋予了科学普及的功能。但在早期科幻小说的发展中，可以看到大部分都在试图强调科学在救亡图存、富国强兵中不可或缺的重要性，也就是重点关注功利性的层面，对于科学方法和科学价值观甚少关注，甚至往往会在传统认识论的内核上套一层科学的外衣。如《月球殖民地小说》中主人公乘坐科技先进的气球飞往月球，《新纪元》里中国与西方列强以各种科技手段斗法以及《电世界》中发明家依靠电翅消灭入侵者，等等。在本质上，这些小说仅是借用科学的外衣对传统神魔小说加以改造和重构的文本游戏。

新中国成立后，科幻小说呈现出新的面目，抛弃了早期科幻小说中近乎怪力乱神的内容，更加注重技术细节和科学合理性。但是，通过科幻小说来表达科学技术的重要性这一基本认知并未改变。科幻小说中的科学依旧是不容置疑的真理，科学在社会发展中的重要性依然不容挑战。因此，在这一时期，人们通常将科幻小说中描写的科学技术不仅视为天马行空的想象，更倾向于认为它们是必将实现的"未来的现实"。比如，1958 年 12 月的《少年文艺》杂志刊登了一篇编者按，认为在该杂志 10 月号上发表的一篇科幻小说中，对未来社会形式的预言是错误的。这说明当时的人们期待乃至要求科幻小说中的未来必须同（集体想象中的）未来相符，无论是在自然科学还是社会科学上。

正因为对科幻小说怀有这样一种普遍期待，科幻与现实之间几乎必然地产生了冲突的可能性。从大众普遍认为的科学技术的重要性出发，作为描写未来的科幻小说，必定要将科学放在无比重要的位置上。从"未来的现实"出发，科幻小说中的科学又必定要求符合科学发展的技术逻辑，以及集体意志对科学发展的认知。

事实证明，这样的要求是科幻小说无法承担的，也是与科幻小说自身的要求相悖的。1979 年，以《中国青年报》刊登的一篇批评叶永烈科幻作品的文章《科学性是思想性的本源》为开端，展开了科幻小说是否应该承担科普功能的争论，随后又有科幻小说"姓科"还是"姓文"之争。然而，到了 1983 年，一些科幻作品被正式定性为"精神污染"，开始了对科幻力度不小的批判。当时的主流话语认为，一些科幻小说中的"科学"是虚假的、扭曲的科学，不仅不能起到普及科学的作用，反而会向大众灌输错误的知识。这一结论沉重打击了科幻的发展。

进入 20 世纪 90 年代，科幻小说重新兴盛起来，同时也再次带来科幻小说是否应该承担科普功能的争论。"姓科"还是"姓文"之争、"硬科幻"与"软科幻"之争，事实上都是这一问题的反复变奏。但与此前不同的是，在这一时期，科幻界逐渐统一认识，认为科幻不必承担科普功能，譬如王晋康认为，"科幻就其本质来说是文学而不是科普，这一点毋庸置疑"。可以说，科幻小说的价值取向，在 21世纪呈现出百花齐放的态势。

科幻小说与科学传播

应当承认，无论价值取向如何变化，作为一个门类的科幻小说必然具有一些共性，否则这一门类无法存在。从科普的角度出发，笔者认为，可以将科幻小说定义为"具有科普功能的小说"。当然，这里的"科普功能"并非单指知识普及层面的科普，更包括科学方法与科学精神的传递和普及。

如果仅作为科学知识普及的工具，正如历史上反复出现的争论所证实的，科幻小说带有与生俱来的弱点。它不能承担科学知识的严谨性，也不能承担预言未来的准确性。尽管的确出现过一些预言未来科技的成功例子，如凡尔纳的小说所呈现的那样，但与其说这是科幻小说的成功，不如说是读者强加给科幻小说的评价。

事实上，即便是成功预言了许多科技发展的凡尔纳，在他的小说中数量更多的还是缺乏技术可行性的幻想。如果仅从普及科学知识的角度评价科幻小说，其结果必然是像 20 世纪 70 年代的争论一样，将科幻小说视为歪曲科学的有害文类。但如果跳出传统科普观点的桎梏，按照科学传播的定义去审视科普工作，尝试寻找有效的手段去传播科学精神，科幻小说就会呈现出无可取代的价值，因为科学精神正是科幻小说中最基本、最核心的价值观。

无论何种科幻小说，其创作必然基于这样的认识：世界是可以理解的，现象是可以解释的。所以，我们可以在《荒潮》中看到陈楸帆花费大量笔墨描写女主人公的意识转移到机器人体内的过程和原理，也可以在《北京折叠》中看到郝景芳解释小说中那种社会结构的形成原因。不妨设想一下，如果同样的设定放在诸如《冰与火之歌》与《魔戒》这一类奇幻小说中，作者还会对背后的科学原理做出详尽的解释吗？科幻小说之所以成为科幻小说，最核心的特征就在于作者在创作过程中的自觉。克拉克有一句名言：最先进的科学与魔法无异。而在科幻作者们的心目中，魔法注定需要科学的解释。

另外，科学精神毕竟是抽象的概念，它不像科学知识一样具有可供认知的定义或实体。因此，科学精神的传播往往具有更大的难度，同时也很难找到合适的载体。然而，这些难题恰恰正是科幻小说最善于解决的。就像是《小灵通漫游未来》中的许多描写在今天看来早已过时，但并不妨碍它引导无数读者走上科学的道路。作为以故事性、趣味性为天然要求的类型文学，科幻小说能够在吸引读者沉浸到故事中的同时，以潜移默化的方式传达科学精神，在不知不觉中影响读者，使之适应科学的思维方式，建立科学的价值观。

结语

科学有多种维度，科普也有多种维度，那么科幻小说的科普功能也具有多种维度。传统的科普观念具有功利主义、权威主义和自上而下的特征，已经不适应新时代的需要。相应地，如果仅从传统观念出发，对科幻小说提出承载科普功能的要求，那就难免陷入与科幻小说的性质相悖的境地。但如果跳出传统观念的桎梏，转而从价值观的层面分析，科幻小说便显现出在传播科学精神上的巨大优势。"授人以鱼，不如授人以渔"。科幻小说作为先天具有科学价值观的文学类型，正应当自觉承担起传播科学精神的任务，在科普工作中发挥自己应有的作用。

作者简介

丁子承　笔名丁丁虫，上海市科普作家协会副秘书长，科学松鼠会成员，科幻作者、翻译。

太空艺术与科幻影视

喻京川

当人们还在冥想天空里是一个怎样的世界时，太空画家们已经捷足先登了。

19世纪末20世纪初，法国天文学家兼太空画家吕都（Lucien Rudoux）在天文学研究成果

图1　吕都作品《月面》

基础上以绘画方式对太阳系各大行星、卫星以及系外双星、星云、星系等天体进行了深入的研究与描绘，宇宙的面貌开始清晰起来。

以科学为主导的太空美术（Space Art）最早可以追溯到伽利略，是他在1609年把望远镜指向天空，看到了从未见过的天象景观。由于照相机还没有出现，他是

最早用画笔对天象进行精细描绘的人，可以说他的天体素描作品是太空美术的开端。

20世纪40年代，美国太空画家切斯利·邦艾斯泰 (Chesley Bonestell) 将太空美术以传统架上绘画方式表现出来，使西方绘画中增加了一个新的独立题材绘画领域，也使得邦艾斯泰成为"现代太空美术之父"。

与太空美术直接产生于天文观测和严谨的科学研究不同，西方科幻美术主要产生于科学设想、科幻小说插图中。这些科幻作品的一个大的题材范围与星际旅行、星球开发、外星生命等内容有关。在早期的科幻插图中，作者不太注重太空的科学性，对人在太空中的活动也是天马行空。像凡尔纳小说《环绕月球》插图里，人们身在月球上却没有穿宇航服。一直到20世纪20年代之前，人们对于宇宙和其他行星的认识大都还只是处于虚构的阶段。

图2 伽利略的月球素描作品

太空美术的发展逐步将太空图像具象化、严谨化、科学化。20世纪40年代后的科幻美术在太空题材上，特别是对太空环境的描绘上逐渐理性和真实起来。

图3 美国杰出的天文艺术家——
太空美术大师切斯利·邦艾斯泰

太空美术除在对科幻美术的太空题材具有先导性作用外，对太空题材的科幻电影也产生了直接的影响。1968年，以克拉克作品改编的科幻电影《2001：太空漫游》是一部划时代的电影作品，其壮观真实的太空场景令人惊异，特别是对轮式空间站和月面的场景设计，是直接源于对邦艾斯泰作品的延续。

当代空间天文学和空间探测技术的不断进步

图4 凡尔纳科幻小说《环绕月球》插图

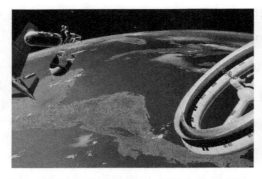

图 5　邦艾斯泰油画作品：轮式空间站（20 世纪 50 年代）

图 6　科幻电影《2001：太空漫游》轮式空间站（1968 年）

图 7　邦艾斯泰油画作品：月球峭壁（1949 年）

图 8　科幻电影《2001：太空漫游》月球峭壁（1968 年）

为我们带来了巨大的视像观念的变化，太空画家们沿着科学家开辟的知识路线和视觉窗口不断推出新的图像世界，让人们对宇宙图景有了更多、更真切的认知，具有很强的前瞻性与开拓性。那些不同的艺术领域如科幻美术、漫画、媒体艺术、艺术设计等也开始吸收和借鉴太空美术的众多图像元素，并且逐步产业化，对文化创意产业影响深远。

　　目前，对太空美术的创作已不只是限于书籍插图和架上绘画，一些雕塑、装置、数字媒体、当代艺术、动漫影视等也广泛地参与其中，众多艺术形式的介入使得太空美术形成了综合性的艺术类型，也即太空艺术。太空艺术除了太空绘画以外，还包括了太空摄影、太空设计、太空影视等众多门类。

　　太空摄影是人们在摄影艺术这一领域向天空的扩展。一类是广大摄影爱好者和专业摄影师拍摄的星空风景照片，又叫天文摄影或星野摄影。另一类是包括大科学项目的地面望远镜和空间探测器拍摄的太阳系各大行星照片、宇宙深空天体照片、宇航员在飞船和空间站上拍摄的星空与地面照片、登月照片、着陆火星后的火星风光照片，等等。这些摄影作品不但为科学研究提供依据，同时也极大地开阔了人们的眼界，为艺术创作提供了丰富的素材。

图 9　太空摄影

太空设计指的是在艺术设计中设计师大量借鉴天文、宇航、太空风光等元素所进行的各项艺术创作。包括：工业设计、建筑设计、服装设计、交通工具设计、日用品设计、工艺品设计、公共和家居环境设计等十分广泛的艺术应用。这也说明太空艺术已经渗透到了我们生活的方方面面。

图 10　太空设计

太空影视这一艺术领域在我们的文化生活中更加突出。我们看到过很多相关科幻影视里应用了太空场景设计，特别是美国好莱坞大片，更是把视觉效果推向了极致。《2001：太空漫游》《星球大战》《火星任务》《天地大碰撞》《阿凡达》《2012》《地心引力》《星际穿越》等这些不同年代科幻电影的太空场景特效，被视觉艺术家推向了一个又一个高峰，不断

图 11　太空影视

刺激着观众的神经。而这些特效无不是建立在科学基础之上，把科学与艺术深化在每一个细节之中。

太空艺术与科幻艺术相结合的太空科幻艺术，在国外已经发展到了一个很高的水平，对其产业开发也是全方位的，有着十分成熟的艺术市场机制。在国内，几乎没有科幻传统且又缺乏原创人才，基本上是模仿国外的作品，而且同质化现象十分严重。作者都很年轻，很多作品的技法尚未成熟，想象也比较幼稚，没有自己的独立艺术语言，更谈不上主体性、自主性的确立。一些还属于极少、极个别的国内科幻画家在创作过程中虽在自觉地进行具有民族性的创作（这是一种文化自觉的表现），但人少力单，远不能承担起太空艺术、科幻艺术本土化的重任。

现在国内科幻界在大力提倡科幻艺术的产业化，但是，目前所见类型千篇一律，时有抄袭、模仿。这正说明国内科幻艺术人才少、创新少、产品少，形成产业规模和自主艺术风格还有很长的路要走。

创作类型有两种：一种是命题创作，一种是自由创作。目前国内的影视、媒体、游戏、动漫等所涉及的科幻艺术创作还不多，即使进入这一领域，也几乎是完全模仿国外现有类型以符合国人的口味，基本上是"命题作文"。而且，通常对创作者不会有过高的要求，更谈不上有多高的艺术性。艺术院校大量培养的也是这一类以技巧操作为主的应用型人才，可以看成是国内或国外艺术产业链的代工者。对太空艺术、科幻艺术具有推动作用的应该是自由创作，对这类创作者而言，他们不受市场左右，完全凭自己对这一艺术题材的热爱、理解和感悟进行研究和深度创作。他们是引领艺术潮流的先驱者，是真正的创作型人才。

对太空艺术创作者来说，具备较全面的天文学知识很重要，而且需要不断跟踪现代天文学的前沿课题，把握最新研究成果。只有这样，才能发掘出更多更新的艺术题材内容，进入到更深层次的艺术创作领域，带给人们新鲜的作品面貌。这种创作过程和状态可能很辛苦，很艰难，可一旦完成就将确立起一个新的题材标杆。太空美术题材对作者的知识要求确实比较高，这一门槛阻挡了大部分艺术创作者参与的兴趣，这也是一个较大的矛盾。如果用科学界对物理学科分类的定义，他们应该属于"理论物理学家"，而那些从事文化创意产业的作者，则属于"应用物理学家"

范畴。

近年来，国内科幻界对科幻电影的热情和期望越来越高。确实，随着本土科幻文学的发展，进入电影领域也是水到渠成的事。这里给人的印象似乎是有了好的文学作品和剧本，中国科幻电影的繁荣就指日可待了。其实并非如此。

电影是一门综合艺术，其中视觉艺术占有绝对的强势地位，在大多数国外卖座科幻影片中，故事可以很简单，视觉一定要震撼。而这些视觉奇观离不开美术的核心支撑。而电影美术的基础仍然是绘画艺术，这是毋庸置疑的，特别是科幻影视，国外科幻电影的视觉艺术是在上百年科幻美术、太空美术发展基础上逐渐积累形成的，且已经具有深厚的艺术积淀和相当成熟的艺术创作程式与风格。缺乏科幻艺术支持的科幻电影无疑是空中楼阁，无源之水。

看到国内科幻文学界的作品，已经逐步形成了具有中国自己特色的本土科幻风格，令人欣喜。反观目前国内的科幻美术，似乎还处在咿咿学语的阶段。绘画艺术有其自身的发展规律，中国的科幻绘画要想拥有本国、本民族特色的艺术语境，也需要不断地探索。这肯定是一个长期的积累过程，但也是必须经历的痛苦过程。

就现在来说，国内科幻电影虽然可以有很好的本土剧本，但没有相适应的国内科幻艺术的支撑，也很难达到西方那样的艺术高度，这是一个艺术发展与积淀的深层问题。观众的口味已经被西方科幻电影调得很高，一些相近题材影片很难超越，

但是其他的科幻艺术类型也还没有国内科幻艺术家去探索，缺乏艺术积淀，这就使得国内科幻影片想在短期内制作出较高水平的视觉大餐变得不可能。

目前科幻界对国内科幻电影扶植力度之大、期望之高前所未有，

图12 西方太空科幻绘画的演变

但对科幻美术的关注和扶植却十分有限。先不谈国内的大环境，就科幻界内部也还是重视不够。

多次看到一些对国内科幻艺术的评论，认为中国的工业化水平低，对科学的认知观念不高等是其症结所在。我想这只是一方面，即使将来工业发达了，设计水平上去了，拍出来的科幻视觉效果是否还是西方科幻的复制品和翻版？以中国为代表的东方艺术绝不比西方艺术低下，根植于东方本民族艺术传统和形式的科幻艺术也一样能孕育出震撼人心的艺术景观，这是东西方两种艺术体系和语言的对话。面对这种新的艺术语言，我们不但要深入探索，还需要努力去培植、孕育。希望国内有更多的艺术家加入到自由创作的行列，提升太空艺术、科幻艺术的创作水平，创造出具有鲜明的民族化艺术语言和风格的作品。

国内科幻界对科幻美术的重视程度应该超越科幻电影，只有国内科幻艺术大大地提升和成熟了，科幻电影的视觉艺术水平才能有一个大的跃升，也不会出现目前国内想搞科幻电影的人们对科幻视觉效果不佳深感头疼的状况。这一状况使得投资方和导演们不得不把艺术设计寄托在国外制作视觉效果的团队身上，而这样一来，对国内科幻艺术的发展又会是一个釜底抽薪似的打击。

1984年，由北京天文馆创始人之一李元先生牵头，邀请美国太空画家切斯利·邦艾斯泰和日本太空画家岩崎一彰（Kazuaki Iwasaki）在北京天文馆举办了影响深远的太空美术大展，且在全国十多座大中城市巡回展出，这是我国改革开放之初最大规模的太空美术引进宣传活动。1997年，由四川省科学技术协会和《科幻世界》杂志社在北京举办的北京国际科幻大会上专门举行了国内首个科幻美术画展，推出了一批优秀的国内科幻美术画家。2004年和2008年在北京天文馆举办了两届"中国太空美术作品展"，对太空美术创作起到了积极的推动作用。2009年和2012年在北京天文馆又举办了两届重要的太空画展：一个是由沈阳师范大学美术与设计学院教师和学生创作并举办的"'仰望星空'——中国首届天体油画创作作品展"，一个是由中国科普作家协会美术专业委员会主办的"'科学美术之光'——全国科普美术作品展"。在这些展览中出现了一大批优秀的太空美术和科幻美术作品，一些美术界著名画家的参与，把国内太空艺术和科幻艺术推向了又一个高峰。

图13 '仰望星空'——中国首届天体油画创作作品展，沈阳师范大学美术与艺术设计学院主办

图14 '科学美术之光'——全国科普美术作品展，中国科普作家协会美术专业委员会主办

著名的国际奇幻与科幻艺术家协会（ASFA）专门对科幻艺术家设立的奖项"Chesley Awards"（切斯利奖），以美国杰出天文艺术家——太空美术大师切斯利·邦艾斯泰的名字命名。该奖多年以来对科幻美术、科幻电影艺术的发展起到了巨大的推动作用。希望国内科幻界也能设立相应的科幻美术奖，以奖励和推动国内科幻艺术的积极进步。

今天，随着科学普及的深入和人们文化素质的提高，太空美术、科幻美术已被大众接受和认同；随着科普书籍杂志的繁荣、科幻影视的发展，科幻艺术市场的发育，其需求更加巨大，中国太空美术和科幻美术更需要社会力量的大力支持。

图15 国际奇幻与科幻艺术家协会（ASFA）设立的"Chesley Awards"（切斯利奖）

太空美术和科幻美术是科幻艺术的基石。只有更多的创作者和更多类型丰富多样的作品呈现，才能使国内科幻艺术与国内科幻文学相融合，才能带来科幻全面繁荣的局面。中国科幻就像是一只展翅的雄鹰，科幻文学和科幻艺术是它的一双翅膀，单凭文学这一只成熟的翅膀是不能飞翔的，双翅都能展开才能飞得更高，更远！

作者简介

喻京川　1980 年在北京天文馆创始人之一李元先生的一篇《星球世界漫游》太空组画（刊于《少年科学画报》1980 年第 3 期）介绍启蒙下，喜爱上了天文。自此，从小学到大学一直在进行太空美术方面的创作尝试。

1991 年，在李元先生指导下开始从事太空美术的深入研究与创作。作品在《人民日报》《光明日报》《科技日报》《科学》《中外交流》《天文爱好者》《科幻世界》《中国大百科全书》（第二版）、美国《新闻周刊》、日本《SF 研究》等 30 多种报纸杂志上发表，并成为中国首位举办太空美术画展的画家。

历年参加的画展有：1997 年北京国际科幻大会上举办的个人画展、2001 年清华大学美术学院主办的艺术与科学国际作品展、2009 年沈阳师范大学美术与设计学院举办的" '仰望星空' ——中国首届天体油画创作作品展"，并多次获奖。

现为北京天文馆美术设计师、北京美术家协会会员、北京天文学会会员、中国科普作家协会会员、国际天文学美术家协会（IAAA）会员。

日本科幻小说在中国的译介（1975—2015年）

姚利芬

本文将 1975—2015 年日本科幻小说的汉译本分为两个时段进行考察，从译本的名称、数量、内容、传播及影响等方面具体梳理翻译活动：1975—2000 年是以名家名作为核心展开的翻译活动，2000—2015 年则为全面铺开，广泛引入的发展期。日本科幻小说的通俗化叙事，恰恰最值得中国科幻作家学习、借鉴。

一、引言

日本科幻小说在中国的译介共经历了两次高峰期。第一次翻译高峰在清末民初，（1891—1917），欧洲和日本的科学小说被大量译介到中国，翻译的日本科幻小说有 18 种。其中有当时日本驻中国大使矢野龙溪的小说，"日本科幻小说之父"押川春浪等 11 位作家的作品，这些科幻小说主要涉及未来世界、科学及发明、军事等主题。明治维新之后，日本积极引进西方文化，当时留日的中国学生追求科学新知，致力于将一些从欧美引入的日文版本的科幻小说翻译成中文。比如，鲁迅翻译的法国科幻作家儒勒·凡尔纳的两部科幻小说《月界旅行》和《地底旅行》，皆译自日文。日本古代的文学、文化发展得益于中国文化在日本的传播和滋润。从清

末民初直至 20 世纪 40 年代，日本成为中国接触西方和俄苏文学、文化新思潮的一个重要中介。这批日本科幻小说与英国科幻作家赫伯特·乔治·威尔斯的《时间机器》、凡尔纳的《八十天环游地球》与《神秘岛》等作品随着翻译涌入，不断介入到中国科幻叙事的想象里面，烘托出一个新的想象空间，成为中国科幻文学触发的重要源头。

第二次翻译浪潮自 1975 年起延至今日。据统计，40 年来我国共翻译了 76 种日本科幻小说（含复译本）。日本当代的科幻作品在中国亦广受欢迎，尤其是 20 世纪 80 年代后，随着电视的普及，动漫开始影响中国科幻。日本动画约有 60% 为科幻题材，"日本的科幻动画片是世界科幻艺术宝库中的奇葩，几乎所有当代日本动画艺术的划时代作品都是科幻片"。无论是动画还是电影，构成的根基均为剧本。尤其以动画来说，虽然不乏优秀的原创作品，但总体论之，更多的动画作品依旧还是基于已有的优秀剧本改编而成，科幻小说是剧本之源。动漫与科幻小说文本"互促式"的引入，是新媒体背景下的突出特色。目前，学界对第一次翻译浪潮中日本科幻小说的引入关注较多，对新时期 20 世纪 70 年代后日本科幻小说的译介缺乏系统关注，搜罗资料文献较为全面的王向远著《二十世纪中国的日本翻译文学史》，对于日本科幻文学的翻译介绍存在缺位和不全面的情况。因此，本文旨在对译介的日本科幻进行详细梳理考察，以补缺漏。

一般选择什么样的文本作为翻译对象？据对出版社与译者的调查，通常认为出版社选择的标准是尽可能地捕获市场并赢利，具体标准有四点：是否拿过奖；作者是否著名；是否有相关影视等衍生品；国内是否有知名度。这里不能不提的是日本"星云奖"，它与科幻小说文本的择选直接相关。该奖设立于 1970 年，是日本幻想小说界最权威的奖项，在国内有相当的影响力。该奖项每年由日本科幻年会（Japanese Science Fiction Convention）成员投票选出，候选对象是上一年 10 月到当年 9 月，在商业杂志上发表或以单行本方式出版的日本原创幻想小说、评论和漫画等。本文介绍的 76 种科幻译本中，有 15 种为日本科幻"星云奖"获奖作品。此外，重点考察对象为在中国内地发行的单译本，中国香港、澳门、台湾地区出版发行以及杂志发表的科幻译文不在讨论范围之内。

二、1975—2000 年：以名家名作为中心的翻译活动

关于 20 世纪中国的日本文学翻译史的分期，王向远在《二十世纪中国的日本翻译文学史》中分为五个阶段：即清末民初（1898—1919）、20 世纪二三十年代（1920—1936）、战争时期（1937—1949）、新中国成立头三十年（1949—1978）、改革开放以后（1979—2000）。综合来看，战后到"文化大革命"结束这段时期，由于意识形态的影响，日本文学的翻译多集中在反映阶级斗争的作品、无产阶级和进步作家的作品，由此扩展到对既成名家作品的翻译，而真正的对日翻译活动集中在 1978 年改革开放之后。

这一阶段的科幻翻译伴随着日本科幻小说发展而兴起，共引进译著 26 种（包括合集）。代表译作有：小松左京著的《日本沉没》《宇宙漂流记》等 4 种译本，星新一的《一分钟小说选》《不速之客》等 16 种。此外还有松本清张的《末日来临》、筒井康隆的《绿魔街》以及田中芳树的《银河英雄传说》共 6 种（以上均含复译本）。小松左京与星新一的译本数量高居榜首，这两位作家与筒井康隆在日本科学幻想（SF）界合称为"御三家"。

这一时期的译作，以灾难科幻、推理科幻及架空历史的科幻为主。特别需要指出的是灾难科幻的肇始之作《日本沉没》的译介。它于 1975 年由当时指定译介外国文学的机构——人民文学出版社组织翻译，但为内部发行；1986 年，李德纯译、吉林人民出版社推出的版本正式公开发行，21 世纪之后又陆续有其他译者的版本出版，迄今已出版 6 种《日本沉没》的汉译本（包括复译本）。它是第 27 回日本推理作家协会赏和第 5 回星云赏日本长篇组获奖作品。1973 年由光文社出版发行，创下了上、下集 400 多万册的销售纪录，成为当年日本第一畅销书（后又有电影、电视、漫画等衍生品出现）。《日本沉没》迄今已有 7 种汉译本出版。小说讲述的是地质学家研究发现，由于地壳变化，整个日本将在 380 余天后沉入海底，日本政府想尽办法化解这场前所未有的危机。

由于频发的地理灾害与核阴影的笼罩，世界末日的想象在日本科幻小说中根深蒂固，《哥斯拉》《日本沉没》等忧患科幻一度在日本掀起一股"恐惧热"，这类科幻抓住了日本民族心理最为脆弱和敏感的一面。无独有偶，松本清张的《末日

来临》也描绘了灾难将至前世间浮世绘：太平洋自由条约组织 Z 国误射的数枚核弹，正朝着日本首都东京飞来。市民们闻此噩耗，四处溃逃，引发一片混乱，人心的异变比真正的核弹爆裂产生的破坏还要巨大。

20 世纪 80 年代是星新一科幻短篇翻译的黄金时期，李有宽翻译的《不速之客》《诱骗》《一段浪漫史》皆是这段时间的译作。可以说星新一是世界上唯一一位以超短篇小说闻名的作家，据称其发表的作品超过 1001 篇。他的作品构思精巧、富于哲理，其人堪称日本科幻界乃至世界科幻界的奇才，其作被誉为"科幻中的俳句"。他的微型小说像日本社会的一个个特写镜头，汇成了雄伟奇特、壮观美妙的历史长卷，展示出日本社会发展的足迹、人情世俗、社会风貌以及世态炎凉。

总体来看，这一时期引进的日本科幻小说定位读者仍是少年儿童，《日本沉没》被定性为"青少年必备科幻丛书"，而星新一的小说传入中国后，几经转变和发展，最终被定位为面向青少年的科幻微型小说，这与国内一度将科幻文学置于儿童文学门类之下有关。

三、2000—2015 年：全面铺开，广泛引入的发展期

兼收并蓄，全面繁盛，面向科幻文学本身与市场，是 21 世纪后日本科幻译介的特点。科幻译介的繁荣跟出版社有计划地引入科幻丛书密不可分，一些出版社因此形成自身的出版品牌。较成熟的有四川科学技术出版社的"世界科幻大师丛书"，新星出版社的"幻象文库"。这一时期的出版社摆脱了原来将科幻定为"儿童文学""儿童读者"的窄化视角，开始还原科幻本相；作品较以往更讲究叙事技巧性与主题的多元性，无论是深度还是广度，均较以往有所开拓。

首先，被译介的作家范围扩大，作品增多。这一时期共引进 50 种科幻译著。对比上一阶段引入 5 位日本科幻小说作家的作品，这一时期则涉及 23 位作家的作品。既有小松左京、星新一、筒井康隆、田中芳树等老牌科幻名家的作品，又有山田正纪、小林泰三、伊藤计划、山本弘、神林长平等新一代科幻作家的作品。在被翻译的作品中，既有《日本沉没》《银河英雄传》等气势磅礴的科幻经典作品的复译出版，还有《看海的人》《艾比斯之梦》《去年是个好年吧》等浪漫温情派科幻作品，《艾

比斯之梦》《去年是个好年吧》均写到美女机器人，是日本近年有代表性的赛朋克作品。此外，还有像《和谐》这类荣膺第40届日本科幻"星云赏"最佳长篇及第30届日本科幻小说大奖，并斩获美国科幻界最重要的奖项之一"菲利普·K.迪克奖"的作品。

其次，科幻文本与影视、游戏交互开发也是这一时期的显著特点。《银河英雄传说》早在1988年就播出了动画版，相关的漫画、游戏也大受好评。有的则是先开发游戏，再引入译本。再以濑名秀明的《寄生前夜》为例，它先由Square公司根据同名科幻小说改编制作成角色扮演系列游戏，共有3部，并于1998—2010年发售。而由四川科学技术出版社出版的同名图书，则于2006年首版发行。

最后，科幻边界的模糊化与多面向。轻小说和动漫对科幻的侵染是日本科幻文化的一大特点，越来越多的主流文学作家也开始将科幻纳入叙事。其中筒井康隆的科幻元小说是20世纪70年代一个重要组成部分，主流文学中的作家如村上春树、村上龙、岛田和彦都开始在叙事中运用科幻小说的技巧。石黑达昌的《冬至草》是这一时期译介的文学性较强的一本科幻小说，由时代文艺出版社引进，2014年3月在中国内地出版。收录的6个短篇小说主题相近，致力于书写无法得到大众认可的边缘人物的悲剧。同名小说《冬至草》堪称佳作，它通过"冬至草"这一虚拟出来的幻象，将战争给人带来的扭曲和病态的献身精神用具象的东西表现出来，既有历史批判的深度，又有文学上的审美创造。

回顾40年来日本科幻文学的翻译，可以清楚地看到，日本科幻翻译活动前进的步伐越来越强劲。2014年引入量最高，达到9种，但总体引进数量仍然偏低。日本科幻小说是在日本文化的大背景下，基于文学广袤的土壤里生长出的"类型之花"，有着鲜明的民族性与地域文化烙印。

总体来看，日本科幻生态较为健全，深受美国科幻及动画、漫画的影响。村上春树回忆自己少年时的阅读经历，称自己一度以看美国的通俗科幻为主。除了少量精英化的科幻叙事之外，日本更多的是通俗化的科幻小说，其在具体叙事表现上，常糅合了推理、恐怖、侦探、轻小说诸多元素：有核心科幻小说，也有泛科幻小说，面孔尤为多元。中国科幻当下的发展瓶颈之一是急需健全生态链，丰富叙事形式。

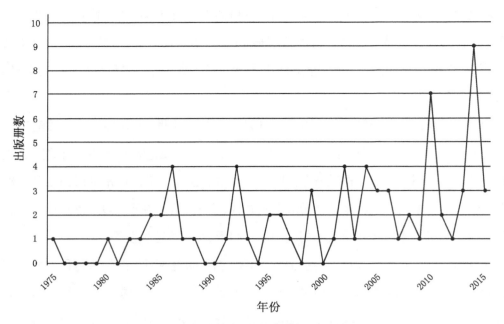

1975—2015 日本科幻小说汉译本出版走势

日本的通俗化科幻叙事较为成功，这恰恰是需要中国学习、借鉴的地方。就出版而言，出版社需要去除同质化选题，精心遴选文本，优化翻译，同时培养一批优秀的科幻翻译家，将真正有价值的科幻作品带给广大读者。

参考文献

袁枫. 清末民初（1891—1917）科幻小说翻译探究 [D]. 中国海洋大学硕士论文, 2009: 16—32.

吕婕. 1900—1919 中国科幻小说翻译的社会学研究 [D]. 华中师范大学硕士论文, 2014.

查明建, 谢天振. 中国 20 世纪外国文学翻译史（上卷）[M]. 武汉: 湖北教育出版社, 2007.

徐正则. 从 2D 到 2.5D——日本科幻动画片的发展之路 [J]. 现代电影技术, 2006: 12.

王向远. 二十世纪中国的日本翻译文学史 [M]. 北京: 北京师范大学出版社, 2001（3）: 1—7.

附录：1975—2015 年汉译日本科幻小说目录

说明：1. 从翻译文学史、比较文学和文献学的角度看，为 20 世纪 70 年代后中国的日本科幻文学译本列一个系统详实、便于浏览和查阅的译本目录，是十分重要和有必要的。

2. 目录所列内容是 1975—2015 年在中国内地公开出版的日本科幻翻译文学作品的单行本。以出版年份排序并兼顾同一著作不同译本的汇集排序。个别的译者、出版年份不明待考者，暂作阙疑。

1975—2015 年汉译日本科幻小说目录

著作名称	作者 / 译者	所属书系	出版单位	出版年份
《日本沉没》（上下）	小松左京著 / 李德纯译	内部发行	人民文学出版社	1975 年 6 月
	小松左京著 / 李德纯译	日本大众文学名著丛书	吉林人民出版社	1986 年 9 月
	小松左京著 / 赵卫平改写	中外科幻故事丛书	民主与建设出版社	1995 年 8 月
	小松左京著		贵州人民出版社	
	小松左京著	青少年科幻经典必备丛书	晨光出版社	2003 年
	小松左京著 / 高晓钢译	世界科幻大师丛书	四川科学技术出版社	2005 年 11 月
	小松左京著 / 豫阳译		青岛出版社	2008 年 1 月
《飞碟与宇宙人》	中岗俊哉著 / 于明学译		吉林人民出版社	1980 年 9 月
《保您满意》	星新一著 / 孟庆枢，潘力本主编		江苏科学技术出版社	1982 年
《一分钟小说选》	星新一著 / 陈真等译		沈阳·春风文艺出版社	1983 年 10 月
《星新一微型小说选》	星新一著 / 李有宽译		湖南人民出版社	1984 年 10 月
	星新一著 / 陈剑彤译		北京航空学院出版社	1986 年
一分钟小说选（续集）	星新一著 / 李有宽译		春风文艺出版社	1984 年
《不速之客》	星新一著 / 李有宽译		湖南人民出版社	1985 年 5 月
《波子小姐》	星新一著 / 黄元焕译		北岳文艺出版社	1985 年 12 月
《一段浪漫史》	星新一著 / 李有宽译		长江文艺出版社	1986 年 1 月
《职业刺客》	星新一著 / 卞崇道，申英民译		百花文艺出版社	1986 年
《宇宙漂流记》	小松左京 / 王彦良，王健宜译	智慧树科学文艺丛书	新蕾出版社	1987 年 8 月
《无影跟踪》	星新一著 / 刘琼峰译		武汉·群益堂	1988 年
《强盗的苦恼》	星新一著 / 周萌译		敦煌文艺出版社	1991 年
《绿魔街》	筒井康隆著 / 陈立宏译	世界科幻小说精品丛书	福建少年儿童出版社	1992 年 2 月

著作名称	作者/译者	所属书系	出版单位	出版年份
《末日来临》	松本清张著/苏德成，龚云表译	世界科幻名著文库	安徽少年儿童出版社	1992 年
《诱骗》	星新一著/李有宽译	世界科幻名著文库	安徽少年儿童出版社	1992 年 4 月
《银河英雄传说》及《银河英雄传说外传》	田中芳树著/	科幻故事连环画	岭南美术出版社	1992 年 5 年
	田中芳树著/蔡美娟译		台湾尖端出版社	1995 年
	田中芳树著/	"外传" 系列	时代文艺出版社	1997 年
	田中芳树著/蔡美娟译		时代文艺出版社	1999 年 12 月
	田中芳树著		内蒙古文化出版社	2004 年
	田中芳树著/蔡美娟等译		北京十月文艺出版社	2006 年 7 月
	田中芳树著		安徽文艺出版社	
	田中芳树著		贵州人民出版社	
	田中芳树著	香港卡通电视剧版	海南摄影出版社	
	田中芳树著	"外传" 系列	辽宁民族出版社	
	田中芳树著/蔡美娟等译		南海出版公司	2014 年 11 月
《空中都市 008》	小松左京著		安徽少年儿童出版社	1992 年
《魔幻星》	星新一著/孙建和 庄志霞译		中国国际广播出版社	1993 年
《肩膀上的秘书》	星新一著/郭富光，于雷主编		春风文艺出版社	1999 年
《和善的恶魔》（又译《可亲的恶魔》）	星新一著/郭富光，于雷主编		春风文艺出版社	1999 年 4 月
	星新一著/郭军和译		印刷工业出版社	2001 年
	星新一著/文彬译	中外科幻小说选集	内蒙古少年儿童出版社	2002 年 5 月
《红尘》	田中芳树著/文彬译	中外科幻小说选集	内蒙古少年儿童出版社	2002 年 5 月
《创龙传》	田中芳树著/文彬译	中外科幻小说选集	内蒙古少年儿童出版社	2002 年 5 月
《凤翔万里》	田中芳树著/文彬译	中外科幻小说选集	内蒙古少年儿童出版社	2002 年 5 月
《亚普菲兰特·田中芳树系列》	田中芳树著	1996 美国最佳科幻小说集	远方出版社	2004 年 5 月
《银月王传奇·田中芳树系列》	田中芳树著	1996 美国最佳科幻小说集	远方出版社	2004 年 5 月
星新一短篇小说集	星新一著/崔昆译		译林出版社	2004 年
《超人骑士团》	平井和正著/倪灵译		北岳文艺出版社	2005 年 5 月
《寄生前夜》	濑名秀明著/陈可冉等译	世界科幻大师丛书	四川科学技术出版社	2006 年 4 月
《雄星球上的交际花》	星新一著/邵芳译		人民日报出版社	2006 年
《无尽长河的尽头》	小松左京著/青睐，盛树立译	当代外国科幻名著	上海科学普及出版社	2007 年 4 月
《异星人》	田中光二著/舒忆，杨剑译	世界科幻大师丛书	四川科学技术出版社	2008 年 12 月

续表

著作名称	作者 / 译者	所属书系	出版单位	出版年份
《穿越时空的少女》	筒井康隆 著 / 丁丁虫译		上海译文出版社	2009 年 7 月
《斋藤家的核弹头》	筱田节子著 / 陆求实译		上海文艺出版社	2010 年 1 月
《棱镜》	神林长平 / 丁丁虫译	世界科幻大师丛书	四川科学技术出版社	2010 年 3 月
《神狩》	山田正纪著 / 王昱星译		四川科学技术出版社	2010 年 3 月
《废园天使》	飞浩隆著 / 丁丁虫译	世界科幻大师丛书	四川科学技术出版社	2010 年 4 月
《太阳篡夺者》	野尻抱著 / 思飙译	世界科幻大师丛书	四川科学技术出版社	2010 年 6 月
《梦侦探》	筒井康隆著 / 丁丁虫译		上海译文出版社	2010 年 8 月
《星新一科幻超短篇·未来的伊索寓言》	星新一著 / 叶蕙译		香港：正文社出版有限公司	2010 年
《龙眠》	宫部美雪著 / 王蕴洁著		南海出版社	2011 年 6 月
《星新一科幻超短篇·宇宙通讯》	星新一著 / 叶蕙译		香港：正文社出版有限公司	2011 年
《去年是个好年吧》	山本弘著 / 程兰艳译	幻象文库	新星出版社	2012 年 9 月
《曙光号》	平野启一郎著 / 赵秀娟译		新星出版社	2013 年 3 月
《宝石窃贼》	山田正纪著 / 王昱星译	世界科幻大师丛书	四川科学技术出版社	2013 年 3 月
《青铜神裔》	立原透耶著 / 冯阅译		四川科学技术出版社	2013 年 3 月
《冬至草》	石黑达昌著 / 丁丁虫译		时代文艺出版社	2014 年 3 月
《风之邦，星之渚》	小川一水著 / 石浩译		清华大学出版社	2014 年 3 月
《来自新世界》（上下）	贵志祐介著 / 丁丁虫译		上海译文出版社	2014 年 4 月
《美丽之星》	三岛由纪夫著 / 丁丁虫译	幻象文库	新星出版社	2014 年 5 月
《时砂之王》	小川一水 著 / 丁丁虫译		四川科学技术出版社	2014 年 7 月
《和谐》	伊藤计划著 / 曲铭译		上海文艺出版社	2014 年 10 月
《屠杀器官》（又译《虐杀器官》）	伊藤计划著 / 邹东来，朱春雨译		上海文艺出版社	2014 年 11 月
《艾达》	山田正纪著 / 王昱星译	世界科幻大师丛书	四川科学技术出版社	2014 年 12 月
《看海的人》	小林泰三 / 丁丁虫译		新星出版社	2015 年 1 月
《艾比斯之梦》	山本弘著 / 张智渊译		新星出版社	2015 年 5 月
《博物馆行星》	菅浩江著 / 丁丁虫译		雅众文化 / 新星出版社	2015 年 8 月

作者简介

姚利芬　文学博士，发表文学作品百余篇，研究性论文 30 余篇。主要研究方向有科幻文学、古典文献学。

第四章 科普图书篇

科普图书的策划

陈芳烈

　　有人说，当今社会是一个重策划、重创意的社会，这或许有点儿道理。小至一份台历、一个广告、一种商品，大到一个城市的建设或一个国家对外的形象宣传，无不需要一个好的策划、好的创意。同样地，人们对图书策划的重视也是前所未有的，以至被认为是当今出版业的一大特征。这也是出版业走向成熟的重要标志。

一、图书策划——出精品的前奏

　　虽然，我们不能一概地认为，所有精品图书都是策划出来的；但是，从近年来的获奖图书和畅销图书来看，它们大都是精心策划的成果，这已是不争的事实。

　　一本书（或一套书）成为精品，不只是由于它有一个好的书名或好的作者，还要求成书过程中的各个环节环环相扣、件件皆"精"。策划是一种超前性工作，既强调事先谋划和精心布局，又专注于对整个出版过程的全程调控。只有这样，才能使得出精品的目标落到实处。

二、科普图书策划——从转变观念入手

先进的科普理念，既是科普图书创新的基础，也是成功策划的基础，具体表现在以下几个方面：

1.科学与人文的融合

科普的基本属性是拉近人与科学之间的距离，让人们在阅读中获取知识，并激发出对科学的兴趣。在这方面，我们尤其要倡导科学与人文融合的理念。例如，我们很多人对"哥德巴赫猜想"的了解，并不是源于高深的数学专著，而是通过阅读徐迟的报告文学作品得到的。虽然，徐迟的《哥德巴赫猜想》不是科普作品，但他那种用文学的手法把艰涩的科学原理讲得如此生动浅近，把数学怪才陈景润痴迷于数学的忘我境界写得如此感人，还真值得我们在创作科普作品时效仿。

在科普作品中，倡导科学与人文的融合，有利于深入揭示科学的本质和内涵，并进一步引起人们对科学的关注。当前关于"转基因""核电""雾霾""电磁辐射"等热门话题的讨论，既是科普，也是人文关怀。我们只有把人的因素放进去，才能达到理想的科学传播效果。

前几年在荧屏上热播的《舌尖上的中国》，是一部以美食为题材的纪录片。由于它融入了文化、旅游等多种元素，从而使得这个很普通的题材变得生动、鲜活，为人们所津津乐道。这对我们策划科普图书也是很好的启示。

科学与人文融合不能是一个空洞的概念，它需要体现在科普图书策划的每一个细节上。

2.好奇心和想象力

好奇心和想象力是激发人们获取新知识和进行原始创新的原动力，它也应该成为我们科普图书策划的基本诉求。

以往，我们的科普创作比较习惯于"我讲你听"的"灌输"方式，而没有把提升读者对科学的兴趣、激发他们的想象力和对未知世界的好奇心作为主要着眼点。这是某些科普读物"叫好不叫座"的重要原因之一。

2010 年，我们在策划《爱问科学》这套书时，有意识地调整了思路：不把为每个问题提供"标准答案"作为目的，而是着眼于启发思考，引起读者对科学的兴趣。

例如，在回答小行星是否会撞击地球时，既分析了小行星撞上地球的可能性和概率，又回顾了历史上曾经发生过的事件，并给出了各国应对这个问题的奇思妙想。上述思路的突破，也带来了这套书从内容到形式上的创新。

3. 兴趣点和互动点

兴趣是最好的老师。策划科普图书时，应该认真研究读者的兴趣点和互动点，这样的书出来后才能抓住读者，引起读者的共鸣。

20世纪80年代，著名的科普期刊《无线电》由于针对当时读者装、修收音机热这个兴趣点做文章，与读者形成了很好的互动，使杂志的月发行量一直上升到200万册。赵学田的《机械工人速成看图》、谭浩强的《BASIC语言》等科普图书所创造的发行奇迹，也是由于他们能把握当时社会的客观需要，与读者学习新知识、新技术的热情形成了很好的互动。

读者的兴趣点和与读者的互动点是个"变数"，要准确地把握它还需做脚踏实地的调查，掌握各方面相关的信息。

4. 多元思维

在互联网时代，阅读方式和传播方式都呈现多元发展趋势。这为科普图书的策划开拓了新的空间，同时也提出了严峻的挑战。它要求我们突破原先纸媒体出版模式的樊篱，引入"互联网思维"，在某些科普图书的策划中采取多种媒体交叉、互动的方式，形成有利于传播推广的新格局。

由于新闻传播的社会化，人们对新闻的关注度和参与意识普遍提高。因此，以新闻事件为由头或切入点的新闻科普，也成为各类科普形式中的一个新热点。另外，为适应社会生活的快节奏而产生的浅阅读、碎片化阅读趋势，也在不断冲击我们传统的科普观念，要求我们采用更多样、更灵活的科普创作和传播方式。

5．主体意识与团队合作

选题策划是主体意识的觉醒。与传统的组稿方式相比，它除了重视对作者的选择之外，更强调编辑的早期介入和对项目的系统管理。

选题策划是群体行为，是包括编辑、作者、销售人员等在内所有相关者的共同智慧结晶和合作成果。因此，任何一项成功的策划其背后都离不开一个具有合作精神、能形成优势互补的团队的支持。某些写作基础不错的科普作品，由于配图或销售等环节得不到保证，使策划方案不能有效地实施，以致功亏一篑的例子并非个别。

三、准确定位与创新特色——科普图书策划的两大关键

在社会日趋个性化的今天，以往那种"老少咸宜"的出版物将渐渐失去市场，而定位准确、个性特色鲜明的出版物备受青睐。特别是儿童读物，常常被明确划分为若干年龄段，使不同年龄段的读者都有适合他们口味、为他们量身定做的出版物可读。在科普图书策划中，如何通过市场调查和读者调查找准定位至关重要。定位准确才能形成比较稳定的读者群，使出版的图书在某个领域形成销售优势。

定位不是一个抽象的概念，它是确定策划方案的基础。一旦读者定位确定下来，在作者选择、图书内容和形式的考虑上都必须与之相适应。譬如，一些为学龄前儿童策划的科普绘本，不仅要避免使用这个年龄段读者所难以理解的学术名词，还要在讲好故事、配好插图上下大力气。电子工业出版社出版的《科学童话绘本馆》在策划过程中邀请儿童文学作者、幼儿园老师加盟，初稿出来后让小读者试读，并根据他们反馈的意见进一步修改稿件。这些都是为把握读者定位所采取的有效措施。

科普图书策划应该追求超凡脱俗，独具一格，以自己的创新特色去吸引读者。特色，是一个事物区别于别的事物的根本点，它是从比较中显露个性的。因此，在进行科普图书策划时，我们首先要充分了解同类书的出版情况和相关的销售信息，然后综合其他因素确定自己的创新特色。

例如，上面已经提到的、曾获评"第六届北京市优秀科普作品奖"和2012年度"全国优秀科普作品奖"的"爱问科学丛书"（全套6册），脱胎于类似"6W"一类的一问一答模式，但策划者感到，这种一问一答的方式容易因追寻答案的唯一性而束缚思路，因而设计了一种"混搭"方式，即以某一个知识点为核心，辐射出与之相关的方方面面知识。经过编织，形成一个个包括多个知识侧面、形式生动灵活的板块。

对于选不选目前尚存在争议或还在科学探索阶段的题材，策划者也有自己的见解。他们认为，科普不一定非得给出唯一的答案不可，引发读者对未知世界的好奇心和思考，应该是我们的主要着眼点。

另外，强调故事性、重视图片的精选以及互动环节的设计，也是这套书策划方案中所提出的明确要求。正是在上述这些思想的指导下，本套书在出版后具有区别于同类书籍的鲜明特色，受到读者较广泛的欢迎。

由广西科技出版社创意、中国科普作家协会工交委员会组织编写的"绘图新世纪少年工程师丛书"，也是一本在策划上颇下功夫的图书。一开始他们便强调了这套书的三个特色：①在选材上贴近少年儿童的兴趣点，采用他们容易接受的形式；②内容要求"新"，有时代气息，以与书名中"新世纪"三个字相呼应；③不只是介绍知识，还要着眼于启迪少年读者智慧，培养他们的创造能力和动手能力。基于上述的特色设定，组织者进一步把它细化为具体写作要求，并通过多次的研讨，在作者中形成共识。另外，考虑到在这套书中，图所占的分量很重，策划过程还吸纳多位有一定知名度的美术设计家和美术编辑参与。由于策划和编写的工作做得比较到位，这套书投放市场后得到好评，并在全国性科普图书评奖中获得多个奖项。

四、内容和形式的创新——科普图书策划的突破点

科普所传播的是人类已经获得的科学知识和劳动技能。因此，我们不能把科普内容的创新狭隘地理解为知识本身的突破和首创。对科普题材进行深层次发掘，抓住那些对社会发展有重大意义，或为老百姓所普遍关注的话题，然后以新的观念、新的视角、新的切入点对它们进行通俗易懂、引人入胜的解读，这也是对科普内容的创新。

科普内容的创新不仅需要眼光，需要有创新的理念，还需要有把它们生动呈现出来的功底。前面提到的《舌尖上的中国》，其主题是普普通通的"美食"，但经过融入历史、文化、旅游等多种元素的精心策划和呈现，它便成了一部与众不同的创新性作品。当《十万个为什么》原有光环渐渐退去的时候，少年儿童出版社组织强大的阵容，为这个昔日的经典注入新的元素（比如更新了大部分问题、采用彩色图文版式和板块化结构、推出多种多样的衍生产品），赋予它新的内容和形式，这也是一种创新的尝试。

1994年11月，人民邮电出版社出版了《中国邮电百科全书》，共3卷，140万字，堪称经典。2001年，我们策划了《现代电信百科》。从表面上看，它们同是电信类百科，但由于后者紧紧抓住了"求新、通俗、简明、实用"这四大科普特色，书出版后，在电信业界同样受到广泛的欢迎。这件事也加深了我们对内容创新的认识。

比起专业性图书来，科普图书的形式创新更值得重视。因为，有吸引人的形式，才能引起读者的阅读兴趣，达到"普及"的目的。科普图书的形式主要是由内容和读者对象决定的。尽管如此，它仍有很大的创意空间。如何在形式上独树一帜，彰显与众不同的特色，也是我们在策划时所需要认真考虑的。

五、系统整体效应的最大化——科普图书策划的追求

科普图书策划是一项系统工程。它包括市场调查、读者定位、特色定位、作者选择、内容框架拟定、形式设计以及营销策略制定等诸多环节。

一个好的策划方案所追求的应该是1+1＞2的系统效应。要做到这一点，策划者既要有驾驭全局、综合有关各方优势形成最优方案的气度，也要有协调各个环

《绘图新世纪少年工程师丛书》策划蒋玲玲（左4）与编创团队的全体人员合影（1996年2月）

获2007年国家科技进步奖二等奖的《e时代N个为什么》丛书在广州首发（2004年10月）

《e 时代 N 个为什么》丛书的策划和创作团队（2001）

在浙江嘉兴召开的《现代电信百科》编写工作研讨会（2005）

节，以保证策划方案有效实施的能力。

当策划方案经论证确定后，就应该在贯彻落实上下功夫。特别是对于有多人参与写作的套书来说，统筹、协调就显得格外重要。例如，获国家科技进步奖二等奖的《e时代N个为什么》这套书，共有15位作者参与写作，还分处三地，为了充分地进行沟通，组织方先后开了5次会，及时研究解决不同阶段所出现的问题。例如，在进入写作阶段之前，他们要求所有作者都拿出两个样章，反复切磋，以保证整套书在格调上的一致，并体现策划方案中提出的创新特色。开始写作后，主编和责任编辑便开始全程跟踪，以保证策划方案的一步步落实。

选题与市场是科普图书的两大轴心。我们要未雨绸缪，在抓选题落实的同时，还要对图书的销售渠道做出谋划。例如，当年人民邮电出版社《电话用户手册》的发行与装（电话）机热紧密配合；浙江科技出版社在策划《现代电信百科》过程中吸收电信部门人员参与；湖南科技出版社以出版《时间简史》为契机所推动的"霍金热"；科学普及出版社在《檀岛花事》出版后所进行的一系列运作，都是在市场策划上可供借鉴的成功案例。

作者简介

陈芳烈　科普作家，编审，人民邮电出版社原总编辑，中国科普作家协会原副理事长，荣誉理事。

著译有专业类、科普类图书20余种，发表学术论文和科普文章300余篇。其中，组织策划和参与策划的科普图书有《e时代N个为什么》（获国家科技进步奖二等奖）、《科学丰碑》（获国家图书奖）、《爱问科学》（获评全国优秀科普图书和第六届北京市优秀科普作品奖）、《绘图新世纪少年工程师丛书》（获第五届全国优秀少儿图书二等奖）等。

谈科普图书的创作
与出版   颜 实

科普图书出版历来是科普事业的重要组成部分。优秀的科普图书对于提高公民科学素养、推进科技事业发展，使科技发展更好地为社会服务具有重要意义。近年来，纸质图书出版受到电子图书和各种新媒体的巨大冲击，呈现了许多不确定的因素。然而，从另一个角度看，把深奥的科技内容转化为通俗趣味的文字作品，仍然是创作开发许多其他形态科普资源的重要基础。本文仅围绕科普图书出版，谈一些粗浅的认识。

一、科普图书的概念、分类和形态

（一）图书的基本概念

"图书"二字，包括"图"和"书"两个含义，其中"图"表示绘画，"书"表示记录的文字。考证其来源，《易·系辞》上说："河出图、洛出书，圣人则之。"随着人类科技的发展，今天所认识的图书，早已不仅仅是指传统意义的纸质图书，它必须具有几个要素：①以信息、知识为内容；②以文字、图像、公式、声频、视频、代码等作为表述方式；③以一定的物质载体作为存在的依据；④以一定形态呈现出来；⑤以一定的生产方式制作。总之，所谓图书也就是以文字或图像等手段，记录或描述信息知识，以达到传播目的的物质载体。

（二）科普图书的基本分类

简单地讲科普图书可以按照广义和狭义来进行区分，狭义的科普图书是指关于自然科学基础知识方面的通俗读物，如天文、地理、物理、化学之类；广义的科普图书在此基础上，还包括各类实用技术类图书、部分社会科学和人文学科方面的图书，以及涉及人们日常生活的各类知识性图书。无论是广义还是狭义，科普图书必须具有两个基本特点：一是科学性，二是通俗性（其他特点还包括趣味性、思想性、创新性、互动性以及市场效果等方面）。

在整个图书分类体系中，科普图书是一个特殊的图书部类，涉及众多的学科，有各种各样的分类方法。其中有一种最简单的分类方法是将其概括为知识类和实用技术类。实用技术类科普图书一般能根据社会的需求比较顺畅销售。知识类科普图书与此相反，社会上宣传多，呼声高，但整体销售状况并不尽如人意，初版印数往往只有 3000 ～ 5000 册，能达到 1 万册以上的只在少数，与财经类、文学类、生活类畅销图书相比，科普类畅销图书更是凤毛麟角。所谓科普图书卖不动，叫好不叫座，往往是针对知识类科普图书说的。

科普图书还可以按读者对象来进行划分：分为高级科普、中级科普、一般科普和启蒙科普，或分为幼儿科普、青少年科普和成人科普。《全民科学素质行动计划纲要》颁布以来，一些科普读物按照《纲要》中的几个重点人群来划分读者对象，包括：未成年群体、城镇劳动者、社区居民、农民以及领导干部公务员等。

可以按行业分：如工交科普、国防科普、医药卫生科普、农业科普等。

可以按创作类别分：如科普小品、科普诗歌、科普美术、科幻小说等。

从科普图书的编创角度，也可以按体裁来分：浅说、史话、趣谈、对话、小品、童话、传记、故事、游戏、卡通和绘本等。

从图书出版的角度，也可按图书自身形态的特点来分：如百科全书、人物传记、文集、汇编、丛书及专著等。

说到科普图书的界定和分类，有一些概念需要澄清：一般认为，科普图书是普及科学技术知识的通俗读物，然而一些卫生保健和电脑、汽车等休闲类的图书也大都被视为科普图书。还有人提出，科普也应包括社会科学内容，那么科普图书的范围就更大了。哪些图书是属于科普类图书，到了具体某一种书时，往往难以判定。在科普图书评奖过程中，有必要首先明确科普图书的概念，这样有利于对科普图书进行分类处理。

（三）科普图书的形态与策划

图书形态是指对出版者图书的外观物质形态进行谋划与设计，其具体内容包括：图书的整体形态构思、开本的选择、外观设计、内文设计、材料及印刷工艺的选择等要素，当今出版业对书籍的装帧形态赋予了极高的美学和科技内涵，图书形态依据材料的不同显示出一定的时代特征与地域特色，材料以其肌理、质地、色彩的不同表现出强烈的个性，也给读者带来不同的情感变化。读者阅读时不仅感觉到书籍的厚重，也会感觉到材料的结构与特性。在做好科普图书选题策划的同时，也要注意图书的形态策划，利用现代化、多样化时代给出版业带来的广阔审美空间，创造出独特、完美的科普图书产品。

随着时代的发展，当今科普图书在内在形式和外在形式方面都进行了变革，如科普图书从单纯文字开始向图文并茂方向发展，插图日趋精良，以图代文的倾向越来越明显。儿童科普读物在向着互动的方向发展，立体图书，发声、发光图书已成为常见的形式。电子图书、多媒体图书、网络图书以及手机图书等正在迅速发展起来，传统的纸质图书已不再是唯一的选择。尤其对科普图书而言，通过引入新媒体、新技术可以使科普的魅力得到充分的展现，具有鲜明时代特点且易于互动的科普图书产品会让读者感到愉悦，并大大提高购买欲。

一般来讲，首先要根据读者能够接受的图书价格等因素，严格控制图书正文字数和印张数。为了确保科普图书的形态与内容的高度统一，还要针对科普对象和学科特点对书中的章节、标题、段落、字体、字号、行距等在版式设计中进行完整的规划。科普图书形态设计的关键在于利用短暂的视觉冲击来使正文更加通俗易读，妙趣横生。因此，在图书的形态设计方面要把握好图文的比例搭配以及其他版面要素的呈现方式，力争在有限的范围内尽可能容纳更多内容的同时，又要给读者的阅读以舒适感。

例如，2015年在设计中国科协重点选题《全民科学素质系列读本》的过程中，课题组根据不同读者人群阅读特点，对每本图书的形态都进行了有针对性的设计。因印张和字数有限，在不能用大量插图来表现相关知识点的情况下，采用固定版面限制文字篇幅，设计上大胆突破版芯尺寸、跨页插图以及色块布局凸显知识结构，适当选择不同类型的字体、字号，有效利用它们的强调作用，给正文添加了色彩，充分利用有限的版面空间来承载更丰富的科普内涵。

二、我国科普图书概况

科普图书是科普传媒的重要组成部分。一些调查数据显示，近年来我国科普图书种类明显增多，发行量也有显著增加。从整个趋势看，科普图书的选题越来越精细化、个性化，题材和内容也比以往丰富了许多。科普图书的出版受到了国家相关部门的重视，科普图书的创作也得到了一定的支持和鼓励，我国相继设立了不少科普图书奖项，其中专门针对科普图书的奖项就包括：中国科普作家协会优秀科普作品奖、北京市优秀科普作品奖、国家科学技术进步奖（科普类）、吴大猷科普著作奖等。同时在许多其他图书推介活动和出版基金资助方面，也都重视科普类图书的入选比例，旨在通过优秀科普图书的评选和推荐，来提高公众对科普的认知，并促进公民科学素养的提升。

与此同时，一些多年所积累的问题也成为制约我国科普图书行业健康发展的瓶颈。比如，近些年国内科普创作队伍日趋老龄化，优秀的科普作家后继乏人。出版行业中优秀的专业科普编辑、美编匮乏，科普产品编创的技术手段不能跟上信息化快速发展的步伐。由于当今时代读者对科普图书产品选择性不断提高，又考虑到原创科普费时费力、风险大等事实，迫使大多数出版企业越来越依赖于引进版科普图书。引进版科普图书为我们带来耳目一新的阅读体验，提供了可借鉴的创新模式，但如果不能吸收借鉴推动再创新，长期过度依赖引进，也会进一步弱化我们的科普原创能力。

　　当务之急是培育本土的创作队伍，尤其要发挥好相关出版企业在科普产业创新方面的引领作用。事实上，我国有一大批科学家、科普工作者，掌握着最权威的第一手材料，他们的亲身经历和对科学的诠释、感悟如果能和出版风格形式找到最佳结合点，那么一定能比外国作品更具有说服力和感染力。一些调查归纳了当前我国科普图书在出版方面表现的几个特点：

　　（1）实用技术类图书占绝对优势，如实用技术、医药卫生、电脑、生活用书（如保健、烹饪、养花养鸟）等。完全关于自然科学知识或较高层次的优秀科普图书所占比例相对较小。

　　（2）目前我国科普图书整体的科学性、大众性和趣味性不强，实际科普效果并不理想。科普创作手法单一，缺乏新颖性与时代性。大多数科普图书集中体现知识的普及，灌输性成分偏多。在选题设计上不能充分体现与读者的情感交流，生动性与可读性效果不佳。

　　（3）科普图书选题重复，跟风现象严重。我国大多数科普图书模仿抄袭现象严重。比如丛书形式盛行。继《第一推动丛书》之后，许多出版社都采用了这一开放式的丛书编排思路，科普图书在顶层设计和市场谋划方面都缺乏创新。

　　（4）科普图书品种不断增加，但相对单位印量在减少。这种定位分工无序状态不只是科普图书的独特现象，整个图书出版业都是如此。

　　（5）我国科普图书还存在创作和表现形态老套、版式无新意等问题。一些长期从事科普读物创作的作者，沿袭半个世纪以来的写作套路，其作品的程式化内容必然减少对当今读者的吸引力。不少刚刚涉足科普读物创作的人员，不肯在科普写作和内容创新上下功夫，有的甚至在网上搜索大量文章，然后经过剪辑、粘贴拼凑成一本书，这当然影响读者的阅读兴趣。

　　从古今中外的科普创作出版经验来看，一部优秀的科普作品应该是集科学性、通俗性和趣味性于一身，可以激发公众的求知欲望和探索兴趣。科普图书要求从生动性与可读性入手，采用多角度的表现手法，呈现出鲜明的时代特征。科普创作是解释科学原理、科学奥秘和科学方法的重要途径，必须具有科学性与严肃性。目前，我国的科普图书多数由非专业人士编写，科技知识准确性与可靠性模糊，个人主观思想较多，作品的真实性、准确性有待商榷。

此外，我国的科普图书过分强调传播科学知识，忽视科学思想的传播和启发性引导，质量不过关，很难有好的发行量。有资料统计，当前我国出版的发行量在 10 万册以上的科普图书只占总科普图书种类的 2.17%，1 万册以下的占 50% 以上。国内能够像《时间简史》《所罗门的指环》那样影响大的科普作品，寥寥无几。伴随着越来越多的出版单位建立起现代企业制度，利润最大化无疑成为考量出版企业的标杆和驱动。对于科普图书出版，一些出版社陷入了固守还是放弃的两难境地。如何从根本上扭转这一态势，是摆在出版社面前的一大课题。

三、科普图书的创作

（一）科普图书的创作方式

科普图书的创作上可以选择以下几种类型。

1. 作者把自己亲身研究所得的第一手科学素材，经过选择、加工、提炼而写成的科普作品。

【典型案例】斯蒂芬·威廉·霍金——英国剑桥大学应用数学及理论物理学系教授，当代最重要的广义相对论和宇宙论家，是当今享有国际盛誉的伟人之一，被称为在世的最伟大的科学家，还被称为"宇宙之王"。1988 年霍金根据他对宇宙科学的最新认识和研究成果，为一般公众撰写了科普著作《时间简史》。该书首版以来，被翻译成 40 种文字，销售超过 2500 万册，成为国际出版史上的奇观。该书内容是关于宇宙本性的最前沿知识，从那以后无论在微观还是宏观宇宙世界的观测技术方面都有了非凡的进展。这些观测证实了霍金在该书第一版中的许多理论预言。在这部书中，霍金带领读者遨游外层空间奇异领域，对遥远星系、黑洞、夸克、"带味"粒子和"自旋"粒子、反物质、"时间箭头"等进行了深入浅出的介绍，并对宇宙是什么样的、空间和时间以及相对论等古老问题做了阐述，使读者初步了解狭义相对论以及时间、宇宙的起源等宇宙学的奥妙。

2. 作者从科学文献中获得的素材，经过自己的消化吸收、加工提炼，用自己所喜爱的表现形式，撰写而成的科普作品。

【典型案例】艾萨克·阿西莫夫——当代美国最著名的科普作家、世界顶尖级科幻小说作家，曾获代表科幻界最高荣誉的雨果奖和星云终身成就"大师奖"。阿西莫夫一生高产，著述颇丰，撰写、编撰了涉及自然科学、社会科学多个学科领域的图书近 500 本（其中包括 100 多部科幻小说），远远超过了"著作等身"的地步。他通晓现代科学的许多课题，对科学的本质洞察入微。他创作的许多脍炙人口的科普作品介绍了诸多前沿科技知识、科学发展的历史，生动有趣、引人入胜。他的科普和科幻名著《阿西莫夫最新科学指南》《地球以外的文明世界》《终极抉择——威胁人类的灾难》《我，机器人》等在我国广有影响，哺育了一大批"阿迷"。

3. 作者根据读者学习科技知识时所产生的带有普遍性的问题，切中要害地进行分析，提出问题的症结，使读者对科学问题有新的认识。

【典型案例】赵学田——我国著名的教育家、工程图学专家和科普作家。新中国建立之初，国家百废待兴，机械行业首先碰到的问题是工人文化和技术水平低，看不懂图纸。当时华中工学院的赵学田老师以他长期从事机械制图教学和工厂培养新工人的实践经验，深入工厂，走与工人结合的道路，创造了《机械工人速成看图法》，成效显著，因而迅速向全国推广。他曾多次受到毛泽东、刘少奇等党和国家领导人的接见。1984 年 1 月，在科普创作协会第二次全国代表大会上，他和华罗庚、茅以升等 17 位著名科学家被评为"为我国科普事业作出卓越贡献"的科普作家。

4. 作者把某篇学术著作、情报资料等科技文献改写成科普作品。

【典型案例】《物理学的进化》——本书是爱因斯坦和他的学生英费尔德合著的科普名著，前者是相对论的建立者，后者最擅长写通俗物理读物。该书介绍了物理学观念从伽利略、牛顿时代的经典理论发展到现代的场论、相对论和量子论的演变情况。其中选择了几个主要的转折点来阐明经典物理学的命运和现代物理学中建立新观念的动机，从而指引读者怎样去找寻观念世界和现象世界的联系。他们设想本书的读者缺乏数学和物理学知识，因而书中不引用数学公式，文字通俗，举例浅显，具有较强的可读性。

5. 科普的翻译工作属于再创作。

【典型案例】《从一到无穷大》——该书是世界著名物理学家和天文学家、科普界一代宗师乔治·伽莫夫创作的一部划时代的科普作品，亦属"通才教育"的科普书。其中文版是在 20 世纪 70 年代末由暴永宁先生全文翻译、吴伯泽先生审校，出版后曾在国内引起很大的反响，直接影响了几代中国读者。该译本准确地再现了原著诙谐幽默的风格。一般的科普读物，往往怕数学太"枯燥"和"艰深"影响阅读兴趣而不敢使用它，但该书恰恰用数学将人类在认识微观世界（如基本粒子、基因等）和宏观世界（如太阳系、星系等）方面的成就贯穿起来，展示了科普作品使人读之"乐此不疲"的阅读效果。

（二）科普作品的基本要求

1. 保证科学性

科学性是所有科技作品的生命，科普作品也不例外。科学必须揭示事物的客观规律，探求客观真理，作为认识世界和改造世界的指南。而科普作品则担负着向大众普及科学知识、启蒙思想的职责，更应保证科学性，失去科学性的科普作品也就失去了存在的价值。因此，对于科普作品的创作者而言，应尽力发掘自己的专业所长，从自己熟悉的领域开始，用全面发展的观点把成熟的、切实可行的知识，介绍给广大读者。科普创作在科学性的把握上必须遵循以下原则：①概念一定要准确；②科学术语要准确；③语言要准确；④ 要有发展的观点。

2. 提升思想性和文化品位

科普是科学技术与社会生活之间的一座桥梁，它在向读者传授知识的同时，也使读者受到科学思想、科学精神、科学态度和科学作风的熏陶，宣传着科学的世界观和方法论，以提高人们的科学素质和思想素质。因此，科普作品要通过普及介绍科学知识，让人们深刻地理解科学的世界观和方法论，即唯物主义和辩证法，这就是科普作品思想性的体现。随着社会经济的继续发展，中国公众的精神文化需求不断增加，品位越来越高。对于文化和哲学层面有深度思考的观众来说，科普作品内在的思想性和文化品位至关重要。体现作品思想性要注意善于把握以下几点原则：①运用辩证的观点去分析问题；②要进行爱国主义教育；③要培养严谨的治学态度和为科学献身的精神；④善于体现科学方法和科学思想。

3. 努力做到通俗化

科普作品不同于科技报告和论文，其中通俗化与趣味性是很重要的特性，尤其在创作大众科普、少儿科普、中小学生科普过程中，一定要注意作品的趣味性。通常标题和小标题都要醒目、形象、吸引读者。作品开头尽可能以讲故事的方式，吸住读者，以拟人的方式表达主题，将专业名词通过比喻，使其通俗化。在创作上要注意运用以下方式来吸引读者的阅读兴趣：①善于借助文学艺术作品的表现形式；②努力挖掘科学内在的趣味性；③内容要符合读者的接受水平；④通俗化不等于庸俗化；坚持科学性和文学性相结合，做到四个字：准、新、浅、趣。例如，高士其先生阐述细菌时，以拟人方式讲细菌的衣食住行四件事，形象生动，浅显易懂。本来肉眼看不见的细菌，却又很神秘的微观世界，用这样的表述方式拉近了细菌与读者的距离，增强了作品的感染力。尤其是为青少年写科普一定要避免说教式表达方式，平平淡淡的文字，要让孩子对科学技术产生兴趣，就要改用孩子喜欢的方式，注意激发孩子的想象力，像科学童话、科学动画片、科幻作品就能起到这样的作用。

（三）科普图书的编创过程

如何策划出形式多样，既能满足受众需求，又能获得经济效益的科普图书，是现代科普作家和出版人需要认真思考的问题。总结多年的科普出版实践，我认为应从以下一些关键点入手：

1. 市场预测

做图书，其实是"做内容"和"做市场"相结合，二者缺一不可。科普图书的选题广泛，凡是普及、推广科学文化的内容，都可列入其中。而策划一本优秀的科普图书，必须要求策划人具有敏锐的洞察能力，能够紧紧抓住社会热点。当某一科学问题在社会上引起广泛关注的时候，推出相应的科普图书，可以配合科学潮流，助推优秀文化的传播，吸引大量的读者阅读，从而实现社会效益与经济效益的双赢。

2. 读者定位

什么样的读者会读科普图书，他们需要什么样的内容？这是我们需要思考的问题。考虑到网络、电视、报纸信息在时效性、信息量和表现力等方面都超过了纸质图书，因此大部分读者较少选择从纸质图书获得相关信息。首先，需要有一个大的方向，即明确自己计划编写的图书是何种类型的，如浅说类、史话类、传记类，还是趣谈类、故事类或是为动漫和电视片。因此，策划适合在校青少年学生阅读相应的科普图书，将会有较好的市场前景。

3. 选题设计

在知道图书的市场预测和读者定位后，就应该确定书名了。因为书名是读者第一眼所看到的，书名首先要吸引人才能起到吸引读者的作用。接下来就是分析这本书的卖点了。这是图书选题设计最重要的一点。分析卖点有两个方法：首先可在专业网站上查找相关图书的销量，看其是否畅销，用数据来说话；其次要注意挖掘卖点，尤其在内容质量和特色方面下足功夫。目录的编写也是撰写设计环节的重要点，很多读者在购买书籍的时候，都会将目录大致浏览一遍，然后再选择是否购买。所以，目录一定要做到生动有趣、新颖，从而吸引读者。最后还要试写样张，样张指的是写的一章或者一小节的图书内容。此部分考验的就是图书作者或编辑的写作能力，所以在撰写时一定要严肃对待。除了以上步骤之外，还有一些内容是需要和出版社协商的，如出版合同、图书开本、首印册数等。

4. 编写环节

人们常用"知识性、趣味性、可读性"来要求一本科普图书，这是切合实际的。科普图书首先要保证内容的正确、权威，书中不能有半点不符合科学，甚至是伪科学的内容。因此，比较理想的是由熟悉相关行业内的专业人士来写。如果不能是该领域的专家，也要求作者在掌握相关领域信息方面下足功夫，写成之后也必须由相关领域的专业人员（编辑）进行严格的审读把关。同时，科普图书不是教材，它直接面向市场，必须写得精彩，才能吸引读者，这也是科普图书的特殊之处。在保证作品科学性的同时，也要求作者对相关读者对象的兴趣点和接受能力十分了解，力争使文稿内容体现"新"，行文方式体现"新"。这样，方能摆脱表达上的死板与平淡，做到寓教于乐，生动活泼。

5. 宣传营销

当书被摆上货架之后，作者和编辑的使命并没有结束，而是可以继续延伸下去。

在信息时代，图书的宣传营销也采取了多元化的方式，多管齐下，数箭齐发。多元化的营销手段，直接关系图书的传播效果和市场收益。

四、外国科普图书概况

每年一度的法兰克福书展是全世界书业瞩目的焦点，在这里我们也可见到大批来自发达国家优秀的科普图书产品。从中我们即可领略优秀科普图书的创新活力，同时也可以反思国外科普创作中诸多新理念。美国著名的西格马·克赛学会搞了一次"20世纪最有影响力的科普著作"评选，经过许多科学家和科普作家的推荐和筛选，最后共有包括达尔文《自传》、詹姆斯·沃森的《双螺旋》等在内的9大类104种科普书籍入选。

这9种类别依次是传记、指南、物质科学、科学史、科学反思、多彩生命、生命进化、人类的本性和崛起、科幻小说。这些书中虽然有一些并非专为科普而写，但在这些科学家眼里，它们是当之无愧的科普佳作，原因就在于它们吸引了成千上万的读者，客观上起到了绝佳的科普作用，这一现象值得我们深思。在我国，很多人都认为科普作品重在"解惑"。而在一些发达国家，却认为科普作品比传授知识更重要的作用是唤醒或激起人们（尤其是少年儿童）对科学的兴趣和热情。

从一个科普从业人员的角度来看，近年国外科普图书主要呈现以下一些特点：

（一）科学教育理论更新科普观念

科学教育作为现代人提升科学素养的一种养成教育，与科普是密切相关的。科学教育将科学知识、科学思想、科学方法、科学精神作为一个整体的体系，使其内化为受教育者的信念和行为的教育过程，从而使科学态度与每个公民的日常生活息息相关，让科学精神和人文精神在现代文明中交融贯通。在各国推动国民科学素质的建设中，美国"2061计划"无疑是一个耀眼的亮点。1985年，哈雷彗星又一次如期而至，也就是在这一年，美国一些有识之士着手启动了对科学、数学和技术教育的改革——这就是著名的美国"2061计划"的由来。"2061计划"对世界科学教育产生了巨大的影响，也对后期的科普理论和科普创作方面产生了重大影响。为配合科学教育改革有效推进，有大批相关科普图书产品不断问世。美国科学促进会

（AAAS）的官方网站每年寒暑假期间都有大批科普图书等产品，由科学家和教育专家评选后推荐给不同年龄孩子作为课外读物。

（二）专业化出版机制催生科普精品

与中国由作家独立写书、由出版社出书的情况不同，国外推动科普主要是一些专业出版机构。在近年出版的许多科普图书中都配合文字讲解，有大量的插图、表格、实物照片和示意图，图文表相互呼应，提升阅读中的联想和所表达的信息含量，增强阅读的趣味性。

（三）科学与人文相结合，重视环保题材

科学与文化、科学与社会、科学与哲学、科学与艺术等交叉学科的科普读物是目前国际上阅读的一个趋势。只有科学与人文相结合，读者才能读得进去，才能领会作者的意图，这种共鸣不但是科普作者期望的，也是读者们一直渴望的。科学必须加入情感、加入其领域的趣味和人文精神才能被普通大众所理解，具备了人性化的感染力。科普的另一重要功能是唤醒大众保护环境、爱惜资源的自觉意识，这方面也是国外科普作品的一个热点和特色。

（四）科普图书和其他媒体互动

当代科普图书在阅读的同时，可以与上网查询、多媒体演示相互结合，借以拓展阅读者的感官体验，产生传统图书所难以表现的视觉效果。由英国 DK 出版公司出品的有趣的科学系列绘本《人体》《恐龙》《海洋》等优秀读物通过图书和多媒体的结合，使读者对深奥难懂的科学知识产生直观、快乐的体验。如此有趣的方式，是贴合青少年的阅读特点的。

（五）独特的创作风格为读者带来轻松和愉悦

科学自身是奥妙无穷、充满魅力的，而科学家探索科学规律的过程更加生动感人、令人敬佩。如果科普不把科学知识和科学发现放在具体而生动的历史长河中，不展现科学家丰富而曲折的探索过程，就难以显现科学家在科学探索中表现出来的实事求是、开拓创新的科学精神，就会显得平淡呆板，枯燥无味。

对比西方国家的科普创作和全球影响力，当今中国科技界在推动科普繁荣方面做的还远远不够。譬如欧美大量专业出身的学者有许多是非常优秀的科普作家或科

学传播者，反观中国当代科学家和学者，并没有大量的优秀科普著作出现，更何况是相关纪录片，类似 TED 讲座的出现和发布。从这个方面来说，中国科技界和传媒界在创新科普方面仍有很大的上升空间。随着新媒体技术快速涌现，传统科普图书出版界正面临着技术和理念的重要转型期，这也给我国科普图书出版事业提供了一次迎头赶上的历史机遇。

作者简介

　　颜实　1960 年 1 月出生于北京，毕业于北京师范大学数学系。原科学普及出版社总编辑、编审，现为中国科普研究所副所长，《科普研究》编委、社长。在新闻出版行业工作 30 余年，曾主持多项国家重点科普出版项目。近年来与国际科普界、出版界有广泛合作，并积极开发和引进多种优秀科普读物。2006 年荣获国务院颁发的政府特殊津贴，2010 年被国家新闻出版总署评为"国家新闻出版领军人才"。

关于科普图书策划和创作中科普思路的思考　　范春萍

科普作品由于其内容的特殊性，要求其作者拥有科技知识背景，受过科研训练，甚至本身就是一线科研工作者。然而，科学实践的经历会使科研工作者在思维方式和著述习惯上形成刻板的科研思路。本文给出了对科研思路和科普思路的一般性描述，提出了好的科普作品的三重境界、科普思路的时代性等，并结合对经典和典型科普作品的分析，对科普思路进行解析。

问题的提出

科普是指"国家和社会普及科学技术知识、倡导科学方法、传播科学思想、弘扬科学精神的活动"，是一种以科学技术为内容的面向公众的传播活动。由于科学技术内容常常超出公众的知识结构和理解能力，所以"开展科学技术普及，应当采取公众易于理解、接受、参与的方式"。

所谓科普思路，特指科普策划和创作中以科普为目的而设计的思路，是为外行读者开辟的一条由不懂到懂、由有兴趣到学习感受到知识、思想、方法和精神等，

加深对科学的理解，提升科学素质或相关能力的认识路径。科普思路有别于科研思路。

科普是一个相当广泛的概念，科普活动种类繁多，如科普展览、科普游园、科普竞赛、科普讲座、科普剧目、科普游戏、科普书刊，等等。而这一系列的科普活动，都涉及不同形式的企划、创编或文案写作，都属于广义的科普创作，都有一个科普创作思路（以下简称"科普思路"）的问题，其中道理和规律是相通的。本文以科普图书的策划和创作为例阐释这一问题。

与以学校为主要载体、受众知识结构整齐、传授过程依教学大纲循序渐进的科学教育，以及目标单一具体、受众知识结构衔接准确的技术推广不同，科普的对象是普通公众，非特定人群，是不具备专业知识、无法设定其知识结构和阅读目标的人群。

科普阅读基本是公众抛开其职业取向、利用业余时间的阅读，甚或也可说是可读可不读。公众的业余阅读，一般出于两种动机：好奇和求知。而不管是出于好奇，还是出于求知，都需要能够激发阅读兴趣，能够引人入胜。枯燥乏味的东西不但会消磨掉好奇，连求知欲也会被摧毁。业余阅读没有功利性，此书无趣改读其他即可，这也是科普作品难做的原因之一。

由于内容的特殊性，科普图书的作者源头自然地来自科学技术领域，科普作品的作者必须是接受过科研训练的人员，甚至就是科学家。这样的作者群体由于职业的造就，已经形成了一套模式化的思维习惯和认知图式，其著述方式也已经深深地打上了职业的烙印。于是，常规的也是轻车熟路的科研写作思路（以下简称"科研思路"）常常被带入科普创作之中。

科普作品与科研作品有相同点也有不同点。其中相同点在于科学性和逻辑性。科学性体现在科普作品的内容来自于科学研究的成果，不允许有科学性错误；逻辑性在科普作品中有时是显在的，有时是潜在的，但它一定会遵守科学的基本逻辑。不同点主要体现在两个方面：一是在不违背科学逻辑的大前提下，一部好的科普作品一定要有区别于科研思路的科普思路，一个好的科普思路设计甚至成为科普创作最难突破的关节点；二是科普作品要求语言优美鲜活，除非不得已通常不用公式和图表，却经常使用图画，并且与科学、社会、文化、思想背景有广泛的连接。

源于科研群体的作者的知识结构和阅历背景，保证的是科普图书的一个"科"字，而科普之所以为科普，还需要一个"普"字。所以，对于科普图书策划者而言，如果启用了科研背景强大的作者，要有"保普"预案；如果启用了科研背景较弱的作者，就要有"保科"预案。科普思路的突破是能同时实现"保科"和"保普"两项要求的一个最重要环节。同理，对科普作者而言，在开始科普创作之前，也应该针对自己的实际情况，有"保科"又"保普"的科普思路。那么，科普思路与科研思路到底有什么不同呢？

科研思路与科普思路

所谓科研思路，指为呈现以探求事物本质及规律或关键技术之解决办法而进行的科研工作的成果而设计的著述思路，一般有如下几种：

一是求解问题式实证研究思路：从问题出发，简述状况，设计研究路径，以数据说话，就事论事，给出结论，指出不足，提出展望；

二是论证问题式逻辑研究思路：背景介绍，论点陈述，论据展开（归纳的或演绎的），给出结论；

三是综述报告式研究思路：综述文献、阐释背景，分述诸种状况或研发路径，提出存在问题和研究课题，提出展望；

四是教材式写作思路：背景和意义，学习方法，定义、界说，学说和流派，规律和原理，研究方法，总结展望。

科研著述的特征是：语言规范刻板，数据图表公式原理直接简洁，就事论事，心无旁骛，基本围绕专业或领域叙事，很少述及与社会、生活、人文的关联，需要读者有比较深厚的知识背景方能理解其所陈述的事实、学理及意义。习惯于科研思路的作者撰写科普作品时，为了使作品有一点儿科普意味，可能会刻意加入一两个故事或案例，但却依然不能从根本上改变其科研思路的本质。

与科研思路不同，科普思路是以科普为目的而设计的思路，是为外行读者开辟的认识路径。一部科普图书的推出，涉及选题、架构和创作、推广等不同阶段，其中选题思路和推广思路多与策划者（通常为出版者）相关。好选题是好科普作品的

起点，好的营销推广是科普作品价值实现的保障。而架构和创作阶段，虽然也会有策划者的参与及贡献，但主要是创作者的智慧。限于篇幅，本文重点阐释此一阶段的科普思路问题。

巧思，或可说巧妙的构思、精巧之思，是解说发明创造或工程设计的新意时常用的一个词汇，本文移用至此，以之解说科普思路的特质。体现于科普图书的叙事结构中的科普思路由科普巧思来实现。这种巧思可以是：

逻辑的：从一个逻辑起点，循着一个逻辑线索展开，环环相扣，引人入胜；

认知心理的：以一个可以引发兴趣或好奇心的事件、命题或知识点等，抓住读者，再展开与此相关的知识或背景，引人入胜；

故事的：整个叙事围绕不同的故事展开，或以一个封闭的系统比喻，将科学原理映射至故事中；

历史的：沿着一条历史线索展开，甚至两条以上历史线索交织，引人入胜……

在创作手法上，可以是深入浅出式，也可以是由浅入深式；可以是跌宕起伏式，也可以是群峰竞秀式；可以是开篇抛出案例，引出理论；也可以是给出精妙理论起始，再辅以案例解析……

下面，结合对科普思路所能达到的境界以及案例来解说科普巧思。

科普思路的三重境界

仔细体会，好的科普图书可以达到三重境界，这也可以说是好的科普思路所可能达到的三重效果：第一重是激发读者的好奇心和阅读兴趣，使读者乐于阅读，甚至手不释卷；第二重是使读者产生释疑解惑欲望，追踪阅读；第三重是使读者投身于与科学相关的事业，影响读者的人生。其中，第一重境界，与科普思路高度相关，后两重，建立在第一重境界的基础之上，亦与读者的思维特质、所受教育及环境影响等其他因素相关。

第一重境界：激发读者的好奇心和阅读兴趣，使其乐于阅读，甚至手不释卷。

对读者初期阅读兴趣的吸引，主要在于书名和目录的作用。书名是作品结构最简洁的凝练和呈现，目录是创作思路和叙事结构最直观的表达，读者被书名吸引，翻开书后第一眼看到的多半是目录。那么，目录以什么样的文辞呈现是最好的呢？其实没有最好，华美、知性、素朴、悬疑……都是可取的风格，关键在于适当，在于与读者兴趣点的连接，以及对内容的有效呈现。

例如：20世纪90年代，笔者印象十分深刻的两本书——《时间简史》《野兽之美——生命本质的重新审视》，都是在对书的内容全无知晓的前提下，由于书名和目录的吸引而买下的。

这两本书的书名特别吸引人，在于它们都突破了读者知识结构中惯常的印象——时间有史、野兽有美，瞬间引起好奇，再翻开目录，更是眼前生光。

来看这两本书的目录。

《时间简史》的目录：

前言

第一章 我们的宇宙图像

第二章 空间和时间

第三章 膨胀的宇宙

第四章 不确定性原理

第五章 基本粒子和自然的力

第六章 黑洞

第七章 黑洞不是这么黑的

第八章 宇宙的起源和命运

第九章 时间箭头

第十章 虫洞和时间旅行

第十一章 物理学的统一

第十二章 结论

《时间简史》的目录，即书的结构思路是以宇宙图像、空间和时间为逻辑起点，由浅入深、循序渐进式的逻辑结构，从宇宙图像经时空关系到宇宙膨胀和不确定性，再到基本粒子和基本力，到黑洞、虫洞、宇宙起源和时间旅行，最后到物理学的统一。

这是一本介绍宇宙学基本知识和基本理论的书，但却由像"图像""时间""空

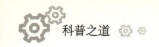

间""膨胀""粒子""自然的力""黑洞""时间箭头""虫洞""旅行"这样
一些可知可感的概念将读者一步一步地引入深处。

可能有读者会说，由浅入深？怎么前面的也看不懂呢？那是因为当代宇宙学
的哲学思维和数理工具之运用太深了，没有必要的学科背景知识的确不是那么容
易看懂的。但此书的高明之处在于，无论看得懂还是看不懂的人都觉得有收获——
这是由于其与人类更广大的自然史知识、哲学、人生思维等建立起相关连接而达
成的效果。

再看《野兽之美》的目录：

第一章 示爱

第二章 生命之舞

第三章 滑行

第四章 适应

第五章 体能恢复

第六章 创作

第七章 死亡

从《野兽之美》的目录可以看出，本书是以历史进程为线索，群峰竞秀式的
故事性展开叙事的，从第一章"示爱"预示的生命繁衍，到最后一章"死亡"呈
现出时间先后的序列，但每一章均反映动物生活和生理的一个不同侧面，又基本
是并列的。

其实，这本书要讲的内容是它的副标题"生命本质的重新审视"，如果按学术
型写法，会先交代"什么是生命""如何理解生命""动物的生命形式"……这样
就会陷入哲理阐释的论述中，遮蔽了生命的灵动和美感。

再如《推理的迷宫——悖论、谜题，及知识的脆弱性》一书的目录：

第一部分

第一章 悖论

第二章 归纳：亨普尔的乌鸦

第三章 范畴：绿蓝—蓝绿悖论

这是一本逻辑学知识科普书。众所周知，逻辑学晦涩枯燥，概念极其抽象，以一般的学术思路写的逻辑学书很少有人能读得下去，特别是到了悖论这个层次就更加难懂。此书的科普巧思是认知心理的：以一个"缸中之脑"悖论性思想实验，引发读者的巨大好奇，再顺引出一系列充满神秘性的逻辑悖论，激起读者解谜的冲动。

从目录可见，逻辑学的抽象概念和深奥吊诡的悖论所拉开的与读者的距离，又被像"乌鸦""蓝绿""夜间""谷堆""绞刑""灯""期望""孪生"这样一些日常通俗概念给拉了回来，而冒号前后看似不可同日而语的不同性质概念间的强烈对比，又加大了读者的好奇心。

吸引读者开始阅读靠的是书名和目录，而使读者乐于阅读，甚至手不释卷，就在于内容的吸引力了。

内容的吸引力是整体的，但卷首和开篇尤其重要，而这也没有一定之规。开篇抛出一个有趣又深奥的难题，是深入浅出思路的一个比较典型的做法。威廉姆·庞德斯通在《推理的迷宫悖论、谜题，及知识的脆弱性》中，丹尼尔·丹尼特在《意识的解释》中不约而同地以"缸中之脑"这个著名的思想实验开篇。缸中之脑，设想一个人在睡梦中被一群科学家用无痛无觉的办法将其大脑取出，放到一个装满足

以维持大脑机能运行的营养液的缸中。

然后,科学家用医学手段,刺激大脑的不同区域,使大脑产生各种体感的幻觉。大脑仿佛看到花海、嗅到花香,游走、阅读、深思……并不能分辨自己是在缸中,还是在旧主人的脑壳中。

这样的思想实验,足以对读者的好奇心产生相当的吸引力,以至被引导着走入作者的创作意境中。

再如,《基因组:人种自传23章》和《基因的故事:解读生命的密码》讲的都是基因的事,而基因其实就是碱基的各种排序,是相当枯燥的知识。这两本书一个用23条染色体相关的23个人类故事,一个用皇宫里的人际关系谱系统地比喻基因中不同物质构成的不同功能。以这样的巧思,化艰涩为神奇,把读者引入作品的情境中,像追随探险般一路走下去。

还有一个比较典型的例子是《艺术与物理学:时空和光的艺术观和物理观》。

下面看一下这本书的目录:

第一章 幻象 / 实在

第二章 古典艺术 / 理念论哲学

第三章 神圣 / 亵渎

第四章 静止的透视原理 / 绝对静止的参考系

第五章 圆锥截面 / 椭圆轨道

第六章 科学家兼艺术家 / 物理学家兼玄学家

第七章 理性 / 非理性

第八章 现代艺术 / 仍居支配地位的牛顿体系

第九章 爱因斯坦 / 时、空、光

第十章天 真的艺术 / 非线性的时间

第十一章 原始美术 / 非欧空间

第十二章 东方 / 西方

第十三章 野兽画派 / 光

第十四章 立体画派 / 空间

第一章由"幻象"与"实在"这两个艺术与物理学分别对应的"南辕北辙"的不同世界起笔，将平时在人们心目中毫无关系的艺术和物理学摆在一起，指出："按传统的角度衡量，艺术一直是用以建立幻象及触发激情的行为，物理学则向来是一门精确的科学，提供使人信服的结果。甚至连从事这两门学科的人也不像是同一个模子里铸出来的……然而，尽管这两者看上去似乎如此大相径庭，但它们之间却以一个共同的基点确定地关联在一起：凡是创新篇的艺术创造，凡是开先河的物理研究，都会探究到实在的本性。"

由此，作者为读者展开了艺术与物理学及其背后的思想文化这两条进化线索之旅程。两条线索时而汇集、时而分行，但又一直相互启迪、交相辉映。书中内容跨越文理，纵贯古今，为读者呈现了一幅人类思想史的壮美画卷和智慧盛宴。

本书作者伦纳德·史莱因（Leonard Shlain）是一名医生，历经 20 余年潜心研究著成此书。

由此可见，为了达到科普图书"科"＋"普"的理想效果，作者对自身素质的修炼，以及科普图书策划者对作者的选择、与作者思路的充分磨合等都非常重要。笔者曾尝试协调科研背景强大与科普思路灵活、文笔优美的两类作者合作著述，"保科"又"保普"的做法，取得了较好的效果，如上所举《基因的故事》为其一例。当然，这是另一个复杂的话题。

第二重境界：使读者产生释疑解惑的欲望，追踪阅读。

科普阅读的起始常常是出于好奇，或出于偶然。一些人可能继续为好奇而博览群书，另一些人可能被某一本书或某一个阅读中的问题所吸引，朝着一个方向定向搜寻。这是两种追踪阅读的境界，但却都使其读者进入了科普读物爱好者的人群。

笔者少年时就有这样的经历，笔者认识的许多人都有这样的经历。当年，笔者为一本小书《宇宙的秘密》所震撼，对天文科普书以至扩展到一切科普书的追踪阅读之旅。

笔者从事图书出版行业后策划、编辑出版的系列科普读物，如"支点丛书""大美译丛""盗火者译丛""芦笛曲丛书"等，都曾有许多读者追踪，经常有读者打电话到出版社，询问下一本书什么时候出版。

第三重境界：使读者投身于科学事业，影响读者的人生。

在人生的岔路口这样选择而不是那样选择，常常是由于儿时心中埋下的某粒种子。这样的种子，有时是来自于一个人的影响，有时是来自于一本书的影响。我们的视野中有许多这样的例子，科学上大有建树的科学家们回首自己的人生之路时，常常会想起某一本书的影响。

例如，有文章曾提及，著名诺贝尔物理学奖获得者杨振宁回忆说："对我影响最大的一本书叫作《神秘的宇宙》……当时看了这本书非常的激动，虽然里面有很多内容还看不懂，但是觉得它涉及的这些东西都值得去钻研，正是这本书让我找到了人生的科学理想。"杨振宁还提到过《富兰克林自传》对他的影响。

又如：中国科学院院士、著名物理学家甘子钊回忆自己刚上初中时的经历道："那时有很多苏联译过来的书，我记得有一本伊林写的书《人怎么变成巨人》，是中国青年出版社出版的，沿着科学发展史介绍了很多科学家，如法拉第、居里夫人、爱因斯坦等。这本书给我的影响，一是对大自然的奥秘充满了好奇，发现大自然的美，并由此爱自然，追求大自然给自己心灵带来的安慰。二是惊讶于科学对人类的贡献。三就是科学家们崇高的精神境界和状态……我当时看了不少这类书，可以说，一方面是国家的分配安排，一方面也是科普读物促使我走上了科学的道路。"

还有很多这样的例子，如：华裔诺贝尔物理学奖获得者丁肇中提到《法拉第传》和《原子光谱与原子结构》对他的影响；偏振滤光镜暗匣发明者 E. 兰德提到《物理光学》对他的影响；诺贝尔生理学或医学奖获得者 R・S. 耶罗提到《柯里太太》（一位伟大的女研究者传记）对他的影响；美国哈佛大学地质学教授 S・J. 库尔德提到《进化的意义》对他的影响；另一位诺贝尔生理学或医学奖获得者 J. 埃克尔斯提到《科学发现的逻辑》对他的影响……

美国前副总统阿尔・戈尔则提到儿时妈妈经常在家里给孩子们读蕾切尔・卡逊的《寂静的春天》，并经常在饭桌上讨论这本书，对他的价值观及后来人生之路产生了影响。

可见，书籍的确是人类进步的阶梯。科普图书的作者和出版者之所为，与教师的工作有异曲同工之处，同属"人类灵魂的工程师"的工作。

科普思路的时代性

有一点需要说明的是，科普巧思之巧也有时代性。

例如，改革开放之初，20 世纪七八十年代之交，图书品种极少，好的科普图书尤其匮乏。一套当前看来思路上并不是特别精巧，只是对科学问题做了分拆后逐项解答的《十万个为什么》风靡全国，成为年龄跨度极大的不同读者群的阅读大餐。如今想来，其原因可能在于当时的人们科学知识过于贫乏，对于科学技术整体感知浅显，具体的科学知识也少之又少，传播渠道和手段也显单一。一套把复杂艰深的科学技术知识体系分解成具体问题，又给出轻松回答的《十万个为什么》恰好适应了当时人们的阅读需要和吸收层次，因此大受欢迎。这不能不说也是一种精巧之思。

再有就是美国著名科普作家阿西莫夫的科普书，是与《十万个为什么》同时代最受欢迎的科普图书品牌。可以说阿西莫夫的书与《十万个为什么》有异曲同工之

妙，而这种精妙就在于以通俗的语言，密集地解析相对比较浅显的科学知识。阿西莫夫作品给当时如饥似渴的读者提供了较《十万个为什么》更系统和集中的、分领域的手册型基础科学知识读本。

还有一个真切地发生于笔者本人阅读历程中的案例，也能说明这个问题。大约是在小学五年级时，笔者得到了一本朱志尧所著《宇宙的秘密》。对这本书的阅读仿佛敲开了少年笔者的脑壳，原本混沌蜷屈的世界铺展开、亮起来，笔者的空间想象力和逻辑思维能力均得益于该书的启蒙，以至受益终生。而今天再回头看这本书，不过是将太阳、月亮、地球、行星、恒星、星系，等等，分开来放在空间和时间中，一一解说罢了。而这些对于如今生活于信息时代、电视和网络上各种知识铺天盖地的少年读者而言，已经不可能有笔者当年阅读时的感受和效果了。

但这些都不能掩盖当年这些经典科普读物的巧思之光。所以说，巧思也是个历史的、进化的概念，是有时代性的。"科学性＋普及性"是科普图书的特殊要求，著述科普书是科研工作者的社会责任。科研工作者写科普，最重要的是改变观念，要对所欲创作的科普作品与寻常习惯了的科研著述的不同有清醒的认识。明确自己就是在为科学普及而写作，而不是羞羞答答甚至心有排斥地去迁就一些科普形式。只有这样，才能有意识地用心思考科普作品的特性，设身处地地从读者的角度考虑问题，找到巧妙构思，设计出合适的科普思路。

需要强调的一点是，科普思路要充分考虑读者对象。既不可高估了读者——即便是专业人士，当其离开自己的专业，也成为外行；也不要低估了读者——属于具体专业的外行，但知识面极宽——这是当今读者的一大特点，包括少儿。

本文提出了科普图书策划和著述中科普思路的重要性，并进行了一定的阐释，但对于好科普思路的具体而细致的评价还未能给出更明确的标准和指标。权作引玉之砖，希望有更多的研究者、出版人和科普作家关注这一问题，共同进行研究，以促进科普作品水平的提高和科普事业的发展。

作者简介

范春萍　编审，先后毕业于东北师范大学物理系、吉林大学哲学系，获得理学学士、哲学硕士学位，历任教师、记者、图书编辑、期刊编辑，兼职从事科技伦理和工程教育的科研和教学工作。现任北京理工大学学术期刊办公室副主任、《北京理工大学学报》（自然科学中文版）副主编、《深空探测学报》编辑部主任，北京理工大学教育研究研究生导师。

从事图书出版工作期间，积极开发科学普及和环保图书选题，出版过《21世纪100个科学难题》《保护环境随手可做的100件小事》、"支点丛书""大美译丛""盗火者译丛""芦笛曲丛书"，以及包括《寂静的春天》《增长的极限》《只有一个地球》《我们共同的未来》等在内的"绿色经典文库"系列丛书等，在出版界、读书界、环保界赢得赞誉。

获得过"国家科技进步奖二等奖""五个一工程奖""中国图书奖""中华优秀出版物奖"等多项国家及省部级奖项。

当下科普出版的困境、坚守与机遇

王世平

科普出版贵在文化积累。近年来，随着书籍品种的暴涨和媒体形式的多样化，科普出版越来越困难重重。科普出版所面临的困境包括：优秀作／译者难觅；市场销售情况不容乐观，科普图书叫好不叫座；出版手段单一；宣传不到位；营销手段传统落后；读者对科普读物的兴趣有待培养；缺少卡尔·萨根般的科普明星等。科普出版面对的机遇包括：科技创新、科学普及和全民科学素质的提升受到重视；科普对于社会生活和公共决策的重要性日益明显；图书宣传和营销可采用多种新手段；科普出版正在向立体化出版转变等。

中国的科普出版有过"黄金时代"。《从一到无穷大》（伽莫夫著，暴永宁、吴伯泽译）于1978年由科学出版社出版，首印60万册，两年时间便销售一空。但近年来这种状况如今似乎已经难得一见。以上海科技教育出版社出版的高端科普图书"哲人石丛书"为例。这套丛书自1998年年底开始出版（第一种为伊利亚·普利高津所著《确定性的终结——时间、混沌与新自然法则》），至2012年4月已达100种（第100种为哈拉尔德·弗里奇所著《你错了，爱因斯坦先生！——牛顿、爱因斯坦、海森伯和费恩曼探讨量子力学的故事》）。早期的一些品种，如《确定性的终结——时间、混沌与新自然法则》《超越时空——通过平行宇宙、时间卷曲和第十维度的科学之旅》《虚实世界——计算机仿真如何改变科学的疆域》《美丽心灵——纳什传》《迷人的科学风采——费恩曼传》等，可保持数年畅销，销售数均能过万；但 2007 年之后，销售情况有明显的下滑，有些品种销售 3000 册便停滞不前。与上海科技教育出版社"哲人石丛书"几乎同期推出的一些高端科普书系，如"盗火者译丛""第一推动丛书""科学大师佳作系列""支点丛书""三思文库"等，除了"哲人石丛书"，唯有"第一推动丛书"坚持了下来。

笔者从事科普出版十余载，亲历其中甘苦，深感目前科普出版的文化积累万分重要，出版者一定要坚守阵地；科普出版面临诸多挑战，出版者需使出浑身解数摆脱困境；同时，国家政策、科技进步、数字出版、体制变革等因素也为科普出版带来不少机遇，需要出版者及时把握。

科普出版重在文化积累

传统观念中，科学普及就是传播科学知识。实际上以普及科学知识为主的科普出版物只是科普读物的一部分，科学普及并非仅仅普及科学知识如此简单。美国科学促进会编制的《面向全体美国人的科学》提出，科学素养除了科学知识，还包括其他更为重要的方面，比如：具备科学思考能力，养成科学思维习惯，运用科学知识和科学思维方法处理个人和社会问题，了解科学与文化、生活之间的联系，从文化和智力史的角度观察科学的能动性，等等。通常我们也会把科学素养简单概括为科学知识、科学方法和科学精神；将科学普及简单概括为传播科学知识，倡导科学方法，弘扬科学精神。科学普及是一项综合性工程，它传递的实际上是一种科学文化，这种文化的特质或者说与其他人文和社科文化的差异就在于它是以科学为核心的。简言之，科学普及就是传播科学文化。文化是积累的产物，科学文化也是如此。

（一）培育大环境才能实现科学文化的积累

一位科普界的前辈曾经很直接地问：为什么中国人写不出好看的科普著作？一方面，这与中国的科研体制有关；另一方面，我们的科学文化积累还不够，"底气

不足"。中国公民科学素质调查自 1992 年开始，每 5 年开展一次。根据 2009 年 11 月至 2010 年 5 月中国科协开展的第八次中国公民科学素质抽样调查显示，2010 年具备基本科学素质的公民比例达到了 3.27%，相当于日本（1991 年 3%）、加拿大（1989 年 4%）和欧盟（1992 年 5%）等主要发达国家和地区 20 世纪 80 年代末 90 年代初的水平。也就是说，中国公民科学素质水平落后发达国家 20 余年。

2015 年 3—8 月中国科协开展了第九次中国公民科学素质调查，具备科学素质的公民比例达到了 6.20%，比 2010 年提高了近 90%，取得可喜进步，缩小了与西方主要发达国家的差距。其中，上海、北京和天津的公民科学素质水平分别为 18.71%、17.56% 和 12.00%，位居全国前三位，分别达到美国和欧洲 15 年前的水平。由此可见，虽然我国的公民科学素质进入快速提升阶段，但总体而言，还是与发达国家有较大差距。在这种情况下，中国的科普作家就更加稀缺，中国的科普图书市场就显得更加脆弱，更加需要扶持。

相比于发行量动辄数十万册的青春文学、盗墓文学、励志文学等，科学文化图书显得十分可怜。

从教育的层面看，科普出版是科学教育的一个重要组成部分，科普出版的状况从一个侧面反映出社会对科学教育的重视程度。《中国高考状元调查报告》指出，近年来，高考状元最热衷的一直是经济管理专业，而非科学专业。实际上，通过理科竞赛进入名牌大学的尖子学生，相当一部分也没有选择科学专业，只是把竞赛当作了大学的敲门砖。科学教育环节的缺位以及社会导向的整体态度，由此可见一斑。这更加说明中国需要培育科学文化积累的大环境。

（二）科普图书品牌的培育贵在坚持和积累

由于笔者多年来一直参与"哲人石丛书"的策划与编辑工作，故仍以其为例。"哲人石"又称"点金石"，是中世纪人们假想的具有点铁成金之功、祛病延年之效的魔法石。上海科技教育出版社在充分调研国内外科普出版状况的基础上，策划了融合科学与人文的科普图书"哲人石丛书"。以"哲人石"冠名，隐喻了科学是人类的一种终极性追求，也赋予了这套书更多的人文内涵。这套丛书为开放式系列，全部是国外兼具经典性和时代性的科普图书译作，连续被列为国家

"十五""十一五""十二五"重点图书。十余年来，"哲人石丛书"获得了诸多奖项，如全国优秀科普作品奖、全国十大科普好书、科学家推介的 20 世纪科普佳作、文津图书奖、吴大猷科学普及著作奖、"Newton- 科学世界"杯优秀科普作品奖、上海图书奖、上海市科普优秀作品奖、引进版科技类优秀图书奖等。

"哲人石丛书"出版伊始，确定的出版宗旨就是：立足当代科学前沿，彰显当代科技名家，绍介当代科学思潮，激扬科技创新精神。由此可见，丛书的传播落脚点是科学文化。"哲人石丛书"包括 4 个系列：当代科普名著系列、当代科技名家传记系列、当代科学思潮系列、科学史与科学文化系列。我们希望通过对系列的细分，尽量覆盖较多的科学文化领域。在"哲人石丛书"刚刚推出的时候，科学文化学者、清华大学人文学院的刘兵教授就曾经用"在科学与人文之间架起桥梁"形容过这套丛书。到如今，谈道这套丛书，他依然是赞不绝口："这么长时间，做这么大的规模是非常不容易的，到目前为止，在国内科普出版界也是空前绝后的。"

"当代科普名著系列"多为科普名家和一流学者对重大科学成就及其相关社会、文化元素的全面展示。"当代科普名著系列"是"哲人石丛书"中所占比例最高的一个系列，目前的 100 多个品种中，该系列占了一半以上。1998 年年底，包括《确定性的终结》《PCR 传奇》《虚实世界》《完美的对称》《超越时空》等 5 种在内的"哲人石丛书"首批图书问世，这 5 个品种全部都是"科普名著系列"，因其选题新颖、译笔谨严，迅即受到科普界和广大读者的关注。这个系列覆盖面广，最为经典的科学话题都涵盖其中，还最易于和公众感兴趣的话题挂钩，例如，2000 年，人类基因组草图绘制完成，《人之书——人类基因组计划透视》可满足人们对基因技术的好奇心；2009 年，当甲型 H1N1 流感在世界各地传播着恐慌之际，《大流感——最致命瘟疫的史诗》成为人们获得流感的科学和历史知识的首选读物；2012 年，酷似希格斯粒子的神秘粒子在欧洲核子研究中心的大型电子对撞机上现身，《希格斯——"上帝粒子"的发明与发现》回顾了基本粒子物理学的百年家史，讲述了寻找"上帝粒子"之旅中交织着成功与失败的传奇故事……

"当代科技名家传记系列"皆是著名科学家的传记，既有自传，又有科学作家

多角度搜集素材后对传主所做的全面刻画，往往展示出科学家背后大时代背景的风云变幻。关于这个系列不妨多谈几句，以科学家传记的方式普及科学是一种较好的办法。把科学家的研究过程准确地告诉公众，就是一种很好的科普工作。国内以前常见的科学家传记，多倾向于固定的描写模式，着重描述科学的神圣和科学家的献身精神，对传主科学家的刻画有理想主义色彩。这样的描述在今日看来并不具备吸引力。科学界是丰富多彩的，科学家也是各种各样的。"科技名家传记系列"涉及多个学科，勾勒出科学家所属时代的社会政治、经济与文化环境，也特色鲜明地突出了科学家的"多样性"。没有"多样性"，人们对科学和科学家的理解就会流于片面。这个系列所呈现的科学家独特个性、生活经历、特别是非凡的智力，无疑会吸引大量追求理想的年轻读者。

例如，《迷人的科学风采——费恩曼传》，传主费恩曼是诺贝尔奖得主，聪明过人，在生活中也是个活宝。这部传记告诉人们真实的费恩曼是什么样，从中可以领会到科学的精神气质，也能感受到一个顶级科学家的风趣幽默和人情味。梅达沃的自传《一只会思想的萝卜》有一处提到他在 1960 年获得的诺贝尔奖，应当把比尔和布伦特也包括进去，还把自己的奖金与大家共享。他说："我不是为了荣誉而工作，也没有期望得到这份荣誉。"梅达沃的豁达值得赞扬，这体现了他个人高尚的情操，别人可以学也可以不学，但它曾经发生过，让世人警醒。世界是多元的，科学也是多样性的，价值观更是多样的。

"当代科学思潮系列"纳入的是最为前沿、甚至还存在矛盾和争议的科学话题，如《爱因斯坦奇迹年——改变物理学面貌的五篇论文》《大脑工作原理——脑活动、行为和认知的协同学研究》《混沌七鉴——来自易学的永恒智慧》《真科学——它是什么，它指什么》《混沌与秩序——生物系统的复杂结构》。"科学史与科学文化系列"重在科学史和科学哲学领域，所收著作偏重哲学层面的探讨。第四个系列是 2006 年开始增设的，希望通过这个系列将科学史和科学文化的元素显性化。《早期希腊科学——从泰勒斯到亚里士多德》《科学革命——批判性的综合》《古代世界的现代思考——透视希腊、中国的科学与文化》《精神病学史——从收容院到百忧解》《认识方式——一种新的科学、技术和医学史》《黄钟大吕——中国古代和十六世纪声学成就》《一种文化？——关于科学的对话》，等等，仅从书名就能感受到强烈的科学文化气息。

"哲人石丛书"迄今已坚持了 18 载，在国内科普出版界建立了不俗的口碑，科普界的诸多专家给予这套丛书很高的评价，广大读者也已经认可了它的科学文化特色。"哲人石丛书"提供的是一个大舞台，它以科学为"支点"，在文化的"圆"内做文章。它既为相关学术领域直接提供了最新的学术资源，为新型科学文化人才的培养提供了新的教本，也为更长久的科普发展准备着学术和文化基础。在"哲人石丛书"出版 10 周年之际，中科院原北京天文台台长、热心科普的老前辈王绶琯院士为我们写了一篇鼓励文章，并笑言，只要"炼而不厌，点而不倦"，总有一天会点到玉石之质，灿然成金。"哲人石丛书"的点石之路，实在是一条文化积累之路。

科普出版面临诸多困境

（一）优秀作 / 译者难觅

欧美科学界有一个良好传统，即大科学家写科普，或科学家转行专职写科普。前者有伽莫夫、萨根、费恩曼、普利高金、古尔德等，后者有阿西莫夫、道金斯、加德纳、格里宾等。这些优秀作者为我们留下了一批宝贵的科普财富。引进优秀的科普图书既为中国的读者提供了高水准的精品，同时也为我们的原创科普提供了学习的榜样。把上述作者的原著译为中文并非易事，译者必须学科专业、外语（通常为英文）和中文皆精通，实属不易。

而相较之下，原创科普的作者培养更加困难。繁荣原创科普，最关键的是要有优秀作者。从事过科普创作的人都知道，科普创作的要求委实非常高，既要有良好的文字功底，又要有扎实的科学专业基础，更进一步，还要在哲学、历史、艺术等领域都有相当的造诣。满足这些条件者，已属凤毛麟角。此外，他们还要有时间进行写作（当然，绝大部分都是利用自己的业余时间）。因此可以说，原创科普最困难的一点是作者培养。

原创科普的作者队伍中也不乏大科学家的身影，如华罗庚（科普著作《从孙子的神奇妙算谈起》等）、高士其（科普著作《菌儿自传》等）、王元（科普著作《黎

曼猜想漫谈》等）、席泽宗（科普著作《科学史八讲》等），但所占比例甚小，尚需更多的科学家投身其中。

曾读过台湾"中研院"的著名科普作家王道还先生谈科普的文章。他对待科普的态度很"科学"，给人以启发：

西方科学先进国，民间对于科学的重视并不及东亚；东亚社会投入科学的资源并不少，收获却不大，是值得深思的问题……我主张换个方式思考"科普"的意义，改由科学机构负责科普。所谓科学机构，指中科院、大学之类的机构……科学机构应鼓励受过完整科学训练、对文字有兴趣的人拿科普当专业。这是需要尝试、实验，经过一两代人的努力、积累，才有成就的事业。

由于种种条件所限，目前来看，中国的原创科普图书品种也不少，只是其中的文化含金量还需要提升。

（二）市场销售情况不容乐观，科普图书叫好不叫座

若说作者因素是制约科普出版的内部条件的话，外部条件也不容乐观。近年来科普图书的销售一直处于低迷状态。国外的科普高手依靠稿酬完全可以生存，而在中国却做不到，我们的科普市场远远没有成长起来。

根据中国科普研究所在 2002—2008 年对 135 家出版社科普图书出版状况的调查，中国大陆 2002—2008 年共出版科普图书 11 772 种，发行量 5000 册以上的占42%，5000 册以下的占 58%（3000—5000 册的为 28%，3000 册以下的为 30%）；平均盈利的占 61%，持平与亏损的占 39%。请注意，在科普图书发行中居前三位的三类品种为医药卫生、工业技术和农业科学，也就是说，科学文化图书基本位于 5000册或者 3000 册以下的发行范围中。即便如前面提到的"哲人石丛书"，其销售情况也不容乐观，经济效益和社会效益之间反差巨大。

在目前这样一个科普的初级阶段，科普创作势必需要由国家机制来扶持。在文化产业大繁荣大发展的环境下，科学文化环境实在是不容忽视的一环，国家应该予以重视，科普创作出版基金应该再加大力度。一位科普界的前辈说：你们的"哲人石丛书"实在是太好了，就应该由机构提供稳定的资金，保证这些精品的出版。而现实中，困难全部是由出版社自己消化了。

（三）传播手段单一，缺乏吸引力

除了以上主要两点，科普出版还面临其他难题。例如：

出版手段单一。数字出版与其他媒体形式给传统出版带来极大冲击。数字出版给读者带来的新体验，如直观、可模拟、可互动等，远非传统纸质出版可比拟。科普出版目前基本还是应用传统手段居多，没有综合运用 AR（增强现实）、VR（虚拟现实）等手段。科普影视和科普图书应加速融合。

宣传不到位，营销手段相对落后。科普图书的宣传与小说、励志读物、财经读物等其他类别的大众类读物相比还十分欠缺，平面媒体宣传较为多见，电视宣传已经较少，网络宣传则缺乏重磅性、系统性和长期性，难以对普通读者尤其是年轻读者产生吸引力。

读者对科普读物的兴趣有待培养。与欧美等国相比，中国读者对科普读物普遍缺乏兴趣。原因很多，如学校教育的应试机制使得国人在青少年阶段即对科学学习失去兴趣、生存压力过大导致难以有时间和心情阅读科普图书（与此形成鲜明对照的是青春读物和奇幻读物泛滥）、科普图书对读者本身的科学素养有一定要求、科普图书趣味性还不强，等等。总体而言，读者的阅读兴趣还有待培养。

缺少卡尔·萨根般的科普明星。美国著名天文学家卡尔·萨根被称为"公众科学家"，他在科普方面的成就极为引人注目：20 世纪 80 年代他主持拍摄的 13 集电视片《宇宙》，被译成 10 多种语言在 60 多个国家上映；此外，他还写了数十部品位很高的科普读物，其中《伊甸园的飞龙》曾获得普利策奖。1994 年，他被授予第一届阿西莫夫科普奖。他还获得过美国天文学会的"突出贡献奖"和美国科学院的"公共福利奖"。卡尔·萨根的名字为全世界 5 亿人所知晓。中国做出重要科学发现的科学家不少，也有热心科普的大科学家，但缺乏卡尔·萨根这样成为全民偶像的科普明星。

科普出版的新机遇

虽然科普出版面临种种困境，但可以把握的机遇也不少，关键在于出版人本身是否打算有所作为。

（一）科技创新、科学普及和全民科学素质的提升受到重视

习近平总书记 2016 年 5 月 30 日在全国科技创新大会、两院院士大会、中国科协第九次全国代表大会上发表重要讲话，强调"科技创新、科学普及是实现创新发展的两翼，要把科学普及放在与科技创新同等重要的位置，普及科学知识、弘扬科学精神、传播科学思想、倡导科学方法"。这无疑把科学普及的地位提升到了一个新高度，我们也期待随后推出的各项具体政策能惠及科普出版。

中国公民科学素质调查自 1992 年以来已经进行 9 次，调查结果为《全民科学素质纲要》和《全民科学素质行动规划（2011–2015 年）》提供了数据支撑，为国家和有关部门制定相关政策提供了依据。根据中国公民科学素质建设的需要，每 5 年开展一次总体调查，在此期间将针对特定人群、区域或问题开展专项调查。为进一步提升公民科学素养，政府从加大科普基础设施入手，对科技馆、博物馆和图书馆等加大投入力度，吸引越来越多的普通公众进入其中，从中获益。这对于科普图书出版而言，不啻为一大福音。

根据《国家科学技术普及"十二五"专项规划》，"十二五"期间，我国加强了科普基础设施建设：将科普基础设施建设纳入国民经济和社会事业发展总体规划及各地基本建设计划，加大对公益性科普设施建设和运行经费的公共投入；加强科普基地建设，发挥中国科技馆、上海科技馆、广东科学中心等超大型、综合性科技馆在科学传播普及中的示范作用；繁荣科普创作，大力创作图书、影视文艺节目等群众喜闻乐见的科普作品，推出一批原创科普精品；促进科研与科普的紧密结合，依托重大科技项目开展科普活动，推进科技计划项目科普创作试点。

根据《中国科协科普发展规划（2016—2020 年）》，"十三五"期间，将着力实施"互联网＋科普"建设、科普创作繁荣、现代科技馆体系提升、科技教育体系创新、科普传播协作、科普惠民服务拓展六大重点工程，带动科普和公民科学素质建设整体水平的显著提升。预计到 2020 年，建成适应全面小康社会和创新型国家、以科普信息化为核心、普惠共享的现代科普体系。同时，实现我国公民具备科学素质比例超过 10%，达到创新型国家水平。规划还指出，力争到 2020 年，科普作品数量和质量达到国际先进水平，实现优秀科普图书在文化科学体育类图书出版中占比达到 10%。

（二）科普对于社会生活和公共决策的重要性日益明显

我们正处在一个科技变革漩涡的中心，每天海量信息扑面而来。面对这些海量信息，如何判断、如何做出决策，就需要科学素养。例如，2011 年 3 月 11 日，日本发生 9.0 级地震并引发强烈海啸，日本福岛核电站受到海啸的破坏而发生核泄漏。此时公众最需要了解：核泄漏的危害有多大？对中国的影响有多大？有必要大量补充碘吗？有必要抢购碘盐吗？等等。这些问题与公众日常生活紧密相关，必须依靠科学才能做出正确判断，同时对稳定社会秩序、破除谣言也有巨大作用。我们的科普图书《核辐射·海啸·地震 120 问》针对公众最关心的问题做了解答，通过明确的解释，消除了公众的疑虑，提供了遇到灾害时的有效保护方法，并破除了谣言。这就是科普的力量。只有了解核应用的安全性，才能使公众对核电站建设等公共事务决策起到监督的作用。ASSR 问题、流感问题与此类似。

食品安全也是目前中国乃至全世界面临的重要问题。地沟油、苏丹红鸭蛋、三聚氰胺奶粉、甲醛奶糖、瘦肉精猪肉、毒豆芽、染色馒头等，食品安全问题层出不穷。什么样的食品不安全？为什么不安全？怎样选择安全食品？这种迫于无奈的科普已成为公众保护自身安全的必须。此外，全球变暖、环境污染、生态保护、转基因、碳税、低碳生活方式，等等，既是科学家和政府要解决的问题，也是全民必须了解和参与的问题。离开科普和科普出版，上述目的都无法实现。

三、科普出版正在向立体化出版转变

科普出版正在发展成立体化出版产业，不仅仅出版图书，还同时涵盖科普影视、科普网站、科普玩具、科普实验盒等，衍生产品的市场效益会大大超出纸质

"哲人石丛书"大集合

图书。科普出版从本质上讲，也是一种教育出版，而且由于其往往兼具动脑与动手，非常适合立体化出版。同时，网络和新媒体手段的发展，也为科普图书的宣传和营销提供了多种新手段和巨大空间。科普图书宣传完全可以跳出科普讲座的老套，采用视频、虚拟空间旅行、野外科普考察等互动性更强、更受读者欢迎的形式。出版人可以开设网上读书平台、微博、微信，利用手机平台发布图书信息，提供试读，提供付费下载；可以在当当网、卓越网销售图书，也可以自己开设网上特色科普书店进行售书。目前年轻读者到实体书店阅读和购买图书的比例已经大大下降，而网络购书和下载阅读成为他们的首选。

与特色科普网站合作，利用网站的知名度也可以大大提升科普图书的销售量。例如，科学松鼠会主办的果壳网，参与者多为青年科研工作者，他们令果壳网有不错的人气。科学松鼠会编写的图书《当彩色的声音唱起来是甜的》《吃的真相》《一百种尾巴或一千张叶子》《谣言粉碎机》等，都取得了很好的销售业绩。

结　语

现代科学起源于欧洲，科学文化在经历文艺复兴、启蒙运动、工业革命等一系列事件后在西方成长起来，已经成为西方社会整体文化的一部分。而在中国，从"格致"的西行东渐到今日，科学文化的成长时间还过于短暂，还没有实现与本土文化的有效融合。我们的科学文化积累之路、科普出版之路，还十分漫长。如果政府相关机构、热心科普的企业和公益基金等能联手推出一套机制，

2008 年出版的 12 种"哲人石"图书采用了新的封面设计

选拔、扶持优秀的科普创作者和出版机构，假以时日，中国的科普出版一定会稳步成长。

作者简介

王世平 毕业于复旦大学遗传学研究所，获硕士学位。现任上海科技教育出版社总编辑，上海科普作家协会副理事长，上海版协科技出版专业委员会副主任，上海编辑学会理事。1999年加入上海科技教育出版社，工作首日，蒙卞毓麟先生惠赠叶至善先生所著《我是编辑》一书，编辑之责任即牢记于心。长期从事科技、科普和科学教育类图书的编辑出版工作，策划、编辑的多种图书曾获中国图书奖、中华优秀出版物奖、"三个一百"原创出版工程、全国优秀科普作品奖、上海市科技进步奖二等奖、国家图书馆文津图书奖、吴大猷科学普及著作奖、上海图书奖一等奖、上海市科普创新成果奖一等奖、上海市优秀科普作品奖等奖项。秉承"甘做科教兴国马前卒"的社训，为中国的科普出版尽绵薄之力。

数字时代科普出版的分众化 / 匡志强

分众化是数字时代传媒发展的一个趋势。分众化不但是对整个行业，也可以针对一个细分市场。本文以科普出版为关注点，回顾了科普内涵的演变和分众化之间的关联，简析了数字时代新媒体的分众化对科普出版带来的影响，并对如何利用分众化来做好数字时代的科普出版提出了一些可能的设想。

1970 年，美国未来学家阿尔温·托夫勒（Alvin Toffler，1928—2016）在他出版的《未来的冲击》一书中，创造了一个新词"分众"（demassification），并预言传媒在未来面临着分众化的趋势。在他轰动世界的名著《第三次浪潮》中，托夫勒指出："第三次浪潮到来，使强大的群体化传播工具被非群体化传播工具所削弱，报纸逐渐失去读者，大型杂志被小型杂志代替。"几十年来的历史发展证明了托夫勒预言的正确性。当前，无论是电视、报纸，还是广播，都面临着分众化的挑战。关于媒体分众化的讨论，也屡屡见诸报章杂志。不过，这些讨论大多都是围绕某一种媒体（如电视、广播、出版等）而展开的宏观讨论，较少有关于分众化对某一细分市场之影响的具体分析。笔者不揣浅陋，兹就科普出版的分众化问题做一简单探讨，仅作抛砖引玉之用。

科普内涵的演变与分众化

顾名思义，科普出版是"科普"和"出版"的结合。因此，我们需要从这两个维度来思考分众化问题。而回顾科普内涵的演变，我们会惊讶地发现，这一过程与"分众化"可谓密不可分。

从传播学的意义上说，所谓科学普及，就是将科学上得到承认的知识，以及产生这些知识的思想、发现这些知识的手段和这些知识所蕴含的意义，介绍给所有对此有需要的读者，使他们对此有一定了解，并获得启迪和加以应用。

从最广义的意义上说，科学家在取得某项科研成果后，将其用论文、讲演或专利等形式介绍给其他人，也可以称之为一种普及。只是这种普及的对象，往往是该领域的其他专家学者。这项成果只有被他们所认可，才标志着它被学界所接纳。所以这一过程既是新知识向他人进行普及的过程，也是新知识被吸收为已有科学体系的一部分的过程。这种传播是单向的，而且局限于少数受众，它的主要载体是科技论文和书籍，以及学术报告等。一般说来，通过专业论文等形式进行的科学传播活动并不被认为是科学普及的一部分，但是它们与下面讨论的狭义的科普确实有着十分密切的联系。

如果某些科学知识的意义重大，从而使得不属于这一领域专家的其他人也对此产生了兴趣或者需求，那么就形成了另一种传播，即狭义的科学普及。在传统的意义上，科普一般被认为是着重于将某一领域、某一方面的科学知识向不具备该知识的普通大众进行普及。由于读者缺乏足够的科学背景，需要从最简单必要的基础知识开始，围绕他们所关心的科学知识，由浅入深地进行介绍。因此，传统科普强调知识，以读者获得知识的多少和掌握程度作为普及是否成功的标准。可以说，是使读者"知其然"。

在这个阶段，科普的对象是不具备某些科学知识的普通大众。这个群体极为庞大，但人们往往仅将其划分为青少年和成人，从而也就有了现在大家都非常熟悉的"青少年科普"与"成人科普"的概念。

1985 年，英国皇家学会出版了由鲍默主持编写的研究报告《公众理解科学》。此后，"公众理解科学"这个概念逐步在全世界流行。在鲍默看来，公众理解科学"不

仅包括对科学事实的了解，还包括对科学方法和科学之局限性的领会，以及对科学之实用价值和社会影响的正确评价"。他认为："提高公众理解科学的水平是促进国家繁荣、提高公共决策和私人决策的质量、丰富个人生活的重要因素。"与传统的科普概念相比，公众理解科学的特点可以概括为以下几点：重在对知识的理解，不求对其内在的深入了解；强调科学的局限性和它的负面影响；突出科学对社会和个人的影响，而不仅仅讨论科学本身。强调双向互动，既希望把科学家或者科学共同体的知识传送给社会公众，同时也希望激发公众参与科学、理解科学、支持科学。

在这个阶段，由于强调对知识的理解以及公众和科学家的互动，重视对科学的社会效应的思考，可以说，科普的内涵得到了极大的扩展，出现了更多有别于传统科普的新方向，比如与伦理学、社会学等诸多领域的交叉融合等。而这些新方向的受众，与过去相比较，其特征更为清晰明确。在一定程度上，我们可以说，科普的对象发生了分化，或曰"分众化"。

近年来，随着认识的不断深入，人们逐渐意识到，科普必须融合人文思想，除了普及科学知识以外，还需要倡导科学方法，传播科学思想，弘扬科学精神，从而形成了以"科学文化传播"为核心的新型科普概念。科学文化传播把科学视为文化的一个有机组成部分，强调科学与其他学科的平等，而科普的内涵也更多地转向以提高公众科学素质为目标。

然而，正如朱效民所指出的，"相对于传统科普重视强调把科普作为生产力的角色而言，今日科普把目标定位于提高公众科学素质无疑是一种进步，但却又难免有矫枉过正之嫌。其主要表现为，一是试图采取学校正规教育的惯有思路，通过制定和实施统一的科学素质标准来促进科学知识的普及；二是常常将公众视为同质、均一的整体，客观上将公众置于被动接受的位置。在具体的科普实践过程中，这两方面都值得商榷和思考"。他认为："科普过程中的公众不仅是参差多元的，而且是变化复杂的，即使同一位公众也可能具有多重身份。显然，不同公众对科学知识的需求是非常个性化、多元化的，并且公众在繁忙紧张的工作、生活之余也很难统一接受某种并不实用的'基本科学素质标准'。将公众视为被动的知识接受者（空瓶子）以及有所谓知情权的纳税人，都容易视公众为均一、同质的群体，进而忽视公众对科技的多元化需求，使得科普要么华而不实，要么单调乏味。"显然，朱效民所论述的，正是科普分众化的必要性。

孟丽娜也关注了科普受众构成的多元化问题。她指出："传统上把没有文化或者文化程度不高的公众确定为科普的对象，但这只是科普的对象之一，不是全部。"孟丽娜认为，科普受众中存在一些边缘群体（如进城民工、下岗人员）和一些特殊受体（如女性），而且即使是具有财力相近、社会地位雷同等同质性的群体，也会由于职业、年龄等异质性而带来不同的科普需求。这种多元化为科普工作提供了新的思路和工作点，同时也给科普工作带来了新的困难。

孟丽娜还特别指出了一个特殊的科普受众群体——科学家或科学共同体。"伴随科技的分化与综合趋势的加剧，科技信息呈爆炸式增长，'科学家在他本专业之外正在变成一个外行'，他们和普通大众一样也渴望获得新知识、新信息，以便拓宽知识面……科普的对象不仅仅是一般大众，而且有必要包括科学家。由于科学家本身可以说是最重要的以及在公众心目中具有权威性的科普主体，因而对科学家进行科普——应该是特殊的科普，就格外重要。"这种面向具备一定科学素养的读者的科普，往往被称为"高级科普"。其受众与过去科普的传统对象不同，本身也是具备相当素质的学者，只是对所普及的知识了解较少。而针对他们的科普，更多的是强调科学概念的创新性、科学方法的借鉴性和科学思想的启迪性。在这方面，闻名遐迩的《科学美国人》杂志无疑是其中翘楚。

除了科普内涵的变化，现代计算机技术、网络技术尤其是移动互联网技术的发展，也使得科普的分众化趋势更加明显。过去的传统科普有以下一些特点，如：单向性，即由专家向社会大众进行传播；俯视性，相对于读者，作者的地位是高高在上的；单一性，即只能通过一种媒介（图书、报纸、杂志、广播、电视等）进行传播。在数字时代，由于技术的进步，科普的模式将会产生巨大的变革，即：由单向性转向互动性，传播者可以通过和被传播者的即时沟通，了解需求，获得反馈；由俯视性转向平等化，部分读者的学识可能并不在作者之下；由单一性转向聚合性，可以同时以多种媒介、多种渠道进行传播。在这种情况下，如何更好地区分受众，了解其需求，使用其希望的传播方式，提供其需要的内容，就成为科普在数字时代所必须面临的重大挑战。

数字时代的出版与分众化

说了科普，下面我们再来说说出版。近年来，随着计算机技术、网络技术尤其是移动互联网技术的飞速发展，全球的出版业都在逐步向数字化转型。和广播、电视、网络等其他媒体一样，数字时代的出版同样面临着分众化问题。

分众化可以说是数字时代的新媒体与传统媒体之间的一个巨大差异。一方面，我们所能够接触到的信息越来越趋于海量化；另一方面，我们真正获得的信息，却越来越受制于个人所处的信息环境及其获得信息的主要方式和渠道。举例而言，一个经常通过新浪去浏览新闻的人，和一个基本上以阅读微信作为信息源的人，其所获取的信息可能有着巨大的差异。与此同时，各种亚文化的不断涌现，也导致人们对于信息消费的要求更趋于多元化。这种对于信息内容的细分要求，就是所谓的"分众化"。

目前，这种"分众化"已经引发了新闻媒体领域的诸多变化。例如，《东方早报》刚刚创立的"澎湃新闻"，宣称自己是"专注时政与思想的媒体开放平台。以最活跃的时政新闻与最冷静的思想分析为两翼，生产并聚合中文互联网世界最优质的时政思想类内容"，立志成为"中国第一时政品牌"。它聚合了网页、Wap、APP 客户端等一系列新媒体平台，倾力打造一些比较有影响力的微信公共账号，如"一号专案""舆论场""知道分子"等。澎湃新闻的对象是时政爱好者，尤其是其中占较大比例的热衷于使用新媒体的群体。这种基于互联网模式，利用分众化来拓展媒体（尤其是新媒体）影响力的尝试，受到了业界的瞩目。

在出版领域，分众化趋势也得到了不少人的关注。现代的出版业已经形成了一条完整而又漫长的产业链，下游读者和渠道的变化已经对整个产业链产生了巨大的影响。杨斌指出："在数字出版的时代，产业链发生了很大变化。从内容的消费者看，不是一个单纯的消费者，里面有两个变化：一是消费者会主动寻找他所需要的内容，这就涉及怎么样提供个性化、深度化的个性服务的问题；二是消费者同时成为内容的发布者和创造者。"这种消费行为的变化带来的就是受众的分众化。

对于出版分众化问题，孙庆国进行了结构性的模型分析。他将阅读群体和阅读行为区分为精英阅读、文化阅读、咨询阅读、大众愉悦阅读四个层面。四个层面的人数量级为正金字塔，而相对应的产品供给数量则应为倒金字塔，即为人数少的精英阅读提供百花齐放、多而专的产品。为最大基数的大众愉悦阅读提供少而精的有意思的产品。方希则用具体案例表明，如果在选题策划、营销规划和渠道推广等方面做好准备，分众市场的图书也能实现畅销。

关于数字时代科普出版分众化的思考

在我国，科普出版始终是科普的一个重要领域，涌现出了众多杰出的科普佳作和优秀的科普作家。但最近十几年，国内真正大规模、成系统地介入科普出版领域的出版社并不太多，能一直坚持的就更少了。出现这种现象，其实背后有其一定的道理。我们知道，出版可以分为教育、专业和大众三大门类，而从一定意义上说，科普出版是一种介于专业出版和大众出版之间的门类。它对内容的要求在很大程度上与专业的学术出版很接近，尤其要求内容上的专业性和准确性；此外，由于它的定位是面向普通的社会公众，因此无论其形式还是营销手段都必须向大众出版看齐。也正因如此，科普出版是一个进入门槛较高的领域。

目前，由于各种因素的综合影响，国内大多数科普图书的销量已经从过去的四五千册逐步下滑到两三千册，可以说逼近了出版社的盈亏平衡点。在当前以经济效益为主要导向的出版业内，科普出版不受青睐也就在情理之中了。事实上，绝大多数仍在从事科普出版的出版社，看重的也主要是其巨大的社会效益而已。

科普作品之所以销量难尽如人意，除了外部环境，其关键还在于，科普作品对受众的要求较高，只有具备某一程度的基本知识和思维能力的读者，才有可能理解和欣赏某一层次的科普作品。否则，不是觉得它晦涩难懂，就是认为其老生常谈，了无新意。而我们当前的图书发行和营销方式，却很难为图书精准地找到合适的阅读对象。一本科普作品要在茫茫人海中找到"知音"，可谓难而又难，其销量自然也就少得可怜了。

要改变这种状况，分众化无疑是一把利器。首先是上游的选题策划方面。作为一种单向性非常明显的传播方式，为了能够进行更为有效的传播，出版者理应在最初的选题策划阶段就弄明白自己希望传播的对象是谁，在哪里？如何才能找到他们？如何才能让他们了解自己的产品？过去由于缺乏合适的技术手段，出版者往往

仅仅根据个人兴趣和判断来对选题进行决策，无法借助数据和实证分析来得到更为准确的判断。但现在，我们可以利用互联网、移动技术和大数据等新技术手段，精细划分读者群体，准确发掘某个特定群体读者的需求，从而推出满足这种需求的科普作品。我们可以通过精准的数据采集和分析，获取每一位读者的阅读趣味和偏好，进而提供完全个性化的内容信息。我们还可以尝试试错式创作模式，利用交互性，充分把握读者口味，加强读者参与性。

在满足不同群体需求的过程中，我们不妨尝试一下"快餐式"出版模式，也就是说，以几乎完全相同的科普素材作为基础，根据受众的不同，创作出各具特色的不同科普作品。这种创作甚至可以是接力式的，即一个人提供基本素材，而另一个人将其改写成更为符合受众要求的文字，还可以有一个第三人来对其进行润色完善。按照这种"快餐式"出版模式，我们需要建立一个科普素材资源库，然后依据这个资源库创作出各种口味不同、异彩纷呈的作品组合，以满足不同层次、不同需求的读者。

实际上，这种创作模式已经应用于网络媒体中。目前世界上最为著名的网络报纸《赫芬顿邮报》，创立于 2005 年，是美国最受欢迎的五大新闻网站之一，也是全美最有名的政治博客网站，每天的独立用户访问量为 2500 万人次。《赫芬顿邮报》倡导博客自主性与媒体公共性，开发了"分布式"新闻发掘方式和以 WEB 2.0 为基础的社会化新闻交流模式。它的做法之一，就是根据世界上各种不同信息来源提供的信息进行改写，然后提供给其读者。这种做法，完全可以被科普出版借鉴。

在发行和营销方面，分众化更是大有用武之地。过去，由于无法找到发现潜在读者群的有效手段，出版机构很难开展目标明确的营销活动。许多活动看似热闹，但对读者购买行为的帮助相当有限。而分众化的最大特点在于，当你创作出产品时，你已经基本捕捉到了基本的消费群体，打通了与这些群体之间的通道。因此，在进行分众化科普出版时，应将分众化营销贯彻于出版活动的全过程。在选题策划伊始，就有效地解决受众及渠道问题，甚至可以先行进行渠道与内容测试，利用网络的互动性来对内容产品进行调整。而在作品正式出版前后，更要利用各种技术手段进行分众化的渠道营销，使作品得到最大程度的推广，充分利用"长尾"市场，切分市场份额。

在数字时代，点对点式的传播方式以及更强的互动性，导致传统出版主体的中心话语权被弱化，使得博客、微博、微信等各种所谓"自出版"方式风行一时，给传统出版带来了严峻的挑战。然而，与其他出版门类不同，科普出版在数字时代的前景要相对乐观一些。这是因为，科普的内容专业性和信息单向性的要求，使得传统出版主体在科普出版领域保持了很强的主导性，而不用与各种自出版方式进行过多竞争，这实际上是为科普类出版社留下了一块很大的空间。当然与此同时，这也对出版社如何更好、更快、更有效地提供个性化信息服务和多样化增值服务提出了更多、更高的要求。

在数字时代，各种媒体之间的界限日益模糊，相互竞争日趋激烈。这一趋势在科普领域同样有所显示，广播、电视、网络等其他传播方式，正与出版在科普领域展开越来越多的竞争。在电视领域，央视财经频道推出的大型互动求证节目《是真的吗》，宣称"对网络流言进行专业验证与权威实验"，受到了大量观众的追捧。其内容虽涵盖民生、健康、社科、网络传闻等多个方面，但其中科普占有相当大的比重。其主持人黄西是美国得克萨斯州莱斯大学毕业的生物化学博士，更让节目的科学性得到了保证。在微信上，由著名科学家饶毅、鲁白、谢宇主编的"赛先生"，虽然仅仅问世几个月，却已经赢得了广泛的关注。

可以相信，未来科普领域各种媒体之间的竞争将会更加激烈。因此，科普类出版社必须利用自身特色和优势，与其他媒体、其他渠道等建立共赢机制，有意识地打造多渠道、多模式、多层次的科普出版及传播网络，做大蛋糕，提升科普作品的覆盖率和影响力。

作者简介

匡志强 1970 年出生，1999 年获中山大学物理学博士学位后进入出版界，现任上海世纪出版股份有限公司学林出版社副总编辑、编审。曾参与策划"诺贝尔奖百年鉴""金羊毛书系""人文书房""诺贝尔的囚徒""冈特生态童书"等，获得过多项国家级和省市级图书出版奖项。著译有《量子、猫与罗曼史：薛定谔传》等。曾被评为"上海市科普工作先进工作者"。

优秀科普图书是怎样炼成的　　陈　静

　　我于 2006 年年初来到北京大学出版社，加入教育出版中心这个团队。可能因为我的理科专业背景，中心主任周雁翎老师有意培养我成为一名主攻科普图书的编辑。他策划的科普书更侧重选题的经典性、权威性和作品的生命力，也更强调"科学精神"和"科学方法"的提炼，而不单是具体科学知识的传递，因为在科学结晶的背后，精神和方法才最具永恒的意义。

　　比如，自 2005 年开始倾力打造的"科学素养文库·科学元典丛书"，目的就是要把读者带到具体的历史场景中，体悟原汁原味的科学发现，了解这些发现背后的"真实"故事。编辑在工作中要特别注重科学与人文的有机结合，并在此基础上努力呈现给读者以"科学思维"的训练。这种思维，是"渔"而不仅仅是"鱼"。

　　《科学的旅程》是周雁翎老师策划的又一个体现上述思想的经典案例。这是一本颇受好评的科普读物，得到了政府和社会的充分肯定。该书于 2008 年 11 月推出，上市不久便荣获文津图书奖，至今已获得 12 项荣誉：从我国出版领域最高奖——中国出版政府奖（提名），到行业协会奖、社会团体奖、民间组织奖，等等。

该书作者雷·斯潘根贝格和黛安娜·莫泽是美国著名记者，也是一对专门从事科普写作的夫妻。他们擅长讲故事，写作角度新颖，在创作理念上也有别于传统的科学史图书作者。所以，尽管国内关于科学史的图书已经很多，且大多也是引进版的优秀图书，但《科学的旅程》仍能从众多同类图书中脱颖而出。作为该书的责任编辑，我有机会数次通读全书，因而也有一些心得体会，愿意在这里跟大家分享，希望能为国内科普图书的创作和出版提供一点有益的借鉴。

一、保证翻译质量，使译文生动传神

《科学的旅程》原著的一大特色是口语化的叙述风格，随处可见的小幽默往往会令读者会心一笑。然而，越是这样的语境，就越需要优秀的译者。我们请到清华大学的郭奕玲教授和沈慧君教授以及上海师范大学的陈蓉霞教授来承担翻译与校译的工作。他们都长期从事自然科学史、科学哲学方面的研究和教学，著译也很丰富，是该领域内受人尊敬的学者。更重要的是，他们都是相对感性且富有人文情怀的人。记得有一位读者跟我分享过："有人情味的译者才能译出感动人的文字。"陈蓉霞教授在应允承担这部书稿的翻译工作后说："令我心动的正是这些科学大师身上体现出的那种纯真的游戏精神。"我们相信一个易感的、有科学精神的人，才能翻译出同样有趣的文字来。

优秀的译文堪称对原著的再创作，其中的妙处亦能在字里行间显露。比如，书中在描述牛顿经常鼓励朋友参与争论时，译文用"煽风点火"来形容他喜欢吵架的性格，让读者认识到一个可敬又可爱的牛顿。我们知道，artist 一般对应于汉语的"艺术家"，但作者在有关伪科学猖獗的描述中，也用到了 artist，译者精明地领会到了作者的幽默用意，将之译为"行骗大师"。当自学成才的列文虎克被选为英国皇家学会会员时，他"几乎有些不知所措"，在他 84 岁接到 Louvain 大学授予他的奖章和赞美诗时，他的"眼泪夺眶而出"。这些恰当的翻译将列文虎克的心理状态描绘得栩栩如生，巧妙地表现了一个平民布料商在突如其来的官方认可面前的那种"受

宠若惊"。

16世纪末的迪伊曾经是受人高度尊重的科学家和数学家，又是占星术、魔术和炼金术的早期实践者。在评价他复杂的一生时，有这么一段译文："迪伊是一个有疑问的人物——才华横溢，着迷般地追求科学真理，却不幸迷了路，徘徊在玄想和法术的黑暗胡同里……在今天看来，迪伊的故事无疑是一场悲剧，它清楚地表明，一个聪明好问的头脑，由于雄心而误入歧途，因为缺乏耐心而陷入神秘主义及其自命不凡的泥潭。"这些句子读起来既流畅又优美，堪称是阅读的享受。

类似这样的细节不胜枚举，用当下流行的话来说：因为译者的巧妙用词，这段文字顿时"亮了"。

二、打造一个好书名使其从同类书中脱颖而出

有调查显示，读者在图书选购过程中，首先关心的是书名。业内编辑也常说："好的书名就成功了一半"。书名作为图书销售的第一幅广告，可以诱发读者去注意图书，产生购买冲动，甚至会成为流行语，成为一种固定的表达模式或生活态度。而作为译作，书名不能与原文意思相去甚远，要尽量忠实于原文。严复先生提出的翻译准则——"信、达、雅"，"信"是第一位的。但若生硬的直译也会丢分不少，甚至会南辕北辙、词不达意。

《科学的旅程》英文原名为 The History of Science ，按时间顺序分为5个小册：The Birth of Science (Ancient Time to 1699)；The Rise of Reason(1700—1799)；The Age of Synthesis(1800—1895)；Modern Science(1896—1945)，Science Frontiers(1946 to the Present)；内容是从古代科学的萌芽到现代科学前沿。考虑到5册套书不仅会使印装成本增加进而导致定价提高，而且不便于读者在阅读时前后比照，割裂了原本一脉相承的人物故事。综合各方面因素后，我们决定将之合并成一本16开的"大书"。原先分册的名字分别作为书中的5编：科学诞生，理性兴起，综合时代，现代科学，科学前沿。

本书的书名若直译为"科学的历史"则平淡无奇；有人提议译为"科学通史"，一个"通"字便有了贯通感和动态感，但我们总觉得这个书名少一些生动和亲切的

力量。为了使本书能从众多同类图书中跳跃出来，同时更能吸引目标读者，编辑部同仁对书名展开了热烈探讨并反复锤炼。经验丰富的周雁翎老师突然想到"旅程"一词，大家都觉得眼前一亮，这个词更生动更亲切，恰好体现了这种现场感觉：就像一位智者陪着读者在风景各异的路上散步，时而驻足欣赏，时而娓娓而谈。而阅读本书时，也是经历一段趣味盎然、回味无穷、充满收获的旅程。"一段通往科学殿堂的旅程"——也许正是作者想传达给读者的一个重要信息。

三、装帧设计体现科学的人文内涵

现代出版已经越来越意识到装帧设计的重要性。虽说形式永远是为内容服务的，但作为"形式"的"装帧设计"若做好了，便不仅仅是"锦上添花"那么简单，富有艺术表现力的装帧设计，往往体现了一本图书的基调和一个编辑的品位。形式与内容相得益彰，自然能更好地吸引目标读者。

对《科学的旅程》而言，内容与"科学史"相关，从这个角度出发则形式上最好偏向端庄严肃的风格，体现"史学"的人文内涵；可是，图书的写作风格非常活泼，更适合作为青少年的"普及读物"。从这个层面考虑，又更适合采用亲切活泼的装帧设计。综合上述两个因素，为了使图书"内外兼修"，达到科学和人文、艺术的巧妙结合，我们反复修改版式和风格，其中融入了欧洲古典的元素图案，既保持了正文的连续性和整体感，也丰富了图书的设计感。

在当下这个注重包装的时代，封面的重要性不言而喻。常常见到出版界的案例，一本书换了封面就突然销量猛增。我们自然对此也颇为重视。至今我仍然记得当时在图书馆到处查找合适的图片资料，与设计师沟通并不断推翻封面方案。在反复 20 余次"折腾"后，我和设计师都感到巨大的压力，已接近精神"崩溃"。幸得追求完美的周雁翎老师及时地施以援手，提了很多具体的建议和要求，后来我们将内文中欧式典雅的"拉花艺术"运用到封面的书名字体上，并且最大限度地展现图片的魅力，让适合的图片"直接说话"，不做过分的装饰。

功夫不负有心人。最终，《科学的旅程》封面获得了一致好评，并荣获当年北京大学出版社评选的"十佳装帧设计奖"。封面采用的三幅美丽图片，其背后的故

事也很动人。一张表现了 18 世纪天文观测是上流社会的时尚活动，认知天空的美丽和有序已经在受良好教育的人群中变成一种普遍的追求；另一张表现早期炼金术士在工作室里虔诚且繁忙的场景；还有一张是 1805 年的版画"丘比特在热带地区唤起植物的爱情"，表现了植物的特性是支撑林奈理论的基础，他的整个分类体系就建立在这个基础上。这三幅场景生动的图片，就传递了天文、物理、化学、生物等自然基础学科的基本内涵，与图书的定位相符合。

我们常说编辑工作是一门手艺活，著名出版人刘瑞林女士在 2013 年香港书展国际论坛上的一次演讲中也谈道："以手艺的精神，对待每一本书。赋予书籍更有尊严的形式，给予读者更美好的阅读体验"。忠实于对品质的信念，也会让一位图书编辑或一家出版社赢得更多更高品质的读者和作者。《科学的旅程》采用 16 开软精装的设计，在第一次印刷时，考虑到 568 页的书可能会比较"沉重"，我们决定采用轻型纸。遗憾的是，轻型纸的韧性和白度都欠佳，图片表现力减弱，最终使得图书的整体形象缺少"气质"，也不够"雅"。于是，在第二次印刷时，我们果断换成了质量较好的胶版纸。

四、为原书提供更多的附加值

《科学的旅程》不是简单地重复"科学的历史"，而更侧重呈现真实的人物及其科学精神。比如，书中既描写了一个全神贯注、不懈思考的牛顿，又描写了一个高度自我、常常与人争吵的牛顿。这个牛顿虽然颠覆了我心目中"伟人牛顿"的形象，但却因为真实而更显可爱。

书中展现的伽利略也有别于其传统形象。他脾气暴躁、老于世故，感情也比较丰富——终身未娶，却和情人生下了三个孩子。还有莱布尼茨，这位数学大师在成名之前，只有两三个学生来听他的课，甚至曾因为讲课不够好而被学校辞退。我们熟悉的诗人、作家歌德，20 多岁时就写下《少年维特之烦恼》，还是个优秀的画家。但很少有人了解到，歌德同时在科学领域也做出了令人称赞的发现，《科学的旅程》就肯定了这一点。费恩曼——现代最不寻常的科学天才，他在加州理工学院的演讲，受欢迎的程度不亚于如今流行歌星的演唱。我们常常说他是物理学家、演讲家，甚至是畅销书作家，而《科学的旅程》在写"费恩曼的遗产"一节时，更强调他解决问题的思路，这种思路影响了后来许许多多的年轻科学家。

我在《科学的旅程》编辑过程中，经常被书里呈现的诸多精彩故事所吸引、感染，不时也思忖，科普的意义在于什么？是不是多认识几种类型的恐龙，多了解几项前沿成果，多知道一些遥远星系奥秘？应该远远不止这些。

我觉得，值得思考的是：如何让这本已经拥有大量精彩故事的图书更鲜明地表达出深层次的科学精神？如何让读者更真切地感悟到书中人物的情感与思绪，并在阅读过程中得到更多愉悦的体验？几位贤哲的话语给我以灵感、启发。龚育之先生有言："科学思想是第一精神力量"。余英时先生也说过："中国'五四'以来所向往的西方科学，如果细加分析即可见其中'科学'的成分少而'科技'的成分多，一直到今天仍然如此，甚至变本加厉。"

这也关涉编辑的鉴赏力和整合力问题。为成就一部优秀的科普图书，在保障编校质量的基础上，我们还需要做更多体现编辑价值和策划思路的工作，为图书制定最佳的表现形式。

此前在编辑"科学元典丛书"时我们就一直遵循着这样的工作思路，也正因为这份坚持，我们的工作赢得了中国科普作家协会原副理事长王直华先生的称赞："'科学元典丛书'为什么如此受欢迎？最简单的回答是：编辑不是简单地找来元典、翻译出版、印刷发行，他们做了大量的策划、设计、组织、实施工作，以求内外兼修、通情达理……在'科学元典'里，读者看到的不仅是科学，而且还有人文！编辑的工作把我

《科学的旅程》插图版封面

们带回了古老的从前，带回了元典作者的生活情境，让我们有亲切感、亲近感、亲历感，甚至亲为感。"

我们把"科学元典丛书"的成功经验部分复制到了《科学的旅程》中，提炼出图书亮点，提升其思想内核，以期为原书提供更多的"附加值"。

首先，增选大量彩色的历史图片并撰写生动的图说。每张图片虽然只是科学史上某个割裂的节点，但按一定脉络串联起来后，既梳理了作者的写作思路，也再现了科学思想史的内在线索；不但展现了科学发展的主要历程，而且展现了当时广阔的社会文化背景以及探究过程等。这些丰富的资料，大大增强了图书的可读性和视觉效果。

其次，将图书每一部分的主题词和核心语句提取出来，重新编写，放在每一部分的开始位置，起到该部分导读的作用。同时，总结全书的特色和亮点，放置到环衬，使读者在翻开图书的第一时间内，最快地获取最有价值的信息。对有创新的观点，可以适当放大，并结合当今中国科学教育的现状和热点，直接指出本书可以作为科学教育的首选教材，使目标读者更加清晰明确。

《科学的旅程》珍藏版封面与封底

一本科普图书的成功，并非单一的因素，总是需要著译者、出版方和市场大环境等多方面的资源整合、良性互动及通力协作。不论是从内容层面、创意层面、技术层面、营销层面还是从管理层面，都可以分别写出长长的论文。但有一点，我始终深信不疑，那就是编辑的真诚和努力，读者会在作品中感受到。在我8年的编辑工作中，《科学的旅程》并不是最让我难忘的编辑经历，但一定是让我受益最多的一段旅程。很多工作思路和方法都是从2008年的这本重点书开始打开的，它深深地影响了我后来的成长，也有幸成为北京大学出版社培训新编辑的经典案例之一。

接踵而来的荣誉和乐观的销量，让《科学的旅程》同时获得了良好的社会效益与经济效益。有很多年轻读者反馈称，因为阅读《科学的旅程》而爱上了原本以为刻板枯燥的科学。其中，有个生物系的学生给我的留言，更直率地表达了这一点，也让我这个责任编辑深感欣慰："在科学的迷途中偶遇此书，读罢，仿如拨云见日，豁然开朗。真切体会到科学由量变到质变的缓慢过程；从失败了无数次的科学家身上，也能看到另外一种勇往直前！"

作者简介

陈静　中山大学微生物学硕士，北京大学出版社副编审。主持"科学元典丛书""博物学经典丛书"。编辑的图书种类涵盖科学经典、大众普及读物、高等教材、学术专著、青少年读物等。主持国家出版基金项目、"十二五""十三五"国家重点图书出版规划、北京市科普创作基金项目等图书近百种。编辑的图书获得过中国出版政府奖（提名）、中华优秀出版物（提名）、文津图书奖、中国优秀科普作品、北京市优秀科普作品、吴大猷科学普及著作奖等30余次，个人曾获首届"中国好编辑"奖。

第五章　科普美学与创意艺术篇

试论科普美学

汤寿根

一、科普的社会功能

笔者经过多年来对科普创作理论的学习、研究与实践，认识到："科普的社会功能"可以概括为一副对联和五个词组。

一副对联是："解读自然奥秘；探究人生真理"。自然科学追求的是穷尽"自然的真谛"；人文科学追求的是穷尽"人生的真理"，两者都是人类社会发展所亟须的。科学本身就是一种人文理想。人类社会谋求持续协调、全面发展需要科技为动力，人文作导向。

五个词组是："求真、崇实、启善、臻美、至爱"，以达"天人和谐"。"真善美"是人类追求的最高理想，为什么还要"至爱"呢？因为，爱与真善美相比，有它独特的性质。符合真善美的事物主要存在于客观世界，它们本身并不是人的一种感情。而爱来自人的内心，是一种理智的感情、一种生命的本质、一种生命的力量。这种生命力可以推动人类进行不懈的努力，去追求、实现真善美，去创造出世界上原来没有的美好的事物。"爱"也应列为人文精神的重要内涵，是人性中应该大力弘扬的重要元素。

柏拉图说："爱的力量是伟大的、神奇的、无所不包的"。世界上一切麻烦的根源，都因为缺少了"爱"。生态环境要靠爱的力量来维护；社会和谐要靠爱的力量来维持；世界和平要靠爱的力量来维和。"爱"是人类的一切最高的幸福源泉。

人类应当用"爱"来统领"真善美"！

二、什么是美、科学美、科普美学

（一）美

"美"是一种身心的享受、一种心灵的谐振、一种优秀的品德、一种崇高的追求。

爱美是人类与生俱来的天性。追求美、创造美是人类矢志不渝的理想。梁启超说："我确信美，是人类生活的一要素，或者还是各种要素中之最要者。倘若在生活全部内容中把'美'的成分抽去，恐怕便活得不自在，甚至活不成"。

当您欣赏一幅优美的图画、一首典雅的乐曲或扣人心弦的诗歌，甚至一轴龙飞凤舞的书法时，您是否感到，它们引发了您心灵的感应和激荡，是愉悦、是陶醉、是憧憬，或许还夹杂着一丝淡淡的惆怅和眷念！仿佛这是您等待已久的梦境。"大美无言"，动情之处，不觉热泪盈眶。这就是您感到了"美"！

对我辈科普作家来说，想让自己的作品产生社会价值，说白了就是要用"科学之美"去感染读者。

曾经有学者认为，科学研究主要是对自然、社会和人本身的奥秘及其演变规律的发现和认识的过程，侧重于理性的抽象、演绎与归纳，即主要是探求真理，似与"美"无关。但是，自古以来，人们在对自然的认识与发现过程中，尤其是科学家在科学实验和理论研究活动中，确实发现了美，感受到愉悦和陶醉。早在公元前6世纪末出现的古希腊毕达哥拉斯学派，就从数学研究中发现了和谐之美；陈景润在我国20世纪六七十年代极其恶劣的环境、极其严酷的生活条件下，仍能迷醉于数论王国之中，因为他感受到了数学之美、数论王国的瑰丽。极其抽象的"纯科学"尚且如此，其他学科可想而知。

（二）科学美

"科学美"是理性认知活动及其成果所具有的审美（审视美感）价值形式，是

理性的一种纯粹的抽象或净化的形式。

科学美的特点是：

（1）净化和抽象。科学美和艺术美一样也是人造的形式，是第二性的美（自然为第一性，科学为第二性，而科普则是第三性了）。艺术美是一种理想的美，科学美作为真理的形式，则是一种理性的美；艺术美主要呈现为感性形式，或者形象形式，科学美则主要呈现为净化形式，或者抽象形式。科学美是在理性的抽象形式中，包含着感性的丰富内容，呈现为抽象形式之美。

随着各门科学的数学化，数学美已成为人们的共识，愈益显现其璀璨光辉。法国哲学家狄德罗说："所谓美的解答，是指一个困难复杂的问题的简单回答。"爱因斯坦的质量与能量的关系公式："E（能量）等于 m（质量）乘 c（光速）的平方"，可以说是"净化和抽象"的范式。他只用 3 个字母和 1 个数字解答了内容极为丰富的科学问题。

（2）规整和简洁。科学家以最规整、最简洁的形式，概括最丰富、最大量的自然现象，去揭示最普遍、最深刻的自然规律。科学公式和理论的规整性和简洁性，就是体现其深广内涵的最好形式。例如黄金分割律是一种最简洁、最美，也是最有普遍性的比例形式（一根直线的前半段与后半段之比应等于后半段与全长之比，其解为 0.618，即黄金分割值）；爱因斯坦的广义相对论，因其简洁、准确而被人们称为"漂亮的理论""现有物理理论中最美的"；DNA 规整美丽的双螺旋结构，以及和谐地包含其中的 A、T、G、C 四个核苷酸，构成了简洁的旋转形阶梯。就是这一对生命的曲线，却演化为地球上生生不息、千姿百态的芸芸众生。这简直是"大美"了！

（3）对称和有序。自然科学的任务是探索大自然的现象和规律，而这些现象都具有对称、有序等特性。正是这些理性活动及其成果显示的审美（审视美感）形式使人激动。例如，1869 年俄国化学家门捷列夫首创的"化学元素周期表"。他发现各种元素原子的结构是有规律的，可以列成周期表，并能解释原子和分子是如何构成物质世界的。人们不能不惊叹，五彩缤纷的大千世界竟如此和谐地统一于原子的周期排列。自然界的形成、运行、演化、生长、繁衍、消亡都是有规律的。这就

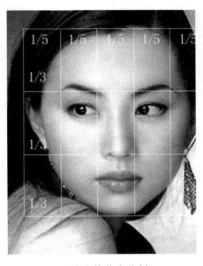

美女的黄金分割

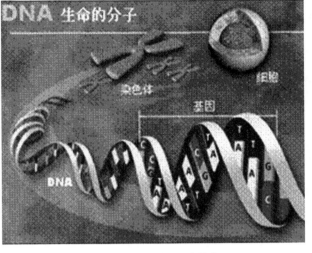

DNA 的双螺旋结构

是令人信服的科学美。

美学是研究有关美的规律的学问。30 多年前，何寄梅在《科普创作》杂志（中国科普作家学会会刊）上就曾经发表过有关"科学的美"的文章；1988 年 7 月，袁正光在《科普创作》（1988 年第 4 期）上发表的《关于科学美的思考》中，谈到了科学的五种美学形式：隐象美、规律美、实验美、理论美、理性美；汤正华在《科普创作》的同期上，发表的《科普创作的美学情趣》中认为："科学与文学、美学之间，并非一般所认为的那样不相干，科学与文学的结合，将达到一种高层次的美学境界""我们不能把逻辑认识与艺术认识，或者说逻辑思维与形象思维绝对地对立起来，这是统一认识的两个方面……在一些优秀的科普作品里，总是同时具备这两种思维能力，作品所显示的惊人的剖析能力和艺术魅力，使我们感受到人类的高尚情趣与智慧光芒。"她呼吁"时代要求科普创作提高到更高的美学层次"。1990 年 3 月，焦国力在《科普创作》（1990 年 2 期）上发表《引进文学手法　建立科普美学》，在阐述了"科普创作走进了低谷期"的原因后，明确提出"科普创作的突破口在哪里？我认为：科普创作的出路在于——引进文学手法，创立科普美学""美学就是艺术的哲学。科普要按照美的规律进行创作……科普创作需要理论指导，这种理论就是科普美学。科普美学是从哲学、心理学、社会学的角度来研究科普的艺术，提高科普的创作能力和读者的审美能力。"他

还提出了科普美学的内容和研究的范围："调动一切可以利用的文学手段""研究如何创造科普作品的艺术意境""要求科普作家有广阔的知识面和丰富的生活阅历""在创作科普作品时，必须考虑如何才能为广大的群众喜闻乐见、通俗易懂""要求科普作家具有良好的审美意识"。

（三）科普美学

"科普美学"说全了是"科普创作的美学"。在这里，科普创作者是审视美感的主体（审美主体）；他的审美对象（审美客体）是"科学"。科普创作者需要发现和研究"科学之美"，并将这种美感经过创作（读、视、听）手段和创作技巧，形成不同媒介（影视、广播、移动、图书）、不同体裁（讲述体、文艺体、辞书体等）的科普作品。

科普创作者对审美客体"科学"的分析研究，大致有两个方面：

一是科学（包括技术）能够使人产生美感的根本原因（共性）是什么？有什么规律可循？

二是人的美感是怎样产生的？有什么特征？以及需要分析研究，怎样使自己的作品（审美客体），让受众（审美主体）产生兴趣，从而激发阅读、收视、收听的欲望。

笼统来说，以上就是"科普美学"的内涵。

三、科普美学的审美对象——审美的主体与客体

具有审美性质的客体是构成审美对象的必要前提，没有审美客体存在，也就不可能有审美对象存在，审美对象是由审美客体转化而成的。客体包括：自然事物和现象、社会事物和现象，以及文学艺术。由于它们具有审美性质，即具有潜在的审美价值属性，而被称为审美客体。无数的自然、社会、艺术审美客体，为审美对象的形成提供了无限可能性，成为审美对象构成的客观基础和来源。

具有科学美的事物（审美客体）作用于审美主体（科普受众），从而在其内心世界中激发起欢快、愉悦等特殊心理感受，称之为"科学美感"。科学美感不同于一般审美过程中的美感。它不是仅仅由事物的表现形式（文字、结构、图像、色彩、音响）作用于感官所产生的感受，而是审美主体与客体互相作用的产物。一方面，

审美客体作用于人的感官，使欣赏者产生心理和情感的共鸣，引起内心世界和谐的、美的享受；另一方面，主体以其特有的审美判断和审美评介选择客体，在无数对象中仅仅同他所理解的客体建立审美联系。主体的审美活动不是机械的、照镜子式的被动活动，而是探照灯式的能动活动。

"科学"作为审美对象，包含有自然界和社会中具有科学审美属性的多种多样客体。但只有当审美主体欣赏它们时，才会成为审美对象；当主体还没有形成审美能力（缺乏科学素养）或审美态度（无意揽胜）时，它们也不会成为审美对象。

由于上述原因，科普创作者就需要着意在"引人入胜"上下功夫。"胜"就是追求科学真理的乐趣；"入胜"就是进入到科学真理的胜景中的喜悦。这种胜景是科学技术本身的美所造成的。

赵之在1983年《科普创作》第4期上发表的文章《趣味的层次》中，写有这样一段话："科学对于科学家、对科技工作者们来说，那是一种有生命的东西，极其生动，非常有趣，可以令人迷醉……。所以，发现量子力学的海森堡在记录他和爱因斯坦的对话时写道：'如果自然给我们显示了一个非常简单和美丽的数学形式，显示了任何人都不曾遇到的形式，那么我不得不相信它是真的，它揭示了自然界的奥秘。'在这些科学大师们看来，真实的、合规律的就必然是美的。因此，我们在科普写作和科普编辑中除了要讲求一般的趣味手段之外，更应当着意于把科学本身的趣味（科学美），即把科学的本性挖掘出来，让他们（读者）感受到科学本身就是迷人的，是美的。只有这种趣味，才能叫作'科学趣味'。或者借用一下我国古代诗论中的语言，叫作'理趣'。只有把科学趣味发掘出来，才会收到使读者愿意不避艰险，不怕枯燥，进入科学领域去追求科学本身的效果。"

创作一篇科普作品时，在结构上怎样来体现"科学技术本身的趣味"呢？读者在阅读科普作品时，总是带着生产或生活中碰到的许多问题——什么？怎么？为什么？这些问题在读者的头脑里不是零乱地出现的，而是有规律地产生的。也就是说，读者有自己的思维活动。想要吸引读者，就一定要抓住读者的思维逻辑，当读者想到什么时，作者正好讲到这个问题，从而使读者产生浓厚的兴趣。科学技术本身是一种严格的逻辑思维。作者不仅不能违背这个逻辑，而且要善于把读者的思想引导

到科学的思路上来。一方面要掌握和顺应读者的思维活动规律；另一方面又要往科学的思维上引导。通过顺和引，把两者结合起来。这个过程就可以概括为"引人入胜"四个字。

科学本身的趣味在于追求真理，如果着意挖掘了"科学趣味"让读者感受到了科学的美，引导读者进入科学真理的胜景，感染和熏陶读者去树立高尚的思想情操，这样的科普作品必然是弘扬了"求真、崇实、无畏、创新"的科学精神的。科普作家在写作技巧上需要构思的是"引人"两个字。这里说的是"引人"而不能"强人"。关键是要找到与读者的"感情世界"和"经验世界"契合的切入点，引起读者的情感认同而将作者传播的科技知识融合为自己的知识。不同的读者对象，由于科学文化水平、兴趣和年龄的差异，有着不同的感情世界和经验世界。可见，作为科普创作者，必须对自己作品的审美主体——受众要有深入的研究和了解。

科普创作者的审美对象是"科学技术"。他们的任务是运用其特有的审美经验、审美判断与评介，发现科学技术的审美价值属性，运用高超的写作技巧，把科学美呈献给读者。

科学是反映自然、社会、思维等客观规律的分科的知识。科学是"求真"，科学用逻辑和概念等抽象形式反映世界，揭示事物发展的客观规律，探求客观真理；技术是"务实"，根据生产实践经验和自然科学原理而发展成的各种工艺操作方法和技能（还可包括相应的生产工具和设备，以及工艺过程）。

科学技术的审美价值属性可以用下列一段话来概括：

"科学技术是艰巨的、诚实的劳动，它启迪人们的智慧，培养人们的艰苦奋斗精神和务实精神；科学技术是探索未来、创造未来的，它培养人们宏伟的胸襟，宽阔的眼界，探索的勇气和创新的胆识；科学技术是在同谬误做斗争中发展起来的，它培养人们不畏艰险、不怕挫折、锲而不舍，一往无前地追求真理和捍卫真理的大无畏勇气；科学技术是人类共同的财富，它同一切投机取巧、唯利是图、自私自利的行径格格不入，它陶冶人们高尚的情操，培养人们的献身精神。"

以上这些"科学之美"，都是科学技术的属性，是人类科学精神的具体表现。

四、"科普美"的内涵与审美形式

"科普美"是审美主体——科普作者通过创造性劳动，将审美客体——科学技术知识，运用"逻辑思维"、"形象思维"或"逻辑思维与形象思维相互结合"的创作技巧，整合、演绎为第三性美学作品的审美形式（第一性为自然美，第二性为科学美）。

在讨论科普美的形式之前，似有必要来重温一下科学和艺术大师们对"科学技术与文学艺术"的关系及融合方面的名言。由于新时代的科普作品是科学技术与文学艺术结合、文理交融的产物，有关这个问题的认识与实践，对我们科普作家来说至关重要。

我国最早探讨"美"与"真"的是梁启超。他认为："从表面来看，艺术是情感的产物，科学是理性的产物，两个东西很像是互不相容的。但是西方文艺复兴的历史却证明，艺术可以产生科学。……艺术和科学有一共同因素——自然，两者的关键都是'观察自然'。"

李政道认为："科学是人类探究、认识大自然的结晶；艺术是人类描绘、表现大自然的升华。它们的共同基础是人类的创造力；它们的共同目标都是追求真理的普遍性。

"艺术，例如诗歌、绘画、音乐，等等，用创新的手法去唤起每个人的意识或潜意识中深藏着的已经存在的情感。情感越珍贵，唤起越强烈，反响越普遍，艺术就越优秀。

"科学，例如化学、物理、生物，等等，对自然界的现象进行新的准确的抽象，这种抽象通常被称为自然定律。定律的阐述越简单，应用越广泛，科学就越深刻。尽管自然现象不依赖于科学家而存在，它们的抽象是一种人为的成果，这和艺术家的创造是一样的。"

诗人臧克家说："研究大自然，参透它的奥妙，是科学家的任务；描绘大自然，表现大自然，是文学家的事情。"

爱因斯坦说得好："在那不再是个人企求和欲望主宰的地方，在那自由的人们惊奇的目光探索和注视的地方，人们进入了艺术和科学的王国。如果通过逻辑语言

来描述我们对事物的观察和体验，这就是科学；如果用有意识的思维难以理解而通过直觉感受来表达我们的观察和体验，这就是艺术。二者共同之处就是摒弃专断、超越自我的献身精神。"

科学家与文艺家是天然的同盟军。他们从不同的立场、用不同的方法，各自而又协同地研究和描绘着绚丽多姿、五彩缤纷的大千世界。而科普作家则应是兼两家之所长，融会贯通地运用逻辑思维和形象思维，生动地描绘和传播自然知识的专家。

科普作家要学会用两只眼睛看世界：一只眼睛看的是"科学技术"，另一只眼睛看的是"文学艺术"，从而用文学艺术的心灵和笔触来演绎和释读科学技术。

科普作家顾钧祚说，马王爷有三只眼，我们应当还有一只眼睛，看的是市场。

科普创作也需像李政道所说的艺术一样，用创新的手法去唤起人们心中的良知、激发读者的情感，使他们进入科学美的境界，去感受科学探究的过程。传播技术也一样，技术所依据的科学原理是已知的，但将科学物化所使用的技术路线却是创新的。普及技术的科普作品应将这种创新思想写出来。

科普创作与艺术创作一样，都是运用艺术的手段（就科普创作而言，就是发掘或表现科学美的创新的技巧），遵循美学的规律，用科学所内涵的美去感染人们，给人以真与善的感悟（包括科学的探索与发明，技术的创新与进步）。

什么是美学的规律？"人类是按照美的规律创造世界的。美的规律就是人类在进行自由的、有意识的、有目的的创造性实践活动时，符合客观物质运动的那些规律。因此，美的规律恰恰就是左右物质运动的那些规律。……美学与自然科学在实践基础上是辩证统一的。"（王天宇：《论科普作品应给人以科学美学思想的感染与熏陶》）

下面，笔者根据自己多年的编创实践，介绍"科普美"的五种审美形式及其创作技巧。

（一）逻辑美

科学重理性，具抽象性；科学研究主要依靠分析、归纳和推理，以逻辑思维的方法为主。科学认识世界的纽带是"逻辑"。

科普作者运用逻辑思维进行创作的主要体裁是"讲述体"。讲述体通过通俗的讲解、叙述，传播某种科学知识或应用技术，力求表达科学技术的"逻辑美"。一般行文平铺直叙，大都要求从不同侧面穿插历史、联系生活，做到深入浅出、引人入胜。

在讲述体作品中，又可以分为各有特色的不同表达形式，如浅说、趣谈、史话、对话、自述等。

浅说——这是最常用的形式。这种文体一般保持了原有的学科体系，但回避了繁复的数学公式和深奥的术语、定理，用简明、流畅、生动的语言通俗地介绍科技知识。

趣谈——在浅说（漫话）文体的基础上，以有趣的故事、生活中常见的现象，以及谚语、成语、诗词切入主题。这类文体常常使用一些生活的、历史的、文学的情趣来吸引读者，旁征博引、涉古论今、谈天说地，既给人以知识，又给人以乐趣。

这是知识性和技术性科普读物的特点与要求。

"讲述体"科普作品如何体现"逻辑美"呢？对于这种体裁的科普作品，可以有两种创作手法。

（1）抓住读者的思维逻辑，从他们的感情世界与经验世界中的科学问题作为切入点，层层剥笋，步步深入，运用严密的逻辑，不断地展示科学思维的美，将读者引进科学真理的胜景。

（2）同样，从读者的感情世界和经验世界中的科学问题作为切入点，经过设计，有意识地在科普作品的形式和结构中设置相应的环节，在传播科技知识的同时表达了"逻辑美"。

（二）形象美

艺术重感性，具形象性；艺术创作主要依靠联想、想象和灵感，以形象思维为主。艺术认识世界的纽带是"感情"。形象思维是人们依据客观之象，经过主观创意的加工，创造出形象，运用形象进行表述。

科普作者运用形象思维进行科普创作的主要体裁是"文艺体"。文艺体是运用文学艺术的形式来记述或说明某些科技内容的一种创作体裁。它寓科学技术于文艺之中，把叙事、描写、抒情和议论不同程度地结合在一起。用群众喜闻乐见的各种

文艺手段来宣传科技知识和科学思想，富有"形象美"，使科学较易为人们所接受。

文艺体科普创作的体裁有：科学散文、小品、诗歌；科学小说、故事、童话；科学报告文学、考察记、游记等。科学文艺作品可以说能够采用文学的所有体裁。

关于这些体裁的特点与作用，可以参考章道义、陶世龙、郭正谊主编的《科普创作概论》（北京大学出版社，1983 年 9 月），本文不再赘述，仅就如何区别文艺体的"科学小品"与讲述体的"科普短文"提供一些意见。

科学小品是一种以科学为题材的小品文。它区别于讲述体浅说文体的科普短文，在于运用了文学和哲学的情趣；区别于讲述体趣谈文体的科普短文，在于运用了哲学的情趣。所以，一篇短篇科普作品，在界定它是否属于科学小品时，主要看它是否富含哲理。

科学小品在普及科学知识的同时，可以写景抒情、格物记事。这种古老的文学体裁有如行云流水，原无定形，可以兴之所至，各出心裁；海阔天空、舒卷自如，不受时空约束，议论与叙事交融，兼跨形象思维与逻辑思维两个领域。作家对科学、对科学与社会生活之间关系的认识、感想、评价等，也不可避免地同时是科学小品的内容。科学小品不同于科普短文的地方正在于它接触生活，作家于倾爱吐憎中烛古窥今、见微发隐、小中见大，把引人入胜的诗情画意、耐人寻味的哲理遐思，渗透到饶有趣味的科学知识之中。诗、哲、知三位一体。读者不仅能由此增长知识，而且可以启迪才智、陶冶情操。

当然，由于一篇作品的侧重面有所不同，科学小品和科普短文之间会存在一个模糊的边界层。

近年来，笔者从张景中、吴全德两位院士的科普作品中感悟到科学确实有感性的"形象美"。怪不得陈景润会迷醉于"数理王国"之中，想来他不但在脑海里看到了数学"逻辑美"的意象，而且也看到了数学的"形象美"。

那是 10 年前的事了。数学家张景中院士来京开会，笔者去拜访他时正伏案工作，电脑屏上有一朵美丽的花朵，彩色的花瓣不断地舒展、演变着，仿佛是一个生命体，正展示着她的千姿百态。笔者简直看呆了！景中先生说：这里演示的是"数学的动态美"。它所反映的其实是一个很简单的几何图形中一个点的运动变化。随便画一个圆，圆周上任意作 3 个点 A、B、C，把两点 A、B 连成一条线段，线段上取第四个点 D，作线段 CD，再在 CD 上任取一点 E。想象 A、B、C 是 3 个抬轿子的，E 是坐轿子的。三个抬轿子的在圆上用各自不同的速度奔走，那么 E 的轨迹是什么样子呢？

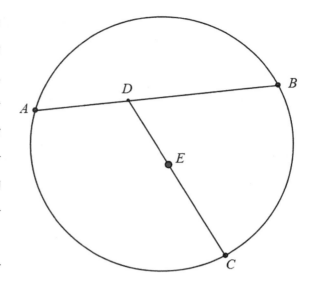

任何一位小学生，学习十几分钟，就可以用《超级画板》作出这个几何图形，再用《超级画板》的轨迹功能作出坐轿人运动的轨迹。给 3 个抬轿子的速度的不同设置和 D、E 两点不同位置，做做数学实验，就会得到成百上千种图案。

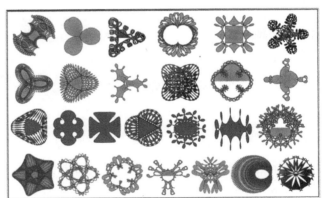

笔者在大学时代，成绩最差的就是数学，想不到这门枯燥的"纯科学"竟然蕴含着如此丰富的"感情"！如此简单的几何图形居然蕴含如此丰富的美丽图案，这是数学的美！正是："万物皆有爱；科学也多情。"

"超级画板"是张景中先生根据上述原理，编制的"科普数理动漫"软件。孩

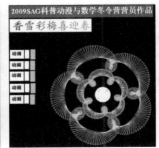

子们作为审美主体，可以充分发挥想象力，运用它去发现、制作出美丽的数理形象。

近日，我查阅到，20世纪80年代产生了一门新的数学分支——分形几何学。这是研究无限复杂的自相似图形和结构的几何学。这是描述大自然的几何学，揭示了世界的本质。它是科学美和艺术美的有机结合、数学与艺术的审美统一。枯燥的数学不再是抽象的哲学，而是具象的感受。

吴全德院士是北京大学研究纳米科学的。他在研究"金属纳米薄膜的成核生长机理"时，发现科学实验能够把科学与艺术融合起来，使它既反映深奥的科学问题，又具有艺术欣赏价值。他用电子显微镜拍摄了银胶粒聚合而成的"野花""鲜果""海马"等许多美丽的形象。由此，他认为"科学美"可以是抽象的，也可以是形象的，可以用视觉欣赏。科学实验会出现各种各样极为复杂的图形，包括许多分形图形。他探讨了"科学实验艺术"形象美形成的机理，撰写了科普图书《科学与艺术的交融·纳米科技

海马　　　　　　　　　　　野花

鲜果　　　　　　　　　　　　　　　　　野花

与人类文明》（北京大学出版社，2001 年 7 月）。

（三）哲理美

将"逻辑美"与"形象美"融为一体，运用"文学艺术的心灵与笔触去释读与演绎科学技术"，或者简化为"使用感性的文笔；释读理性的科学"就产生了"哲理美"。笔者认为，这是当前需要提倡的创作方向，如文前所言"科普的社会功能可以概括为一副对联和五个词组：一副对联是'解读自然奥秘，探究人生真理'；五个词组是'求真、崇实、启善、臻美、至爱'"。这种作品兼跨形象思维和逻辑思维两个领域。在这里，不仅仅是科学内容与文学形式的结合，科学的内容也具有文学的意义，符合文学的要求。文学与科学一样，都是我们认识世界的眼睛。由于文学向科学渗透，在同一篇文章中，科学与文学能够各自从不同的侧面向纵深开拓，互相补充，发挥着认识同一事物的特殊功能。期望读者在获得科学知识的同时，感悟人生。

笔者曾经尝试创作了一批"科学散文"：《蒲公英的情怀》《故乡的小河》《悠悠寸心草》《让世界充满爱》《大雁情》《仰望星空》《生命永恒》等，

科学知识会过时和更新，但文学的价值却是永存的。

（四）语言美

言之无文，行之不远。科普作品还应讲究文采，力求文笔优美，甚至要具有艺术的感染力。作品的文采，主要表现在语言艺术上，在通俗和准确的基础上讲求鲜明生动、简洁流畅，"惟陈言之务去"，以形成自己的文章风格。"风格"就是作家在创作中所体现的艺术特色、创作个性。作家由于生活经历、学识素养、

个性特征的不同，在处理材料、驾驭体裁、描绘形象、运用技巧、遣词造句方面各有特色。

科普作品的美感，尤其是科学散文，在很大程度上表现为"语言美"。语言美的基本特征，苏轼在《答谢民师书》中作了精辟论述："常行于所当行，常止于不可不止，文理自然，姿态横生"。语言艺术风格多种多样，古朴华丽、刚劲委婉、细腻简洁、幽默谐趣。无论何种风格，在整篇结构紧凑凝练的基础上，行文自然、语言明快，是我国散文民族传统的精髓。

（五）结构美

结构是作品的骨架，是表现作品的内容，显示作品主题的重要手段。对于一篇优秀的科普作品来说，必须要有一个完美的结构，即完整、和谐、统一。完整就是要内容充实、脉络清晰、因果分明；和谐就是要主次分明、前后呼应、协调匀称，切忌章节杂乱、旁枝丛生：统一就是要格调一致、起承转合、顺理成章，观点与材料形成一个完美的统一体。读者不仅从文章的内容上，而且从文章的结构上，也能体会到"和谐有序"的美感。结构美其实正是科学的内在美。DNA双螺旋阶梯形结构，若画其与螺旋轴垂直的平面投影（顶视图），则形似一个漂亮的五角星勋章；雪花美丽的对称有序、千变万化的晶体结构，莫不令人惊叹大自然造物之工。结构是科普作家对题材进行全面调度和把知识加以深化的一种艺术审美。

求索（笔名）于《科普创作》杂志 1990 年第 3 期上发表的《科普作品的美感》一文中谈道："科普作品的美感，另一重要方面就是文章的结构美。文学作品要求用美的形象来表现社会生活，要求美的内容和美的形式的统一。科普作品毕竟是姓科的，以科为主。对于大量的科学信息、科学材料，要进行恰当的编织和组合，在结构上做到疏与密、繁与简的统一。散文素来要求谋篇布局艺术，无论内容繁简，都应该做到主线分明、层次清楚、脉络清晰、腴瘠有致，'疏可走马，密不透风'，使整篇文章结构匀称，无论从整体还是局部看，都觉得很美。刘勰说：'文贵圆通，辞忌枝碎，必使心与理合，弥缝莫见其隙'（《文心雕龙·论说》）。这些话深刻地阐明了文章结构美的规律，科普作品也应该努力做到。"

作者简介

汤寿根　编审，1932年出生于上海，1956年毕业于华东化工学院。历任中国科协《现代化》杂志常务编委、编辑部主任，科学普及出版社副社长、副总编辑；中国科技期刊编辑学会副理事长、中国科普作家协会副理事长等职。撰写的科学散文和主编的科普图书曾获中国图书奖荣誉奖、中国优秀科普作品奖、节约环保文明全国征文奖一等奖、国家三个一百原创图书出版工程奖、中国科普作家协会优秀作品奖优秀奖、世界华人科普作家协会短篇科普作品征文金奖等多项奖励。曾获中国科普作协科普编辑家荣誉证书、科普编创学科带头人证书、中国科普作协"四大"以来成绩突出的科普作家证书；中国科技期刊编辑学会科技编辑家荣誉证书；中宣部出版局曾将其业绩收入《编辑家列传》。

谈科学漫画的发展
与传播　　　缪印堂

　　漫画可以说是美术界的"另类"，其画面不大，通俗易懂，贴近大众。虽然有人以为它难登大雅之堂，但它又受到众多的读者喝彩。

　　漫画产生的历史并不长，可在许多艺术类型上都可看到它的影子，喜剧、小品、相声都是近亲。它题材漫无边际，形式无拘无束，更有表现力和亲和力，这正是我们科普工作寻找的合作"对象"，于是便形成了我们的科学漫画。

　　如今，许多报刊没了漫画专栏，科普报刊上也很少看到科学漫画了，这不能不令人忧虑。要改变现状，首先希望各级科普单位领导重视利用文艺形式（包括漫画）宣传科普，传播科学思想、科学知识、科学技术和方法。

　　当前进入新媒体时代，给我们提出了新的课题：如何再推进科学漫画的发展和传播，迈出新的一步。

科学漫画的时代背景

科学漫画可说是漫画中派生出来的一个新品种，它具备漫画艺术的基本特征，但又饱含科技知识的内容，所以也有人称之为"边缘学科"或"边缘艺术"。

对科学漫画的定义现在还很难作出。就其名称也还没有统一规定，有称之为科学漫画，也有称之为科技漫画、科普漫画。按照我的理解，科学漫画可有狭义和广义两种理解。狭义者，仅指具有科技知识内容的漫画。如从广义理解，那么除了有科技知识外，表现人们爱科学、讲科学、用科学的，宣传科技政策的，歌颂道导科技新成就的，讽刺违反科学的观念、思想和方法的，揭落封建迷信的，批评不讲卫生和破坏生态环境等的，都可算在科学漫画的范畴之内；甚至取材于科技生活的幽默画，也可以包容在内。

20世纪80年代科学漫画应运而生，随势而长，在科普传播中释放了相当的能量。如中国科普研究所采用漫画来宣传环境保护、宣传破除迷信、宣传健康卫生，还精选部分佳作复印向全国报刊发"通稿"，数十家媒体转载。中央电视台还在新闻联播中长时间报道破除迷信漫画展，有声有色，影响甚大，显示了科学与艺术结合后的能量。

我转行到科学漫画领域，有内因也有外因。内因是因为我的性格就是不喜欢随大流，我喜欢做别人从来没有做过的、具有探索性的事情。同时，选择科学漫画也有当时的时代背景。20世纪80年代国家大力宣传"四个现代化"，科普事业很繁荣，几乎每个省都有科普杂志，最需要科学漫画，但当时科学漫画就是没有人画。政治、时事、儿童、旅游、生活、幽默题材的漫画我都画过了，最后我选择了科学漫画。

当时，科学漫画不仅发表园地较多，约稿的也多。比如《大众科学》《科学画报》《中学生》，它们都需要科学题材的漫画，这样客观上就把我引领到科学漫画上来了；而且，这同时还实现了我小时候的梦想——我在少年时代就很喜欢科普，希望做这方面的工作。比如我接受沈左尧的约稿，一年内为《科学大众》画了五六期的扉页，内容涉及科学实验、科学趣闻等，还有玩具科学等方面的内容，这本杂志里面有的文章写的很有意思，我觉得有内容可画。

转行之后，我觉得可画的东西太多了，上到天，下到地；大到宏观世界，小到微观世界都能画。宏观世界比如银河、黑洞；微观世界比如中子世界、电子世界都可以画；别的画不能画的题材和内容，漫画可以画。漫画还能通过一定的技巧画出无形的世界，比如云彩可以画，空气也能画。所以，用漫画的手段表现科学是很科学的，而且青少年也特别容易接受。

我画科学漫画是从画科学插图开始的，但是画插图等于是为他人做嫁衣。别人的主题，让你来帮助图像化，没有个人的思想。所以，除了画科学插图之外，我开始进行独立的思考，画独立的科学题材的漫画，包括关于环境污染的、吸烟的危害等方面的科学漫画，慢慢地完成了从画科学插图到独立的、正式的科学漫画创作的转变，也就是开始进行独立的科普创作。

如果说，自20世纪80年代我开始用漫画来独立反映科学知识，那么，90年代后，我的思想观念又发生了一些变化。我觉得，科学漫画不能停留在反映科学知识领域，应利用艺术手段去普及科学思想、科学观念和科学方法，这才能更具广泛的作用和影响。比如，揭露邪说歪理、愚昧迷信，借用漫画来批驳，无疑是最有战斗力和普及性的。

一般漫画与科学漫画的区别

一般漫画的内涵和科学漫画的内涵有所不同，一般漫画的内涵更宽一些，包含科学漫画，还有生活、风俗、文化、历史等方面的内容。其他题材的内容插图比较好画，但是科学插图不好画。

比如，20世纪80年代叶永烈写了一篇介绍红外线测距仪的文章，要我画插图。我发动全家人找了一个晚上关于红外线测距仪的资料，最后只找到了一张原理图，但是这张图对我没有帮助，因为我需要知道它的外观，所以最后这张画还是没有画出来。如果是画文学插图就较好找资料，比如画汽车、火车，到处都能找到资料，实在不行就去街上写生。再比如，原子弹我没见过，只知道是个"小胖子"，圆墩墩的，但是没见过实体，就画不出来。所以科学插图不好画，科学插图要求准确性。文化插图可以夸张，可以想象，但是科学插图只能允许一定程度上的夸张，不能随意夸张。

现在，科学和艺术结合的不够深入，不是什么都可以搞科学漫画的，有的适合搞，有的不好搞，有的搞起来群众也不一定喜欢。像环境保护这个题材群众看得懂，就能接受，但是如果做核聚变，群众看不懂，也画不出来。所以，科普漫画要注意选择题材，适合大众看的我们就做科普漫画。如果是给专家看的，就没有必要要画成漫画。

漫画对提升青少年的认知能力和想象力是有一定作用的。用漫画这种形式传播科学本身就可以提高青少年的学习兴趣。趣味是无声、无形的老师，当你对一个东西产生兴趣之后，不用老师督促也会主动地去学习。漫画本身有趣味性，孩子看完之后就被它的艺术形式所吸引了，就像糖衣药丸似的，药是苦的，但是包上糖衣以后就很容易吞掉了，同时也把有益的成分吸收了。

科学漫画也是这样，把知识加以包装，不要让它又苦又涩，让大家可以接受，这是科普的一个很重要的办法。如果大家觉得科学很苦涩、很难懂，那就没有达到我们科普深入浅出的目的。把科学写得很深奥，别人都不懂，那有什么意思呢？

漫画是求新、求变的艺术，需要怪诞、与众不同、独树一帜，要和别人不一样，像新闻一样，需要反常的东西。冬天下雪穿棉袄不奇怪，夏天下雪穿棉袄就奇怪了。奇而怪之，怪就有趣，有趣就产生笑了，不奇不怪就不可笑了。

所以，我认为笑的因素就是反常。在这反常里面有的是错误的，有的是失误的。我觉得需要研究一下漫画产生的笑，比如什么叫讽刺？什么叫幽默？讽刺和幽默是不一样的，幽默往往是因为机智而产生的，而可笑往往是因为愚蠢而产生的。幽默往往含蓄而又机智，我们要防止漫画的低俗化和庸俗化。

前几年我呼吁做漫画进校园活动，所指的是广义上的"漫画进校园"，不仅仅局限于科学漫画，而是用漫画的思想和科普的思想来教育孩子。让孩子从小接触漫画，在品德上也有收获。漫画进入校园不是为了培养漫画家，主要是为了培养孩子的想象力、创造力和表达能力，因为漫画的创作更多地需要创造力和想象力。如果从漫画入手培养孩子的想象力，敢于想，敢于创新，那么中国的青年将来大有可为，思维能力将比我们这一代人强。

做好科学漫画的传播

20世纪80年代和90年代，中国科协办了很多次展览，油画、国画、剪纸艺术等都有涉及，题材很广泛，包括农村题材、破除迷信、绿化，等等。但是这些大型展览会却停留在展览会本身，没有再延续传播，没有将那些作品变成画册和科普资料，工作好像只做了一半。

到我后来办《全国科普插图展》，就把那些作品全部拍了照片，这样以后如果有需要，关于这次展览的资料就是现成的。过去办展览最后都会把参展的作品退给作者，退完之后还有没有保存就不清楚了，等到要用的时候找起来就很麻烦，也因此丢失了很多宝贵的资料。我们后来搞的科学漫画展，除了展出之外，还将精品发通稿，向全国百家传媒发送，请他们当二传手，进行再传播。报刊、电视台、网站等比出画册、搞展览会的影响更大、更广，这样可以使数百万读者见到，真正达到了科学传播的目的。

前20年我们比较重视主题性科学漫画和知识性、故事性的科学漫画。实际上这方面做得不够，在少年儿童读物中占有比例很小，但我们仍要坚持做下去，还应拓宽领域，扩大知识面。例如，在少年儿童智力开发方面漫画大有可为，利用漫画具有形象的可视性、趣味性，能激发他们的求知欲和对科学的亲近感，变敬畏科学为敬爱科学。把讲科学、信科学、爱科学、用科学的观念在少年儿童心中扎下根，成为他们一生的信念。

我们应大力宣扬科学家的探索、学习、无畏的精神。用连环漫画故事性的插图生动地介绍。我们的学校里似乎很少悬挂中外科学家画像、塑像。在中小学生中大力宣扬中外科学家以及他们的成就，是科普美术家、漫画家应尽的职责。

我们应大力开发少年儿童的智力。通常的学习历程，就是接受知识的过程。比较多的是使用记忆方式、手段。例如珠算口诀、乘法口诀、历史朝代口诀……直到三字经、百家姓全文的背诵。然而，这些方式在提升少儿的想象力、思辨力、表达能力、创新能力方面却无所作为。少年阶段最爱幻想，天马行空，如果在此阶段加以引导，发挥想象力并形成创新思维，他们就很有可能走上发明、创造之路。

如何开发想象力？我想还是从"兴趣"入手。"兴趣"也可说是"无声的老师"，它不用鞭束，而是无拘无束中让你接受你应接受的一切。

在能产生兴趣的手段中，漫画艺术可谓是其中有效的一种，它形象、直观、生动，它幽默有趣，它表达通俗易懂，这正是我们科普需要的好伙伴、好帮手，它可以为我们传播科学知识、科学的理念和科学的方法。

过去我也看到过《趣味物理》《趣味数学》《趣味动物学》……可惜后来罕见了，放弃了这个好的传播方式。我们应当继承下去才是。和漫画这一形态的结合也是一种新的创造，新的思路。

如何进行科学漫画创作？各种形式的漫画创作都有各自的创作特点和要求。我从自己的创作实践中体会到：

第一，要学会掌握漫画这项工具。一是学会漫画构思，二是学会漫画造型。这是创作科学漫画的基本功。

第二，平时注意积累文字素材，尤其是具有趣味性的科学材料，可以多读科普书刊。选材很重要，不太适合的题材，往往事倍功半。

第三，注意积累形象资料，并练习变形。

第四，要用有趣的构思来表达科学内容。要做到"有趣的"，首先要选择比较有趣的素材，然后进行巧妙的构思。继而用有趣的漫画形象画出，这样的作品就能引起人们的兴趣。培养自己"巧思"的能力，可以多注意阅读一般漫画，看笑话，听相声，分析它们的"点子"和"包袱"，找出规律来。

第五，要充分发挥漫画的长处。漫画能富有风趣地表现大至宏观世界，小至微观世界（如原子核），甚至无形的东西（如空气）也能用拟人化把它画出来。只要不违反科学原理，艺术上的虚构、夸张都是允许的。

科普传播要与时俱进

如何推动科学漫画的发展？

就题材问题而言，目前比较普遍存在的是知识面不广、内涵不深，作品中不少是停留在吸铁石、气球、放大镜……等题材上，或者是画机器人，太阳能的伞，因而造成表现方法的雷同。"科学漫画"要以知识性为主，但题材还是宽些为好。

形式问题。我觉得形式还不够多样，这是现状。单幅、组画、连环的、图解、大场面的，都可以搞。新的形式的产生也是由于原有的形式不能表达内容而出现。不同的形式可以有不同的知识容量，比如单幅画总不如组画、连环画容纳的知识内容多。所以，形式要不断探索、创造。

队伍问题。目前科学漫画作者队伍是小的、不稳定的，缺少一支长期作战的队伍。不能仅靠搞一次展览才抓一次作品，需要建立一支精悍的作者队伍，开阔题材就会扩大作者范围，吸引专业漫画家来画这类题材。可以由各科普作协、科普美协来组织短期研究班、培训班来逐步扩大队伍，总结经验促进创作。平时更需要各科普刊物的提倡和帮助，为科学漫画提供园地。此外，如有可能，编辑出版科学漫画年鉴，2—3 年选编一本。有了这许多广阔园地，科学漫画这朵科学之花才能开得更加茂盛、更加鲜艳。

科普可以充分运用漫画的手段，但也得与时俱进，跟上时代，充分运用多媒体成果宣传科学，才能大有可为。让传播推进一步。

按理说，科学总是走在时代的前列，科学在宣传自身方面也应走在前列。可是，科技界的各种新媒体多为工商企业、影视服务行业服务，为他们创名牌、造明星，而为我们科学普及做了什么呢？科技界有星也亮不起来，有成果也不见多少，宣扬力度大不如工商、文艺界。打开媒体，几乎成了广告的天下、明星的天下。人家商业广告乘的是高铁，我们科普宣传乘的是"普客"。

科普应该充分利用最新的媒体，加强宣传力度，投入充足的资金。例如全景电影、字幕电影，3D 电影有多少人见到？电视机如今相当便宜，不知农村小学课堂能否挂一块平板电视配合教学？网络、手机相当流行，细细看，里面还有不少伪科学，甚至传播迷信的内容。

目前有些媒体声、像俱佳，稍加配套就可使科普更新，为我所用。假如为中小学配制教学辅导片，扩大视野；为游戏机装配有智力开发内容的软件，在游戏中学会看出山形地貌，学会战略战术、交通规则……，那该多好！

我曾参观过两个航空公司，看到他们用模拟驾驶舱培训驾驶员，驾驶员坐在椅上就能看到"虚拟"的跑道、灯光，跟真景一样。在大连某家动漫公司参观，坐在放映室椅子上"观光大连风光"，犹如坐在真的轿车里穿街越野参观游览，如临其境。这些设备要普及到少年宫中该多好。

我们的科普漫画也不能停留在展览馆里、科普画廊上和报纸杂志上，应该将精品复制成光盘、软件，通过电脑、网络、手机各种渠道广为传播。当然，网络、手机也应有专人来做编辑出版工作。要重视"二传手"，重视"再传播"。

这里也有收视率的东西，关键要看我们的节目做的如何？精彩、丰富一样可以赢得观众。江苏卫视每周五有一台"最强大脑"节目，它是个展示人类记忆力、观察力的节目。由于它采用了舞台银幕演示方式，加上主持人、嘉宾，真牛、真羊上台，场面宏大，相当吸引眼球。而邀请外国选手、引入"竞赛机制"更加诱人。这说明，科普节目多动脑，就有成果，出新才有出路。能吸引观众，就能吸引投资者。作为漫画也要出新，例如漫画可以和动画结合，把有的漫画、连环画改编成"微型动画"，动态化就能吸引孩子。如果可能，也可引入"竞赛机制"，搞"少年儿童科学幻想漫画赛"，更能引发参选者积极参加，提高作品水平。

我们还可以与小学、幼儿园合作，进行漫画开发智力的试验教学，取得经验，就可推广传播，成为教材。

作家、画家走出斗室，与各种新媒体多接触，就能创作出新的品种和佳作来。科学插上艺术、技术的翅膀，会飞得更高更远！

作者简介

缪印堂　著名漫画家，1935年出生于南京。曾先后在中国美协《漫画》杂志、中国美术馆、文化部文艺研究院、《民间文学》及中国科普研究所工作，为中国科普研究所高级工艺美术师、研究员。

创作漫画50余年，著有《缪印堂作品选》《缪印堂科学漫画集》《科普漫画创作概论》《儿童益智漫画》《漫画艺术入门》《漫画春秋》《乐在其中》等。先后获中国漫画最高奖"金猴奖"、全国美展银牌、国际高血压联盟（WHL）美展金奖、4次获《读卖新闻》的国际漫画大赛优秀奖及佳作奖，是享受国务院特殊津贴的有突出贡献的专家。

科普演讲的艺术与思考
——"科普逆向教学法"探讨 ╱ 王宁寰

一、一支粉笔的启示

20 世纪 60 年代，在一所大学里，一位老师正在讲授工程力学课。那天讲的内容是"剪切应力"，这位教授一开始并没有在黑板上写讲课题目，而是先拿了一支粉笔说：今天在讲课前我们先来做一个演示，我用两个手指扭转它，看看粉笔受力后破坏的情况。于是用力一扭，只听粉笔"啪"的一声应声断裂。而断口的角度是标准的 45 度。

接着，这位老师解释说：粉笔是脆性材料，当它受到扭转力时，在它内部就会产生一个相应的 45 度的扭转剪切应力。对于某一种材料，应力的增长是有限度的，超过这一限度，材料就要破坏，所以裂口角度是 45 度。请你们注意，最近刚发生过地震，由于部分地震波的剪切应力作用，有的房屋墙壁也会产生 45 度的裂纹。

此时，听课的学生一下子就被老师的粉笔"教学演示"吸引住了。

接着，这位老师才转过身来，在黑板上工整地写下了那天的授课题目"剪切应力"。晚上回到宿舍，同学们果然发觉一间寝室的侧墙上有一道贯穿整面墙面的不规则的 45 度裂纹。有的同学惊呼：老师说得太准了……一股敬佩之情油然而生。

这堂课的教学方法的特点，在于突出了一个"演"字，再加上和现实生活中的事例相结合。一堂本来枯燥无味的力学课，被这位老师用一支粉笔演绎得出神入化，精彩之极，叫人终生难忘。

后来，有人把这种带有演示和启发性的课堂教学法称为"课堂教学艺术"。事实上，那时能做到如此精彩的"教学艺术"的教师并不多。因为长期以来，学校的教师都认为课堂教学本身是一项严格的、规范化基础知识传播过程，要求所传授知识的系统性和完整性，不能有所偏废。大多数的教师都严格遵循这个传统的既定方法去做，因而并不太重视在"课堂教学艺术"上下功夫。只有那些敢于创新的少数教师才会创造出"一支粉笔"式的教学艺术效果，为人们树立了榜样。

改革开放以后，教育界掀起了教学改革的高潮，各种研究课堂教学特点的论文不断发表，各种创新的教学方法层出不穷，这就为"课堂教学艺术"不断改革和创新提供了肥沃的土壤。

现在，国内各类正规学校的教师们都知道课堂教学是一门艺术，是一种创造性的劳动。一名教师要真正做到"传道有术、授业有方、解惑有法"，让学生在轻松、愉快的氛围中掌握知识，课堂教学就会产生事半功倍的效果。前面介绍的"粉笔演示"教学就是一种教学艺术创造性的劳动，是教师在课堂上娴熟地运用综合的教学技能技巧，按照美的规律而进行的独创性教学实践活动。

二、科普演讲是一门特殊的教学艺术

那么，科普演讲是否也是一门艺术呢？回答是肯定的。它不仅是一门演讲艺术，而且是一门集科学、教学、演讲为一体的特殊的教学艺术。不过，科普演讲和课堂教学虽有共同点，但也有很大不同。虽然二者都是向听众传播知识，但科普演讲是一种短暂的、集中的知识传播过程，它的传授对象是不具有专业知识的学生、干部，甚至文化程度不高的社区群众。它所传授的知识不要求系统性和完整性，而是要求演讲内容的趣味性和典型性。要求演讲者能在两个小时内，努力向听众提供一份精彩的科普大餐，让听众流连忘返，甚至终生难忘，有的精彩科普演讲甚至有可能会改变听众的一生。

人们往往把这种精彩的科普演讲称为"科普精品演讲"。实际上，它已不是一般意义上的科普演讲，而是加入了演讲艺术中各类能启发人和打动人的激情元素和技巧。要做到这一点，是否太难了呢？其实，只要认真地把科普演讲当成一门特殊的演讲艺术去探讨，去钻研，并在实践中不断总结提高，就一定能掌握科普演讲艺术技巧和方法，取得良好的效果。

应该说，科普演讲和科普写作都属于"科普创作"范畴。对于科普写作，国内外许多科普专家都进行了论证和阐述，但在我国探讨"科普演讲艺术规律"的理论文章并不多见。而且，在我国，科普演讲的普及程度曾经过几次起伏。

自中央电视台科教频道开播"百家讲坛"以后，全国各地相继推出的各种讲坛不计其数。而且一开始大多邀请国内外名家教授、专家院士前来助阵，吸引了许多慕名而来的大、中学生及各方人士前来听讲。人们盼望能在这场科普演讲的大潮中，沐浴到科学知识的甘露，聆听专家对高科技的解读，分享科学知识的快乐。

但是，对于每年所进行的科普演讲效果到底如何？却很少有人调查和过问。一些组织者，关心的是讲课的场次数和听众人数，以便总结汇报，因而出现了许多在体育馆、大食堂听科普演讲的情况，甚至还出现过组织2000多学生在大操场上顶着风沙听科普演讲的场面。

三、科普演讲的效果受到质疑

当时的这股科普演讲大潮来得凶猛，但好景不长，退得也快。到20世纪90年代末，科普演讲开始降温。到中科院邀请专家、院士做演讲的学校和单位逐渐减少。而对科普演讲的效果质疑越来越多，有些省市著名重点中学校长甚至婉言拒绝中科院专家来做科普演讲。为什么会产生这种现象呢？

我们回忆一下北京某电视台科普讲座节目就明白了，当时该节目请的是一位院士，他把自己的科研论文原文投影到大屏幕上，文字密密麻麻，其中还夹着一些英文及图表。他一手执话筒，一手执教鞭，点着一行行文字，认真地不停地念着。这样的科普演讲，虽然演讲者非常认真努力，但很难吸引听众，原因是他们听不懂，也没有兴趣。同样情况在许多科普演讲现场不断重复着。

但是，并非所有的科普演讲都这样，一些有经验的大学教授就能做精彩的科普演讲，例如，清华大学的一位环保女教授，她的演讲把课堂教学艺术和科普教学特点相结合，做到图文并茂，故事优先，引出原理，深入浅出，受到不同层次听众的热烈欢迎。可这样的演讲毕竟太少，满足不了不同受众的要求。

当时，大多数专家、院士都不知道科普演讲应该怎么讲？一般都是按照以往的常规课堂教学经验进行讲课，许多人用的是给研究生讲课的讲稿。而且，认为科学本身是件严肃认真的事，应该完整地、系统地介绍给大家。许多年来很少有人研究"科普演讲的艺术和方法"，使这一项本来应该受众最广、效果和影响最大的科学普及活动，渐渐失去了原有的作用和魅力。

因而，有些重点学校的校长一听要安排科普演讲，马上一口拒绝，即便勉强安排，也给专家严格限定一小时时间。科普演讲落到如此地步，不能不令人深思"为什么？"。

四、中国科学院打造"科普精品"演讲队伍

本人有幸，从中国科学院机关退休后就参加"中国科学院老科学家科普演讲团"，在科普前辈的指导和帮助下，努力学习、钻研科普演讲的技巧和方法，探索科普演讲的规律，在演讲实践中不断创新和总结，最后整理出一套科普精品演讲"逆向思维教学法"，受到演讲团领导和科普专家的充分肯定。更重要的是，这个演讲团在人才培养上有一个重大措施；每年举行几次经验交流会和试讲评议会。共同探讨科普演讲的艺术规律和方法技巧。"科普逆向教学法"正是在此基础上，汇总了演讲团许多老科学家们十多年演讲经验的宝贵结晶。它不仅使笔者本人，也使整个演讲团专家的演讲水平得到提高，在全国各地都受到广泛的欢迎。

为了提高演讲质量，演讲团专门印制了意见调查表，收集了近千份各种层次听众的意见和建议。归纳起来就是三句关键的话："听懂了，有兴趣，非常感谢！"这简单的话语是对演讲团演讲最好的评价，因为能让人"听懂了又有兴趣"的科普演讲，才是真正的科普精品演讲。

下面是各地部分学生的来信摘要，其中有一位浙江大学生写道：

"很喜欢听你们讲课，听你们讲课是一种不可多得的享受。你让我看到中国科

学家的整体素养，让我为中国而骄傲。你们对我的影响是全方位的。

恳切地希望在以后的大学生活中再次看到你们的身影。同样人生道路上有你们的陪伴，将是我人生的最大幸福。谢谢！水专，唐海伟。"

"您好，王宁寰教授，我是顺德一中的一名高二学生。我非常欣赏您的演讲，深入浅出，引人入胜。感谢您为我们呈现了一个美妙的纳米科学世界。再次感谢您的精彩演讲。祝您身体健康，合家安康。张耀枫。"

"王老师：我是西宁市第五中学的学生，2008 年您来过我们学校，一晃两年过去了，我也从高一的新生变成即将毕业的高三学生了，回想起听您科学报告的时光，我至今仍感到十分激动。希望您还能到青海来。谢谢！并祝您"五一"劳动节快乐，身体健康，工作顺利。西宁五中高三 7 班，李彦卓，2010 年 5 月 1 日 。

后来，这位同学来信告诉我，他考取了吉林大学材料系，向我报喜。这说明，一堂精彩的科普课，有可能改变该子的一生。"

一位广西百色老区第五中学初二（1）班郑琨来信如下：

尊敬的王宁寰教授：
    在听科普报告之前，我认为这又是一次无聊单调的知识讲座，故以很不以为然。但是，听完您的报告后，才发现我的想法完全错误。您的课是那样的生动、有趣，那些幽默风趣的语言，有趣的故事把那些似深奥的科学道理连释得浅显易懂，使我不知不觉陶醉在了知识的海洋中，领略到科学世界的绚丽与神奇。谢谢您，王教授。
    最后，对王教才受百忙中给予我们老区的关怀再次表示感谢！

十多年来，不论是沿海大中城市，还是戈壁荒滩边的小镇；不论是革命圣地瑞金，还是雪山高原的拉萨，都留下了这个演讲团老科学家们的足迹。他们用生命的余晖去点燃孩子们心灵中的火花。他们播撒科学和道德的种子，他们收获的是祖国未来的希望。他们终于让科普演讲这个古老的、受众最广的科学普及形式，在 21世纪交替的划时代时期，焕发出骄人的光芒。

中国教育报和老年报的记者对演讲团进行了专访，写出详细报道。据此，中央一台"夕阳红"节目组录制了两期节目，名叫《我们的演讲团》。该节目在中央一台、二台、四台相继播出后，社会各界反响强烈。这个节目播出第一期时，当时主管科、教、文的国务院副总理李岚清看到了，觉得很有意思，马上通知中科院安排两位嘉宾和相关专家到中南海去汇报。听取汇报的还有中宣部、教育部、文化部、中国科协、中央电视台，人民日报、北京市政府等近 30 个副部级和局级领导。李岚清副总理和与会代表都对中国科学院老科学家科普演讲团的工作给予高度评价，对老专家们努力创造"科普精品演讲"的精神给予充分肯定。最后，李岚清副总理指出：希望与会的各部门都能支持这个演讲团，让科普精品演讲在全国各地开花结果。

到 2015 年 12 月，演讲团在全国 34 个省、自治区、直辖市和特区中，除澳门、台湾之外都已跑遍，到过 400 多个市县。共计演讲过万场，直接听众达 500 万人次。

辛勤的劳动终于换来了丰硕的果实，使科普演讲这个最有魅力的科学普及形式终于重放光芒。

五、科普创作三要素的启示——科普逆向教学法

很多年前，一些资深科普专家就提出过"科普是一门艺术"。其中最具影响的是科普老前辈汤寿根先生的一篇文章《科普创作的三要素及其统一》

文中写道：本文将讨论科普创作的三个要素——科学性、思想性、艺术性的内涵和相互之间的关系，以及怎样才能达到科普创作的最高境界"三性的完美与统一"。我认为艺术性（并非文艺性）指的是写作技巧。这正是科普作品与教科书、科普资料的主要区别。艺术性（写作技巧）包含两个方面："通俗性和趣味性"，也就是人们常说的"深入浅出、引人入胜"八个字。这样的定义比所谓可读性要科学和准确得多。

通俗性，就是要使被普及的对象能接受作品中所讲述的科学技术，理解作品中所提倡的科学思想，掌握所传授的科学方法。具体地说，就是作品在内容上，要适应读者的阅读和理解能力；在结构上要条理清楚、主次分明；在语言文字上要简明扼要、生动活泼。以通俗、简洁的文字阐明深奥、复杂的科学原理；用来自生活的语言，讲清陌生、抽象的事物，这是一种艺术，也是人类从事社会活动的不可缺少的一种才能。

所谓"科普逆向教学法"，正是为了突出科普演讲"深入浅出、引人入胜"八个字，让听众爱听，听得明白并有所收获。科普逆向教学法核心是逆向思维的教学方法，

其关键技巧是"故事引导，趣味第一"。其实，这种科普创作法，国外早有先例。

大致可分为以下几方面。

（一）第一个逆向教学思维——换位思考

也就是说，在演讲前的准备过程中进行换位思考，假如你作为一个中学生来听你编写的科普内容，你会不会感兴趣，能不能听懂，会不会坚持到底。这时候，你就会发觉不同年级的学生有不同的知识兴趣、兴奋点，这个兴奋点大多与他们的年龄和学习知识水平有关。这样你就会针对不同年级的学生，编写相应的能引发听众兴趣的科普知识内容。这个内容不能追求科学知识的系统性和完整性，而是要根据不同对象选择内容。这也可叫"看人下菜"或"因材施教"。所以，我们演讲团的专家，每人都准备了几份针对不同对象的讲稿。这就避免出现大学教授突然被安排到小学讲课，急得不知从何下手的情况。

（二）第二个逆向教学思维——趣味第一

这是来自"科普演讲三要素"的思考。一般来说，科学普及的三要素是指：科学性、思想性、艺术性。但实践证明，科普演讲应该倒过来，要把包含趣味性的艺术性放第一，因为专家做报告，科学性和知识性必定有保证。要把科学知识讲得别人爱听又听得懂，没有趣味性是不行的。谁都知道兴趣是最好的老师，不管对象是大人、小孩、教师、学生，还是干部甚至于非本专业的专家，都应该把趣味性放在第一，力求做到通俗易懂、引人入胜。为了保证趣味性，还要有新颖性，就是要紧跟科学发展前沿，及时介绍最新科技，才能吸引听众。

（三）第三个逆向教学思维——故事引导方法

其实，这是从优秀科普读物中学习总结出来的。凡是引人入胜的科普读物，大多是以一个有趣的科学故事或事件作为引导，从一开始就抓住读者的思想和眼球。而大多数的故事都是这段科学研究的结论或应用中出现的有趣事件、突发事故、成功传奇、出现的疑问及失败教训，还有科学家奋斗的故事。为什么不能像优秀科普读物一样，把科学的结论和应用中的故事拿到前面先讲呢？这样一定会在一开始就能抓住听众，接着问为什么？这时再讲科学原理，他不得不听。事实证明：开头讲好了，事情就成功了一半。

此外，在学校里，按传统教学方法，一般的教授、教师讲课程序是：题目—内容—原理—结论。而往往科学的结论是最精彩的。最精彩的为什么不先讲呢？专家们通过实践，自觉或不自觉地把讲课程序倒过来讲：题目—结论—原理—展望，一般都会取得良好的效果。

多年实践证明：把讲课顺序倒过来讲，"故事引导，兴趣第一"，必能做到"深入浅出，引人入胜"，这就是科普逆向教学的要点，并且是科普演讲艺术的精华和诀窍，而且一试就灵。

六、国内外科普专家的看法

据说，在澳大利亚悉尼举行的一次国际科普大会上，美国一位著名科普作家演讲的题目就叫"科普就是讲故事"。一位英国科普专家到中科院做报告时也特别强调：科普是讲科学的故事，不仅孩子爱听，大人也爱听。一个好的科普演讲，应该是高品质的内容加上有趣的、充分的想象力的构思……。国外科普专家讲的这些话不是没有道理。

资深科普专家汤寿根提出科普创作的科学性、思想性、艺术性的内涵和相互关系，其中重点谈到了科普创作的艺术性的重要性。他说：我们在科普写作和科普编辑时，除了要讲求一般的趣味手段之外，更应当着意于把科学本身的趣味，即把科学的本性挖掘出来，让读者感受到科学本身就是迷人的，是美的。只有这种趣味，才能叫作"科学趣味"。

这段话明确指出"科普就是讲故事"并非讲"狼来了"的故事，而是讲与你演讲的内容相关的有趣味的科学故事，并且要挖掘科学本身的最迷人的、最美的、最有趣的科学故事，这样才能吸引住听众。这是和课堂教学、学术报告根本的区别。

在中国大众科普网上有一篇科普专家吴岩的文章，题目是"科普作品能否用故事形式进行"。文中写道：科普作品能否用故事形式进行，这在国内外都有非常好的作品进行证明。苏联著名科普作家伊林就是一个讲故事的能手。他的许多作品以故事的形式，将科学技术领域的最新进展有效地融合其间，是思想性和科学性俱佳的优秀读物；在美国，阿西莫夫也是一个故事大师，他不但把科普读物写得故事味

融融，而且还大力提倡科学小说的创作。

吴岩的文章还写道：湖南教育出版社和《中国科普佳作精选》的编委们冲破世俗压力，将故事体科普文本纳入丛书，是一件了不起的事情。其实，早在百年之前，鲁迅先生就曾提出，故事是中国人易于接受的一种文本形式，这种形式可以化解科学内容本身的枯燥性。

中科院科学周刊有一篇专谈科普创作的论文中写道：……一些科普报告和科技新闻，科学性和故事性没有得到有机结合，以为多用科学术语，越接近论文就是科学……。一位资深院士在文章中指出：现在，许多科普文章，能看懂的原来就懂，原来不懂的，看了还是不懂。

该周刊另有一篇文章叫"科技新闻走向故事化途经"，其中提到科技新闻应该做到：

角度展现典型化（指选择典型内容）、典型描述故事化（指科学故事引入）；

故事表述场景化（指内容生动活泼）、场景勾勒通俗化（指表达通俗易懂）。

严格说来，"科普演讲"也是一种科普作品，它和科普写作、科技新闻一样需要做到让人喜闻乐见。而科普演讲要让人喜闻乐见，让人爱听，听得懂，"用故事化的形式来进行"，来"化解科学本身内容的枯燥性"，是科普作品以及演讲成功的必由之路。而科普逆向教学法正是达到以上目标的基本方法。

《北京科技报》曾发表过一篇文章，总结了科普演讲的诀窍，题目是"成功的科普报告应该怎么讲？"①介绍伟人生平，工作、思维、方法；②讲解科学史上的争论；③大自然的奥秘；④最新科技成果；⑤ 对科学发展的展望。以上五点正好与科普逆向教学法不谋而合，其核心仍然是"故事引导，趣味第一，深入浅出，引人入胜"。

七、讲科学家的故事是科普演讲的重要环节

翻开国外许多优秀科普著作都可以发现，大多数作者在介绍科学内容的同时，都把这门学科的重点科学家的故事融会其中。其内容包括科学家成长的故事、科学研究的趣闻逸事、科学的思想方法和科学精神等。

中国科普应是具有中国特色的科普，《科普法》第二条规定"本法适用于国家

和社会普及科学技术知识，倡导科学方法、传播科学思想、弘扬科学精神的活动。"所谓"科普"，指的就是这种活动。也就是说，它不仅包括科学技术知识的普及，也应包括科学方法、科学思想、科学精神的普及。这改变了过去那种一讲科普，就认为是普及科技知识，而忽略了科学方法、科学思想和科学精神普及的片面认识。

其实，在中科院演讲团成立初期，个别组织者和专家也都认为：科普演讲活动应该是一种纯粹"普及科学知识"的活动，应该抓紧这两个小时的宝贵时间，给孩子们讲解最新前沿科技发展知识。殊不知，生硬枯燥的科学知识灌输，必然会带来孩子们和听众的柔性反抗：看书、说话、打瞌睡……

如果我们主讲人能挑选一个与学科有关的精彩的科学家故事，从一开始就能抓住孩子们和听众的眼球。从他们的科学思维和方法中宣传科学家艰苦奋斗的正能量，往往会引起听众对主人公科学思想和精神的共鸣，从而会从敬佩科学家为人，转化成对科学美的正确理解和认识，从而使听众饶有兴致地跟随演讲者的思路，认真听完这场精品科普课程。这也是"故事领先，兴趣第一"的逆向思维演讲法的重要环节。

许多学校的校长和教师，一些省市组织科普演讲的负责人，对中科院演讲团演讲科学家的故事，给予高度评价。他们说：你们结合科学知识给孩子们讲科学家的故事，使孩子们能了解中国科学家为了振兴中华而艰苦奋斗的精神和历程，给孩子们树立了榜样。激发他们的爱国热情和努力学习的精神，你们科学家来讲，他们就信，这是我们教师很难做到的。

这就是科普精品演讲的魅力，这也是科普逆向思维教学法的灵魂所在。

八、科普演讲与科技报告的区别

作为一个科普工作者，要认识和理解科普演讲和科普报告的区别。在日常工作中，人们往往把"科技报告"称作"科普报告"。其实，这是一种"善意的误会"。什么是科技报告？科技报告是在某一科技专题范围内表达研究成果、工作成果，或反映科研和工作进展情况的书面报告或口述报告，是科技工作者在工作实践中的一种常用总结汇报手段。听众是主管本专业领域的领导，专家、学者和学生。对科技

报告要求其具有科学性、系统性、完整性，具有很强的任务性和专业性，而并不强调艺术性和趣味性。

此外，一些专业的科技报告是同行之间的学术交流，报告人和听众之间针对报告内容的知识结构是对等关系；而科普演讲是专家和公众的知识传播，报告人和听众对报告内容的知识结构是不对等的关系。这一区别，决定了科普演讲的语言特点必须是通俗易懂，避免使用生僻的专业术语。

再有，许多部门在成立科普演讲团时，都把该组织的名称定位为"科普报告团"或"科普讲师团"。一般学校和单位也都理所当然地发出邀请，要求专家去做一场"科普报告"。殊不知"科普报告"与"科普演讲"有相同之处，更有很大的不同之处。相同之处是它们都具有科学性和知识性，不同之处在于科普演讲强调艺术性和科学性的完美结合。

一般人把演讲又称作讲演或演说，是指在公众场所，以有声语言为主要手段，以体态语言为辅助手段，针对某个具体问题，鲜明、完整地发表自己的见解和主张，阐明事理或抒发情感，进行宣传教育鼓动的一种语言交际活动。而且"演讲"本身已是一门学问，被称作"演讲学"。它是研究演讲的发生和发展规律以及演讲的方法和技巧的一门社会科学，并且是一门带有方法论性质的科学，一门具有很强的实践性的科学。对此，社会上已有许多专著和文章进行介绍。

作为已退休的老科学家、老专家学者，要全面学习和掌握"演讲艺术"似乎有些困难。但是，吸取演讲艺术中的精华为科普演讲服务，这是能做到的。

"科普逆向教学法"正是从科普演讲实践中总结出的科普演讲艺术的特殊技巧和方法，是一种简单易学的科普演讲法。它对每一个从事科普演讲的工作者都会有帮助。

九、中小学探索教学方法的改革和创新

改革开放以来，随着各个领域改革政策的出台和落实，各行各业都出现了日新月异的面貌。教育战线也不落后，在教学体制上、教学结构和教学方法上都大胆地进行了探索和改革。许多教师发表了优秀的教改论文，大多数论文都是从教学实践中总结出来的一套教学经验和方法，令人耳目一新。

例如，中小学教学艺术丛书中有一本书，名叫"掀起课堂教学小高潮艺术"。其中实践篇中写道：巧妙开头掀起课堂教学小高潮，在课堂教学的起始环节，教师要通过创立情景、设置疑问、讲故事、背歌谣等多种有趣的形式，吸引学生的注意力，让学生用最短时间进入课堂学习的最佳状态。文中还介绍了掀起小高潮的方法。如"创境导入法"和"引趣导入法"，实际是用动画或故事从一开始就激发学生对本节课的兴趣。它与科普逆向教学法的"故事领先，趣味第一"的方法，具有异曲同工之妙。

此外，文中还提出了"生动讲述法""组织讨论法""质疑问难法""实物刺激法"等。以上这些创新的课堂教学法，演讲团的专家们或多或少，自觉或不自觉地都应用过，且取得良好的效果。特别是最后一项"实物刺激法"，中科院的专家把这一项方法应用得恰到好处，在每次演讲的结尾互动讨论时，专家会把一枚院徽送给回答问题最好的学生，此时必然会引起学生们欢呼，因而掀一个高潮，给人留下深刻的印象。

有些教师说：也许，这个孩子，会因为这枚院徽改变他的一生。

归纳以上几点，我们可以看出，当今社会各行各业都在发展和创新，而创新是可持续发展的根本动力。科普演讲的改革创新，与学校课堂教学的改革创新一样，都是社会发展的强烈要求和必然结果。

十、结 束 语

科学普及是一门学问，科普演讲作为科学普及的重要手段之一，也是一门学问，更是一门特殊的科学传播艺术，它像其他科普形式一样，具有自身的特点和规律。从事科普工作的人，要下功夫研究它，还要有所创新。搞科普的过程就是一个再创造的过程，要创造就得有付出。因而，搞科普的人首先要热爱科普事业，不求名利，敢于创新，无私奉献。

中国科学院老科学家科普演讲团成立十多年来，在实践中摸索出一套科普精品教学法——科普逆向教学法，并且取得了成功，所做科普精品演讲受到各阶层人士

的欢迎。听众的覆盖面已从小学、中学、大学、社区人员一直延伸到省市县机关干部和部分地方党校及国家行政学院，为振兴我国科普演讲工作和提高全民科学素质教育做出了贡献。

作者简介

王宁寰　毕业于上海交通大学冶金系。中国科学院应用研究与发展局高级工程师，从事金属材料和稀土材料的研究与开发工作。曾任中科院应用研究与发展局材料能源处长，副总工程师，中国材料研究学会副秘书长，中国薄钢板成形技术研究会秘书长，国家稀土办公室专家组成员。在中科院机关从事科研管理工作期间，参与组织多项重大新材料科技攻关工作，其中《高强度汽车用深冲薄钢板》获中科院科技进步一等奖。

受聘于中国科协青少年科技中心，任专家委员会委员，受聘于国家行政学院，任兼职教授。2003年科普演讲光盘"神奇的新材料"获全国评比三等奖。编写发表多篇新材料方面科普文章及专著，2004年被评为"中国科学院科普工作先进工作者"，获"院机关优秀共产党员"称号并获中科院"老有作为奖"，2008年被批准为中国科普作家协会会员。

科普演讲的美学思考

焦国力

一、科普演讲需要美学

（一）报告、演说、演讲

我们经常听到"报告""演讲""演说"这样一些词，它们都是用语言来陈述事实，那么它们之间有什么不同？我们应该怎样理解它们之间的关系？

演讲是一门语言艺术，它的主要形式是"讲"，即运用有声语言并追求言辞的表现力和声音的感染力。

应该说，"报告""演讲""演说"三者有很多相近的地方，它们都是使用语言传递某种信息。它们之间的区别也是很明显的，我们常常听到某个单位在做年度的"总结报告"这样的说法。"报告"一词是指把某些事情或者意见正式汇报上级或者告之群众，带有很强烈的"正式"的色彩。一般来说，报告只要把事情讲述清楚，听众能理解其中的意思就达到了目的。"演说"是指"根据意愿，加以阐说"，也就是说在听众面前就某一问题表达自己的意见或阐说某一事理。演说也可以叫作讲演或演讲。总之，演讲、讲演、演说要比报告多了一些"演"的成分。他要求演讲者具有较好的口才，具备较好的口头表达能力。

实际上，演讲包含了两个要素：

一是"演"，这种演有表演的元素，但又不完全是表演，演讲中的"演"，即运用面部表情、手势动作、身体姿态乃至一切可以理解的态势语言，使讲话"艺术化"起来。听众在演讲者的手势、姿势、表情、语调、语气、节奏等的调动下，很愉悦地接受并理解演讲者所要表述的内容，从而产生一种特殊的艺术魅力，这也就是科普演讲的美学要求。

二是"讲"，就是使用合适的语音、语调、语气陈述某个事物。

演讲是一个双向沟通的过程，它不仅要求把需要表达的事情叙述清楚，还要求讲演者调动一切可以调动的元素，让听众愉悦地欣赏你的演讲，和演讲者一起喜、怒、哀、乐。

（二）科普演讲需要美学的指导

说到科普演讲，我们首先要问：什么样的演讲是科普演讲？

一般认为，普及科学技术知识、倡导科学方法、传播科学思想、弘扬科学精神的演讲，就是科普演讲。科普演讲不仅包括科学技术知识的普及，也包括科学方法、科学思想、科学精神的普及。科普演讲既可以包含科学技术层面的东西，也可以包括精神层面的内容。

应该说，科普演讲有着自身的特点和规律，科普演讲是科普报告的一种美学形式。

科普演讲具备这样几个特点：受众老少皆宜、内容深入浅出、形式活泼多样。

我们知道，美学就是艺术的哲学。美学，从艺术门类上分，可以分为音乐美学、绘画美学、语言艺术美学、戏剧美学、电影美学等不同的分支。科普有没有美学？科普演讲有没有美学？回答是肯定的。科普美学是科普创作艺术的哲学，科普演讲需要科普美学的指导与辅佐。科普演讲要按照美学的规律进行创作和"包装"，科普演讲就是要艺术地普及科学知识和科技成果，艺术地预测未来的科技发展。科普美学是从哲学、心理学、社会学的角度来研究科普演讲的艺术本质，分析科普演讲的种种因素和形式，找出其中规律性的东西来，用以提高科普演讲的水平和听众的审美能力。

高士其先生是我们十分熟悉的一位伟大的科学家。他原名高仕锜，乳名贻甲，早年他拿起笔来为当时艾思奇主编的《读书生活》半月刊撰写科学小品，文章发表时均署名"高士其"。朋友们问起改名的动机时，他解释道："扔掉'人'旁不做官，扔掉'金'旁不要钱"。他曾在美国芝加哥大学医学研究院攻读细菌学。他一生著作颇丰，《菌儿自传》是其代表作。这本书并不是细菌学的一部专著，而是一部科普作品。笔者儿时听过他做的一场形式十分特殊的科普演讲，只见高士其先生坐着轮椅，在舞台上现身，然后由他的助手讲述《菌儿自传》中的故事。在这场科普演讲中，我们第一次听到了细菌的故事，这些细菌时而在呼吸道里探险，时而在肠腔里开会，把细菌对人类的危害和我们应该如何预防细菌给人们带来的危害，表现得淋漓尽致。像这样的科普演讲以生动活泼的形式、妙趣横生的比喻来向人们传播医学科学与公共卫生知识、思想和精神，无疑具有承上启下的历史意义和现实意义。这场报告的听众并不是从事医学的专业人士，而是一群中学生。这样的报告就是一种科普演讲，是一场极具美学价值的科普演讲。

我们国家的领导人十分重视科学普及工作，在建国初期，中央领导经常请一些科学家到中南海举办科普演讲。1955 年 1 月 15 日，毛泽东在中南海主持中共中央书记处扩大会议时，邀请了两位著名的科学家——钱三强和李四光做关于原子弹的讲座。从这一天起，中国正式启动原子弹的研制工作。当时，为了保密，把研制原子弹称为"原子能事业"。

我们都知道钱学森是一位著名的空气动力学家，他回国后为我国领导人做过一场十分特殊的"科普演讲"。

那是在 1955 年 12 月的一天，中南海的菊香书屋迎来了一位科学家。这位科学家要在这里进行一场"科普演讲"，他就是刚刚回国不久的钱学森，听众是中央有关领导和另外一些科学家，钱学森深入浅出地向中央领导和科学家们介绍了世界火箭和导弹发展的现状及相关知识和理论，钱学森把这次演讲题目叫作"导弹概论"。钱学森首先举例说明第二次世界大战后期德国发明火箭袭击英国伦敦的威力，战后美国研发及进展情况，然后又介绍了火箭和导弹的基本知识及简单构造。所讲内容，深入浅出，有理有据，人人听得懂。应该说，钱学森这个"科普演讲"，是我国"两弹一星"的一个"开场白"。

二、具有美学价值的科普演讲最受欢迎

据不完全统计，近些年来，我国每年都会有几千场科普演讲，进入全国各地的学校、机关、部队、企业……这些科普演讲形式不同，内容各异。每场科普演讲受欢迎的程度也很不相同，有的科普演讲经常会迎来"回头客"，有的科普演讲常常是"一次性"的，听过之后不会再次邀请。这其中的原因是多种多样的，那么，什么样的报告会吸引"回头客"？公众对什么样的科普演讲更感兴趣？

现在是"信息爆炸的时代"，每天我们都会接收到各种各样的信息，面对新知识、新科技和新的信息，人们不得不有选择地获取对自己有用的信息。那么，应该如何选择？科普演讲无疑是帮助人们选择信息的重要形式。

现在是一个"读图的时代"，各种各样的画面集中承载着人们需要的各种信息，通过画面获取信息，是现代人的一种习惯，各种各样的"图画"（电影屏幕、电视屏幕、电脑屏幕、手机屏幕和各种彩色插图的图书），是传播信息的重要载体。很多人特别是青少年已经习惯了通过各种"图画"获取知识。科普演讲就要把握时代特点，掌握听众心理，调动一切适合听众的手段，生动有趣地传递知识。

根据时代的特点，要求科普演讲需要"四有"：有图、有影、有声、有情（故事）。

科普讲演要用"图"来说话，图解知识是一个好办法。图片、表格一目了然地展示了演讲者所讲解的知识，听众一看便知，一听即懂。图片是演讲中不可或缺的元素。

如果我们向听众讲解某个行业的知识，比如白蚁的模样或者是某个星座的形状，讲演者仅仅是通过语言的描述，是根本无法向听众介绍清楚的，有了图片这个问题就迎刃而解了。演讲者通过图片的展示，听众立刻就会明白"白蚁"是一个什么样子，图片会一目了然地向听众展示某个星座在太空的形状。

PPT 可以为你的科普演讲锦上添花。

人们熟知的乔布斯，就习惯于在演讲中频繁地播放视频。有时候，他会在演讲的时候播放他的雇员谈论他们多么享受开发苹果公司某一款产品的过程的视频。在演讲的时候嵌入视频剪辑有助于突出你演讲的效果。

笔者在演讲中讲到战斗机进行"眼镜蛇机动"飞行的时候，没有使用更多的语言介绍，而是向听众播放了一段战斗机进行眼镜蛇机动飞行的视频。在这段视频中，听众们看到了一架真实的战斗机在空中直立身子向前飞行的样子，发出一阵惊叹声。这就是视频在演讲中的独特作用，没有视频的帮助，演讲者使出浑身解数也无法讲清眼镜蛇机动飞行是怎么一回事。这也就是演讲中的另一个要素："有影"。

我们提出演讲中的"有声"，并不是指演讲者发出的声音，而是指 PPT 中配合画面出现的声音。比如，在一次关于动物的科普演讲中，讲到某种动物为争夺食物而大打出手的时候，把这种动物发出的鸣叫声、撕咬声和动物争夺食物的画面一同有机地结合并播放出来，听众会更容易理解演讲者所要普及的知识。

在科普演讲中，"有情"两个字十分重要，这里的所谓"有情"就是要有情节，就是要讲故事。

故事人人爱听，关键是怎样讲。好在演讲者的 PPT 中都会有图，看图说故事是一个好办法。首先是你讲的故事一定是与你的演讲主题有密切联系，故事的内容要有趣，讲述的时间要短，最好在故事中设置一个悬念。演讲者要绘声绘色地讲好故事，需要做一个"顶层设计"，要有"起、承、转、合"，让听众在你所讲述的故事中领略到知识的魅力。

三、科普演讲有"四性"

科普演讲时间有限，演讲者要在有限的时间里，把一门学科的知识告诉听众，就需要有"取"，有"舍"。怎样取舍，每个人会有不同的想法和办法。但是，无论我们对演讲内容怎样取舍，有四个方面是必须做到的，这就是科学性、趣味性、知识性和互动性。

（一）科学性

科学性是不言自明的，科普演讲的灵魂就是科学性。我们演讲的内容所包含的科学技术知识不能有丝毫的差错。

（二）趣味性

科普演讲需要一件美丽的外衣，听众是否喜欢听你的演讲，这件外衣十分重要，趣味性是科普演讲的"外衣"。这件外衣是否美丽，决定着听众是否喜欢你的演讲。

（三）知识性

知识性是科普演讲的基石，这块基石不能太大也不能太小，也就是说，知识的容量要适度，知识点太多听众消化会有难度，知识点太少了听众会感到不解渴。

（四）互动性

科普演讲的互动环节是演讲的一个有机的组成部分，甚至有的听众反映，科普演讲的互动环节，同学的提问与老师的回答是一场科普演讲十分精彩的部分。一般情况下，小学听众安排 10 钟左右的互动比较合适，中学生以上的听众，一般安排 15 分钟左右的互动。

科普演讲的内容切忌"系统性"。

现代科技的发展影响着人们的阅读习惯，人们面对着大大小小的各种屏幕，以及微博、微信的出现，使听众的阅读习惯发生了很大的变化。如今人们更习惯一种碎片化的阅读方式。我们的演讲内容也要适应这种变化，演讲内容不可能系统，也不应该系统，更不需要系统。碎片化的演讲内容是演讲者必须准备的。这种碎片化不是杂乱无章的，而是需要演讲者提炼出所讲内容中最精彩、最有趣的、最贴近时代的部分，在有限的时间，告诉我们的听众。演讲内容看上去零碎，但是主题是完整的。

四、树立自己的科普演讲风格

科普演讲者应该形成自己的演讲风格。

什么是演讲的风格？其实你的说话习惯就是一种风格，通过改变讲话的习惯，就是一种风格的变化。语言就像一个人的名片，你完全可以通过自己的言辞来伸张自己演讲的个性，使自己演讲变得与众不同。

我们不妨先对演讲的风格简要归纳一下，大体上有如下几种演讲风格：

（一）投入式的风格

这种风格的演讲者大多使用平实的语言，条理清晰，叙事清楚，逻辑严谨。

（二）幽默式的风格

这种风格的演讲者语言幽默，比喻相对夸张，在演讲中不时地但又是很恰如其分地插入几句玩笑，演讲中常常听到现场笑声不断，有的演讲者引入了相声演员常用的"砸挂"，效果也十分理想。

（三）激情式的风格

这种风格的演讲者说话声音较大，整个演讲充满激情，有较强的感染力，现场听众气氛响应热烈。

（四）柔和式的风格

这种风格的演讲者说话轻声细语，语速平缓，听上去就是一个和蔼可亲的长者在讲述。

（五）诚恳式的风格

这种风格的演讲者语气彬彬有礼，语调变化不大，平淡中透着几许温柔。

每个演讲者都需要寻找自己的演讲风格，也就是说，要根据自己的演讲内容和自己的讲话习惯，找到一种适合自己的演讲风格。

演讲风格是可以改变的也是可以打造的，当你有了演讲实践之后，每个人都可以根据自己的讲话习惯和演讲内容提炼并打造演讲风格。

演讲的风格应该与演讲的内容相匹配，不同的演讲主题要与不同的演讲风格协调。一般来说，不同的人群对演讲风格有不同的需求。

一般情况下，成年人群体大多喜欢投入式加上幽默式的演讲风格，成年人群体已经经历过人世间的众多事物，他们欣赏带有幽默风格的态度投入的演讲。

大学生群体更多的是需要诚恳式的并带有时尚特点的演讲风格。

中学生群体更喜欢激情式并带有幽默感的演讲风格。

激情式的演讲风格非常适合小学生群体。

演讲者毕竟不是演员，不可能不断地变换自己的演讲风格，但是我们可以在一场演讲之中，突出自己的演讲风格并辅助以其他多样的演讲风格。

五、科普演讲的开场白

一场成功的科普讲演一定会有一个好的开场白。我们必须知道，来听你演讲的听众，是怀着不同的心情和目的，并非都是"我要来听"，常常会有一部分听众是"被

听"你的演讲,这其中的原因是多种多样的。当听众们坐在你面前的时候,他们并不知道你会怎样讲述这场演讲,他们甚至可能把听你的这场演讲当成一种负担。这就需要我们的科普演讲必须有一个能够抓住听众的开场白,这个开场白能够把一些听众从"被听"演讲,转变到"我要听"演讲。听众的这个转变是开场白的重要任务。

如果演讲者走上讲台,就开始正儿八经的演讲,就会让听众产硬生生和突兀的感觉。俄国文学家高尔基对演讲的开场白有过这样的描述,他说:"最难的就是开场白,就是第一句话,如同音乐一样,全曲的音调,都是它给予的。平常却又要花很长时间去寻找。"

一个好的开场白,可以引起听众对演讲内容的兴趣,可以建立起演讲者与听众的信任,还可以拉近演讲者与听众的距离。开场白的重要性毋庸置疑。

开场白可以分为许多种。在演讲的实践中,每个人应该选择适合自己的开场白。

(一)幽默戏谑型开场白

我们知道很多听众对演讲者本身往往会很关注,能站在讲台上演讲就会使听众对演讲者产生一种敬重的心理。在这样的情况下,采用幽默戏谑型的开场白,就会一下拉近演讲者与听众的距离。

爱因斯坦在一次科学会议上,他是这样开始他的发言的:"因为我对权威很轻蔑,所以命运惩罚我,让我自己也成了权威(笑声),这真的是一个十分有趣的怪圈(笑声、掌声)。"爱因斯坦看似玩笑的开场白,一下子就把会场的气氛活跃起来,接下来的演讲,听众就会感到十分轻松。

胡适先生当年经常要参加一些演讲活动,有一次他在演讲开始的时候这样说:"我今天不是来向诸君作报告的,我是来'胡说'的,因为我姓胡。"话音未落,听众们就已经大笑不止。这个开场白既巧妙地介绍了自己,又体现了演讲者谦逊的修养,同时也活跃了现场的气氛,是一个很好的幽默式的开场白。自嘲式的开场白也常常被一些相声演员所使用,为许多人所接受。但是使用这种办法的开场白需要注意,玩笑话不能过头,特别是不要使用低级粗俗的玩笑作为开场白。

(二)疑问式开场白

开场白一个重要作用是把听众的注意力吸引过来听演讲,开场白实际上就是俗话说的"热场子"。疑问式的开场白就是一开始就把听众带到一个问题中，让大家思考。

我在给小学生讲解"战斗机的秘密"的时候，首先向听众提出一个疑问：开汽车的时候，让汽车左转弯该怎样打方向盘？在场的同学几乎都举手要回答这样的问题，这的确是一个太简单的问题，小听众们都能回答。当学生们回答完汽车的转向问题，我又接着问了这样一个问题：如果你驾驶的是一架战斗机，让战斗机左转弯，该怎样做？让战斗机向上飞又该怎样做？学生们立刻陷入了深深思考。是呀，战斗机在三维空间飞行，怎样才能向上飞呢？这个问题一下子把他们吸引住了，迫不及待地要知道战斗机的秘密。

疑问式的开场，很快就把听众带到演讲的内容中去。

（三）制造悬念式开场白

我们这里说的制造悬念式的开场白，并非故弄玄虚，悬念式的开场白不能悬而不解，一定要有明确的答案。但是，这种答案并非一定是马上回答，也可以留在演讲的结尾处给予解答。

一位植物专业的老师，在讲植物知识的时候，开场白是这样的：我们看到人类社会有很多战争，那么现在我要说，植物也会打仗，植物界也有战争，这是真的吗？

植物会不会打仗？这个悬念一下子就把学生们吸引住了，演讲就在这样的悬念中开始了。

（四）语惊四座式开场白

所谓"语惊四座"是指见解独特、视角新奇、与众不同的开场白。这样的开场白往往会有出奇制胜的效果。

我们知道匹兹堡市是美国一座最有吸引力的美丽城市之一。可是有一次美国一位建筑学家到匹兹堡做讲演，他的开场白就十分抢眼，他说："匹兹堡市是我见过的最为丑陋的城市。"此言一出真的语惊四座，听演讲的人们大吃一惊，人们竖起耳朵认真地听他讲解匹兹堡丑陋在何处。他的这个开场白真的收到了奇好的效果。

当然，要想语惊四座必须有事实作为依据，决不可哗众取宠，也不可故弄玄虚，否则会有相反的效果。

（五）互动式开场白

互动式演讲用互动式的开场也不失为一种好的方式。

我在一些学校做演讲的时候，常常会遇到学校安排一个在校学生骨干作为主持人，他会对演讲者做一个简单的介绍。我利用这个机会和学生主持人做了一个互动：

学生主持人问：刚才介绍您是空军大校，您会开飞机吗？（听众笑声）

答：很遗憾，我不会开飞机！但我真的是空军大校！（听众笑声）我虽然不会开飞机，但是我敢跳飞机！（笑声）

学生主持人：您是说您会跳伞吗？

答：是的，我跳过20多次伞，我第一次跳伞的时候和你们的年纪差不多大。

学生主持人：那您第一次跳伞的时候，您害怕吗？（笑声、嘘声）

答：（对大家说）同学们，他提了一个很尖锐的问题，他是问我第一次跳伞的时候怕不怕死！（笑声）大家说，我是说真话还是说假话？

听众中有人说：假话。也有人说：真话！

答：今天我到这里是说真话来的，下面我说的每一句话都是真话。我可以告诉大家，我第一次跳伞的时候非常害怕！

接着我简单讲述了跳伞的故事，然后开始了我的演讲。

这个开场白把演讲者和演讲内容很好地融为了一体，演讲效果出奇的好。

（六）开门见山式开场白

开门见山式的开场白较为简单，你只要使用简练的语言介绍一下今天你要给大家讲述的内容就可以了。这种开场白较为平淡，更适合给大学生或公务员演讲的时候采用。

（七）名言警句式开场白

演讲的开场白引用富有哲理的名言，它为演讲主旨作事前的铺垫和烘托，概括了演讲的主旨。但被引用的开场白，必须具备两个条件：

第一，话语本身富有蕴意，具有高度的感染力和极强的说服力。

第二，引用的话语要出自名家、权威人士或听众熟知的人物，这就是一般所说的权威效应和亲友效应，从而引起听众注意。

（八）讲科学故事式开场白

演讲时，"应该以一个设计好的故事直接开始，这个故事既暗示了演讲主题，又没有全盘托出；可以通过某项数据、某个问题或与听众的互动开始"摩根这样说。

如果你的演讲主题是介绍无线电知识，讲述一个无线电传播的故事是一个好办法。

有这样一个故事：一只苍蝇在纽约一个玻璃窗上行走的细微声音，有人可以用无线电把这个声音传播到中非洲，而且还能将它扩大成像尼加拉大瀑布般惊人的声响。

这样的故事是一般人所不知道的，听众也很难以想象。在开场白中讲述一段这样的故事，会引起听众极大的兴趣。

（九）视频冲击式开场白

演讲开始就播放一段与演讲内容相关的视频，把听众的目光紧紧抓住，然后开始你的演讲。这种开场白要求你准备和播放的视频必须有一定的冲击力，视频应该是鲜为人知的，绝大多数听众没有看到过。视频播放的时间不宜太长，一般不超过两分钟。如果视频中有解说，一定要有中文解说，至少要有中文字幕。

播放一段视频，再引入要演讲的话题，这是现代演讲的一种十分有效的开场白形式，利用好这样的形式会有意想不到的效果。

在这里我要向大家介绍一个精彩的开场白，这个开场白的主讲人是美国的一个科学家，也是一位演讲爱好者，他叫阿诺德。他的开场白是这样的（以下引自小学语文课本《一次精彩的科普演讲》）：

阿诺德面带微笑，从从容容走上讲台。他先在大幕布上打出了一幅逼真的 PPT 幻灯片，展示了一张奇特有趣的照片。

一个人们从来没有见到过的怪物赫然出现在幕布上：它圆溜溜的大脑袋上长满了尖硬、粗壮的"头发"，脸颊、下巴、脖子，甚至鼻子上都布满了稀奇古怪的胡须，像棍子一样的眉毛则高高地倒竖着。它虽然"怒目圆睁""龇牙咧嘴"，却显得滑稽可笑。

正当人们十分好奇，惊讶不已时，阿诺德开口了："这个家伙到底是什么，有

谁知道？"

这个问题立即引起了所有在场人员的浓厚兴趣。有听众喊道："我知道，这是一种新发现的巨型蜥蜴！"然而，马上有人反对："不像！我敢说，它是至今仍活着的一种奇特的恐龙！"

"都不对！它是美国传说多年而一直没有找到的'大脚怪兽'！"又有人自信地大声说。"不，不，都错了，它是最新发现的'外星人'！"

众说纷纭，莫衷一是。谁都认为自己是对的，谁也说服不了谁。会场顿时热闹非凡。

"请注意，它就在你们的脚底下！"演讲人趁热打铁，提高嗓门。

此话一出，会场上立刻"炸开了锅"！

有的妇女吓得当场尖叫起来。还有一些胆小的人索性从椅子上跳起来，转身就逃。有的人虽然比较镇静，可是一时也听不明白，甚至怀疑自己的耳朵听错了。更多的人则低头俯身，查看地面。然而，他们都面面相觑，大惑不解：脚下什么也没有呀。

"告诉大家吧，这就是加利福尼亚小黑蚁。谁都知道，它们在我们这里无处不在，随时可见，甚至这间屋子里可能就有成百上千！"阿诺德说。

原来如此，大家不由得松了一口气。

但是，人们的兴趣马上又来了：为什么这样"微乎其微"的不蹲下来就无法看见的小虫，在照片上竟然会变成一个"庞然大物"呢？

"这是我们用最新的超高倍摄影机拍摄的！"演讲人不失时机地做了解释。

然而，还没等人们的情绪完全松弛，他又语惊四座："可是，我们的真正目的不是为了拍这种小玩意。请看它'脸蛋'旁边的小东西，这是什么？大家有兴趣不妨再猜猜看。"

人们又兴致勃勃，各抒己见。

"其实，它是一只齿轮！"阿诺德博士的声音更大了。

人们大吃一惊，迷惑不解："难道真有这么小的齿轮？"

"它的直径只有30微米！也就是说，诸位的一根头发丝比它还要粗好多倍！"

演讲人的语调也升高了。

台下有人问道："这么小的玩意，有什么用处呢？"

"这是不是一种如同中国微雕——例如在一根头发上刻一首唐诗一样，只有观赏价值的工艺品？"

……

"对不起，在座各位中是不是有人血管里的脂肪和胆固醇含量有些偏高？"演讲人的话锋一转，语气也平和多了。

这还用问吗？在美国，乃至全世界，心血管系统的疾病，如高血压、冠心病的发病率逐年上升。目前在欧美它们早已经成为"第一杀手"。而它们的病因大多是同脂肪和胆固醇含量偏高有直接关系。

"我们准备将这种齿轮配成一种小小的机器人。它们进入病人的血管后，就能连续不断地识别并破坏血脂和胆固醇，让它们成为一种能被血管排出的垃圾。也就是说，这些小机器人将成为您血管里最勤奋、最有效的清道夫！"

会场里立刻爆发出一阵热烈的掌声。

六、科普演讲三要素

什么样的科普讲演是优秀的讲演？现实中对于演讲优劣的评判并没有统一的标准，但是演讲的听众对演讲的好坏优劣是有自己的评判的。演讲的好坏与否，听众是最好的裁判。

从听众的角度讲，他们来听演讲主要从演讲者的语言、声音和视觉三个方面来感受和理解演讲者所表达的意思、意境和知识。从这个意义上来说，演讲者的语言、声音和演讲者的神态、举止以及演讲者展示给听众的图、影等，就构成了科普演讲的三个重要因素。这三个要素就是语言、声音和视觉。有人归结为"3V"：语言的（Verbal），声音的（Vocal）和视觉的（Visual）。

在科普演讲中这3个"V"中，重要性各占多少比例呢？

一般来说，在一场科普演讲中，语言要素的重要性占10%，声音要素的重要性占32%，视觉要素的重要性占58%。

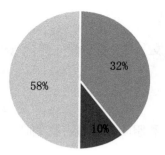

图 1 中白色代表视觉，黄色代表声音，蓝色代表语言

语言简练明了，坚定不移地使用普通话，偶尔巧妙地使用方言（比如使用当地流行的），会让听众更容易认可你的科普演讲。

科普演讲中你的抑扬顿挫的声音、语速、音调、速率变化以及 PPT 课件中出现的声音，会紧紧抓住听众的神经，让听众聚精会神听你的演讲。

科普演讲中的视觉是指听众的视觉，也就是听众看到演讲者的肢体语言，包括演讲者的表情、姿态、手势、举止、动作、仪表和演讲者为听众制作的图文并茂有影有声的 PPT 演示文件。视觉的重要性不言而喻。优秀的科普演讲就是一场视觉的盛宴。

科学研究报告证明：我们的学习感官来源有 85% 来自视觉，视觉神经对大脑的控制是听觉神经的 25 倍。看比听更能让听众理解你的讲述。

运用好科普演讲的三要素，你的科普演讲就成功了一半。

七、PPT 的文件对科普演讲的影响

PPT 是一种"演示文稿"的格式，"演示文稿"俗称"幻灯片"。在进行科普演讲的时候，使用演示文稿（PPT 文件）进行演示配合，可以使科普演讲更加生动形象，听众更容易理解。一场科普演讲有没有演示文稿（PPT 文稿）的演示，是演讲能否成功的关键。

早些时候，中国科学院有一个科普演讲团，他们在做科普演讲的时候，只见报告者一个人在舞台上"清唱"，偶尔播放几张塑料制作的幻灯片，展示一点相关内容，这就是当时科普演讲的一种普遍的形式。今天，这样的形式已经成为历史。如今在做科普演讲的时候，没有演示文稿（PPT 文件）的演示，科普演讲几乎是无法进行下去的。如果没有演示文稿配合，听众不愿意听，讲演者费力不小，效果并不好。如今，PPT 演示文稿已经成为科普演讲不可或缺的组成部分。所以，制作一个好的PPT 文件，已经成为一场科普演讲成功与否的关键因素。我们可以这样说：没有一个好的演示文稿（PPT 文件）的成功配合，这场科普演讲就不是一场好的科普演讲。

好的科普演讲和演示文稿（PPT 文稿）就像是鱼儿和水的关系一样须臾不可分开。

演示文稿（PPT 文件）的本质在于可视化，也就是说，演示文稿可以把原来只听演讲者讲话，可是既看不见又摸不着，晦涩难懂的抽象语言文字转化为由图表、图片、动画及声音、视频所构成的生动场景，达到通俗易懂、栩栩如生的效果。演示文稿（PPT 文件）是演讲者的身影，是最好的助手。

那么，一个好的演示文稿（PPT 文件）应该怎样制作？它需要具备哪些要点呢？

演示文稿的制作有 4 个要点：一是少字；二是多图；三是让图动起来；四是让图画发出声音。

演示文稿中的文字尽量要少，标题性的提示文字出现在演示文稿中就已经足够了，需要告诉听众的尽量用图片、图表、动画、视频来表现。

在科普演讲中，演讲者应该做到"四不要"：第一不要突然跳过幻灯片；第二不要回翻幻灯片；第三不要回头看幻灯片的切换；第四不要站在观众和屏幕之间。

八、科普演讲者要关注并适应听众的注意力

每个人都会有注意力，注意力是视觉、听觉、触觉、嗅觉和味觉五大信息通道对客观事物的关注能力。

科普演讲需要演讲者适应和关注听众的视觉、听觉、触觉，信息通道对科普演讲的关注能力也就是注意力。如果科普报告的演讲者忽视听众的注意力，演讲的效果就会大打折扣。

据心理学家研究，通常情况下，小学生的注意力持续时间大约在 6 ～ 9 分钟，初中学生的注意力持续时间在 8 ～ 12 分钟；高中生的注意力持续时间在 15 分钟左右，成人的注意力不会超过 45 分钟；演讲者就要根据不同人群的注意力持续时间的这个特点，设计自己的演讲内容。如果演讲者面对的听众是小学生，那么你的演讲内容就要做到，在每讲到 8 分钟左右，就要设计一个高潮，或者设计一个问题，把小学生听众的注意力吸引过来。同样的道理，当你面对初中学生、高中学生、大学生等不同听众的时候，要根据他们注意力持续时间的特点，设计不同的演讲内容和环节，这样做就会在这些听众注意力即将转移的时候，把他们的注

意力吸引过来，这样的科普演讲就会受到不同人群的欢迎。

根据这样的特点，每个演讲者要根据不同的听众准备不同形式（或内容）的课程，给中学生讲的内容方式方法与给小学生讲述的内容和方式方法要有较大的区别。

一些做过科普演讲的人常常会说：给小学生做科普演讲是最难的。

的确，把一个门类或一种科学知识讲给小学生听，让他们听懂是一件很难的事，因为他们掌握的基础知识有限。有些门类的知识，如果没有基础知识的积累就很难理解。其实，这也正是科普演讲的魅力所在，如果你的演讲小学生听懂了，你的演讲一定是成功的，小学生是科普演讲的试金石。爱因斯坦曾经说过这样的话："如果你无法向 6 岁小孩解释它，那代表你自己也不明白。"如果你准备好了一堂科普演讲课，那么，你不妨先给小学生去讲。他们欢迎你的演讲，说明你的这场演讲就是成功的。

九、科普演讲有哪些规律技巧

科普演讲有没有规律可言？回答是肯定的。

我国是一个文化古国。在我国漫长的社会发展中，有着优秀的文化传统，我国文化的发展对科普演讲具有重要指导的意义。比如，我们在写文章的时候，经常要说"题好一半文"，就是说一篇文章的题目很重要，有了好的题目，你的文章就成功了一半。

科普演讲的题目同样十分重要，一个好的演讲题目可以在瞬间抓住听众的眼球，听众会急切地想要了解你的演讲内容，会跟着你的题目一步一步听下去。

比如，一位植物学专业的演讲老师，他的演讲题目是"植物世界里的战争"。这样的题目很容易把听众的心紧紧抓住，人们迫切想知道：植物也会打仗吗？植物是怎样作战的？植物世界的战争是一个什么样子？这样的题目对听众的吸引力非常大，请这位老师演讲的单位也就非常多。另有一位老师，他演讲的题目是《从 ×× 力量的发展和作战运用看 ××》，这样的题目一眼看上去，像是一篇论文的题目，这种题目对听众的吸引力就较小。

确定演讲题目要考虑听众的需求，听众是演讲者最好的老师，是听众在告诉演讲者该怎样去确定演讲题目。在演讲的实践中，你会发现，受到听众追捧的题目一定是有悬念的题目，一定是与时事结合较紧密的题目，一定是新颖有趣的题目。

科普演讲的内容是最关键的要素，这一点是毋庸置疑的。但是，同样的演讲题目，演讲的内容会有很大的不同。演讲者要在 90 分钟之内（一般来说，一场演讲的时间不超过 90 分钟），把某个科学领域中的最有价值、最有趣的、最前沿的知识告诉听众，就需要演讲者有所舍取，同一个领域的演讲者，内容的舍取会有很大的不同，这也就导致同一个题目会有不同的演讲内容。但是，无论演讲者如何取舍，只要把握住如下 4 点，一场演讲就会取得成功：准确的知识、趣味的故事、精当的选材、幽默的讲述。

演讲中除了演讲题目和内容之外，还有一些看似无关紧要其实却是非常重要的细节很容易被演讲者忽视。

第一个细节是：演讲者要有"三个提早"。

一般情况下，演讲前要做到三个提早：提早到现场；提早连接投影、音频等设备；提早试播你的 PPT 文件。必要时，演讲者要坐在会场的最后一排和四个角落，体验一下声音和视觉效果。

第二个细节是：演讲者应该站着讲还是坐着讲？

这个看上去是一个无足轻重的问题，但是，在演讲的实践中你就会发现，坐着讲与站着讲，效果有很大的不同。一场好的科普演讲，演讲者一定是站着讲。某国的前副总统，在世界各地做过许多场关于如何防止全球变暖的科普报告，他拖着一只拉杆箱，登上交通工具，到达会场之后他总是站在大屏幕前面。手里拿着一只激光笔，他用风趣的语言、多变的肢体动作，向大家讲述如何应该让地球上的人们过上低碳生活。他的科普讲座的视频曾经走红网络。

科普演讲需要演讲者运用自己的肢体语言，显然坐着讲很难展现演讲者的形体动作。有些科普演讲的内容需要演讲者亲自做一些实验，而坐在讲台上是很难完成这样的科普演讲的。有些科普演讲者，在讲到某些内容的时候，常常会走下讲台，来到听众的座位边上，与听众互动。这样的科普演讲，使听众与演讲者的距离缩短了，常常受到听众的欢迎。

第三个细节：仪表着装在讲演中的作用。

个人的仪容仪表在演讲中是不应该忽视的一个细节。西装革履当然会让听众产生信任感，但是并非面对任何听众都需要西装革履，只要演讲者的仪容仪表整齐、清洁、利落、自信，就会赢得听众的信任。女性演讲者的仪表着装一定要服装得体，不宜"花枝招展"，更不宜穿着暴露。

十、科普演讲中的时事与时尚

科普演讲需要与时事紧密相连。如今的世界，科学技术日新月异，如果我们的演讲内容不能很好地反映这种变化，我们就可以说，这场科普演讲就不是一场成功的演讲。

比如，我国近些年来航天事业在飞速发展，每年都会有新型的航天器在发射或进行航天的其他活动。那么，我们做相关演讲时就一定要结合这些航天活动，不断地更新内容。国防军事领域是听众十分关心的，世界军事技术的发展往往是引领科技发展的火车头，世界范围的军事斗争十分激烈，经常成为舆论的焦点，涉及国防科技的演讲内容就应该结合这些时事热点，不断补充新内容，更新图片，讲述新技术。实践证明，凡是与时事结合的科普演讲，听众的印象深刻，就会受到听众的欢迎，这就要求每个演讲者时刻关注世界科学技术发展的新动向、新特点，及时掌握世界科学技术发展的各种信息，并把这些新动向、新特点、新信息有机地融入自己的科普演讲中。

科普演讲者还需要时刻关注"时尚"。难道科普演讲也要讲"时尚"？应该肯定地说：科普演讲不追求时尚。但是，社会大众都会关注时尚，我们的听众也很关心时尚，作为科普演讲者就不能不了解时尚、关注时尚。

什么是时尚？

人们对时尚的理解不尽相同，时尚是一种美和象征，是必须能给当代和下一代留下深刻印象和指导意义的象征。艺术家说，时尚是一种永远不会过时而又充满活力的一种艺术，是一种可望而不可即的灵感，它能令人充满激情、充满幻想；自由人说，时尚与快乐是一对恋人，他的快乐来自时尚，而时尚又注定了他的快乐。时尚是一种健康的代表，无论是指人的穿衣、建筑的特色或者前卫的言语、新奇的造型等都可以说是时尚的象征。

对于科普演讲者来说，要关注时尚，要把时尚的事物或者时尚的元素引进科普演讲中，让时尚为科普演讲服务。比如，演讲的对象如果是小学生，演讲者在演讲中不妨引入动画片《喜洋洋与灰太狼》中的一些语言，这样做一定会给你的演讲增添色彩，还可以拉近与小学生的距离。科技飞速发展，时尚的科技元素不断出现，比如，微博、微信已经融入了我们的生活。微博、微信的许多内容正是人们所关心的内容，演讲者就可以从微博、微信中，根据不同的听众对象，寻找可以融入演讲内容的时尚元素，不断完善自己的演讲内容。

科普演讲还有很多方面需要我们关注与研究，本文只是作者近些年在科普演讲中的一些体会与思考。作者还将继续不断地对科普演讲进行探讨与研究。

作者简介

焦国力　中国科普作家协会常务理事、副秘书长，中国科普作协新媒体科普专业委员会主任。中国科普作家演讲团副团长，中央电视台《防务新观察》栏目和《国防军事》频道特邀空军专家，中国国际广播电台特邀军事专家，北航继续教育学院特聘教授。新媒体电台考拉 FM《防务焦点》栏目主持人。曾多次获得"中国科普作家协会优秀科普作品奖"，获得"国家科学技术进步奖二等奖"一次。国家国防教育办公室特聘"全国国防教育专家"。主持 2014 年度和 2015 年度中国科协下达的科研项目：科学传播团队新媒体科学传播项目的研究。主持《科普演讲的规律及发展》的项目研究。

科普演讲与讲解

郭　耕

　　作为活跃于第一线的科普工作者，讲座和讲解是本人最得心应手、最便捷奏效的科普手段，难得有机会回顾、梳理和总结一下，把感性实践上升为理性认识。从科普的一般规律分析演讲与讲解，既溯本求源、博采众长，又创意频频、个性张扬，推出独具特色的演讲、讲解，并在多年实践中反复推敲、删繁就简、去伪存真，从而得出演讲和讲解的如下经验之谈。

一、科普有专攻

（一）什么是科普

　　科普是科学普及的简称，是将专业领域的业内用语正确地解释为通俗易懂的语言。"科"是强调正确、准确，"普"不仅强调明明白白，而且还应生动有趣、引人入胜。科普学跨中西、包罗万象，任何学科只要有必要使公众理解，就各自存在科普的要求。

如果说哲学是研究各门学科规律的学问，那涉猎广泛、跨界穿越的科普就是一门研究如何有效又有趣地向外行诠释本领域之内幕与诉求的学问。笔者发现，最近在一些大众媒体频频亮相的科普大家，许多都是专业跨界、经历丰富、不拘一格的文理通才。

子曰："闻道有先后，术业有专攻。"科普自有其专属的门道和规律。科普要博，渊博或博物，但科普绝非百事通，即使被称为科普专家，也只是某个或某些领域及时段的代言人，所以，科普有不断学习、随时更新、与时俱进的要求。

（二）科普是一门学问

科普既然是一门学问，就要有其自身的基本规律，所谓"五科"也被总结为"科普第一定律"，即"科普是普及科技知识、传播科学思想、倡导科学方法、弘扬科学精神、树立科学道德的活动。"

公式为 $P=K+M+T+S+E$

P 为科普 Popular Science；

K 为知识 Knowledge；

M 为方法 Method；

T 为思想 Thought；

S 为精神 Spirit；

E 为道德 Ethics；

科普从字面上理解较有局限性，好像只是科学知识的普及，那是极其有限的部分，科普还必须包括科学思想、科学精神、科学道德与科学方法。我解释为"不仅晓之以理，而且动之以情，更要导之以行"，所以，我有一个最"广谱"的科普讲座，题目与内容一致，叫"生态生命生活"，恰由这三段式构成。

（三）科普的功能

科普，往往与教育紧密相连，简称科教，这是其首要功能使然。科普的功能不仅包括教育功能，还有经济功能、科学功能、社会功能、文化功能。

我在对公务员培训的"生态文明"讲座中，首先把党的十八大报告对"生态文明"的论述和盘托出，再通过一个个生态案例、数据、画面，从地球家园到人与动

物关系分析，引经据典地对党代会的政治报告予以科普诠释，让人体验到的是一堂知识、思想加文化的"上下几千年、纵横数万里"的立体感受，是有声有色的科普大餐。所以，不能把科普报告简单地理解为一场知识性的讲座。

科普家不一定是科学家，同样，科学家也未必能做科普家，那是因为他可能深入而无法浅出，不具备"化繁为简"的能力，水壶里煮饺子——有货倒不出来。

文学家也未必能做科普家，那是因为他妙笔生花于人情而词不达意于事理，不具备"化虚为实"的能力，渲染有余而格物乏力。

被俗称为"能忽悠"的演讲者，其实是掌握了能抓人的表达方式，表达方式是一根神奇的魔杖。英国博物学家赫胥黎堪称人类历史上第一批科普作家兼科普演讲家，他战斗的武器包括：一靠写文章；二靠做演讲；三靠著书籍。而既是科普作家，又是科普演讲者，全天候、多面手的科普人员在我们中科院科普演讲团中也有好几位，甚至干脆在中国科普作家协会的旗下成立了一个"中国科普作家演讲团"，实现了拿起笔能撰文、拿起麦克能演讲的文武双全风格。

科普，既需要科学家的求真求实但非专业精深，也需要艺术家的求善求美但要言之有据。这就需要科普家的功力和作为，在内容的创意上独辟蹊径，在形式的创新上独树一帜。

（四）科普演讲的 3W：WHO\WHAT\WAY

1. 注意给谁讲——WHO

传播学有一个著名的公式：信息的传播 =7% 的言辞 +38% 的声音 +55% 的表情。即听众费力的程度越低，所获的信息越多。一场有效的报告或演讲，必须有声有色，视听融合，调动各种手段，引人入胜。前几年，网上疯传"高龄院士台上讲座，下面学子睡倒一片"的消息，令人叹息。但稍加分析，也不能简单批评学生缺乏对长者的尊重，还应问问这场讲座的内容和形式是否符合科普的基本要求——既科又普？科普不是单向的传播，我说你听，对牛弹琴，而要充分考虑，我说的你听吗？不仅你懂，而且有共鸣，有呼应，有赞同，甚至也接受。

我作为"中国科学院科普演讲团"成员，前不久参加了一个内部的互讲互评活动，我展示的是一场对小学生的讲座，因为我们团的一些老科学家对派往小学校的讲座不以为然，我则胜券在握，信心满满，以儿歌"动物保护拍手歌"开头，以独角剧"动物联合国大会"结束，我自知这是一场"普的成分大于科之内涵"的讲座。

你拍一，我拍一，地球妈妈穿花衣；

你拍二，我拍二，人和动物好伙伴；

你拍三，我拍三，爱国爱家爱自然；

你拍四，我拍四，争当绿色小卫士；

你拍五，我拍五，美丽中国靠你我；

你拍六，我拍六，多吃青菜少吃肉；

你拍七，我拍七，飞禽走兽要爱惜；

你拍八，我拍八，迫害生灵害自家；

你拍九，我拍九，青山常绿水长流；

你拍十，我拍十，生态文明千秋事。

果然，演讲之后本团的一位老师认为我的讲座浅显，他说，现在学生什么都知道。他说的只是知识层面，还把教育与讲座混淆了，我的讲座不仅需有以理服人的教育功能，还要有以情动人的人文功能，最终目的是得到导之以行的社会功能。试想，没几个人听得进去，你说得再多，讲得再高深，就像一场消化不了的大餐，无异于浪费时间。但在这个互评会上，我把对小学生的PPT展示给本团的老师们，对象有误，他们也没把自己的角色转换为学生，所以这当然是一次不对称、不解渴、不成功的讲座。

记得一次去北京景山学校，讲座之前有个很大方的学生问我："今天讲什么？"我说："讲环保""啊？又讲环保呀？"我问老师："这孩子怎么这么说呢？"老师向我抱歉童言无忌，解释说前些日子我们请来了一位院士给孩子们讲环保，都反映听不懂，所以给孩子留下了这个印象——环保讲座，真没劲。我说，没问题，让我来纠正孩子们对环保讲座的误解吧。

2. 注意讲什么——WHAT

科普演讲要求处理好讲授者与听众的关系，我的演讲题目有十几个，好像饭店

的菜单，听众或受众单位好像顾客，既要满足顾客选取，还要针对顾客口味和接受能力调整你的课程与讲课方式，因材施教、因人而异、因地制宜。所谓"见人下菜碟""上什么山，唱什么歌"。

本人准备的十大演讲菜单如下。

（1）生态文明与绿色行动（公务员）

（2）麋鹿沧桑（博物类）

（3）生态旅游及导游（行业类）

（4）"鸟语唐诗"讲座（博物类）

（5）世界猿猴（博物类）

（6）素食：健康与环保的捷径（公众）

（7）魅力观鸟（公众）

（8）湿地文化探悉（博物类）

（9）生态生命生活（中小学）

（10）动物与人（博物类）

3. 注意怎么讲——WAY

前几年，CCTV 原主持人柴静 103 分钟的演讲《穹顶之下》，瞬间在网络走红。其演讲内容等的争议这里不提，单就演讲技巧来说，确实运用得恰到好处甚至炉火纯青，有人归结如下十条，不无参考价值：

（1）演讲的目的与话题选择得当——雾霾关涉健康；

（2）组织结构明晰，从开场（骇人听闻）—背景—冲突—方案（解决措施），丝丝相扣；

（3）讲故事，甚至现身说法，以母亲的身份演说孩子的事例；

（4）幽默感，嬉笑怒骂皆成文章；

（5）情感牌，怒、厌、恐、爱，悲喜交加；

（6）吸引人的语言，引发共鸣；

（7）口头表述，娓娓道来，真诚感人；

（8）非口头表达，装束干练、容貌清新、双目有神；

（9）视觉辅助，一图胜千言，以少胜多；

（10）演讲状态，精神饱满，自然亲切。

二、关于讲座

（一）讲座在科普中的定位

科普，主要是建立在传播学和教育学的基础上，而教育的功能需贯穿在科普传播的全过程，教育的形式包括：学校教育、家庭教育、社会教育。学校教育属于正式教育，家庭教育和社会教育属于非正式教育，科普即为非正式教育的社会教育。既然是社会教育便具备终身性、广阔性、多样性。科普人员所要完成的基础工作就是一要了解受众，二要整合资源（包括硬件资源的教师、场地、教具、装备；软件资源有人员数量、能力、教材等）。

科普创作有多种途径：写科普文章、编科普图书、拍科教视频、搞科普活动、玩科普游戏、做科普报告、办科普讲座，最后两类是看似"耍嘴皮子"的口头科普。科普讲座是科普工作中较为常用的一种方式，也是普及科学技术知识很重要的一种手段。相对科普报告，科普讲座更短小精悍，通俗易懂，好似科普"轻骑兵"，一个麦克，一群听众，不拘场地，张口就来。作为一处教育基地的专职科普人员，必须明确我们的社会定位与工作目标。

科普基地的工作目标包括：认知目标 (How do you know?)、情感目标 (How do you feel?)、行为目标 (How do you do?)。我们的教育有两种方式：间接和直接，间接教育即通过展板、书籍、手册、展具、说明牌等物品解说联系受众；直接教育即科普教师与受众面对面，可交流、有答疑，能解惑，为人员解说，讲座、讲解都属于直接教育。

（二）讲座的情节与细节

科普讲座要想讲得生动有趣、引人入胜，在讲座内容中就要具有故事性和节奏性。在叙述过程中，可利用提问、设问等方法，设置悬念，在情节设计上跌宕起伏。

有了情节，还要有细节。在编写讲座过程中注意发掘奇特视角，用创新思维指导写作，也是成功的技巧之一。案例、史实、以图带出事件，会令听众很惊奇，觉

得大开眼界。

讲座亦可通过科学故事，赋予哲理，使文章具有思想性。但思想性要暗喻故事之中，不要变成说教，而要发人深省，使读者在调侃中受到美好情操的熏陶。

（三）使用 PPT 编写讲座

随着时代的发展，科普讲座渐渐从纯讲、画片展示、投影，进化成如今的多媒体播放 PPT 配合演讲，这使得科普讲座这一形式更加直观。在制作 PPT 文档时，要注意以下几点：

逻辑合理，条理清晰。讲座内容以中心思想为主线，按逻辑顺序逐级排列。提炼关键字，将要点逐条显示，也可利用字体颜色将要点突出显示。

选择合适的背景模板。模板与主题有相关性。模板应与字体颜色反差大，使观众易于辨认。模板色调与图片色调和谐美观。

精图少文。不是放的信息越多，观众就越容易记住。在一页 PPT 中概念不宜超过 7 个，文字不超过 10~12 行，必须尽量让你的幻灯片看起来简洁。选择有真实感和冲击力的图片。

善用图表。在 PPT 展示中，文不如字、字不如表、表不如图，尽量使用图表来说明问题。

在此，总结 PPT 演讲 10 个技巧，可供参考：

（1）在有限时间以较少的幻灯片、精练的语言，将内容传达给受众；

（2）有趣、有激情、寓教于乐；

（3）放慢语速，通过停顿达到效果；

（4）与听众有眼神交流；

（5）总结、再总结，已达到强调和加深记忆的效果；

（6）平均 20 张幻灯片，每个片子用 20 秒，以求简练；

（7）不要原封不动地读幻灯片，以免听众失去信心和兴趣；

（8）演讲夹杂讲故事、说段子，双关语、奇闻逸事……妙语连珠；

（9）与时俱进，随时更新；

（10）从听众的角度出发。

（四）科普演讲技巧

我们试用一二三四五六来描述讲座应掌握的技巧：

一个关键：享受与投入；

两个环节：掌握知识、传播知识；

三个结合：自然与社会、历史与现实、科技与人文；

四性统一：科学性、知识性、通俗性、趣味性；

五种语言：话语、动作、表情、口技、歌声；

六大技巧：善引导、抓重点、讲亲历、揭内幕、幽默感、展亮点。

三、关于讲解

讲解多指户外的科普解说和讲解，也可视为科普导游。包括解说及牌识系统（下文将以麋鹿苑的科普解说为例）和解说的形式与内容。解说包括人员解说和物品解说两种；人员解说即导游（Guide，Interpreter），物品解说即牌示（Wayside）。

（一）导游解说

包括全程解说、定点解说、即兴解说、游前解说。

1. 导游解说的形式

（1）全程解说：这是我们最常规的解说形式，主要对团体参观者。学生及有组织的成人要以"自然保护宣誓"开始，然后带领大家沿设定好的路径——通向麋鹿保护区的教育径前行，解说人员走走停停，依次介绍各种动物，提出问题、介绍景点、组织游戏等。

（2）定点解说：在游客集中区域或景点集中地带进行解说。

（3）即兴解说：在巡苑途中与游客邂逅，或游客遇到本苑工作人员时发生的信息传递和交流行为。即兴解说虽非正式日程，但若设计得当，当你以"专业人士"身份出现在游人面前时，便常会给人以喜出望外的游憩体验。

（4）游前解说：为照顾纷至沓来的游客，仅在大门口做参观前的全貌介绍和注意事项；这与全程解说的开营式差不多，甚至更详细；在大门口的解说中，一定要为游客做好心理铺垫。介绍这里的面积、年代、历史文化背景、生态环境，特别

是这个单位的性质，强调这儿不是动物园和养殖园，而是保护场所、教育基地，而且是易受人为干扰的、脆弱的动物生态区。

2. 导游解说的优点

（1）可使游客感到被接待的热情并对这里的一切产生兴趣；

（2）可根据游客需要进行讲解；

（3）可回答游客提出的问题；

（4）可随机发挥，如见到飞鸟便讲鸟；

（5）增强游客的景区的全面认识有帮助；

（6）正确引导游憩的路线，避免不当行为；

（7）可以替动物们说几句话，使讲解气氛生动有趣。

（二）物品解说的形式

利用物品进行解说是动物园、植物园、保护区、国家公园、户外博物馆等常用的方式。它是体现景区特点、物种特征、教育意图、历史人文背景并与游客沟通的重要手段。

麋鹿苑中的物品解说包括：展览厅、展览品（动物标本、模型等）、教育径（自导式步道）、路边展示、出版物等。麋鹿苑使用最频繁、最广泛的物品解说即为"标识牌（路牌）"。

（三）户外教育径与标识系统

通常，散客、家庭、伴侣及个人参观，导游无法进行讲解服务，便使自导式步道的完善成为必然。

首先，在大门口的固定窗口，可以得到游览图、鸟瞰图、中英文对照的简介折页，甚至更详细的文字、图示资料；其次，有明确的指示牌、路标引导游人走上最合理、有效、不重复的参观路线，这些路牌要简洁、明了地将可观览的内容、景点、功能区设置在显眼位置。目前，以标识牌为主的各种沿参观路线设置的路边展示可谓比比皆是，翻版、木板、宣誓板、入苑须知、格言牌、板凳式警句版、行为指南版、湿地功能说明版、麋角解说牌……贯穿于参观的始终，作为辅助讲解的教具和无人讲解时的物品解说，风雨无阻地忠于职守，既可让导游人员借题发挥，又可在导游不在时自问自答。

翻开就是答案，而且有些还不失诙谐，例如，一个柜门上写"世界上最危险的动物是什么？"游人脑海中可能立刻浮现出老虎、鳄鱼、毒蛇一类的动物，但伸手打开小门，里面是一面照映出自己形象的镜子，答案不言自明。沿途的鸟类介绍牌、游戏设施说明，一根倒木、一丘蚁穴……稍加说明均可构成路边展示。

标识牌的功能包括：

指导功能：出入口标志、指示方向、距离、景点位置的作用等。

管理功能：用警示、限制、禁止等字样指出游人的活动范围及景区规范。

知识功能：可介绍景区的设施、景观、背景、古今中外的名人名言及拓展信息等。

综合功能：标识牌不仅是信息的展示，也是思想文化的载体，可以通过广告、命名权的拍卖来吸收社会各方的赞助。

提示牌的设置要求：① 把规则放在确保游客能看到的地方，如进口处、休息处等，使游客有时间阅读。②要有吸引力。用颜色、绘画或生动简洁的文字来吸引游客的注意力。③应该用积极正面的话来讲述规则。不友善或带威胁口吻的话会让人反感。④告诉游客为什么会有这些规则。知道原委后游客会更尊重这些规则。

麋鹿苑个性化的提示牌比比皆是，有一个规律，就是用动物的口吻说出"注意事项"，甚至"提示警示"。

（四）解说牌的设置原则

包括：①选择最能代表该地区特色，包括能够反映某一重要主题或故事的自然及历史地点、物体、特征或结构。②应该设置在游客容易发现、方便使用的地方，能够充分代表想要解说的对象并且易于辨认。③如果有多处适合的设置地点，应该选择能够吸引游客最多的那一处。④选择最需要解说的地点并合理配置解说牌，避免造成过度拥挤的现象。避免可能对游客和设施造成危害。麋鹿苑的物品解说牌与人员解说相互对应，相得益彰。⑤比如要避免危险，避开可能发生自然灾害、避免交通和其他人为灾害（如眼睛看不清楚的道路拐弯处等）的地方。⑥应当选择游客较多的地点，但也不要放弃在具有特色而游客稀少的地点设立解说牌。⑦选择在过

度使用情形下（如自然过程被中断，或者无法取代的考古及历史构造遭受破坏）也不会破坏该地区景观的地点。⑧选择游客在欣赏景色时能得到最大舒适感的地点，尽量避免可能降低游憩体验的地点，图文并茂的展现。我们的口号是"人文，不碍自然"，如"活着的死树""荒野与湿地""荒野的自白"等解说牌，都是对自然设置的科普解释。

（五）解说文字的设计准则

有：①文字设计应力求简洁、清晰、易识、悦目、精确、有条理，让游客能清楚地看到解说内容；②尽量以日常生活用语来解说要传达的信息，即使极专业的内容也要使用平易的表述，尽可能避免使用学术名词；③文字内容应突出主题，在游客看完大标题及副标题后即能了解解说的主题；④可能的话，鼓励游客参与（如以提问或建议引导游客做某事或寻找某物）；⑤字体应当尽量使用印刷体，如果使用英文则不可全部用大写字母。

这里有一些鼓励游人参与的解说牌，如"听觉游戏"。知识牌的设置原则：

① 要统一风格，突出景区特色，能与景区环境及其他设施保持和谐一致。②可设置在游客必经之路上，但不能破坏该地区原有的自然环境和生态景观。③知识牌的内容应涉及不同知识层面游客的需求，让游客能够有选择的阅读自己需要的知识。④长期户外展示的知识牌应保证结实、美观，有一定的防偷盗功能。如，经久耐用的石质知识牌；和谐坚固的水泥仿木牌。

（六）人工讲解的礼仪与技巧

虽然利用多种传播工具进行讲解的方式已经兴起，尽管物品讲解能够全天候地"忠于职守"，但通过人工口头讲解与观众之间所建立的感情交流是任何讲解工具都无法代替的。人工口头讲解有着如此特殊的亲切感、互动性、随机性、针对性，所以我们必须珍视和强化人工口头讲解的作用。

讲解员是人工口头讲解的实施者，是参观者直接面对的对象，讲解员的一举一动影响着参观者对讲解内容的兴趣。因此，讲解员在亮相时，要十分重视自身的形象，以其特殊的魅力把参观者吸引住，从而使听众产生信任感、愉悦感，使讲解工作起到积极的诱导作用。

讲解员的素质要求：①良好的科学素养与思想品质。②高尚宽容的心理世界。③高雅幽默的风度仪表。④丰厚的科学文化知识。⑤熟练的沟通表达技巧。⑥灵活的现场应变能力。⑦适当的背诵名句功力。

讲解员礼仪、形体规范：①服饰，规范得体，制服平整。②仪容，清爽大方，稳重自然。③表情，真切诚恳，面带微笑。④道具，挂望远镜、持大喇叭。⑤眼神，目光交流，扫视全场。⑥态度，和蔼亲切、有问必答。⑦行为，站立服务，体态舒展。⑧步姿，轻盈稳重，疾徐有致。⑨应景，见鸟说鸟，见兽讲兽。

在参观队伍前进行引导，到达后稍等后方参观者才开始。

讲解语言规范：①使用敬语，使用礼貌用语，不忘欢迎语，道别语。②微笑服务，讲解时脸带微笑，给参观者亲切之感。③语言标准，讲普通话，谈吐朗朗，引经据典，吐字清晰。④音量适中，调节音量适应室内外不同环境，以每位参观者听清楚为准。⑤语速适当，快慢适当，有张有弛，抑扬顿挫，有节奏感。

（七）讲解工作的定位

（1）讲解不是学术报告，不是陈列说明，不是教师讲课，不是讲演，不是朗诵，不是戏剧表演。而讲解的魅力，是舍弃它们的外在特性，对它们内在精神的继承。

（2）讲解工作是一份高尚的工作，是架在科学与观众之间的桥梁，又是科学文化知识与人类情感的重要传播通道。讲解工作既是一种文化活动，又是一种学术活动，还是一种艺术活动。

知己知彼。了解参观者的年龄、职业、文化背景、地域等，在事先准备的讲解词基础上有针对性地适当修改，遵循因人施讲的原则，使讲解的内容更符合参观者的需求，也更易被参观者接受。

（3）有效控制游览时间。根据参观时间的长短，合理安排讲解重点。如有必要事先练习。了解一般的游客心理学，在讲解过程中善用游客心理，学会换位思考，根据参观者的反馈及时调整讲解策略与内容。

（4）无声语言的运用。表情语言、形体语言、手势语言三者要巧妙地配合有声语言来综合运用，以产生最好的表现效果。

在讨论、提问或互动活动中，要把握方向，控制节奏，调节氛围，向着预期目

标前进。

实际上讲解过程中要把互动、提问、讨论等内容穿插其中，即活跃气氛，又要掌握整个过程的节奏。

（八）解说的格调、意境与角色

1. 格调

解说人员在户外，如保护区、国家公园、郊野公园、生态类博物馆，常被人称为导游。其实，能做一名合格的生态旅游导游也不是一件容易的事，这甚至是一项很崇高的工作，毕竟你在做大自然的代言人。

这种户外导游的解说活动，对于任何具备自然、文化、历史背景的地区、景区，都是不可或缺的，它既是信息工具，又是服务和管理手段。做这样的解说员，要学会倒着走路，别老让观众看你的臀部；在行进中每处讲演不应超过 10 分钟，整个讲解不应超过 90 分钟；你的讲解要极具设身处地的现场感；你必须让人觉得有趣和幸运，让游人因为碰上你这样的讲解而感到不虚此行。

尽管广博的学识是吸引听众的资本，但请记住，"最好的教育，是令人没有感觉到在受教育"；要大胆承认自己的无知，遇到不懂的问题敢说"不知道"，并马上虚心求教；毕竟讲解是一门艺术，一门兼收并蓄、善教、易懂的艺术，但它不是说教，而是煽情；不仅讲述外在事物，而且介绍个人经历；不仅是信息的表达，还要有内情的透露。

2. 意境

在户外宣扬物种保护、生态文化，荒野价值，环境伦理……往往不被人重视，被市井的喧嚣、名利的浸染堵塞了视听感觉的人们，对自然的变化毫不理会，导游解说的工作就是让人们找回感觉，唤回遗失的真情。英国博物学家赫胥黎曾做过这样的比喻："人们好似走过一条画廊，可他们十有八九看见的是一面墙，我们的作用便是帮人学会阅读并最终懂得欣赏。"

由此看来，作为一名合格的户外解说员是不是别有一番境界？至少应在你的努力下，让游人渐入佳境、将其带入一种心灵回归的意境。

我们还可以把带人在麋鹿苑这个接近自然保护区里参观，比作在图书馆帮人查资料；护书、找书固然重要，但教人认识书的价值、学会阅读，并领会其意义则更重要。图书管理员不仅要告诉读者书在哪里，而且还应指导如何爱护与阅读。因为，我们接待的可能正是一些对大自然缺乏阅读力和感悟力（绿盲）的读者。我们要做指点迷津的导游！

3. 角色

有人以为解说员只会耍嘴皮子，其实不然。一位高水平的解说员，要具备基本的科学素质，深厚的文化底蕴，全面的宣传能力。麋鹿叫做"四不象"，有时我们解说员也以"四不像（SBX）"自诩或自嘲：

"像教师不是教师"，实际上我们是环保教师，实践着"关于环境的教育，在环境中的教育和为了环境的教育"的崇高使命；

"像作家不是作家"，作为麋鹿苑科普部的人员，应当是拿起喇叭能讲解、拿起笔杆能写作，所谓著文倡道，笔耕不辍，那些在报章杂志上发表了的文章乃是我们生产出的产品。

"像专家不是专家"，不是科班出身又何妨，只要能道出别人不知的东西和事，虽非专家犹似专家。

"像导游不是导游"，我们虽然没有导游证，却常被参观者称为导游；导游就导游吧，但经过了我们的导游讲解，你便会茅塞顿开："噢，原来麋鹿苑的导游真不一般！"——当然了，因为我们要做"指点迷津的导游！"

作者简介

郭耕　1961 年出生。科普作家，高级经济师，专职自然保护科教。现任北京麋鹿生态实验中心副主任暨北京南海子麋鹿苑博物馆副馆长，中国科普作家协会常务理事。民革中央人口资源环境专业委员会委员、北京市政协常委、北京政协提案委副主任、北京大兴区政协副主席　。中国环境文化促进会理事；北京动物学会常务理事暨动物学会科普委员会主任；北京市科协委员。中国科学院大学特聘研究员；北京林业大学人文学院特聘研究员；黄埔大学环境学院客座教授。成果有《鸟兽物语》《动物与人》等作品。

科学摄影人的操守

李博文

　　科学摄影作为一个新生的摄影门类，至今还没有一个确切的定义，但这并不影响它日益繁荣壮大，成为众多摄影流派中的一枝奇葩。随着科学技术的迅猛发展，摄影技术的不断提高，摄影手段的不断增多，科学摄影也在不断探索中取得了长足的进步。

　　什么是科学摄影？科学摄影是在科学技术领域应用的摄影的总称，是人们对记录、计测、剖析等的研究手段；是通过被记录的被摄体，运用摄影的艺术展现，引发人们关注与思考，以达到审美愉悦及科学教育的目的。科学摄影包括：显微摄影、缩微照相、X光照相、红外摄影、瞬间摄影等。科学技术的进步和摄影手段的多样化，使得科学摄影的外延在不断扩大，推动了科学摄影的空前发展。当前市场高度繁荣，每天海量信息扑面而来，各种思潮如井喷堤溃般汹涌，随之而来的还有名与利两样挥之不去的影子，时时考验着人们的心灵。在这物欲横流的当下，如何保有摄影人平和的心态，如何恪守科学摄影的真实性？如何肩负起科学摄影人的使命？如何规范自己的行为？是每个从事科学摄影的人都要认真思考的问题。

一、科学摄影的真实性

（一）真实需要坚守

科学是严谨求实，一丝不苟的，它来不得半点马虎。科学探索的是事物的客观规律，展现的是客观事物的本真与自然美。而摄影艺术除了商业目的外，更多的是给人类社会提供精神食粮，使人产生情感共鸣，从而给人带来美妙的视觉享受，来达到陶冶情操、提升格调、身心愉悦的效果。认识事物是个由外及里、由表面到内部的认识过程，这也是认识事物的客观规律和方法。

所以，作为艺术范畴的科学摄影其真实来源于科学的真实，而又使之得到提炼与升华，这是基于科学的真实事件展开的，但绝不是简单的"复制"。科学的真实会使艺术具有唯一性和震撼性，这是其他形式所无法比拟的。而艺术的表达也使得科学具有强大的视觉冲击力和诱人的吸引力，从而展现出多种多样、无比璀璨的光芒。其目的是通过作品传导的视觉信号，使观者心灵产生共鸣。王国维先生曾说过："有造境，有写境，此理想与写实二派之所由分。然二者颇难分别。因大诗人所造之境，必合乎自然，所写之境，亦必邻于理想故也。"一切修饰的手法脱离不了事物真实的本质，都是为了事物的真实性服务的，摄影者切不可为了照片的艺术美而放松对真实性的坚守。

真实，究其根本就是最有价值的部分，对此著名生态摄影家陈建伟认为："如果只一味追求自然风光一定如何优美，野生动物一定多么可爱，花卉一定多么漂亮的唯美主义，或者只强调'美善真'，都是残缺的、不完整的。"他还说："不管是一朵花绽放的张力、鸟儿振翅欲飞的一瞬间，还是一片枯裂的大地，抑或是一只没有了斑斓羽毛的孔雀，都能唤起心灵深处对大自然的热爱或思考。"无论美丑，只要它是对现实生态状况的思考就好，否则就会钻入牛角尖，将自己禁锢住，思想打不开，真实性不能很好地体现，也就创作不出好的作品来。

当今在巨大的利益诱惑下，真实是随时会被绑架、玷污的。"华南虎事件""藏羚羊过铁路桥事件"就是典型的例子。目前，人们内心浮躁，追名逐利，拜金主义猖獗，各种诱惑花样繁多，其形式多种多样。在这种形势下，保有自己正确的价值观，怀着健康向上的心态，踏踏实实、不急不躁地向着心中的理想不懈追求，应是对当前每个科学摄影工作者最根本的要求。

（二）真实需要积淀

科学摄影有着比其他摄影更加严格的对真实的要求，既要不失科学的真，又要展现科学的美。要求科学摄影工作者要对所拍摄对象有一定深入的了解，理解相关的科学知识，这在科学摄影中十分重要。

在一次摄影展上，一幅蝴蝶蛹的照片在布展时被倒置了，这在画面上瞧不出一点破绽，只有对蝴蝶习性有着深刻了解的人才会发现。我曾经与蝴蝶摄影家陈敢清先生进行交流，他对不同种类蝴蝶蛹的照片进行了讲解。因这些蝴蝶种类不同，所以它们的状态也是不同的，当这些蝶蛹作品的摆放出现错误时，放颠倒的蛹如果是在大自然里便羽化不了蝴蝶。对蝴蝶不了解，就会闹笑话。

还有，2014 年我参加一位刚从东南亚采风归来的朋友的摄影沙龙展，一幅题为"会吃老鼠的猪笼草"的照片吸引了我，画面是一只"老鼠"站立在猪笼草上。经过仔细端详，我对这幅照片的说明产生了异议。照片上这种猪笼草生长于东南亚的加里曼丹岛，是一种叫马来王的地栖猪笼草，其实它并不捕食老鼠，而画面上的那只老鼠其实是只丛林树鼩，一种小型啮齿动物。这种外形像老鼠的生物与植物猪笼草之间不存在捕食与被捕食关系，而是相互利用的关系，猪笼草会在其伞盖上分泌蜜汁，以吸引树鼩来舔食，而树鼩会直立着身子、两只后腿跨在猪龙草捕食笼的边沿，就像是坐在马桶上。树鼩有随吃随拉的特点，它会一边舔食蜜汁一边排便，而排出的粪便会径

图 1　蝶蛹

图 2　蝶蛹

直落进猪笼草的捕虫兜内，树鼩的粪便才是猪笼草想要的，用来作为它生长过程中所需的养分。从事科学摄影要对所拍摄对象要有了解，作为科普信息的传播者有责任向公众传播正确信息。所以，科学摄影工作者一定要不断地学习和积累。

（三）艺术服务真实

科学天生就与艺术密不可分，分型、拓扑、结构、天体、纳米等一直为艺术家所关注，人们陶醉在"三叶扭结"和"莫比乌斯环"的魅力之中，感受科学的神奇。在科学摄影中，真实永远是根本，艺术是用来烘托和展现科学之美的。

图 3　地栖猪笼草

图 4　树鼩与猪笼草

随着计算机的普及，新工艺、新技术和新材料的不断诞生，摄影技术发生了巨大的变化，出现了许多新的手段，其中最让人印象深刻的便是"PS"。这原本是一款修饰照片的软件，最后落得让人唯恐避之不及的地步。现在，"PS"简直就成了"造假"和"移花接木"的代名词。究其根本还是在于人的心理，在追求艺术新、奇、特的时候，没有把握住真实是第一性的原则。著名摄影家郑壬杰有言："在这个科学技术高度发达的时代，影像工具越先进，人在这里扮演的角色也就越重要。无论工具如何智能，发明它、制造它，直至使用它的都是人，人们鲜活又各异的思想与情感是科技永远无法替代的。"

在科学摄影中不要过大的做艺术的夸张和渲染。过分的艺术夸张会使被拍对象原本要体现的东西受到伤害，甚至失去真实性。科学手段的进步，表现形式的多样化，使科学摄影创作进入一个全新的领域，展现出许多令人耳目一新的科学摄影作品，颠覆着人们的眼球，表现出前所未有的魅力。坚持真实性，同样要正确利用艺术手段来烘托和渲染，能使事物得到完美的体现。

例一：2014 年 9 月曾在北京"鸟巢"举办过一次科学摄影展，在征稿中我接收到一组物质微观结构的图片。这些来自科研实验室的图片所表现的是物质的超精细结构，物质的质感表现得非常细腻传神，稍加剪裁就是很好的科学摄影作品。可是，作者却在电脑上对这些图片进行了过分的 PS，还是那种低级的画蛇添足的修饰，要么在画面上加一串脚印，要么就是加上一朵盛开的花……，把物质原有的那种本质的美破坏了。后经过我的修改还原重新组织，最终在众多作品中脱颖而出，成功入选鸟巢科学摄影展。

例二：这是一束花的摄影作品，是利用 X 线摄影技术拍出来的。作者采用黑白片，有趣的是，画面上植物的花瓣、叶脉、经络都以透视的效果呈现，原本藏在这束花花茎

图 5　物质微观

内部的两只虫子，也清楚地表现出来了。它展现了平时人们看不见的东西，就像是人们去医院拍的透视片。黑白、透视这些元素为这幅照片创造出与众不同的特点，照片四周暗黑，营造出神秘的氛围，从而使作品生动有趣，主体更加突出。

例三：在李政道先生主持的科学与艺术展上，现场由三个场景组成的一个艺术单元：第一个场景是当时正在广袤宇宙航行的太空科学探测器的视频画面；第二个场景是从太空中鸟瞰的万里长城和伫立在长城的城楼上的作者，他张开双臂仰望苍穹的视频画面；第三个场景是作者脸部的特写记录，一滴眼泪从他的眼眶里流出。这组具有很强现代艺术感的单元，其文字说明是：在某某时刻，某某经纬度，在那架太空探测器与万里长城，以及长城之上仰望太空的作者形成一个垂直线时的那一刹那发生的有关宇宙与心灵的记录。三个场景，强化了这个单元的主题，揭示出在那一时刻，太空—探测器—人三者之间的关系，表现人类对宇宙的探索与使命以及内心的敬畏与感动。

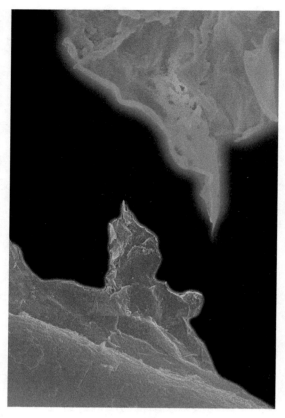

图 6　物质微观

图 7　显微摄影

二、科学摄影的使命感

（一）使命感是时代的要求

科学的真实性从其本质讲，它还具有社会责任的属性。科学摄影人除了要坚持作品的真实性，还要肩负社会责任的使命感。

自改革开放以来，我国的经

图 8　石油泄漏中的鸟

济得到了前所未有的高速发展，国民生产总值大幅增长，人民生活水平逐年提高。科学技术文化诸领域硕果累累，神舟上天，蛟龙入海，一派欣欣向荣的景象。但是，为此我们付出的代价是巨大的。一片片森林被砍伐，草场慢慢退化，土地开始沙化，湿地逐年缩小，水资源短缺，大气污染，灾害频发，城市雾霾严重，地下水位急速下降，野生动植物资源濒危，很多物种走向消亡，生态系统遭到严重破坏。尤其是人类活动的不断扩大，使得人与自然的冲突不断激化，资源、环境与经济发展的矛盾日益尖锐。这些问题都严重制约了我国的社会发展，从而迫使人类必须进行深刻的反思。

我们从媒体上经常可以看到由于乱砍滥伐而造成的一座座秃山荒岭；非法排污而使土地污染的农田；在鸟道上铺天盖地的一块块非法架设的捕鸟网；由于石油泄漏导致在油污中挣扎的海鸟；由于失去家园而闯入村庄与人类发生冲突的大象；密得不能再密的"绝户网"；被囚禁在狭小盒子里向境外走私的猎隼；一具具被扒了皮的藏羚羊尸体；在非洲虽百般守护但还是被盗猎者杀害锯牙的"象王"……一幅幅触目惊心的照片，唤起人们的关注，敲打着人们的良知，激起人们的愤慨。科学摄影工作者的使命感反映在这一次次创作中，就是用镜头去呐喊、去战斗，这是现代摄影人义不容辞的职责。

摄影以其真实、直观、及时的特性，以公众乐于接受的画面语，携带大量信息，来反映事件的本身，来引起人们的关注及思考。这便是时代赋予摄影人的神圣使命。

（二）使命感是自我的修炼

摄影人要保有时代赋予的使命感，怀着一腔热情，需要日常不断地修正与学习。

敢于承担、敢于面对黑恶势力，用自己的行动唤起世人的关注。科学摄影人每一次拍照都要对自然、生物怀着无比崇敬之情，同时都要看成是对自己心灵的一次救赎。从心底里去敬畏自然，不断洁净自己，使自己真正得到升华。只有保有自己对自然无限的爱与激情，才会成为一名真正的敢担当的科学摄影人。

目前，有越来越多的摄影人用自己手中的镜头来行使和担负这种使命感，其中也不乏为此献出生命的英雄。在西藏可可西里地区，中国环保烈士杰桑·索南达杰为了阻止偷猎分子非法盗猎藏羚羊而光荣牺牲，用自己的鲜血诠释了使命感。还有一部拍摄于2009年并轰动世界的纪录片《海豚湾》，是国际上一些动物保护人士冒着生命危险拍摄的。影片真实记录了日本太地町当地的渔民每年捕杀海豚的残忍场景，在国际社会上引发了巨大的反响。这些摄影人真的让人敬仰，他们因有使命感而令人敬仰。

图 9　被人锯掉角的犀牛

图 10　捕杀取翅

图 11　被人割掉象牙的大象

三、科学摄影的行为规范

（一）万物平等　尊重生灵

人类生活在地球上，与其他动物一样享受同一块土地、同一片天空、同一个海

图 12　海豚湾

图 13　被人捕杀的海豚和它的幼崽

洋……一山一石，一鸟一兽皆是天赐，谁也没道理因处在食物链的顶端而自大，因处在食物链末端而卑微，更没有理由去奴役、杀戮其他生物。

可是，现实中人们又是怎么做的呢？先说说前不久发生在英国的一件事。一位英国的所谓艺术家，来到英国第一高峰的山尖，用锤子将山尖敲下 5 厘米，拍了照，并将照片与敲下的那块山石一起放到艺术馆展出。正是由于他的行为，使得这座已在英国人心中扎根多年的英国第一高峰的头衔失落，拱手让给了别的山。他的这个行为引起英国上下一片哗然，人们谴责之声不断，但敲下的山尖再也回不去了。由此看来，人们对自然的破坏是那么的肆无忌惮，这反映的是人类对大自然的极度蔑视和冷漠，一副老子天下第一的样子。正是现在人们的这种世界之大唯我独尊的傲慢态度，使得大自然遭受到破坏，满目疮痍。

再看看我国前段时间发生的"黑镜头事件"。目前我国摄影大军以不可思议的速度不断壮大，公园街巷、山林河川甚至犄角旮旯都能看到拿着长枪短炮的摄影爱好者，其中尤以"打鸟"者居多。但在这些拍摄者当中，有的人完全没有职业操守，在拍摄时为了取得较好的画面，任意攀折树木，践踏植被，肆意伤害野生动物。更有甚者者，囚禁野生动物，百般折腾。比如有人把螳螂、螽斯等昆虫捕来，用闪光灯靠近它们的眼睛闪光，让它们暂时失明，使昆虫不会乱爬；或是往它们的嘴上滴几滴酒来麻醉，这无疑是对它们的极大伤害。

还有人为了方便拍摄树枝密叶之中的鸟巢，将原本隐蔽在树叶之中鸟巢四周的枝叶折断，使鸟巢暴露在阳光下，没了四周树叶的保护，鸟巢中的幼鸟极易被烈日、风雨及天敌所伤害。有人为了抓拍到一张"漂亮"的照片，还采取食物引诱的手法，他们将鸟儿爱吃的面包虫用大头针钉到树干上来诱使鸟儿来捕食，从而达到拍照的目的。但这样鸟儿极易将虫子与大头针一起吃掉，从而给鸟儿造成伤害。还有的摄影人干脆把鸟巢里羽翼还未丰满的雏鸟抓出来，用绳子或胶带把雏鸟捆绑在树枝上，等亲鸟来喂食时拍照。也许这些人拍到了他们想要的，但隐藏在那些漂亮照片背后的确是无耻和残忍，照片的价值又有多少呢？还有的人为了拍摄一张天鹅或鹤在雪中腾飞的画面，不惜开车去驱赶这些原本疲惫不堪的鸟类，使得这些迁徙中的鸟儿们得不到休息而受伤或死亡。

上述行为无非是想得到一张较完美的照片，来使自己心情愉悦。这些摄影者丝毫不在乎是否影响到鸟类的生活，是否侵占了鸟类的权利。即使用这种手法拍到了心仪的照片，那也是不真实的虚假之作。

要知道，在地球上许多动物的历史甚至比人类的历史还要长，许多生物在人类没有出现之前就已经生活在这个地球上。所以人类要时刻记住：在地球上你不是老大！生物之间是平等的关系。我们要怀着

图14 被人折掉树枝而失去保护的鸟巢

图15 被人用细线拴住的鸟

图16 被人从鸟巢中捉出的幼鸟

一颗感恩之心，感激大自然，感激与万物同在一个地球上。

图 17　鸟儿从人们放置的鱼钩上取食

图 18　解剖误吞进鱼钩的鸟儿

图 19　被拴住作拍摄对象的鸟儿

（二）规范行为　尽职守法

一个科学摄影人在拍摄过程中，一定要遵规守法，要对自己的行为有约束。这种约束并不是一两块写着："禁止入内，违者罚款！"的牌子，更多的是源于我们在内心里修建起的堤坝，这和人的自身修养、知识水平以及整体国民的素质有着很大关系。有序、健康的环境创造良好、和谐的心态，也是个人对自我的不断修正的过程。让这善良、友爱、敬畏、感恩，成为我们的一种习惯根植于我们人类心中，教育我们的孩子，永远传承下去。同时为了繁荣我国科学摄影的发展，做到绿色出行、文明观赏、生态摄影，需要制定条文来规范我们的行为，下面就是作为科学摄影人应有的行为规范：

（1）首先要遵守国家法律法规，尊重自然，尊重一切生命。

（2）要讲文明，注意自己的行为，提倡在自然状态下拍摄。

（3）拍摄时要做到对自然一草一木不破坏，对野生动物不伤害，保持距离不惊扰。

（4）拒绝在拍摄时使用录音、媒鸟、食诱等对野生动物有害的方法。

（5）禁止拍摄非法驯养、囚禁的野生动物。拍摄合法驯养机构内的鸟类及野生动物，在作品发布时要自觉加以申明。

（6）在拍摄过程中，如发现有盗猎和破坏自然环境等现象，在保证自身安全、条件允许情况下，可进行影像记录，并及时向当地野生动物保护部门或当地公安局举报。

（7）呼吁各类摄影比赛及各类媒体、网站对于用不当手段拍摄的照片坚决拒收、拒评、拒发表。

四、结　语

科学摄影从来没有像今天这样备受关注，它已发展成为科学教育、科学传播的生力军，同时在促进人与自然和谐以及生态文明建设方面发挥了重要的作用。相信随着科学摄影规范性的日渐提高，法律法规的逐步完善，科学摄影事业必将得到健康蓬勃的发展。

作者简介

李博文　广告艺术专业毕业，从事美术、摄影工作近30年。现任中国科普作家协会理事，科普摄影专业委员会副主任兼秘书长，科普美术专业委员会副主任。艺术方面：摄影与美术作品及相关论文曾在多家杂志发表；策划过多个摄影与绘画比赛和展览。写作方面：出版过多部书籍，在杂志发表过多篇文章，其中有近百篇科普文章被翻译成少数民族文字发表。展览方面：多年来从事设计科普展览用科技模型，其模型作品多次入选中央两会的特展，现是多家模型展示公司技术顾问。

探索科普融合创作模式

郭 晶

21世纪，以网络为载体的第四媒体和以手机为载体的第五媒体，以不可阻挡之势走进并重塑着我们的工作、学习和生活，使得人们的阅读行为与青少年的教育方式都发生了彻底的改变。知识社会创新2.0催生的"互联网＋"这一经济社会发展新业态，已经改造并影响了多个行业，新兴媒体环境下的科普教育，成为摆在传统科普媒体面前不可忽视的存在。

创刊于1956年《知识就是力量》杂志由周恩来总理亲笔题写刊名，是中国科协主管的面向青少年的综合性图文科普月刊，始终致力青少年的科普教育，提升青少年的科学素养。《知识就是力量》杂志在新兴媒体环境下，发挥累积近60年的科普资源优势，通过"互联网＋知识就是力量"与新兴媒体融合发展，在创新科普教育方面进行了不懈的努力和探索。2014年，《知识就是力量》杂志全新搭建的科普全媒体平台，以传统期刊与"互联网＋"融合发展的模式，搭建了纸刊、移动刊、互联刊、数字刊和微刊多刊联动，中文版、英文版、藏文版、盲文版多语种版本互通，微平台、网站、线上线下科普活动互动，为公众提供"有知、有趣、有用、有益"的科普全媒体阅读学习平台，成为我国创新科普教育的践行者。

本文以理论及实际案例剖析"互联网＋知识就是力量",应用创意理念、内容组织、技术手段等要素,以全媒体平台塑造科普内容创作新模式,以知力科学圈创造科普学习新氛围,以阅读延伸体验创新科普教育,形成了自有的融合创作、融合传播、融合教育的模式。

创新科普教育引导新一代青少年爱科学、学科学和用科学。李克强总理在政府工作报告中首次提出的"互联网＋",实际上是创新2.0下互联网发展新形态、新业态,是知识社会创新2.0推动下的互联网形态演进。技术的进步与社会的发展推动了科技创新模式的嬗变,也正改变着青少年科普教育模式。

2015年是互联网产业与传统产业加速融合的一年,也因此有了"互联网＋"的概念。这一经济社会发展新业态,已经改造并影响了多个行业。业界积极探索互联网与传统产业的跨界融合。互联网设施正像水、电一样,成为国家的基础性设施。有了基础设施做保障,传统产业向智能化、数字化、网络化纵深发展成为可能,传统科普教育也因网络新技术的发展发生了翻天覆地的变化。新兴媒体环境下的科普教育,成为摆在传统科普媒体面前不可忽视的存在。

从传统的青少年科普教育方式来看,一是家庭自主科普教育方式,在家庭教育中由家长引导孩子阅读科普书刊,进行自主科普阅读学习,利用节假日安排科普探索游,这是科普教育的始发点;二是学校组织科普教育方式,学校会引导青少年阅读科普书刊,参观科普展览,邀请科普专家讲座,开设兴趣课程,参加科学竞赛等,这是科普教育与学历教育体系的融合;三是社会参与科普教育方式,社会教育机构通过组织青少年参加专家讲座,组织参观、考察、实验、科学竞赛活动,如科学夏(冬)令营等方式,进而有效延展青少年的科普教育。这三种方式各有利弊,如表所示:

方式	优点	不足
家庭自主科普教育	静态阅读与户外体验有机结合	缺乏同伴沟通、讨论和互动学习
学校组织科普教育	互动学习	影响范围有限
社会参与科普教育	业余兴趣活动	缺乏系统性和可持续性

从传统的青少年科普教育内容来看，这使得现实生活中的传统科普教育表现出形式枯燥乏味、内容专业深奥的特点。

今天，以网络为载体的第四媒体和以手机为载体的第五媒体，正以不可阻挡之势走进并重塑着我们的工作、学习和生活，越来越多的社会大众已不再满足于被动地接受科普知识，他们变成了更为主动的科普知识的分享者与传播者。广大青少年的阅读心理、行为都发生了巨大变化，他们并不接受传统科普媒体现行的传播技巧、方法，甚至会产生抗拒的心理，大众的理解和接受也受到了严重阻碍。

传统科普媒体是科普教育的基础，是科普教育的重要方式之一。在"互联网+"的产业环境下，传统科普媒体以产品为中心，缺乏互动体验，缺乏参与创作，缺乏多元化表现形式成为传统科普媒体发展的桎梏。近年来，全新改版的《知识就是力量》杂志作为科普教育的内容创造者、传播者，努力服务青少年学业、兴趣、生活和成长，积极探索"互联网+"环境下的科普教育，积累了一些有益的经验。

一、《知识就是力量》融合"互联网+"

《知识就是力量》杂志创刊于1956年，经历了60年风风雨雨，凝聚了众多科普工作者的心血，许多著名科学家，如高士其、茅以升、钱学森、李四光、华罗庚、周光召等都为其创作了很多优秀的科普文章。目前活跃在我国科学界的不少专家和科技人才都是从小通过阅读《知识就是力量》杂志而喜欢上科学，最终走进科学殿堂的。

《知识就是力量》杂志自2014年1月1日改版之后，与"互联网+"融合，探索以读者为中心，多平台、多语言的全媒体互动体验科普内容研发和传播平台，创新科普教育。我们把它看成是传播最新科技知识的窗口，是弘扬科学精神的阵地，也是培养科普人才的基地。

《知识就是力量》杂志与"互联网+"的融合，借力新媒体技术，使《知识就是力量》杂志不再只是一本纸刊，而是内容以多种形式表达，满足不同群体的阅读需求的。这种融合不仅包括媒介形态的融合，还包括内容组织、传播形式、创意理念、经营方式和技术手段等要素的融合。《知识就是力量》杂志与"互联网+"的融合，

需要探索科普期刊融合创作模式、融合传播模式和融合盈利模式。

二、内容为王，探索科普融合创作模式

1．整合内容资源，实现多版本多刊联动

《知识就是力量》杂志通过发挥科普专家、科普内容、科普活动的资源优势，聚合全国学会、地方科协、社会科普机构、知名科普媒体及平台的科普内容资源，以此建立了符合移动互联网传播的科普内容库、人才库、渠道库，组建了权威的杂志编委会、新媒体创作及审核团队、应急专家创作团队、网络科学大V创作人及传播人团队等创作及审核团队，并形成内容、人才、渠道之间的良性互联机制，按期制作出版了纸刊、移动刊、互联刊、数字刊、微刊等，以及中文刊、英文版、藏文版、盲文版多语种版本，让传统科普内容在移动互联网时代得以多形式、多平台、多角度、多语种的广泛传播。

秉承"移动互联网＋科普"宗旨，丰富科普内容，创新表达形式，加强科普期刊的融合创作，研发并制作一批精品科普作品，包括科普微视频、HTML5微刊、科普电台、科普可视化图解、科普图说等，并通过即时通信客户端（微信）、微博、主流新闻客户端等移动互联平台进行广泛传播。通过纸刊多媒体化增强杂志阅读的趣味性，通过扫描纸刊上的二维码，可以看到与纸刊内容对应的视频，进行拓展性阅读，加强公众对科学的正确理解。

2．借力数字出版平台，实现新媒体多形态阅读

《知识就是力量》杂志借力数字出版平台，以支持互联网和移动互联网阅读群体为主，分别在龙源数字期刊网、小米多看阅读平台、百度知道、微信HTML5微刊、中国知网等互联和移动互联平台上取得突破性进展，形成《知识就是力量》新媒体多形态阅读产品，获得了良好的传播效果。其中，移动刊、数字期刊（中文刊、英文精华版）年下载量超过50万册，获得2014公共图书馆阅读TOP100期刊第13位，2014党政阅读TOP100期刊第12位，海外阅读TOP100期刊第48位；《知力精华》及《知力智库》多次荣登小米多看阅读平台杂志畅销榜前三，周下载量突破2万册；微信HTML5微刊《人蚊大战》《天津爆炸科学解读》等登上腾讯新闻客户端首页

或头条。

3. 融合互联网思维，实现产制流程再造

《知识就是力量》杂志自 2014 年改版以来，将传统媒体与新兴媒体的产制流程剖析、拆分、再造、融合，以"产制共享"的方式探索建设符合新的优质科普内容产出机制，走出了一条青少年科普期刊融合新兴媒体的发展之路。"产制共享"方式包括：创作者共享、审核者共享、传播渠道共享、营销方式共享、设计研发共享、产品内容共享等，纸刊的系统化、专题化、图文化与新媒体对内容的碎片化、应急化、趣味化、多媒体化相得益彰，使得科普内容在呈现形态上更立体化。同时，保护及维护原创科普作品版权，确保科学性把关审核制度执行、确保选题策划科学性、确保创作制作科学性，以促进传统媒体与新兴媒体融合的产制流程的可持续发展。

三、传播为王，探索科普融合传播模式

同伴交往是儿童形成和发展个性心理特点、社会行为、价值观和态度的主要方式，同伴交往其实在学前期就已经存在，只是儿童进入小学后，他们的同伴交往方式及其特点都会发生新的变化。主要体现在：同伴交往的频率更高，共同参加的社会活动也进一步增加，社会交往逐渐具有组织性。

了解青少年的心理与行为特点，是我们开展科普教育的基础。科普教育需要以一定的人群为基数，才能创造几何倍增式的传播效果。青少年的同伴共学特点，值得我们在开展科普教育时应用。

新闻报刊、广播电视等现代大众传媒与互联网时代的新媒体之间的一个本质区别是：前者是基于传统传播技术功能的差异化而形成的功能相对单一、彼此不可取代的传播模式，而后者则是多功能融合的全媒体，且几乎可以完全取代此前的传统媒体类型。这意味着对"传媒"的理解不能再停留在原有的大众传媒范畴内，信息传播技术的高度融合将是不可逆转的趋势，以往高度分化的传播形式和内容将在技术融合的基础上实现产业模式的更新和内容传播模式的重构。

《知识就是力量》杂志结合"互联网＋"的思维，利用新技术新手段，创造以读者为中心的互动科普学习氛围。

1. 搭建知识就是力量微平台，聚合微信、微博、微视传播力量，塑造知力科学圈

借助"互联网＋"融合的新技术，《知识就是力量》以微平台（微信公众号、微博、微视）的方式进行整合体现。针对公众特别是青少年关注的热点，《知识就是力量》杂志内容及作者团队、专家团队优势，及时向青少年宣传推广正确的科普导向，发布专家答疑解惑权威内容，开展网络科普活动话题，引导公众特别是青少年的关注和正确获取知识，构建了专家与青少年共同参与的知力科学圈。

《知识就是力量》杂志品牌通过知识就是力量微平台及知力网形成更广泛的互动传播，粉丝群体超过 15 万人，年传播总量超过 2 亿人次，如 2014 年热点科普答疑及活动"埃博拉出血热""全国科普日""科学随手拍"分别超过千万人次参与。知识就是力量微信公众号入选 2014 年"公众喜爱的优秀科普作品"微信公众号，公众网络投票排名第一。

2. 联动移动新闻客户端，实现差异化科普内容的定制传播模式，实现精准推送

在移动新闻客户端用户覆盖率方面，以 2014 年 12 月份的数据为例，腾讯新闻以 16.8% 的用户覆盖率位居移动新闻行业首位，而今日头条、网易新闻和搜狐新闻分别以 7.8%、6.1% 和 5.4% 的覆盖率处于移动新闻行业的第二梯队。新闻资讯（小米）和 Flipboard 位于第三梯队，分别为 3.4% 和 3.2%。如图 1 所示。

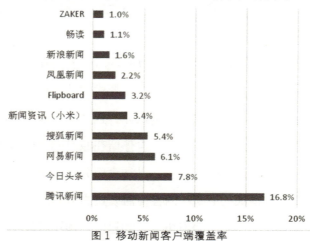

图 1 移动新闻客户端覆盖率

数据来源：Talkingdata 数据中心，2014 年 12 月移动新闻客户端用户覆盖率 TOP10

《知识就是力量》联动腾讯新闻、今日头条、网易新闻、搜狐新闻等排名前 4 位的移动新闻客户端，设立了"知识就是力量"订阅频道，每日发布热点科普、应急科普、辟谣百科、知力百科、知力 Young、知力 KIDS 等专业科普内容，紧跟实事热点，专注科学剖析，区分平台受众，差异化研发内容，一个主题科普内容在移动端以多形态、多主题联动传播，形成移动互联科学传播多渠道、多人群覆盖。

联动移动新闻客户端进行传播的核心是摸索与实践科普内容在移动互联端的定制传播模式。《知识就是力量》杂志采用"精心策划 + 精准定位 + 精品原创 + 及时响应 + 多态呈现 + 科学审定 + 适时发布"模式发展，对雾霾、转基因、埃博拉出血热、禽流感、冷冻卵子、阳光动力 2 号、北京沙尘暴、食品安全、朋友圈谣言、天津爆炸等内容第一时间进行了独家、深入的解读，分别由全国学会、中国科学院、第一线科研工作者等权威机构或个人对科学性审核把关，引导公众正确认识科学知识，产生正面的科学传播效果。《知识就是力量》的定制传播得到了移动新闻客户端的积极响应和合作，由《知识就是力量》杂志策划制作的科普内容每周不少于 1 次登上新闻客户端首页或推荐、头条位置。《知识就是力量》杂志成为应急事件在移动新闻客户端在第一时间寻求独家科学解答的合作伙伴。

3. 建设移动互联科学传播响应机制，合力发声，形成了最广泛的移动互联媒体传播

移动互联科学传播相应机制的建立，是通过组织开展网络科普活动、建立"移动互联科学传播响应机制"、发布"移动互联科学传播榜单"、汇聚科普资源实现。目前，《知识就是力量》杂志汇聚权威科普机构、科普媒体、科普平台，将院士、科学家、全国学会专家、首席科学传播专家团队、社会自媒体大 V 等权威科普资源联动汇聚，主要挖掘全国学会、首席科学传播专家、青少年媒体网站、主流社会新闻媒体、关注青少年科普的企业等资源，形成以科普内容互换、科普热点应对、科普活动互推的科普网络传播机制。

第一，在科普活动传播方面，知识就是力量微平台平均每月开展不少于两次的线上答疑及线上科普活动，如全国科普日、转基因答疑、埃博拉出血热答疑、微信朋友圈辟谣等；第二，在移动互联科普联动传播方面，主流移动互联媒体平台、全

国学会微平台、地方科协微平台、科技科普网站纷纷响应该联动传播机制，如新浪、网易、腾讯、百度、知乎、北京日报、北京晚报、中国教育报等，在新浪、网易、腾讯、搜狐、百度知道移动端共推送发布内容超过 200 篇，其中首页或头条推送近 40 次；第三，为激励移动互联上的科普机构或个人，杂志自 2015 年开始策划发布了移动互联科学传播榜；第四，深入挖掘了 150 余家科普资源，提供微平台技术、内容、运营等方面的专业科普服务，建立了较好的科普微平台资源汇聚阵地。

四、互动为王，从纸质阅读到动手体验创新科普教育

人们接受信息、进行学习，要借助不同的感觉器官，如耳朵听、眼睛看，用手摸等。不同的人对不同的感觉器官和感知通道有不同的偏爱，有些人更喜欢通过视觉的方式接受信息，也有一些人更喜欢通过听觉了解外在世界，还有一些人更习惯通过动手（或身体运动）来探索外部世界。心理学有关研究表明，不同认知通道的学习效果是有差异的。一般地，只使用视觉通道，仅能记住材料的 25%，只使用听觉通道，能记住材料的 15%，而视听结合，使用多通道参与学习活动，则能记住材料的 65%。不同感知觉类型的学习者，在学习上有不同的表现，所应采用的学习策略也各不相同。从感知觉方面看，学习者主要有视觉型、听觉型、动觉型三种类型。

基于对不同读者学习类型的研究，同时也有调查表明，提高动手能力是参加科技活动的重要心理需求之一。《知识就是力量》融合"互联网 +"，从纸质阅读延伸到动手体验，开展自有品牌科学传播活动，形成以用户体验为主的互动传播服务。

1. 微电台，让爱科学的青少年成为科普小达人

《知识就是力量》杂志在移动互联网上开设的科普微电台，让一些习惯于听故事、讲故

图 2 全国科普日参与科普微电台录制的小读者

事、问问题的青少年，不论身处何处，只要有网，都能通过手机轻松获取权威可信的科普信息，甚至可以轻松变身播音员、主持人，可以提出问题，还可以自己讲故事。微电台长期邀请电台知名主持人录制精良的音频科普内容，为公众传播科学，并开展"科普好声音"的征集等活动。比如为孩子们准备的"奇问妙答""科幻星主播"，为公众准备的"科学不忽悠"都有很多好听的科学故事。

图3 发布到《知识就是力量》微信公众平台上的科普好声音

从准备内容脚本、引导青少年参与、青少年录制节目、后期编辑加工到发布上线，利用新技术手段，完成了以用户为中心，提供实践舞台，而读者也是内容建设参与者的闭环。

2. 科学星榜样，以校园选拔活动带动科普阅读

《知识就是力量》杂志通过开展大型校园活动带动科普阅读，增强互动体验。在中国科协的指导下，《知识就是力量》杂志社联合九家全国性学会主办"科学星榜样"校园选拔活动，深入校园，挖掘讲科学故事、绘科学故事、演科学故事的优秀青少年代表，学校、家庭、学生以 UGC 模式参与科普活动，将线下青少年资源充分调动起来，以"移动互联网＋校园科普评选"模式，打造展示青少年科学素养、

图4 科学星榜样活动校园阅读与动手实验指导

科学才华的互动品牌，广泛开展移动互联网联动传播。

"科学星榜样"率先在西藏、青海、四川、云南、甘肃藏族地区开展，青少年将纸质阅读与动手实验有机结合，并通过科学写作、科学讲演、团队创作等多种形式，将优秀的、热爱科学的青少年代表借助媒体的力量对外传播，将线下青少年资源与线上平台有机结合，实现了学校、家庭、学生参与科普活动的创新体验。

3. 开设科普大讲堂，让孩子触摸科学

《知识就是力量》杂志还面向公众定期举办青少年科普大讲堂，讲座主题涉及天文地理、动物植物、食品安全等。传统的讲座是"你说我听"的方式，演讲者的演讲能力决定了讲座的效果。《知识就是力量》杂志充分关注到不同类型学习者的学习特质，将视觉、听觉、触觉进行结合。

传统媒体和新兴媒体在内容、渠道、平台、经营、管理等方面加速融合，为青少年体验科学、认识科学、掌握科学提供了更丰富多样的阅读与互动条件。《知识就是力量》与"互联网+"融合，积极探索并顺应互联网传播移动化、社交化、视频化趋势，积极运用"互联网+"背景下的大数据、云计算等新技术，发展移动客户端、手机网站等新应用、新业态，以新技术引领媒体融合发展；同时，《知识就是力量》适应新兴媒体传播特点，创新采编流程，优化

我喜欢看课外书，特别是看一些关于知识的书。《知识就是力量》这本杂志的

图5 参加评选活动的藏族青少年通过微平台分享科学知识。

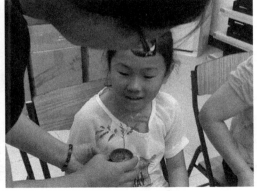

图6 麋鹿专家郭耕老师带着麋鹿角与学生们互动　图7 在植物主题讲座中，邀请孩子观察植物

信息服务，以内容优势赢得发展优势，进而催生出科普传播全媒体平台的建设，为科普教育服务。

作者简介

郭晶 博士，编审，科学传播人，科普出版人，致力于中国青少年科学文化传播。现任中国科学技术出版社（科学普及出版社）副社长兼《知识就是力量》杂志社社长、主编。曾任电子工业出版社副总编辑、分社社长，《探索科学》杂志总编辑，中国动漫网负责人。中国科普作家协会副秘书长，北京科普作协副理事长，全国新闻出版标准技术委员会委员。从事出版传媒工作20年来，曾荣获"中国百佳管理创新人物""十大图书年度策划人""营销创意奖""全国优秀版权经理人""2015年度改革人物奖"等。

科学让新闻有深度，新闻让科学有温度
——新闻类科学广播节目的制作体会

段玉龙

《照亮新闻深处》是北京人民广播电台一档立足于新闻的科学栏目，也是北京市唯一一档新闻类科学栏目。栏目创立于 2013 年，栏目形式为邀请权威科学家做客直播，用科学的视角解读热点新闻，在传播新闻的同时，传递权威有用的科学知识，让新闻节目变得"有料更有深度"。

新闻，记录生活，是社会的刻度；

科学，还原真相，是智慧的光芒；

用科学之光拨开世界纷乱复杂的表象；

借公信之力，还原新闻众说纷纭的本质。

北京新闻广播 FM100.6 20：20 和您一同汇集科技之光，照亮新闻深处。

这是《照亮新闻深处》的片头词，它精要地道尽了栏目跨界科学与新闻的特质与创意。此栏目是北京人民广播电台新闻广播于 2013 年播出的一档日播新闻科学栏目。自创办以来，栏目收听率及市场份额稳居同时段北京广播市场新闻频率第一名，并获得了"2014 年度北京广播电视总台栏目创新奖银奖"（当年金奖空缺），以及"2015 年度国家广电总局广播电视创新创优节目"。作为《照亮新闻深处》主持人兼制作人的笔者，也获得"中国十大科学传播人"提名、北京市科普宣传形象大使、北京市科学达人秀冠军等科学传播领域的荣誉。

从收听数据以及业内反馈来说，《照亮新闻深处》开创的"新闻＋科学"栏目形式得到了听众与专家的一致认可，已经打造出一档"有品牌、有内容、有深度"的新闻科学栏目。

创新思路：换个角度解读新闻

对于传统媒体或网络媒体而言，新闻因自身的天然吸引力成了现代媒体竞争的"兵家必争之地"。综览各级传统新闻媒体，大多还在走以"快"取胜的老路，但随着移动互联网的发展，网络媒体可以在最短时间将新闻事件送达每个人的手机，即使以"快速反应"而著称的广播，也受到了网络的严峻挑战。

电台新闻既然从"新"这个角度拼不过互联网，那可不可以从"闻"的角度，给受众带来"闻所未闻"的新体验呢？我国科普作家卞毓麟曾主张，科学本身是文化的组成部分，把科学注入我们的文化，在大文化中融入科学精神以及科学与人文的结合，是现代科普的深刻内涵。新闻也是文化中的一部分，那可不可以将科学注入新闻呢？于是，我们提出了以科学角度解读新闻的创作理念，打造一个既能快速传播新闻，又能科学解读的新闻栏目。《照亮新闻深处》正是在这样的思路中诞生，并且在实践中成功开辟了"科学解读新闻"的新闻栏目的第二落点。

实践操作：密切结合社会热点事件

每当发生与公众相关的重大新闻事件时，透明的真相与科学的解释是受众最想得知的，倘若媒体没有在这个时候给出权威科学的解释，那便给谣言传播创造了机会。

例如，2016年3月份发生的"山东疫苗事件"，从事件发生到网络"爆炸式"传播仅一周时间。《照亮新闻深处》在事件发生的第二天就邀请韩国朝鲜大学免疫专家金丽华博士做客直播，就疫苗的原理、一二类疫苗的区别、注射失效疫苗可能存在的风险以及注射疫苗的必要性等方面进行了科学普及。通过这期节目，我们告

知听众不要对疫苗事件恐慌，擅自停止接种疫苗的危害程度有多大，做到了用科学的视角解读热点新闻、营造理性客观的公众舆论环境。

虽然这期节目受到听众好评，但受制于广播传播形式有限，两天后网络上还是出现了有关疫苗的谣言。回溯诸多媒体过往几日对于"山东疫苗事件"的报道，焦点集中于挖掘事件的前因后果，却忽略了与事件平行的舆论引导，导致谣言有了传播的市场。

除了与个体相关的热点新闻外，《照亮新闻深处》也注重前沿科技事件的解读与传播，尤其还会在这类事件中做出点评，表达出质疑思考的科学精神。2016 年 3 月 9 日节目取名《人机世纪大战》，新闻事件来源于谷歌的人工智能 AlphaGo 与李世石首局围棋赛。在这场比赛中李世石首局告负，引发全球各方众说纷纭，甚至有人担忧这个事件是不是标志着人工智能可以战胜人类智力。9 日当晚，《照亮新闻深处》邀请了中国著名围棋手曹大元九段、IT 专家施彤宇和新闻观察员靳桥，与主持人一起探讨人工智能怎么下围棋？人类为何首战告负以及人工智能是否会超过人类等话题。

节目伊始，主持人播报了当天中午听众赛事预测调查结果，嘉宾们也回顾了各自的赛前预测，超过半数的人都认为应该是人会赢。这样，调查结果与实际胜负之间的落差令听众不自觉地产生了一个直接感知：我们的预测是不对的，那有哪些因素是我们原先没想到的？由此，好奇心让听众对这个话题马上有了参与感，愿意继续听下去。

话题首先点评双方的赛场表现。听众即使不会下围棋也或多或少接触过棋牌活动。因此，公众对这个话题很容易有带入感。节目中，围棋九段曹大元也没有去讲解对弈招式，而是谈到 AlphaGo 赛场表现很"平"（意指发挥稳定），李世石却显示出"心电图"般的波动状态，而且有种面对机器的孤独寂寞感。受此心境影响，李世石发挥低迷，也是情理之中。这样的谈话开场，让听众很自然地进入到就事论事、就人论人的语境中，跳出"人工智能是否会战胜人类智力"以偏概全的伪命题窠臼里。

在谈到对 AlphaGo 未来赛事胜负的预测时，曹老师和 IT 专家都对人类的胜利充满信心。因为，他们关切的不是李世石个人胜负，而是人工智能都是遵循人类制定的规则，再好的机器也就只是工具。它也许会战胜一些人类个体，但却无法战胜人类整体。嘉宾们在轻松的氛围中，聊到了棋盘概率穷极可能的数量和 AlphaGo 现行算法，还把计算机和人类学棋方法做了比较，传播了一些实实在在的科技知识和围棋常识，从实用和工具性角度来解读人工智能和公众日常生活的关联。

鉴于很多媒体提出的"人工智能即将取代人类"的担忧，IT 专家从科学对人类智能的认识程度谈起，分析人工智能的本质，批驳了这个哗众取宠的观点，阐明工具的进步可以帮助人类更好地挖掘自身潜力。而且这次比赛也确实验证了人工智能的一些理论细节，提出了很多技术上的问题，能推动 IT 信息技术将来的发展。但工具毕竟是工具，是无法取代人类的。这实际上回答了听众们的 "人工智能是否对日常生活造成威胁"这个疑惑，让人工智能这个公众有所诉求且能理解的科学变得与生活密切关联。

这里还要提到的是，围棋九段曹大元对 AlphaGo 首局获胜反应平静，他反倒希望 AlphaGo 能变得更强，因为觉得自己的棋盘生涯一直是以有限投入到无限中去，离高峰还差得好远；在他看来，若是 AlphaGo 够强，他能与其对弈，由此得以领略围棋的绝顶风光倒是快事一桩。曹老师这段颇有古风的言辞，让本期节目平添几分大师情怀，使节目在轻松讨论科学中凸显出文化传统的人文底蕴。

本期节目最后也提出观点： AlphaGo 的胜利终归是人类的胜利！因为人类发明各类机器（包括计算机）的目的是提高自身生产力，让机器去做人做不到的事情，而 AlphaGo 的胜利正说明了这一点。目前关于人工智能的担忧是"杞人忧天"，因为从原理来说计算机没有情绪和想象力等智能最基本的要素，眼下所谓的"人工智能"只是算法的不断优化而已。这些"人工智能"可以用在医疗、服务等领域，让我们的生活变得越来越好。

《照亮新闻深处》每期节目借新闻事件与专家之口，让听众既了解到新闻里的细节，又能跳出就事论事的层面，对科学乃至事件的本质形成一定的认识。在节目的最后，主持人总能巧妙地总结谈话，把嘉宾们的智慧之语重新落实到听众们的日常生活，完成"从生活中的新闻出发——科学升华——回归生活"这个结构闭环。

中国科协原副主席徐善衍认为，科学最有效的传播方式是为需求服务，因为"科

学传播的价值和意义全在于它的广泛性和有效性，在于传播受众的接受情况。"从这个角度来说，《照亮新闻深处》也帮助科学界提升了科学传播的有效性，将科学"高冷"的形象与大众生活很好地联系在一起，将"学院科学"变为"生活科学"，让科学家走进老百姓的生活。

妙手偶得：反哺科学，培养人才

对于访谈栏目而言，嘉宾素质对于栏目的质量影响很大。与一般栏目不同的是，《照亮新闻深处》需要语言能力和科学素养齐备的嘉宾，而面对每天播出的节目，优质嘉宾的数量自然不够，于是对于嘉宾的"反相培养"成为栏目的日常工作之一。

大部分科学家由于自身工作与学术专业的原因，对于如何通过媒体与公众进行交流并不在行，甚至有主动回避的情况。"对于热点事件而言，公众作为利益相关方，表现出强大的关注力和探究愿望。不过令人遗憾的是，在这些具有争议性的社会热点事件中，科学界往往主动选择缺席，白白错失传播机会。"导致科学界缺席的原因很多，其中有一个非常重要的原因是：不了解大众传播的规律，不知如何把科学知识有效地传播给大众。

每当有新嘉宾参加节目前，主持人会和嘉宾在前一日进行充分沟通，提炼新闻事件中大众最想知道的问题告知嘉宾，并撰写栏目提纲发送给嘉宾；次日直播前再次与嘉宾沟通栏目逻辑主线，使得对谈双方可在直播中齐头并进，共同把科学知识浅显直观地展现给听众；在直播结束后，主持人还会与嘉宾就当期节目进行回顾，就一些直播中的语态、语言方式、逻辑顺序等节目瑕疵再次交换意见，让科学家更加了解如何运用语言传播科学知识。在栏目运转 3 年的时间里，已经有不少科学家伴随栏目成长，练就出良好的科学传播能力。

《照亮新闻深处》一路走来受到关注与肯定，是时代大背景所造就的。蓬勃发展的互联网给人们带来了前所未有的信息冲击，面对如潮水般涌来的新闻事件，如何获得其中有价值的信息是每个受众的需求。作为专业的新闻媒体，利用自身的公信力以及资源整合能力深挖新闻第二落点，成为了满足受众需求且对抗互联网冲击的有效方式。从结果上看，《照亮新闻深处》是一个有创意的广播文化产品，它将含混晦涩的科学语言变得轻松易懂，同时也让新闻事件做到深度传播。

随着社会经济的发展，"仓廪实而知礼节，衣食足而知荣辱"的古训再次应验，社会大众不仅需要浅层的娱乐消遣，更加需要有趣、有用的科学知识提升个体素养。

《照亮新闻深处》在传播新闻的同时，满足了受众对于科学真相的好奇心。《照亮新闻深处》是广播类栏目在科学传播与新闻传播道路上探索的第一步，将来还要继续把科学传播放在社会进程中，构建有温度的新闻语境来传播科学。

作者简介

段玉龙　北京人民广播电台科学节目《照亮新闻深处》制作人／主持人，北京科普宣传形象大使，是一位专注于科学普及，并将热点事件与科学相结合的媒体人。2016年被评为《全民科学素质行动计划纲要》"十二五"实施工作先进个人。曾入围2015中国十大科学传播人评选，获得2015年"全国科学达人秀"第一名。主持制作的北京广播市场唯一一档新闻科学节目《照亮新闻深处》获国家广电新闻总局全国十大广播创新栏目奖、北京市广播电视局创新栏目最高奖。

附

录

中国科普作家协会发展历程

王丽慧 张利梅

　　我国的科学普及事业，经历了漫长的探索与发展历程。新中国成立后，广大科技工作者创作了很多优秀的科普读物、科教影片等，对传播先进的科学理念，普及科学知识，提高人民群众和青少年的科学文化水平起了积极作用。但是，由于"文化大革命"的干扰，科学普及工作和科普创作都出现了停滞，科普创作进入了低谷。

　　1978年3月18日，全国科学大会在北京召开。郭沫若在会上发表的《科学的春天》讲话，表达了"文化大革命"结束后中国知识分子的喜悦心情和迎接"科学的春天"的热切期盼。为了落实全国科学大会的精神，中国科协经时任中共中央政治局委员和国务院副总理方毅同志批准，在上海市科学技术协会的支持下，于1978年5月23日至6月5日在上海浦江饭店召开了"全国科普创作座谈会"。出席会议的有来自全国各地的科普编创工作者285人，于光远、华罗庚、茅以升、高士其、董纯才、王子野、王文达等领导和知名人士参加了会议，中国科学技术协会副主席、党组副书记刘述周主持会议。

　　全国科普创作座谈会是中国科协恢复工作后召开的第一个全国性会议。这次会议不仅对科普界拨乱反正和繁荣科普创作起到了巨大的推动作用，同时对恢复和振兴整个科普事业，乃至加快地方科协的恢复和重建起了积极促进作用。全国科普创作座谈会在上海的召开，在全国引起了热烈反响，在科普创作界产生了深远的影响，掀起了我国第二次科普大高潮。

　　会议对今后如何繁荣科普创作进行了深入的讨论，并发起成立了中国科学技术普及创作协会（前身是中国科普作家协会）筹委会。高士其任中国科普创作协会筹委会顾问。

一、中国科普作家协会的成立和稳步发展

中国科学技术普及创作协会（以下简称中国科普作协）筹委会成立后，一面发展会员和推动建立地方组织，一面积极开展创作与学术活动。到1979年7月，全国已有24个省、自治区、直辖市成立了地方科普创作协会或筹委会，共计发展会员4000多人，成立中国科普作协的条件已经成熟。

（一）中国科普作协成立

1979年8月，中国科学技术普及创作协会第一次代表大会在北京隆重召开，来自全国各省、自治区、直辖市的科普作协代表、特邀代表以及北京地区的来宾和部分会员共500余人参加了大会。中国科协副主席茅以升致开幕词，中国科普作协筹委会召集人董纯才向大会汇报了中国科普作协筹委会的工作。大会一致推举茅以升、高士其为中国科普作协名誉会长。

第一次代表大会期间，党和国家领导人胡耀邦、邓颖超、姬鹏飞、陆定一在人民大会堂接见了全体代表，并同大家一起合影留念。中共中央秘书长胡耀邦面向全体代表作了重要讲话。他说："实现四个现代化，科学技术现代化是关键。因此，同志们的岗位是重要的。去年，几十位科学家倡导成立了中国科普作协筹委会。一年之间，发展了4000多名会员，虽是星星之火，十年总可以燎原吧！科普作协这个组织是很有意义的，具有强大的生命力，现在已经做出了可喜的成绩，还可以做出更大的贡献。"他勉励大家说："现在是一个大有希望、大有作为的时代。我们的科学文化要繁荣昌盛，这是我们中华民族整个历史时代的要求，是谁也阻挡不了的。希望同志们顺应历史和人民的要求，克服困难，为党为人民做出应该做出的贡献！"

第一次代表大会后，中国科普作协成立了6个专业委员会。此后不久，又从发展我国科普事业、提高我国的科普理论和创作水平、培养造就一支强有力的科普理论与创作队伍出发，由著名科学家、科普作家高士其先生提议，经国务院批准，于

1980 年成立了中国科普创作研究所（后更名为中国科普研究所），与中国科普作协合署办公。

（二）形成完善的组织机构

从召开中国科普作协第一次全国代表大会到现在已经 37 年，这期间，中国科普作协又召开了五次全国代表大会。

1984 年 1 月，中国科普作协第二次代表大会在北京举办。大会推举茅以升、高士其、董纯才为名誉会长。常务理事会选举温济泽为理事长。中共中央政治局委员、国务委员兼国家科委主任方毅、中国科协主席周培源到会祝贺。第二次全国代表大会之后，在原有的专业委员会基础上，调整和新建成 12 个专业委员会。

1990 年 6 月，中国科普作协第三次代表大会在北京举行。大会推举温济泽为名誉会长。常务理事会选举叶至善为理事长。在讨论修改的基础上，大会通过了"关于更改会名和制定新会章的决定"，中国科学技术普及创作协会更名为中国科普作家协会（仍简称为中国科普作协）。至此，中国科普作协正式登记的下属（及工作）机构为专职办事机构 2 个，学术机构 10 个，分会 1 个，工作委员会 5 个。

1999 年 12 月，在北京召开了中国科普作协第四次全国代表大会。大会推举成思危、宋健为名誉会长，叶至善、王麦林为名誉理事长。常务理事会选举张景中为理事长。

2007 年 10 月，中国科普作协第五次全国代表大会在北京召开，大会选举王麦林、张景中、章道义为名誉理事长，刘嘉麒为理事长。

2012 年，中国科普作协在北京召开了第六次全国代表大会，大会选举刘嘉麒为理事长。

目前，中国科普作协设农业科普专业委员会、工业科普专业委员会、基础科学与高科技专业委员会、医学专业委员会、少儿科普专业委员会、美术科普专业委员会、国防科普专业委员会、科学文艺专业委员会、科普翻译专业委员会、科技传播专业委员会、科普影视创作专业委员会、食育科普专业委员会、海洋科普专业委员会、数字科普教育专业委员会、科幻电影专业委员会、新媒体科普创作专业委员会、科普文化交流专业委员会、科普摄影专业委员会和组织工作委员会、信息化工作委员会等 19 个专委会。出版物有《科技与企业》、《生物技术世界》，并出版内部刊物《科普创作通讯》。全国共有 29 个省、自治区、直辖市成立了科普作协（内蒙古自治区、西藏自治区除外），全国一级的会员人数约为 3100 人，省市一级的会员人数约 3 万余人。

中国科普作协成立后，随着历届全国代表大会的召开，其组织建设逐渐完善，形成一个建构完整、工作有效的科普机构，成为中国科普作家的重要精神家园。

二、科普创作硕果累累

杂志、书籍等优秀的科普作品是进行科学普及的重要途径，也是各领域作家进行交流创作的重要载体。中国科普作协成立之初就创办了《科普创作》杂志，随后又组织编写了一系列科普创作佳品集，为我国的科普创作发展提供了重要支撑。

（一）《科普创作》搭建交流平台

《科普创作》（中国科普作协会刊）创刊于 1979 年 8 月。原为季刊，从 1981 年起改为双月刊，由科学普及出版社出版。试刊号上周培源在《迎接科普创作的春天》中指出了《科普创作》的办刊方针："《科普创作》的历史使命就是繁荣科普创作，为加速社会主义现代化建设服务"，"团结和壮大科普创作队伍，通过经常交流科普创作经验，开展科普作品评介，加强科普创作的理论研究，努力提高科普创作队伍的创作水平和科普作品质量，使科普创作适应现代化建设发展的需要"。至 1994 年，《科普创作》共出版 61 期，是科普创作者进行交流的重要平台，提供了大量优秀的科普作品并涌现出一批优秀的科普创作人才。2000 年 3 月，《科普创作》复刊，并更名为《科普创作通讯》。

科普创作创刊号

（二）出版优秀学术研究著作

《科普创作概论》和《科普编辑概论》由中国科普作协和中国科普创作研究所组织，章道义、陶世龙、郭正谊、何寄梅、郭以实等主编，并组织大批科普作家、编辑

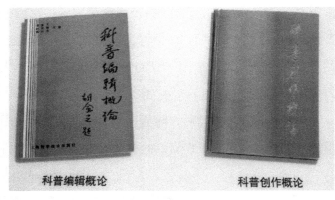

科普编辑概论　　　　科普创作概论

科普创作概论与科普编辑概论

家撰写，围绕着科普创作的基本概念和分门别类的创作方法，进行详尽而明确的阐述，是理、工、医、农等各科的大学生和科教人员从事科普写作的重要参考书籍。这两套书是新中国建立以来第一次系统研究科普创作和编辑的基础理论书籍，荣获全国编辑出版理论优秀图书奖和全国优秀科普图书奖，在我国科普创作和研究领域产生了重要的影响。

（三）推出大量科普创作精品

1.《科普佳作选》

中国科普作协和各专业委员会以及地方科普作协，组织了多种多样的培训班、研修班，培养青年科普编创队伍。为了给青年科普编创队伍提供教材、理论和范本，建会之初，由章道义、陶世龙、郭正谊、何寄梅、郭以实等主编，并组织大批科普作家、编辑家撰写了工交、农业、医学、国防、新闻、广播、少年、儿童等10本科普佳作选。

2.《农村实用技术文库》

党的十一届三中全会以后，农村掀起学科学、用科学的热潮，家庭联产承包责任制极大地调动了农民生产的积极性，迫切需要向农村普及科学知识。在这种背景下，中国科普作协农林委员会与辽宁省科普作协和农业出版社出版了《农村实用科技文库》。这套文库由中国科普作协农林专业委员会担任主编，从1983年到1987年共出版70种，印发700多万册。文库分批出版，每批10种，平均每种印数为10万册左右。印数最多的一种是《鸡病防治问答》，第一次印刷80万册，并重印4次，取得了社会和经济效益的双赢。

3.《解读生命丛书》

为促进向广大人民群众和青少年普及生命科学知识，2001 年 4 月起，中国科普作协邀请著名科学家、科普作家、出版专家，承办了《解读生命丛书》的策划、组织编写工作。该套丛书由北京出版集团出版发行，它是协会在组织策划科普精品图书工作方面的重大举措。新闻出版总署将该丛书定为全国向党的"十六大"献礼100 套重点图书之一，北京市的"市长科普工程"将该丛书作为首批优秀作品向社会大力推广。教育部也决定将该丛书作为推荐书目，向全国中小学图书馆推荐。该套丛书后来获得了 2005 年度国家科技进步二等奖。

4.《中国科普名家名作》

由中国科普作协选编和章道义等主编的《中国科普名家名作》一书，2002 年由山东教育出版社出版，受到了科技界、科普界、出版界和众多新闻媒体的关注和好评。该书的出版是协会完成的一项世纪工程。这本书展示了我国一百年来科普界的领军人物和骨干队伍的面貌与业绩，获得了全国优秀青年图书奖二等奖。

5.《当代中国科普精品书系》

2007 年，中国科普作协着手进行了《当代中国科普精品书系》编创工作。2012年 5 月 10 日，协会在国家科学图书馆院士厅举行了《当代中国科普精品书系》（13套，120 余册）新闻发布会。该书系由院士担任主编，著名科学家、科普作家主笔。书系坚持原创，推陈出新，题材广泛、内容丰富，涵盖了自然科学和技术工程的方方面面，力求反映当代科学发展的最新信息，具有鲜明的时代特点和人文特色。书系中既有航天、航空、军事、农业等领域的高科技丛书，也有涉及防灾抗灾、生态保护等推动可持续发展的丛书，还有从诗情画意中人们可以感受到科学内涵和中华民族文化的科学人文丛书，以及引导少年儿童热爱科学，以科学的眼光观察世界的科学启蒙丛书。该书系受到各界读者好评。

三、培养各类科普创作人才

科普创作人才在繁荣发展我国科普创作过程中发挥了非常重要的作用。中国科普作协把发现和培养优秀的科普创作人才作为协会的一项重要任务，注重培育和扶

持青年科普创作队伍，让优秀的青年科普作家脱颖而出。

中国科普协会和各专业委员会以及地方科普作协，组织了多种多样的培训班、研修班，培养青年科普编创队伍。早在第一次全国代表大会之后，中国科普作协就对各地方、各全国学会、各报刊的科普编创骨干进行培训，连续在宁波、上海、北京举办了四次科普编创讲习班，参加者中有相当一部分人都继续在科普领域发挥重要作用。

2007 年，中国科普作协青年会员科普创作沙龙成立。沙龙组织青年科普创作与联谊活动，培育新生的青年科普作家，为青年科普作家与老一辈科普作家的交互活动提供场所。沙龙在青年科普作家、科普出版家、科学家、科技企业之间建立了联系，为发展科普创作人才提供了平台，同时也吸引更多的会员加入中国科普作协。

2011 年开始，中国科普作协与中国科学院等单位共同举办"科普创作作品培训班"，目前已经举办了 4 期，培训取得了良好的效果，并由培训班的学员编著出版了《21 世纪科普丛书》。

2014 年，在中国科普作协成立 35 周年之际，中共中央政治局委员、国家副主席李源潮于 11 月 4 日在北京与科普创作工作者代表座谈，希望科普创作工作者深刻领会习近平总书记在文艺工作座谈会上的讲话精神，为实现中华民族的科学梦，创作更多无愧于时代的优秀科普作品。李源潮在座谈会上特别强调要把青少年作为科普创作服务的首要对象，通过优秀的科普作品启迪青少年的想象力，激发孩子们对科学的兴趣，引导人们追寻科学梦想。

2015 年 8 月，刘慈欣的科幻小说《三体》荣获第 73 届世界科幻小说大会雨果奖，中国科普科幻界深受鼓舞。2015 年 9 月 14 日，中共中央政治局委员、国家副主席李源潮在北京与刘慈欣等科普科幻创作者座谈，希望大家认真贯彻中央关于繁荣发展社会主义文艺的意见，高扬理想和科学旗帜，创作更多受人民群众特别是青少年喜爱的优秀作品。

四、以科普作品奖励带动科普创作

科普作品奖励对科普工作起导向性作用。对优秀科普作品的奖励能够带动科普创作，挖掘科普创作人才，同时也可为大众提供丰富的科普读物。评选优秀的科普作品一直是中国科普作协鼓励科普创作的重要方式。

（一）全国优秀科普作品奖

新长征优秀科普作品奖（第一届全国优秀科普作品奖）于 1980 年 5 月启动，由中国科协、国家出版事业管理局、中央广播事业管理局和中国科普作协联合举办。茅以升任评委会主席。评选范围包括粉碎"四人帮"以后至 1979 年底公开出版和电台播放的各种体裁的长、短篇科普作品。第一届参加评奖活动的有 60 个出版社、24 家广播电台、51 种科普杂志和 48 家报纸等新闻出版单位。他们在广泛征求群众意见的基础上，共推荐了 240 多种科普图书和 310 多篇科普文章。评奖委员会从中评选出 112 件科普作品，分别授予一、二、三等奖和少数民族文学科普作品奖。其中，科普图书获一等奖 6 种，二等奖 16 种；科普文章获一等奖 7 篇，二等奖 21 篇。

这次评奖为科普评奖开了一个好头。整个评奖过程细致、周密、严谨，评选出的优秀作品质量好，水平高，并在报刊上进行了评介、推荐。获奖者本人也总结了自己的经验体会，在会上和会刊上进行了交流。

此后，中国科普作协又开展了 4 次全国优秀科普作品评奖工作。1987 年 9 月 8 日，第二届全国优秀科普作品奖颁奖大会在北京举行，306 件科普作品获奖。这是对我国 1980~1985 年期间出版和播发的科普作品的一次大检阅，也是对众多热心参加科普工作的科技、宣传、出版工作者的一次大表彰。

第三届全国优秀科普作品奖活动于 1994 年举办。评奖范围是 1986 年 1 月至 1993 年 12 月 31 日我国宣传出版单位公开出版或播出的科普图书、科普文章和科普广播稿，共有 181 种（篇）作品获奖。

2001 年 5 月 20 日，第四届"全国优秀科普作品奖"颁奖大会在北京举行。共有 9 种科普作品荣获一等奖，20 种科普作品荣获二等奖，100 种科普作品荣获三等奖。

2003 年，第五届"全国优秀科普作品奖"共评出入围科普图书 90 种，科普报刊文章 67 篇，广播电视作品 50 个。

（二）"中国科普作家协会优秀科普作品奖"

2010 年，为贯彻实施《中华人民共和国科学技术普及法》和《全民科学素质

行动计划纲要（2006—2010—2020）》，努力推出更多的科普精品，繁荣科普创作和宣传出版事业，提高全民族科学文化素质，促进社会主义物质文明和精神文明建设，经国家科学技术奖励工作办公室批准，中国科普作家协会设立"中国科普作家协会优秀科普作品奖"。这是科普创作领域的最高荣誉奖，每两年评选一次，用于表彰奖励全国范围内以中文或国内少数民族语言创作的优秀科普作品的作者和出版机构。中国科普作家协会优秀科普作品奖参评作品分为两个类别：科普图书类和科普影视动画类。

第一届评奖活动共征集科普图书类作品 308 种，科普影视动画类作品 150 余部。来自全国 22 个省级科普作协、100 余家出版社及影视制作单位参与了推荐作品。本次评选获奖作者中，既有资深的两院院士，也有一线年轻的科技工作者。其中很多获奖作者多年从事科普创作，具有丰富的创作经验，获奖作品大都做到了思想性、科学性、实用性与通俗性的结合。2010 年 6 月至 8 月，评委会对科普图书类作品和科普影视动画类作品进行了评审。评出图书类优秀奖 18 种，提名奖 40 种；影视动画类优秀奖 6 种，提名奖 12 种。

2012 年 10 月，第二届中国科普作家协会优秀科普作品奖评出，27 种科普图书作品荣获优秀奖，48 种科普图书作品荣获提名奖。另有 12 件科普影视动漫类作品荣获优秀奖，25 件作品荣获提名奖。2014 年，第三届中国科普作家协会优秀科普作品奖共评出 45 种科普图书作品和 22 件科普影视动漫类作品。

（三）设立王麦林科学文艺创作基金

2013 年，中国科普作家协会荣誉理事长王麦林将自己的积蓄 100 万元人民币无偿捐赠给中国科普作家协会，设立了中国科普界第一个科学文艺创作奖励基金——"王麦林科学文艺创作基金"，用于我国繁荣科学文艺创作事业，鼓励科普作家创作更好更多的优秀科学文艺作品。此举入选 2013 年度中国十大科普事件。

五、以丰富多彩的科普活动推动科普创作

中国科普作协以及各个专业委员会、各地方科普作家协会自成立以来，策划、举办了许多有声有色的科普活动，取得了显著的成绩。

（一）科普美术作品巡展

1979 年 11 月 20 日至 1980 年 1 月底，由中国科学技术普及创作协会和中国美术家协会联合举办的"全国科普美术作品展览"在北京举行。这是新中国成立以来的第一次科普美术展览。本次展览共展出作品近 600 件，作品题材广泛，形式多样，介绍了农业、工业、科学技术、国防科技、医疗卫生等方面的科学技术知识。有些作品用拟人化的手法，通过新奇巧妙的构思和有趣的形象，让人在艺术欣赏中学到一定的科学知识，传播了先进的科学技术，受到了广大群众特别是青少年的欢迎。

1990 年，中国科普作协还举办了《美哉中华爱我中华》科普美术摄影巡回展览，在全国 20 多个省、市进行展出，每到一处都有几万名观众参观，并受到当地党政领导和社会各界的好评。许多报刊进行了报道、介绍，有的还选登了作品。还有不少省市要求展览前往展出，但因经费和人力所限，巡展在 3 年后结束。巡展在京展出期间进行了评奖。评出了一等奖美术、摄影作品各 10 件，二等奖美术、摄影作品各 15 件，三等奖美术、摄影作品各 32 件，获奖作品占参展作品的 18%。评委会还授予 9 位热心参加巡展的美术家、摄影家特别荣誉奖。授予优秀组织奖 31 名，组织工作奖 11 名。

（二）参与"建设节约型社会"科普宣传

2005 年 7 月 16 日，中国科普作家协会张景中、章道义等 14 位科普作家和有关专家联名提出《关于在全国开展加快建设节约型社会科普宣传的建议》，希望各级政府在大力推进建设节约型社会的同时，配以"资源节约行""珍惜资源从我做起"等群众性活动，在全国范围内开展深入持久的"建设节约型社会"的科普宣传活动。他们的建议得到了国务院领导的赞同和支持，国家发展和改革委员会（以下简称发改委）会同八个部委，制定了《建设节约型社会科普宣传活动方案》，中国科协负责组织此项方案的具体实施。在发改委、中宣部、财政部和中国科协的支持与领导下。中国科普作家协会主办了科普征文、科普图书出版、科普宣讲三个方面的活动，在各地产生了积极的反响。

（三）关注青少年科普

2001 年 3 月 28 至 31 日，"新世纪全国少儿科普创作学术研讨会"在北京召开，

到会代表 50 余位，特约科普作家 10 位，全国各地出版少儿科普读物、科普报刊的出版家、编辑家、研究者和热心少儿科普创作的作家们会聚一室，共同研究和探讨新世纪少儿科普创作的发展方向。2009 年 7 月，中国科普作家协会积极策划筹办"众菱杯"全国青少年科学幻想绘画大展，该大赛由中国科普作家协会主办，中国科普作家协会科学美术委员会等单位承办，广西柳州众菱汽车投资管理有限公司独家赞助并联合举办。共收到 3000 余件从大中小学选拔出的美术作品，从中评选出一等奖 4 名、二等奖 6 名、三等奖 17 名。2010 年 4 月 24 日，"众菱杯"全国青少年科学幻想绘画大展在北京自然博物馆阳光展厅开幕。2010 年 11 月 28 日开始至 2011 年 1 月 5 日结束，画展展期一个月。

（四）举办各类征文活动

征文活动是选拔科普创作人才和作品的重要途径。中国科普作协开展过多种主题的征文活动以促进科普创作的发展。

2000 年 4 月，由中国科协主办、中国科普作协承办，在全国范围内开展了《生命与健康》全国科普征文活动（再生人杯）。90 多家报刊、电台等新闻媒体参加活动，刊（播）出稿件 1000 篇以上。2004 年 1 月 11 日，全国科学漫画、连环画、插图大展在中国科技馆举行。此次大展由中国科普作协科学美术专业委员会、中国科技馆、中国美协漫画艺委会等 9 家单位共同主办，由广东金嗓子有限责任公司赞助。展览时间为 1 月 11 日到 2 月 8 日，在中国科技馆免费开放。

（五）开展社会活动，提高协会影响力

2001 年 9 月 27 日，中国科协向国家图书馆捐赠第四届"全国优秀科普作品奖"获奖图书及部分送评图书赠书仪式在国家图书馆文津厅举行。其后将每一届全国优秀科普作品评选活动评选出来的优秀图书，全部捐赠给国家图书馆，供更多的读者学习。"科普列车老区行""为了生活更美好"科学知识竞答、"爱中华、奔小康、强国防"国防教育系列活动等一系列科普活动都进一步提升了协会的影响力。

六、开展学术交流，提高理论水平

（一）召开科普创作研讨会

2000 年 6 月，全国科普创作研讨会在北京召开。这是继 1999 年 12 月召开的全国科普工作会议之后，由科学界和文艺界联合召开的以"面向 21 世纪的科普创作及科学文艺"为主题的一次盛会。会议认为，面对科学技术的日新月异和瞬息万变，科普作家只有突破传统创作模式，增强精品意识，实现在观念、内容、形式、创作手法及传播手段等方面的创新，才能创作出无愧于时代的科普作品。

2003 年 10 月 4 日，由中国科普作家协会主办，上海科学技术出版社、上海科技教育出版社、（上海）少年儿童出版社协办的"新世纪科普创新研讨会暨纪念全国科普创作座谈会在沪举行 25 周年"会议在上海举行。当年参加"浦江会议"的部分代表、来自全国各省市自治区科普创作协会以及出版界、新闻媒体等方面的代表 80 余人出席了这次研讨会。与会者就科普创作中的有关问题进行了热烈的讨论与交流，内容涉及科普理念与科普实践的互动、发展与创新以及少儿科普、公交科普、科普广播、国防科普、网络科普、科技新闻、科普期刊、科学小品、科普场馆、科普图书的出版、科普创作与事业的发展战略构想等诸多问题。

（二）联合主持中国科协学术年会

中国科协于 2004 年 11 月 20 日至 24 日在海南博鳌召开了 2004 年学术年会，中国科普作协、中国自然科学博物馆学会、中国科学技术史学会联合主持了第 18 分会场（主题为"科技发展与科普战略"）。第 18 分会场分为三组，中国科普作协为第一组，主题为"新形势下科普与创新文化"。2010 年 11 月，中国科普作家协会与中国科普研究所联合承办，福建省科普作家协会协办了第十二届中国科协学术年会第 30 分会场。

（三）举办论坛活动，拓展科普创作范畴

中国科普作协于 2010 年 5 月与元智大学共同举办"第三届海峡两岸科普论坛"。此次论坛以"科技发展与科普教育"为主题，与会代表围绕"两岸科普教育现况与实践""科普教育与通识（素质、博雅）教育""科普创作与美学形式""科普与传播""节约能源与永续生命资源""科技研究与伦理""科普资源的概念与内涵""科

普教育的改革与发展""科学素养与社会发展"等议题进行了交流与讨论。期望通过此次交流，加强国内各界对科普的重视，促进海峡两岸科普相关专家的良性互动，共同繁荣科普文化，推动两岸科普事业发展。

出席会议的代表共102人，其中大陆代表团代表共62人，论坛收集论文83篇。会议代表分别在10个分会场围绕4个科普主题和8个科普子题进行了学术交流。

2010年4月2日至4日，中国科普作家协会在河南省洛阳市举办了"影视动漫科普作品创作论坛"。与会代表分别就"发展我国科普动漫的时机""科教片选题漫谈""探索影视科普作品发行之路""3G时代的科普创新""我国科普动漫作品创作现状研究"等问题进行了广泛而深入的研讨。

七、结　　语

当前，科普事业受到党和政府的高度重视，面临着全新的发展机遇。科普创作也同样面对新的机遇与挑战，需要加强科普创作的理论研究，加强不同学科、不同媒体、不同创作体裁的学术交流，应用新的理论和理念来指导科普创作。因此，中国科普作协今后会继续注重加强科普创作队伍的组织建设，使之适应时代和事业发展的需要；积极发展年轻会员，使科普创作事业后继有人、兴旺发达；加强科普创作的专业交流与创作培训；努力发现和培养各个学科、不同媒介领域的年轻科普人才，使科普创作的视野更加开阔，更加适应时代和公众的需求。